计算机类本科教材

# Web 前端开发实例教程

## ——HTML5+CSS3+JavaScript+jQuery

（第 2 版）

张兵义　邱　洋　等编著

電子工業出版社
Publishing House of Electronics Industry
北京 • BEIJING

## 内 容 简 介

本书内容紧扣国家对高等学校培养高级应用型、复合型人才的技能水平和知识结构的要求，采用全新的 Web 标准编写，内容包括 HTML5、CSS3、JavaScript、jQuery 开发技术基础和典型 HTML5 网站实例。本书以模块化的结构来组织章节，以“鲜品园”网站的开发为主线，通过对模块中每个任务相应知识点的讲解，引导学生学习 Web 前端开发的基本知识，以及项目开发、测试的完整流程。

本书分为 13 章，主要内容包括：HTML5 基础，编辑网页元素，网页的布局与交互，CSS3 基础，CSS3 的属性，盒模型与页面布局，JavaScript 编程基础，对象模型及事件处理，CSS3 变形、过渡和动画属性，HTML5 的 API 应用，jQuery 基础，jQuery 动画与 UI 插件，以及鲜品园综合案例网站。

本书条理清晰、内容完整、实例丰富、图文并茂、系统性强，适合作为高等学校计算机及相关专业课程的教材，也可以作为网站建设、相关软件开发人员和计算机爱好者的参考书。



**图书在版编目（CIP）数据**

Web 前端开发实例教程：HTML5+CSS3+JavaScript+jQuery / 张兵义等编著. —2 版. —北京：电子工业出版社，2022.1

ISBN 978-7-121-42334-5

Ⅰ. ①W… Ⅱ. ①张… Ⅲ. ①超文本标记语言－程序设计－教材②网页制作工具－教材③JAVA 语言－程序设计－教材 Ⅳ. ①TP312.8②TP393.092.2

中国版本图书馆 CIP 数据核字（2021）第 229020 号

责任编辑：冉　哲　　文字编辑：底　波
印　　刷：三河市华成印务有限公司
装　　订：三河市华成印务有限公司
出版发行：电子工业出版社
　　　　　北京市海淀区万寿路 173 信箱　邮编　100036
开　　本：787×1 092　1/16　印张：20.5　字数：524.8 千字
版　　次：2017 年 9 月第 1 版
　　　　　2022 年 1 月第 2 版
印　　次：2022 年 1 月第 1 次印刷
定　　价：65.00 元

凡所购买电子工业出版社图书有缺损问题，请向购买书店调换。若书店售缺，请与本社发行部联系，联系及邮购电话：（010）88254888，88258888。

质量投诉请发邮件至 zlts@phei.com.cn，盗版侵权举报请发邮件至 dbqq@phei.com.cn。

本书咨询联系方式：ran@phei.com.cn。

# 前　　言

“Web 前端开发”课程（以前称“网页制作”）是计算机类及相关专业的基础课程。Web 前端开发技术已经成为网站开发、App 开发及智能终端设备界面开发的主要技术。工业和信息化部教育与考试中心依据教育部《职业技能等级标准开发指南》中的相关要求，制定了《Web 前端开发职业技能等级标准》。作者结合自己多年从事教学工作和 Web 应用开发的实践经验，按照教学规律精心编写了本书。本书基于 Web 标准，深入浅出地介绍了 Web 前端设计技术的基础知识，对 Web 标准、HTML5、CSS3、JavaScript、jQuery 和网站制作流程进行了详细的讲解。本书围绕 Web 标准的三大关键技术（HTML、CSS 和 JavaScript/jQuery）来介绍网页编程的必备知识及相关应用。其中，HTML 负责网页结构，CSS 负责网页样式及表现，JavaScript/jQuery 负责网页行为和功能。目前，很多高校的计算机专业和 IT 培训班都将 HTML5+CSS3+JavaScript+jQuery 作为教学内容之一，这对培养学生的计算机应用能力具有非常重要的意义。

本书分为 13 章，主要内容包括：HTML5 基础，编辑网页元素，网页的布局与交互，CSS3 基础，CSS3 的属性，盒模型与页面布局，JavaScript 编程基础，对象模型及事件处理，CSS3 变形、过渡和动画属性，HTML5 的 API 应用，jQuery 基础，jQuery 动画与 UI 插件，以及鲜品园综合案例网站。

作者以模块化的结构来组织章节，选取 Web 开发设计的典型应用作为教学案例，以网站建设和网页设计为中心，以实例为引导，把介绍知识与实例设计、制作、分析融于一体，并且自始至终地贯穿于书中。本书通过一个完整的“鲜品园”网站的讲解，将相关知识点分解到案例的具体制作环节中。案例具有代表性和趣味性，使学生在完成案例的同时掌握语法规则与技术的应用。

本书的主要特色如下。

（1）通过一个完整网站的讲解，将相关知识点分解到案例实例网站的具体制作环节中，针对性强。同时提供了许多案例，具有可操作性。

（2）语言通俗易懂，简单明了，让学生能够轻松地掌握有关知识。

（3）知识结构安排合理，循序渐进，适合教师教学与学生自学。

（4）采用工业和信息化部教育与考试中心推荐的 HBuilder 编辑网页代码，在 Microsoft Edge 浏览器中调试运行，让学生掌握流行高效的 Web 开发编辑工具软件。

（5）配有完整的、丰富的教学资源。为配合教学，方便教师讲课和学生学习，精心制作了电子课件、授课计划、电子教案、例题习题的源代码等教学资源。

本书条理清晰、内容完整、实例丰富、图文并茂、系统性强，不仅可以作为高等学校计算机及相关专业课程的教材，也可以作为网站建设、相关软件开发人员和计算机爱好者的参考书。

本书由张兵义、邱洋等编著，参加编写工作的有张兵义（第 1、2、3、13 章），邱洋（第 4、5 章），张红娟（第 6、7 章），李曼（第 8～11 章），徐军（第 12 章）。本书由刘瑞新教授组织编写、主审并定稿。参加编写工作的都是具有多年计算机教学与培训经验的教师，限于作者水平，书中难免有不足之处，恳请读者提出宝贵的意见和建议。

作　者

# 目　录

# 第 1 章　HTML5 基础

HTML 是制作网页的基础语言，是初学者必学的内容。在学习 HTML 之前，需要了解一些与 Web 相关的基础知识，有助于初学者学习后面讲解的相关内容。本章将对网页的基础知识、Web 标准、编写语言、HTML5 的运行环境和创建方法进行详细讲解。

## 1.1　Web 的基本概念

对于网页设计开发者而言，在动手制作网页之前，应先了解 Web 的基础知识。

### 1.1.1　WWW

WWW 是 World Wide Web 的缩写，又称 3W 或 Web，中文译名为“万维网”。WWW 是 Internet 的最核心部分，它是 Internet 上支持 WWW 服务和 HTTP 的服务器集合。WWW 在使用上分为 Web 客户端和 Web 服务器。用户可以使用 Web 客户端（浏览器）访问 Web 服务器上的页面。

### 1.1.2　Browser

Browser（浏览器）是在客户端浏览 Web 服务端的应用程序，其主要作用是显示网页和解释脚本。通过浏览器可以访问互联网上世界各地的文件、图片、视频等信息，并让用户与这些文件互动。浏览器种类很多，目前常用的有 Google 的 Chrome、Microsoft 的 Edge、Mozilla的 Firefox、Opera、Apple 的 Safari 浏览器等。

浏览器最重要的核心部分是 Rendering Engine（渲染引擎），一般称为“浏览器内核”，负责对网页语法（如 HTML、JavaScript）进行解释并渲染（显示）网页。不同的浏览器内核对网页编写语法的解释会有所不同，因此同一网页在不同内核的浏览器里的渲染效果也可能不同，这正是网页编写者需要在不同内核的浏览器中测试网页显示效果的原因。现在主流浏览器采用的内核见表 1-1。

表 1-1　主流浏览器采用的内核

| 浏览器名称 | 内　　核 | 其他采用相同内核的浏览器 |
|---|---|---|
| IE | Trident（IE 内核） | |
| Google Chrome | 之前是 WebKit，2013 年后换成 Blink（Chromium，谷歌内核） | Edge、Opera、360、UC、百度、搜狗高速、傲游 3、猎豹、微信、世界之窗等 |
| Safari | WebKit | |
| Firefox | Gecko | |
| Microsoft Edge | 之前为 EdgeHTML，2018 年 12 月后换成 Blink（Chromium） | |

### 1.1.3　URL

URL（Universal Resource Locator）是“统一资源定位器”的缩写，URL 就是 Web 地址，

俗称“网址”。Internet 上的每个网页都具有唯一的名称标识，通常称之为 URL 地址。这种地址可以是本地磁盘，也可以是局域网上的某一台计算机，更多的是 Internet 上的站点。URL 的基本结构为：

**通信协议：//服务器名称[:通信端口编号]/文件夹 1[/文件夹 2…]/文件名**

各部分含义如下所述。

（1）通信协议

通信协议是指 URL 所连接的网络服务性质，如 HTTP 代表超文本传输协议，FTP 代表文件传输协议等。

（2）服务器名称

服务器名称是指提供服务的主机名称。冒号后面的数字是通信端口编号，可有可无，这个编号用来告诉 HTTP 服务器的 TCP/IP 软件该打开哪一个通信端口。因为一台计算机常常会同时作为 Web、FTP 等服务器使用，为便于区别，每种服务器要对应一个通信端口。

（3）文件夹与文件名

文件夹是存放文件的地方，如果是多级文件目录，则必须指定是第一级文件夹还是第二级、第三级文件夹，直到找到文件所在的位置。文件名是指包括文件名与扩展名在内的完整名称。

### 1.1.4 HTML

网页是 WWW 的基本文件，它是用 HTML（HyperText Markup Language，超文本标记语言）编写的。HTML 严格来说并不是一种标准的编程语言，它只是一些能让浏览器看懂的标记。当网页中包含正常文本和 HTML 标记时，浏览器会“翻译”由这些 HTML 标记提供的网页结构、外观和内容的信息，从而将网页按设计者的要求显示出来。如图 1-1 所示的是用 HTML 编写的网页源代码；如图 1-2 所示的是经过浏览器“翻译”后显示的对应该源代码的网页画面。

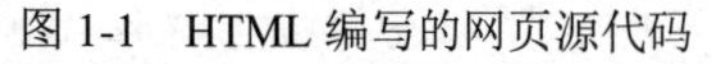
图 1-1　HTML 编写的网页源代码

图 1-2　浏览器“翻译”后显示的对应源代码的网页画面

### 1.1.5 HTTP

HTTP（HyperText Transfer Protocol，超文本传输协议）是用于从 WWW 服务器传输超文本到本地浏览器的传送协议，用于传送 WWW 方式的数据。当用户想浏览一个网站时，只要在浏览器的地址栏里输入网站的地址就可以了，如输入 www.baidu.com，在浏览器的地址栏里面出现的却是 https://www.baidu.com/。

HTTP 采用了请求/响应模型。客户端向服务器发送一个请求，其中包含了请求的方法、URI、协议版本，以及包含请求修饰符、客户信息和内容的类似于 MIME 的消息结构。服务器以一个状态行作为响应，相应的内容包括消息协议的版本，成功或错误编码加上包含服务器信息、实体元信息及可能的实体内容。

## 1.2 网站与网页

简单来说，网站是网页的集合，网页是网站的组成部分。了解网站、网页和主页的区别，有助于用户理解网站的基本结构。

### 1.2.1 网站、网页和主页

网站（Web Site，也称站点）被定义为已注册的域名、主页或 Web 服务器。网站由域名（也就是网站地址）和网站空间构成。网站是一系列网页的组合，这些网页拥有相同或相似的属性，并通过各种链接相关联。通过浏览器，可以实现网页的跳转，从而浏览整个网站。

网页（Web Page）是存放在 Web 服务器上供客户端用户浏览的文件，可以在 Internet 上传输。网页是按照网页文件规范编写的一个或多个文件，这种格式的文件由超文本标记语言创建，能将文字、图片、声音等各种多媒体文件组合在一起，这些文件被保存在计算机的特定目录中。几乎所有的网页都包含链接，可以方便地跳转到其他相关网页或是相关网站中。

如果在浏览器的地址栏中输入网址，浏览器就会自动连接到这个网址所指向的网络服务器，并出现一个默认的网页（一般为 index.html 或 default.html），这个最先打开的默认页面就被称为“主页”或“首页”。主页（Homepage）是网站默认的网页，主页的设计至关重要，如果主页效果精致美观，就能体现网站的风格、特点，容易引起浏览者的兴趣，反之，则很难给浏览者留下深刻的印象。

### 1.2.2 静态网页和动态网页

#### 1. 静态网页

静态网页是指客户端的浏览器发送 URL 请求给 WWW 服务器，服务器查找需要的超文本文件，不加处理直接下载到客户端，运行在客户端的页面是已经事先做好并存放在服务器中的网页。静态网页通常由纯粹的 HTML/CSS 语言编写。

#### 2. 动态网页

动态网页能够根据不同浏览者的请求来显示不同的内容。无论网页本身是否具有视觉意义上的动态效果，只要采用动态网站技术生成的网页都称为动态网页，其本质主要体现在交互性方面。动态网页根据程序运行的区域不同，分为客户端动态网页与服务器端动态网页。

客户端动态网页不需要与服务器进行交互，实现动态功能的代码往往采用脚本语言形式直接嵌入到网页中。常见的客户端动态网页技术包括 JavaScript、ActiveX 和 Flash 等。

服务器端动态网页则需要与客户端共同参与，客户通过浏览器发出页面请求后，服务器根据 URL 携带的参数运行服务器端程序，产生的结果页面再返回客户端。动态网页比较注重交互性，即网页会根据客户的要求和选择而动态改变和响应。一般涉及数据库操作的网页（如注册、登录和查询等）都采用服务器端动态网页技术。

## 1.3 Web 标准

大多数网页设计人员都有这样的体验，每次主流浏览器版本的升级，都会使用户建立的网站变得过时，此时就需要升级或重建网站。同样，每当新的网络技术和交互设备出现时，网页设计人员也需要制作一个新版本来支持这种新技术或新设备。

解决这些问题的方法就是建立一种普遍认同的标准来结束这种无序和混乱，在 W3C（W3C.org）的组织下，Web 标准开始被建立（以 2000 年 10 月 6 日发布 XML 1.0 为标志），并在网站标准组织（WebStandards.org）的督促下推广执行。

### 1.3.1 Web 标准简介

Web 标准不是某一种标准，而是一系列标准的集合。网页主要由 3 部分组成：结构（Structure）、表现（Presentation）和行为（Behavior）。对应的标准也分为 3 类：结构化标准语言，主要包括 HTML、XML 和 XHTML；表现标准语言，主要为 CSS；行为标准语言，主要包括对象模型 DOM、ECMAScript 等。这些标准大部分由 W3C 起草和发布，也有一些是其他标准组织制定的，如 ECMA（European Computer Manufacturers Association）的 ECMAScript 标准。

#### 1．结构化标准语言

（1）HTML

HTML 是 HyperText Markup Language 的缩写，中文通常称为超文本标记语言，来源于标准通用置标语言（SGML），它是 Internet 上用于编写网页的主要语言。

（2）XML

XML 是 eXtensible Markup Language（可扩展置标语言）的缩写。目前推荐遵循的标准是 W3C 于 2000 年 10 月 6 日发布的 XML1.0。与 HTML 一样，XML 同样来源于 SGML，但 XML 是一种能定义其他语言的语言。XML 最初设计的目的是弥补 HTML 的不足，以强大的扩展性满足网络信息发布的需要，后来逐渐被用于网络数据的转换和描述。

（3）XHTML

XHTML 是 eXtensible HyperText Markup Language（可扩展超文本置标语言）的缩写，目前推荐遵循的标准是 W3C 于 2000 年 10 月 6 日发布的 XML1.0。XML 虽然数据转换能力强大，完全可以替代 HTML，但面对成千上万已有的站点，直接采用 XML 还为时过早。因此，在 HTML 4.0 的基础上，用 XML 的规则对其进行扩展，得到了 XHTML。

#### 2．表现标准语言

CSS 是 Cascading Style Sheets（层叠样式表）的缩写。W3C 创建 CSS 标准的目的是以 CSS 取代 HTML 表格式布局、帧和其他表现的语言。纯 CSS 布局与结构式 HTML 相结合能帮助设计师分离外观与结构，使站点的访问及维护更加容易。

#### 3．行为标准语言

（1）DOM

DOM 是 Document Object Model（文件对象模型）的缩写。根据 W3C DOM 规范，DOM 是一种与浏览器、平台和语言相关的接口，通过 DOM，用户可以访问页面其他的标准组件。简单理解，DOM 解决了 Netscape 的 JavaScript 和 Microsoft 的 JScript 之间的冲突，给予 Web

设计师和开发者一个标准的方法，来解决站点中的数据、脚本和表现层对象的访问问题。

（2）ECMAScript

ECMAScript 是 ECMA（European Computer Manufacturers Association）制定的标准脚本语言（JavaScript）。目前，推荐遵循的标准是 ECMAScript 262。

### 1.3.2 建立 Web 标准的优点

对于网站设计和开发人员来说，遵循网站标准就是建立和使用 Web 标准。建立 Web 标准的优点如下。

1）提供最大利益给最多的网站用户。

2）确保任何网站文件都能够长期有效。

3）简化代码，降低建设成本。

4）让网站更容易使用，能适应更多不同用户和更多网络设备。

5）当浏览器版本更新或出现新的网络交互设备时，确保所有应用能够继续正确执行。

### 1.3.3 网页的表现和结构相分离

了解 Web 标准之后，下面将介绍如何理解表现和结构相分离。在此以一个实例来详细说明。首先必须明白一些基本的概念：内容、结构、表现和行为。

#### 1．内容

内容就是页面实际要传达的真正信息，包含数据、文件或图片等。注意，这里强调的“真正”是指纯粹的数据信息本身，不包含任何辅助信息，如图 1-3 所示的文章分类的内容。

文章分类　新闻中心　鲜品乐园　网购天地　健康常识　经验交流

图 1-3　文章分类的内容

#### 2．结构

可以看到，上面的文本信息本身已经完整，但是混乱一团，难以阅读和理解，必须将其格式化。把其分成标题、段落和列表等，其结构如图 1-4 所示。

#### 3．表现

虽然定义了结构，但内容还是原来的样式，例如，标题字体没有变大，正文的背景也没有变化，列表没有修饰符号等。所有这些用来改变内容外观的东西，称为“表现”。下面是对上面文本通过表现处理后的效果，如图 1-5 所示。

图 1-4　文章分类的结构　　图 1-5　文章分类的表现

#### 4．行为

行为是对内容的交互及操作效果。例如，使用 JavaScript 可以使内容动起来，可以判断一些表单提交，进行相应的操作。

所有 HTML 页面都由结构、表现和行为 3 个方面的内容组成。内容是基础层，然后是附加上的结构层和表现层，最后再对这 3 个层做些“行为”。

## 1.4 认识 HTML5+CSS3+JavaScript 技术组合

HTML5、CSS3 和 JavaScript 是网页制作的基本应用技术，也是本书讲解的重点内容，要想掌握好这门技术，首先需要对它们有一个整体的认识。本节将详细讲解 HTML5、CSS3 和 JavaScript 的发展历史、流行版本及常用的开发工具。

### 1.4.1 HTML5 简介

HTML 是 HyperText Markup Language（超文本标记语言）的缩写，是构成 Web 页面、表示 Web 页面的符号标签语言。通过 HTML，将所需表达的信息按某种规则写成 HTML 文件，再通过专用的浏览器来识别，并将这些 HTML 文件翻译成可以识别的信息，这就是网页。

#### 1. HTML 的发展历史

HTML 最早源于 SGML（Standard General Markup Language，标准通用标记语言），它由 Web 的发明者 Tim Berners-Lee 和其同事 Daniel W. Connolly 于 1990 年创立。在互联网发展的初期，由于互联网没有一种网页技术呈现的标准，所以多家软件公司合力打造了 HTML 标准，其中最著名的就是 HTML 4.0，这是一个具有跨时代意义的标准。HTML 4.0 依然有缺陷和不足，人们仍在不断地改进它，使它更加具有可控制性和弹性，以适应网络上的应用需求。2000 年，W3C 组织公布发行了 XHTML 1.0 版本。

XHTML 1.0 是一种在 HTML 4.0 基础上优化和改进的新语言，目的是基于 XML 应用。不过 XHTML 并没有成功，大多数的浏览器厂商认为 XHTML 作为一个过渡化的标准并没有太大必要，所以 XHTML 并没有成为主流，而 HTML5 便因此孕育而生。

HTML5 的前身名为 Web Applications 1.0，由 WHATWG 在 2004 年提出，于 2007 年被 W3C 接纳。W3C 随即成立了新的 HTML 工作团队，团队包括 AOL、Apple、Google、IBM、Microsoft、Mozilla、Nokia、Opera 以及数百个其他的开发商。这个团队于 2009 年公布了第一份 HTML5 正式草案，HTML5 将成为 HTML 和 HTML DOM 的新标准。2012 年 12 月 17 日，W3C 宣布凝结了大量网络工作者心血的 HTML5 规范正式定稿，确定了 HTML5 在 Web 网络平台奠基石的地位。

#### 2. HTML 代码与网页结构

下面通过鲜品园公司简介页面的一段 HTML 代码（见图 1-6）和相应的网页结构（见图 1-7）来简单地认识 HTML。

```
<body>
  <h1 align="center">公司简介</h1>
  <hr/>
  <img src="images/intro.png" width="195" height="156" align="left" hspace="20" vspace="10"alt="公司简介"/>
鲜品园有限公司以蔬菜、水果 …… 决心 "一生只做一件事，一心一意做鲜品" 。
</body>
```

图 1-6 鲜品园公司简介页面的一段 HTML 代码

**公司简介**

"公司简介"/>

鲜品园有限公司以蔬菜、水果 …… 决心"一生只做一件事，一心一意做鲜品"。

图 1-7　代码相应的网页结构

从图 1-6 中可以看出，网页内容是通过 HTML 标签（图中带有"< >"的符号）组织的，网页文件其实是一个纯文本文件。

#### 3．HTML5 的特性

HTML 4.0 主要用于在浏览器中呈现富文本内容和实现超链接，HTML5 继承了这些特点，但更侧重于在浏览器中实现 Web 应用程序。对于网页的制作，HTML5 主要有两个方面的改动，即实现 Web 应用程序和用于更好的呈现内容。

（1）实现 Web 应用程序

HTML5 引入了新的功能，以帮助 Web 应用程序的创建者能够更好地在浏览器中创建富媒体应用程序，这是当前 Web 应用的热点。多媒体应用程序目前主要由 Ajax 和 Flash 来实现，HTML5 的出现增强了这种应用。HTML5 用于实现 Web 应用程序的功能如下。

1）绘画的 Canvas 元素，该元素就像在浏览器中嵌入一块画布，可以在画布上绘画。

2）更好的用户交互操作，包括拖放、内容可编辑等。

3）扩展的 HTML DOM API（Application Programming Interface，应用程序编程接口）。

4）本地离线存储。

5）Web SQL 数据库。

6）离线网络应用程序。

（2）更好地呈现内容

基于 Web 表现的需要，HTML5 引入了更好地呈现内容的元素，主要有以下几项。

1）用于视频、音频播放的 video 元素和 audio 元素。

2）用于文件结构的 article、footer、header、nav、section 等元素。

3）功能强大的表单控件。

### 1.4.2　CSS3 简介

CSS（Cascading Style Sheets，层叠样式表单）简称为样式表，是用于（增强）控制网页样式并允许将样式信息与网页内容分离的一种标记性语言。CSS 是目前最好的网页表现语言之一，所谓表现就是赋予结构化文件内容显示的样式，包括版式、颜色和大小等，它扩展了 HTML 的功能，使网页设计者能够以更有效的方式设置网页格式。现在几乎所有漂亮的网页都用了 CSS，CSS 已经成为网页设计必不可少的工具之一。

#### 1．CSS 的发展历史

伴随着 HTML 的飞速发展，CSS 也以各种形式应运而生。1996 年 12 月，W3C 推出了 CSS 规范的第一个版本 CSS 1.0。这个规范立即引起了各方的积极响应，随即 Microsoft 公司和 Netscape 公司纷纷表示自己的浏览器能够支持 CSS 1.0，从此 CSS 技术的发展几乎"一马平川"。

1998 年，W3C 发布了 CSS 2.0/2.1 版本，这也是至今流行广泛并且主流浏览器都采用的标准。随着计算机软件、硬件及互联网日新月异的发展，浏览者对网页的视觉效果和用户体验提出了更高的要求，开发人员对如何快速提供高性能、高用户体验的 Web 应用也提出了更高的要求。

早在 2001 年 5 月，W3C 就着手开发 CSS 的第 3 版——CSS3 规范，它被分为若干个相互独立的模块。CSS3 的产生大大简化了编程模型，它不是仅对已有功能的扩展和延伸，而更多的是对 Web UI 设计理念和方法的革新。虽然完整的、规范权威的 CSS3 标准还没有尘埃落定，但是各主流浏览器已经开始支持其中的绝大部分特性。

#### 2. 使用 CSS 样式控制页面的外观

样式就是格式，在网页中，像文字的大小、颜色及图片的位置等，都是设置显示内容的样式。如图 1-8 所示，图中文字的颜色、大小、行间距、背景及图片的边框等，都是通过 CSS 样式控制的。

众所周知，使用 HTML 编写网页并不难，但对于一个有几百个网页组成的网站来说，统一采用相同的格式就困难了。CSS 能将样式的定义与 HTML 文件内容分离，只要建立定义样式的 CSS 文件，并且让所有的 HTML 文件都调用这个 CSS 文件所定义的样式即可。

同时，CSS 非常灵活，既可以是一个单独的样式表文件，也可以嵌入在 HTML 文件中。如图 1-9 所示的代码片段，采用的是将 CSS 代码内嵌到 HTML 文件中的方式。虽然 CSS 代码与 HTML 结构代码同处一个文件中，但 CSS 集中编写在 HTML 文件的头部，仍然符合结构与表现相分离的原则。

此行文字被内部样式定义为红色显示

此行文字没有被内部的样式定义

图 1-8　CSS 控制页面外观

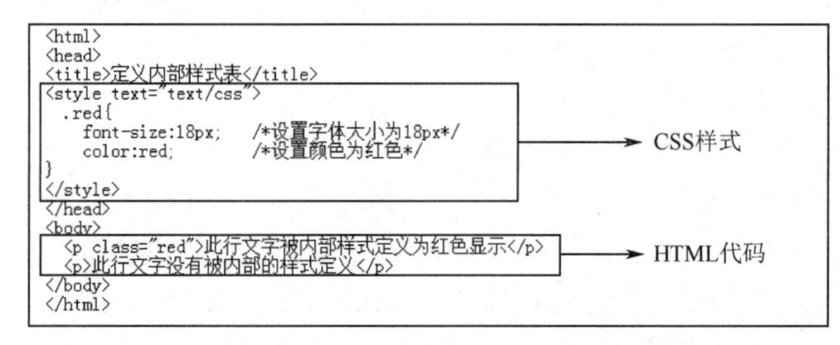


图 1-9　CSS 代码与 HTML 结构代码的结合

### 1.4.3　JavaScript 简介

在 Web 标准中，使用 HTML 设计网页的结构，使用 CSS 设计网页的表现，使用 JavaScript 制作网页的特效。CSS 样式表可以控制和美化网页的外观，但对网页的交互行为却无能为力，此时脚本语言提供了解决方案。

JavaScript 是一种由 Netscape 公司的 LiveScript 发展而来的客户端脚本语言，Netscape 公司最初将其脚本语言命名为 LiveScript，在 Netscape 与 Sun 合作之后将其改名为 JavaScript。为了取得技术优势，Microsoft 公司推出了 JScript，它与 JavaScript 一样，可以在浏览器上运行。为了互用性，ECMA 国际制定了 ECMAScript 262 标准（ECMAScript），目前流行使用的 JavaScript 和 JScript 可以认为是 ECMAScript 的扩展。

JavaScript 的开发环境很简单，不需要 Java 编译器，而是直接运行在浏览器中，JavaScript 通过嵌入或调入到 HTML 文件中实现其功能。通过 JavaScript 可以实现网页中常见的特效，例如，循环滚动的字幕、下拉菜单、Tab 切换栏、幻灯片播放广告等。如图 1-10 所示的就是通过 JavaScript 实现的幻灯片播放广告，每隔一段时间，广告自动切换到下一幅画面；用户单击广告下方的数字，将直接切换到相应的画面。

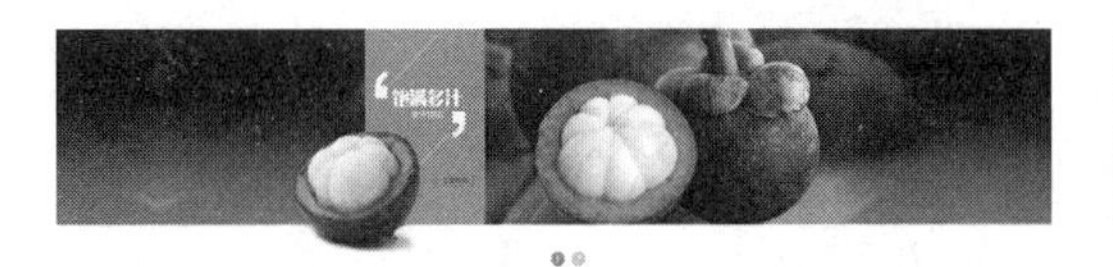

图 1-10　幻灯片播放广告

## 1.5　HTML5 语法基础

每个网页都有其基本的结构，包括 HTML 的语法结构、文件结构、标签的格式及代码的编写规范等。

### 1.5.1　HTML5 语法结构

HTML 文件由元素构成，元素由标签、内容和属性 3 部分组成。

#### 1．标签

HTML 用标签来规定网页元素在文件中的功能。标签是用一对尖括号“<”和“>”括起来的单词或单词缩写。标签有两种形式：成对出现的标签和单独出现的标签。

（1）成对出现的标签

成对出现的标签包括开始标签和结束标签，其格式为：

```
<标签>受标签影响的内容</标签>
```

开始标签标志一段内容的开始，结束标签是指与开始标签相对的标签。结束标签比开始标签多一个斜杠“/”。成对出现的标签也称闭合标签。

例如，<html>表示 HTML 文件开始，到</html>结束，从而形成一个 HTML 文件。<head>和</head>描述 HTML 文件的相关信息，之间的内容不会在浏览器窗口上显示出来。<body>和</body>包含所有要在浏览器窗口上显示的内容，也就是 HTML 文件的主体部分。

（2）单独出现的标签

单独出现的标签是没有相应结束标签的标签，也称空标签。其格式为：

```
<标签>　或　<标签 />
```

例如，换行标签<br>或<br />。其他没有相应结束标签的标签有<area>、<base>、<basefont>、<br>、<col>、<hr>、<img>、<input>、<param>、<link>、<meta>等。

（3）标签的嵌套

标签可以放在另一个标签所能影响的片段中，以实现对某一段文件的多重标签效果，但要注意必须正确嵌套。例如，下面的嵌套是错误的。

```
<p><em>Hello Word!</p></em>
```

改正如下：

```
<p><em>Hello World!</em></p>
```

需要注意以下两点。

1）每个标签都要用“<”（小于号）和“>”（大于号）括起来，如<p>、<table>，以表示这是 HTML 代码而非普通文本。注意，“<”或“>”与标签名之间不能留有空格或其他字符。

2）在标签名前加上符号“/”便是其结束标签，表示该标签内容的结束，如</h1>。标签也有不用</标签>结尾的，称之为单标签。例如，换行标签<br />。

### 2．内容

HTML 文件中的元素是指从开始标签到结束标签的所有代码，即一个元素通常由开始标签、元素内容和结束标签（有些标签没有结束标签，要写上“>”）组成。HTML 元素分为有内容的元素和空元素两种。

（1）有内容的元素

有内容的元素是由起始标签、结束标签及两者之间的元素内容组成的，其中元素内容既可以是需要显示在网页中的文字内容，也可以是其他元素。例如，<title>和</title>是标签，下面代码是一个 title 元素：

```
<title>淘宝网 - 淘！我喜欢</title>
```

（2）空元素

空元素只有起始标签而没有结束标签，也没有元素内容。例如，<br>、<hr>（横线）元素就是空元素。

（3）元素的嵌套

除了 HTML 文件元素<html>，其他 HTML 元素都是被嵌套在另一个元素之内的。在 HTML 文件中，<html>是最外层元素，也称为根元素。<head>元素、<body>元素是嵌套在<html>元素内的。<body>元素内又嵌套许多元素。HTML 中的元素可以多级嵌套，但是不能互相交叉。例如，下面代码对于<head>和</head>标签来说，就是一个 head 元素：

```
<head><title>淘宝网 - 淘！我喜欢</title></head>
```

同时，这个 title 元素又是嵌套在 head 元素中的另一个元素。

例如，下面是不正确的嵌套写法，<p>元素的起始标签在<b>元素的外层，但它的结束标签却放在了<b>元素结束标签内。

```
<p>这是<b>第一段</p>文字</b>
```

正确的 HTML 写法如下：

```
<p>这是<b>第一段</b>文字</p>
```

为了防止出现错误的 HTML 元素嵌套，在编写 HTML 文件时，建议先写外层的一对标签，然后逐渐往里写，这样既不容易忘记写 HTML 元素的结束标签，也可以减少 HTML 元素的嵌套错误。

### 3．属性

属性用来说明元素的特征，借助于元素属性，HTML 网页才会展现丰富多彩且格式美观的内容。

元素的属性放在元素的起始标签内，每个属性对应一个属性值，通常是以“属性名="值"”的形式来表示的，出现在元素开始标签的最后一个“>”之前，用空格隔开后，可以指定多个属性，并且在指定多个属性时不用区分顺序。属性的使用格式为：

**<标签　属性 1="属性值 1"　属性 2="属性值 2" …>受标签影响的内容</标签>**

例如，下面代码中的“style="color:#ff0000; font-size:30px"”就是 p 元素的属性：

```
<p style="color:#ff0000; font-size:30px">第一段内容</p>
```

定义属性值时要注意以下几点。

1）不定义属性值。HTML 规定属性也可以没有值，例如：

```
<dl compact>
```

浏览器会使用 compact 属性的默认值。但有的属性没有默认值，因此不能省略属性值。

2）属性中的属性值可以包含空格，但是这种情况下必须使用引号。例如，下面的代码是正确的：

```
<img src="D:/test.jpg" width=1024 height=36 />
```

下面的代码则是错误的：

```
<img src=D:/test.jpg width=1024 height=36 />
```

也就是说，定义属性值时一定是连续字符序列，如果不是连续序列则要加引号标注。

3）单引号和双引号都可以作为属性值。当属性值中含有单引号时，就不能再用单引号来包括属性值了，要用双引号来包括属性值。但是，当属性值中有双引号时，属性值中的双引号就要用数字字符引用（'）或字符实体引用（"）来代替双引号。例如，下面的代码是错误的：

```
<p title="欢迎游览"迪斯尼"">乐园</p>
```

4）HTML 要求属性和属性值使用小写字母，虽然属性和属性值对大小写不敏感。

### 1.5.2　HTML5 文件结构

HTML5 文件是一种纯文本格式的文件，文件的基本结构为：

```
<!DOCTYPE html>
<html>
    <head>
        <meta charset="utf-8">
        <title>页面标题</title>
    </head>
    <body>
        网页内容
    </body>
</html>
```

HTML 文件可分为文件头（head）和文件体（body）两部分。文件头的内容包括网页语言、关键字和字符集的定义等；文件体中的内容就是页面要显示的信息。

HTML 文件基本结构由 3 个标签负责组织，即<html>、<head>和<body>。其中<html>标识 HTML 文件，<head>标识头部区域，<body>标识主体区域。

如图 1-11 所示是一个可视化的 HTML 页面结构，只有<body>与</body>之间的白色区域才会在浏览器中显示。

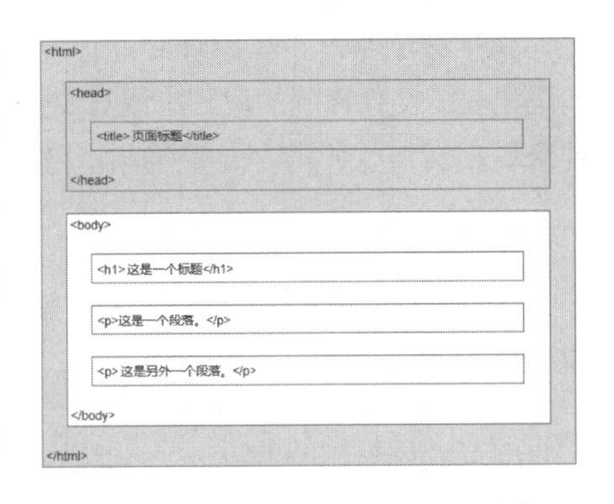


图 1-11　可视化的 HTML 页面结构

#### 1. <!DOCTYPE html>标签

<!DOCTYPE>标签位于文件的最前面，用于向浏览器说明当前文件使用哪种 HTML 标准规范。只有开头处使用<!DOCTYPE>声明，浏览器才能将该页面作为有效的 HTML 文件，并按指定的文件类型进行解析。文件类型声明的语法格式为：

```
<!DOCTYPE html>
```

这行代码称为 DOCTYPE（Document Type，文件类型）声明。要建立符合标准的网页，DOCTYPE 声明是必不可少的关键组成部分。<!DOCTYPE html>声明必须放在每个 HTML 文件的顶部，在所有代码和标签之前。

### 2．<html>…</html>标签

<html>标签位于<!DOCTYPE>标签之后，称为 HTML 文件标签，也被称为根标签。HTML 文件标签的语法格式为：

```
<html> HTML 文件的内容 </html>
```

<html>表示 HTML 文件的开始，即浏览器从<html>开始解释，直到遇到</html>为止。每个 HTML 文件均以<html>开始，</html>结束。

### 3．<head>…</head>标签

HTML 文件包括头部（head）和主体（body）。<head>标签用于定义 HTML 文件的头部信息，也称为头部标签，紧跟在<html>标签之后，主要用来封装其他位于文件头部的标签。HTML 文件头标签的语法格式为：

```
<head>
    头部的内容
</head>
```

文件头部内容在开始标签<html>和结束标签</html>之间定义，一个 HTML 文件只能含有一对<head>…</head>标签。网页中经常设置页面的基本信息，如页面的标题、作者和其他文件的关系等。为此，HTML 提供了一系列标签，这些标签通常都写在<head>内，因此被称为头部相关标签。绝大多数文件头部包含的数据都不会真正作为内容显示在页面中。

### 4．<meta charset>标签

<head>…</head>标签中的<meta charset>指定网页文件中的字符集，称为 HTML 文件编码，HTML5 文件直接使用 meta 元素的 charset 属性指定文件编码，语法格式为：

```
<meta charset="utf-8">
```

为了被浏览器正确解释和通过 W3C 代码校验，所有 HTML 文件都必须声明它们所使用的编码语言。文件声明的编码应该与实际的编码一致，否则就会呈现为乱码。对于中文网页的设计者来说，指定代码的字符集为“utf-8”。

### 5．<title>…</title>标签

HTML 文件的标题显示在浏览器的标题栏中，用以说明文件的用途。标题文字位于<title>和</title>标记之间，其语法格式为：

```
<title>页面标题</title>
```

网页的标题不会显示在文本窗口中，而以窗口的名称显示出来，每个文件只允许有一个标题。网页的标题能给浏览者带来方便，如果浏览者喜欢该网页，则将它加入书签中或保存到磁盘上，标题就作为该页面的标志或文件名。另外，使用搜索引擎时显示的结果也是页面的标题。

例如，搜狐网站的主页，对应的网页标题为：

```
<title>搜狐</title>
```

打开网页后，将在浏览器窗口的标题栏显示“搜狐”网页标题。在网页文件头部定义的标题内容不在浏览器窗口中显示，而是在浏览器的标题栏中显示。

### 6. <body>…</body>标签

<body>标签定义 HTML 文件要显示的内容，也称为主体标签。浏览器中显示的所有文本、图像、表单与多媒体元素等信息都必须位于<body>…</body>标签内，<body>标签内的信息才是最终展示给用户看的。HTML 文件主体标签的语法格式为：

```
<body>
    网页的内容
</body>
```

文件体位于文件头之后，以<body>为开始标签，</body>为结束标签。一个 HTML 文件只能含有一对<body>…</body>标签，且<body>…</body>标签必须在<html>…</html>标签内，位于<head>头部标签之后，与<head>标签是并列关系。<body>标签定义网页上显示的主要内容与显示格式，是整个网页的核心，网页中要真正显示的内容都包含在文件主体中。

浏览器在解释 HTML 文件时是按照层次顺序进行的，其顺序为 document→html→body→div 父元素→input 子元素。document 是最上层祖先元素，input 是最下层后代元素。

## 1.5.3 HTML5 开发人员编码规范

HTML5 作为前端网页结构的超文本标记语言，HTML 代码书写必须符合 HTML5 规范，规范目的是提高团队协作效率，使 HTML5 代码风格保持一致，容易被理解、维护和升级。

### 1. HTML 书写规范

1）文件第一行添加 HTML5 的声明类型<!DOCTYPE html>。

2）建议为<html>根标签指定 lang 属性，从而为文件设置正确的语言 lang="zh-CN"。

3）编码统一为<meta charset="utf-8"/>。

4）<title>标签必须设置为<head>的直接子元素，并紧随<meta charset>声明之后。

5）文件中除了开头的 DOCTYPE、utf-8（或 UTF-8）和 zh-CN 或<head>中特殊情况可以使用大写字母，其他 HTML 标签名必须使用小写字母。

6）标签的闭合要符合 HTML5 的规定。

7）标签的使用必须符合标签的嵌套规则，例如，div 不得置于 p 中。

8）属性名必须使用小写字母，其属性值必须用双引号包围。布尔类型的属性建议不添加属性值。自定义属性推荐使用 data-。

### 2. 标签的规范

1）标签分单标签和双标签，双标签往往是成对出现的，所有标签（包括空标签）都必须关闭，如<br/>、<img/>、<p>…</p>等。

2）标签名和属性建议都使用小写字母。

3）多数 HTML 标签可以嵌套，但不允许交叉。

4）HTML 文件一行可以写多个标签，但标签中的一个单词不能分两行写。

### 3. 属性的规范

1）根据需要可以使用该标签的所有属性，也可以只使用其中的几个属性。在使用时，属性之间没有顺序。

2）属性值都要用双引号括起来。

3）并不是所有的标签都有属性，如换行标签就没有。

**4．元素的嵌套**

1）块级元素可以包含行级元素或其他块级元素，但行级元素却不能包含块级元素，它只能包含其他的行级元素。

2）有几个特殊的块级元素只能包含行级元素，不能再包含块级元素，这几个特殊的标签是<h1>、<h2>、<h3>、<h4>、<h5>、<h6>、<p>、<dt>。

**5．代码的缩进**

HTML5 代码并不要求在书写时缩进，但为了文件的构性和层次性，建议代码缩进设置为 4 个空格，使用 4 个空格作为一个缩进层级，标签首尾对齐，每层的内容向右缩进 4 个空格。

## 1.6　元素的分类

根据元素的作用不同，元素可以分为元信息元素和语义元素。

### 1.6.1　元信息元素

元信息（Meta-information）或称元数据（Metadata）元素是指用于描述文件自身信息的一类元素，meta 元素定义元信息，包含页面的描述、关键字、最后的修改日期、作者及其他元信息，<meta>标签写在<head>…</head>标签中。元信息元素提供给浏览器、搜索引擎（关键字）及其他 Web 服务调用，一般不会显示给用户。对于样式和脚本的元数据，可以直接在网页里定义，也可以链接到包含相关信息的外部文件。

meta 元素是元信息元素，在 HTML 中是一个单标签的空元素。该元素可重复出现在头部元素中，用来指明本页的作者、制作工具、所包含的关键字，以及其他一些描述网页的信息。

meta 元素的常用属性如下。

1）charset：定义文件的字符编码，常用的是“UTF-8”。

2）content：定义与 name 和 http-equiv 相关的元信息。

3）name：关联 content 的名称（常用的有 keywords 关键字、author 作者名、description 页面描述）。

不同的属性又有不同的参数值，这些不同的参数值就实现了不同的网页功能。本节主要介绍 name 属性，用于设置搜索关键字和描述。meta 元素的 name 属性语法格式为：

```
<meta name="参数" content="参数值">
```

name 属性主要用于描述网页摘要信息，与之对应的属性值为 content，content 中的内容主要是用于搜索引擎查找信息和分类信息。

name 属性主要有以下两个参数：keywords 和 description。其中，keywords 用来告诉搜索引擎网页使用的关键字；description 用来告诉搜索引擎网站的主要内容。

例如，搜狐网站主页的内容描述设置如下。

```
<meta name="Description" content="搜狐网为用户提供 24 小时不间断的最新资讯及搜索、邮件等网络服务。内容包括全球热点事件、突发新闻、时事评论、热播影视剧、体育赛事、行业动态、生活服务信息，以及论坛、博客、微博、我的搜狐等互动空间。" />
```

当浏览者通过百度搜索引擎搜索“搜狐”时，就可以看到搜索结果中显示出网站主页的标题、关键字和内容描述，如图 1-12 所示。

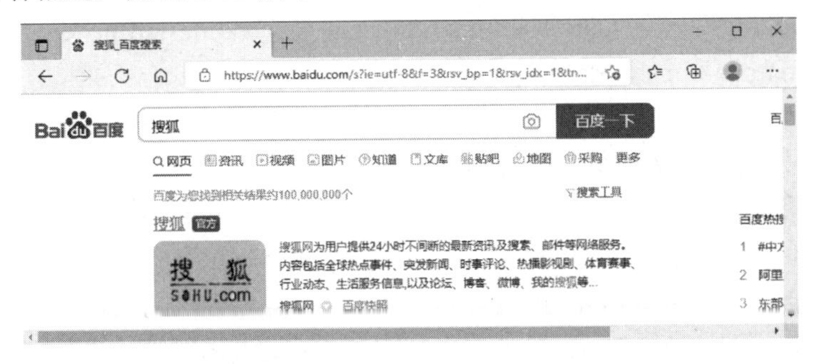


图 1-12 页面摘要信息

### 1.6.2 语义元素

语义元素是指清楚地向浏览器和开发者描述其意义的元素，如标题元素、段落元素、列表元素等。有些语义元素在网页中可以呈现显示效果，有些没有显示效果。

元素的语义化能够呈现出很好的内容结构，语义化使得代码更具有可读性，让其他开发人员更加理解你的 HTML 结构，减少差异化。方便其他设备解析，如屏幕阅读器、盲人阅读器、移动设备等，以有意义的方式来渲染网页。爬虫依赖标签来确定关键字的权重，帮助爬虫抓取更多的有效信息。

有 100 多个 HTML 语义元素可供选择。语义元素分为块级元素、行内（内联）元素、行内块元素等。

#### 1．块级元素（block）

块级元素是指本身属性为 display:block 的元素。因为它自身的特点，通常使用块级元素进行大布局（大结构）的搭建。块级元素的特性如下。

1）每个块级元素总是独占一行，表现为另起一行开始，而且其后的元素也必须另起一行显示。

2）块级元素可以直接控制宽度（width）、高度（height）及盒子模型的相关 CSS 属性，内边距（padding）和外边距（margin）等都可控制。

3）在不设置宽度的情况下，块级元素的宽度是其父级元素内容的宽度。

4）在不设置高度的情况下，块级元素的高度是其本身内容的高度。

常用的块级元素主要有 p、div、ul、ol、li、dl、dt、dd、h1~h6、hr、form、address、pre、table、blockquote、center、dir、fieldset、isindex、menu、noframes、noscript 等。

#### 2．行内元素（inline）

行内元素也称内联元素，是指本身属性为 display:inline 的元素，行内元素可以和相邻的行内元素在同一行，对宽、高属性值不生效，完全靠内容撑开宽、高。因为它自身的特点，通常使用块级元素来进行文字、小图标（小结构）的搭建。行内元素的特性如下。

1）行内元素会与其他行内元素从左到右在一行显示。

2）行内元素不能直接控制宽度（width）、高度（height）及盒子模型的相关 CSS 属性，例如，内边距的 top、bottom（padding-top、padding-bottom）和外边距的 top、bottom（margin-top、 margin-bottom）都不可改变，但可以设置内/外边距的水平方向的值。也就是说，对于行内元素的 margin 和 padding，只有 margin-left/margin-right 和 padding-left/padding-right 是有效的，但是竖直方向的 margin 和 padding 无效。

3）行内元素的宽、高是由本身内容（文字、图片等）的大小决定的。

4）行内元素只能容纳文本或其他行内元素（不能在行内元素中嵌套块级元素）。

常用的行内元素主要有 a、span、em、strong、b、i、u、label、br、abbr、acronym、bdo、big、br、cite、code、dfn、em、font、img、input、kbd、label、q、s、samp、select、small、span、strike、strong、sub、sup、textarea、tt、var 等。

利用 CSS 可以摆脱上面 HTML 标签归类的限制，自由地在不同标签或元素上应用需要的属性。常用的 CSS 样式有以下三个。

display:block：显示为块级元素。

display:inline：显示为行内元素。

display:inline-block：显示为行内块元素。表现为同行显示并可修改宽、高、内/外边距等属性。例如，将<ul>元素加上 display:inline-block 样式，原本垂直的列表就可以水平显示了。

### 3．行内块元素

还有一种元素结合行内元素和块级元素，不仅可以对宽和高属性值生效，还可以多个元素存在一行显示，称为行内块元素。行内块元素能和其他元素放在一行，可以设置宽、高。常用的行内块元素有 img、input、textarea 等。行内块元素的特点是结合行内元素和块级元素的优点，不仅可以对宽和高属性值生效，还可以多个标签存在一行显示。

块级元素可以嵌套行内元素，行内元素不可以嵌套块级元素。

### 4．可变元素

可变元素根据上下文关系确定该元素是块级元素还是行内元素，主要有 applet、button、del、iframe、ins、map、object、script 等。

### 5．HTML5 中新增的结构语义元素

在 HTML5 之前，页面只能用 div 元素作为结构元素来分隔不同的区域，由于 div 元素无任何语义，给设计者和阅读代码者带来困扰，所以在 HTML5 中增加了结构语义元素。HTML5 增加的结构语义元素明确了一个 Web 页面的不同部分，如图 1-13 所示。

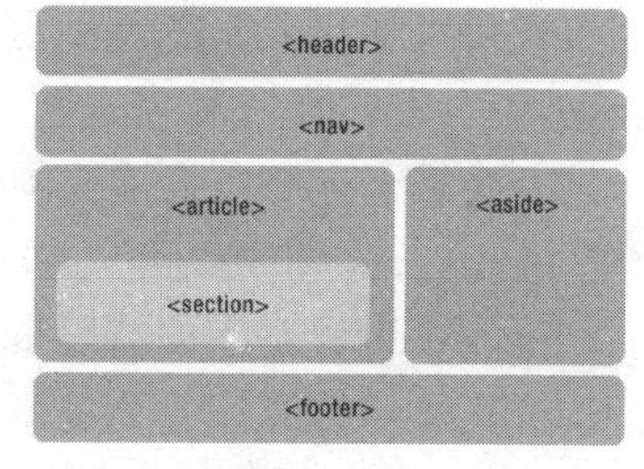


图 1-13　结构语义元素

HTML5 常用的语义结构元素如下。

1）header 元素用于定义文件的头部区域，为文件或节规定页眉，常被用作介绍性内容的容器，可以包含标题元素、Logo、搜索框等。一个文件中可以有多个 header 元素。

2）nav 元素用于定义页面的导航链接部分区域，导航有顶部导航、底部导航、侧边导航等。

3）article 元素用于定义文件内独立的文章，可以是新闻、条件、用户评论等。

4）section 元素用于定义文件中的一个区域或节。节是有主题的内容组，通常有标题。可以将网站首页划分为简介、内容、联系信息等节。

5）aside 元素用于定义页面主区域内容之外的内容（如侧边栏）。<aside>标签的内容是独立的，与主区域的内容无关。

6）footer 元素用于定义文件的底部区域，一个页脚通常包含文件的作者、著作权信息、链接的使用条款链接、联系信息等，文件中可以使用多个 footer 元素。

7）figure 元素用于定义一段独立的引用内容，经常与 figcaption 元素配合使用，通常用在主文本的图片、代码、表格等中。就算这部分内容被转移或删掉，也不会影响到主体。

8）figcaption 元素用于表示与其相关联引用的说明或标题，描述其父节点 figure 元素中的其他内容。figcaption 元素应该被置于 figure 元素的第一个或最后一个子元素的位置。

9）main 元素用于规定文件的主内容。

10）mark 元素用于定义重要的或强调的文本。

11）details 元素用于定义用户能够查看或隐藏的额外细节。

12）summary 元素用于定义 details 元素的可见标题。

13）time 元素用于定义日期或时间。

以上元素中除了 figcaption 元素，其他都是块级元素。

### 1.6.3 无语义元素

无语义元素无须考虑其内容，有两个无语义元素 div 和 span。div 是块级元素，span 是行内元素。

常用 div 元素划分区域或节，div 元素可以用作组织工具，而不使用任何格式。所谓 DIV+CSS 的网页布局，就是用 div 元素组织要显示的数据（文字、图片、表格等）结构，用 CSS 显示数据的样式，从而做到结构与样式的分离，这种布局代码简单，易于维护。

## 1.7 HTML 的颜色表示和字符实体

### 1.7.1 HTML 的颜色表示

在 HTML 中，颜色有两种表示方式：一种是用颜色的英文名称表示，如 blue 表示蓝色，red 表示红色；另一种是用十六进制的数表示 RGB 值。

RGB 颜色的表示方式为#rrggbb。其中，rr、gg、bb 三色对应的取值范围都是 00～FF，如白色的 RGB 值是（255，255，255），用#ffffff 表示；黑色的 RGB 值是（0，0，0），用#000000 表示。常用色彩的代码表见表 1-2。

表 1-2 常用色彩的代码表

| 色　彩 | 色彩英文名称 | 十六进制代码 |
| --- | --- | --- |
| 黑色 | black | #000000 |
| 蓝色 | blue | #0000ff |
| 棕色 | brown | #a52a2a |
| 青色 | cyan | #00ffff |
| 灰色 | gray | #808080 |
| 绿色 | green | #008000 |
| 乳白色 | ivory | #fffff0 |
| 橘黄色 | orange | #ffa500 |
| 粉红色 | pink | #ffc0cb |

续表

| 色　彩 | 色彩英文名称 | 十六进制代码 |
|---|---|---|
| 红色 | red | #ff0000 |
| 白色 | white | #ffffff |
| 黄色 | yellow | #ffff00 |
| 深红色 | crimson | #cd061f |
| 黄绿色 | greenyellow | #0b6eff |
| 湖蓝色 | dodgerblue | #0b6eff |
| 淡紫色 | lavender | #dbdbf8 |

### 1.7.2　字符实体

一些字符在 HTML 中拥有特殊的含义，例如，大于号“>”和小于号“<”已作为 HTML 的语法符号。因此，如果希望在浏览器显示这些特殊字符，就需要在 HTML 源码中插入相应的 HTML 代码，这些特殊符号对应的 HTML 代码称为字符实体。

字符实体由三部分组成：以一个符号（&）开头，一个实体名称，以一个分号（;）结束。例如，要在 HTML 文件中显示小于号，输入“<”。需要强调的是，实体书写对大小写是敏感的。常用的特殊符号及对应的字符实体见表 1-3。

**表 1-3　常用的特殊符号及对应的字符实体**

| 特殊符号的描述 | 字符实体 | 显示结果 | 示　例 |
|---|---|---|---|
| 空格 |   | | 公司  咨询热线：400-810-6666 |
| 大于号（>） | > | > | 3>2 |
| 小于号（<） | < | < | 2<3 |
| 双引号（"） | " | " | HTML 属性值必须使用成对的"括起来 |
| 单引号（'） | ' | ' | She said 'hello' |
| 和号（&） | & | & | a & b |
| 版权号（©） | © | © | Copyright © |
| 注册商标（®） | ® | ® | 鲜品® |
| 节（§） | § | § | §1.1 |
| 乘号（×） | × | × | 10 × 20 |
| 除号（÷） | ÷ | ÷ | 10 ÷ 2 |

空格是 HTML 中最常用的字符实体。通常情况下，在 HTML 源代码中，如果通过按空格键<Space>输入了多个连续空格，则浏览器会只保留一个空格，而删除其他空格。在需要添加多个空格的位置，使用多个 就可以在文件中增加空格。

## 1.8　编辑 HTML 文件

“工欲行其事，必先利其器”，制作网页的第一件事就是选择一种网页编辑工具。

### 1.8.1　常见的网页编辑工具

随着互联网的普及，HTML 技术的不断发展和完善，产生了众多网页编辑器。网页编辑器基本上可以分为“所见即所得”网页编辑器和“非所见即所得”网页编辑器（即源代码编辑器）两类，二者各有千秋。

网站制作及前端开发软件是指用于制作 HTML 网页的工具软件。

#### 1. Dreamweaver

Dreamweaver 是美国 Adobe 公司推出的一套拥有可视化编辑界面，用于制作并编辑网站和移动应用程序的网页设计软件。由于 Dreamweaver 支持代码、拆分、设计、实时视图等多种方式来创作、编写和修改网页，对于初级人员而言，可以无须编写任何代码就能快速创建 Web 页面。其成熟的代码编辑工具更适用于 Web 开发高级人员的创作，新版本使用了自适应网格版面创建页面，在发布前使用多屏幕预览审阅设计，可大大提高工作效率。所以 Adobe Dreamweaver CS 也是一个比较好的 HTML 代码编辑器。

#### 2. HBuilder X

HBuilder X（简称 HX）编辑器是 DCloud（数字天堂）推出的一款支持 HTML5 的 Web 开发软件。该软件体积小、启动快。通过完整的语法提示和代码输入法、代码块等，大幅提升 HTML、JS、CSS 的开发效率。HBuilder X 在使用上比较符合中国人的开发习惯，用 HBuilder X 写 HTML 代码还是很方便的。

#### 3. Visual Studio Code

Visual Studio Code（简称 VS Code）是Microsoft公司开发的运行于Windows、Mac OS X 和 Linux 之上的，开源的、免费的、跨平台的、高性能的、轻量级的代码编辑器。它在性能、语言支持、开源社区等方面，都做得很不错。该编辑器支持多种语言和文件格式的编写，该编辑器也集成了所有现代编辑器所应该具备的特性，包括语法高亮，可定制的热键绑定，括号匹配及代码片段收集。

#### 4. Sublime Text3 汉化版

Sublime Text 是一款具有代码高亮、语法提示、自动完成且反应快速的编辑器软件，它不仅具有华丽的界面，还支持插件扩展，用它编辑代码，很容易上手。

#### 5. Notepad++

Notepad++旨在替代 Windows 默认的 Notepad 而生，它比 Notepad 的功能强大很多。Notepad++支持插件，添加对应不同的插件，以支持不同的功能。Notepad++属于轻量级的文本编辑类软件，比其他一些专业的文本编辑类工具启动更快、占用资源更少，从功能使用等方面来说，不亚于那些专业工具。

#### 6. 记事本

任意文本编辑器都可以用于编写网页源代码，最常见的文本编辑器就是 Windows 自带的记事本。

### 1.8.2 HTML 文件的创建

一个网页可以简单得只有几个文字，也可以复杂得像一张或几张海报。任意文本编辑器都可以用于编写网页源代码，当前比较流行的网页编辑器是 HBuilder X。使用 HBuilder X 编辑 HTML 文件的操作非常简单，在 HBuilder X 的代码窗口中手工输入代码，有助于设计人员对网页结构和样式有更深入的了解。

下面使用 HBuilder X 创建一个只有文本组成的简单页面，通过它来学习网页的编辑、保存和浏览过程。

1）在桌面上双击 HBuilder X 的快捷方式图标。

2）打开 HBuilder X，如果是初次使用 Builder X，则将显示“历次更新说明”，如图 1-14 所示。如果以前编辑过网页，则将显示上次编辑的 HTML 文件，如图 1-15 所示。若不需要则关闭该标签卡。

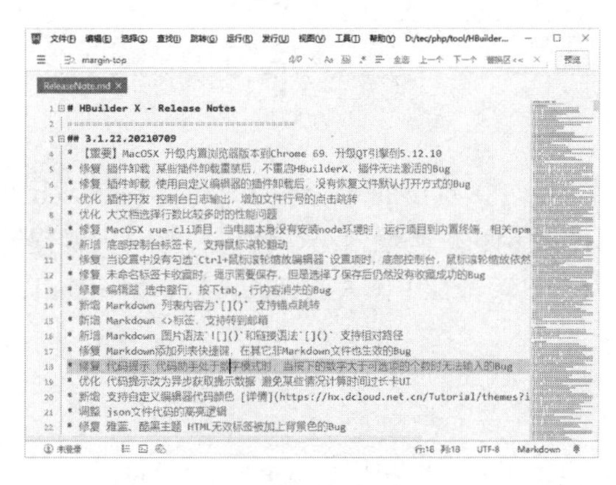


图 1-14　初始打开的显示

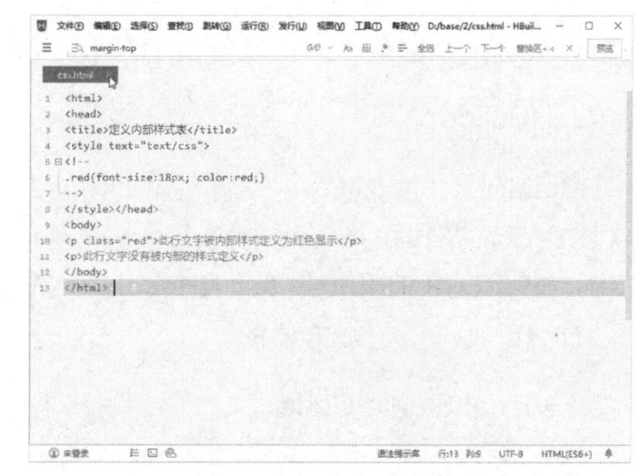


图 1-15　显示上次编辑的 HTML 文件

3）新建一个 HTML 文件，依次单击“文件”→“新建”→“html 文件”，如图 1-16 所示。

4）显示“新建 html 文件”对话框，如图 1-17 所示。在文件名框中输入 html 文件名，如“welcome.html”，保持.html 不变。

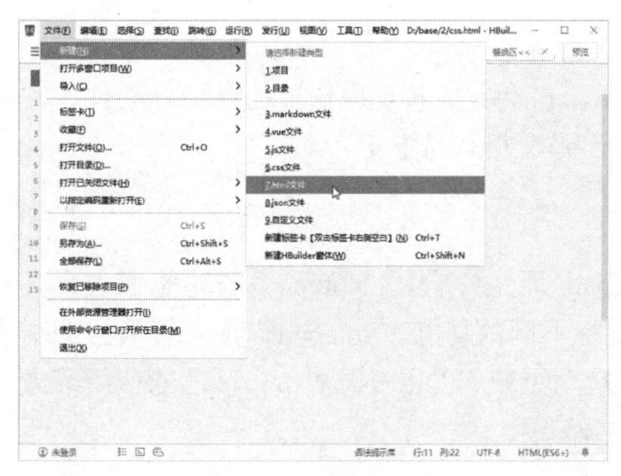

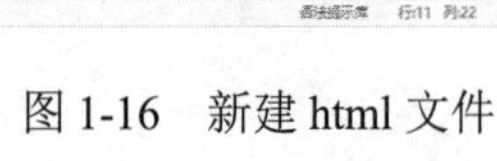

图 1-16　新建 html 文件

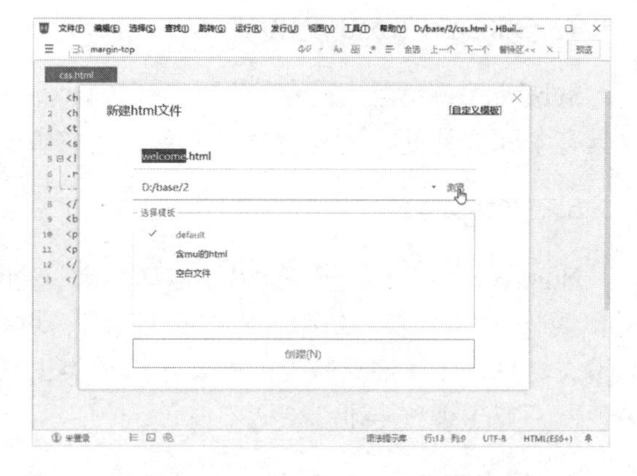


图 1-17　“新建 html 文件”对话框

5）单击“浏览”按钮，显示“选择文件夹”对话框，如图 1-18 所示，浏览到保存 html 文件的文件夹，如“D:/web/ch1”，单击“确定”按钮。返回“选择文件夹”对话框，单击“创建”按钮，如图 1-19 所示。

6）显示代码编辑区，其中已经有 HTML5 网页结构代码，如图 1-20 所示。在此结构代码的基础上输入示例代码，如图 1-21 所示。

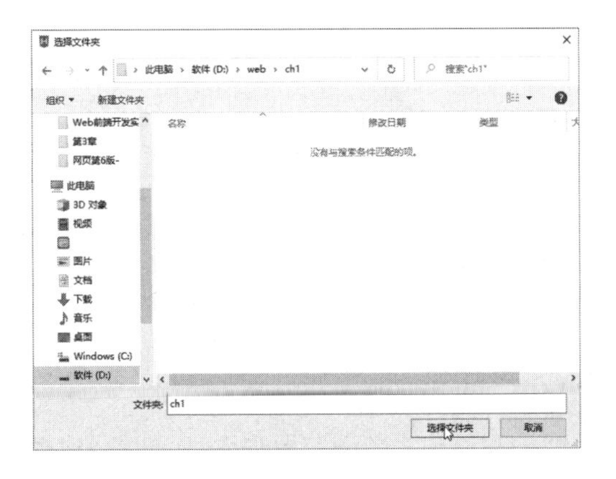


图 1-18 “选择文件夹”对话框

图 1-19 修改后的“新建 html 文件”对话框

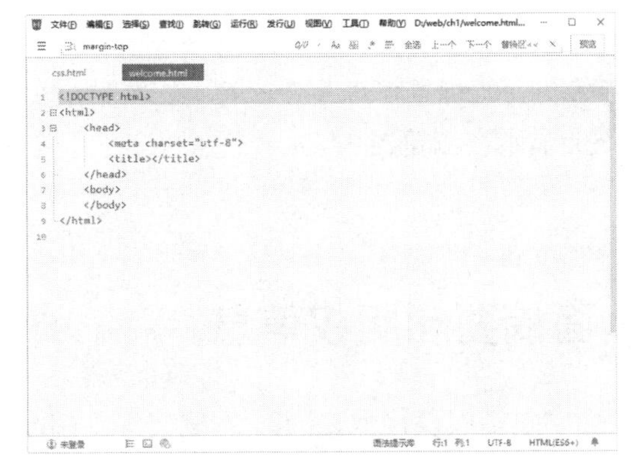


图 1-20 新建的 HTML5 网页结构代码

图 1-21 在结构代码的基础上输入示例代码

7）如果文件中的缩进排列不整齐，则在文件中右击鼠标，从快捷菜单中单击“重排代码格式”，如图 1-22 所示，或者直接按 Ctrl+K 组合键重排文件。

8）单击窗口左上角的“保存”按钮，保存文件。

9）依次单击“运行”→“运行到浏览器”→“Edge”，或者选择自己安装的浏览器，如图 1-23 所示。

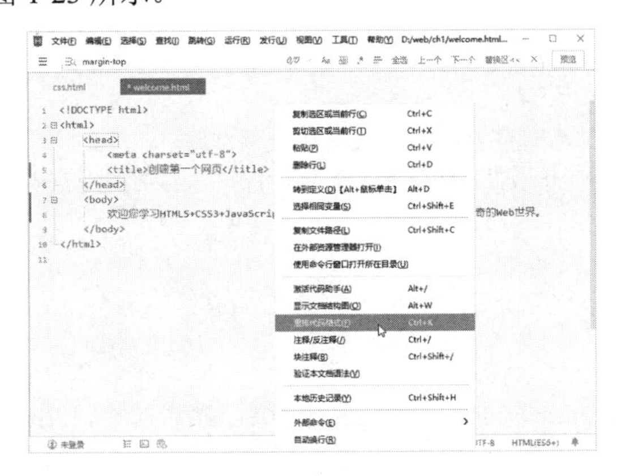

图 1-22 快捷菜单

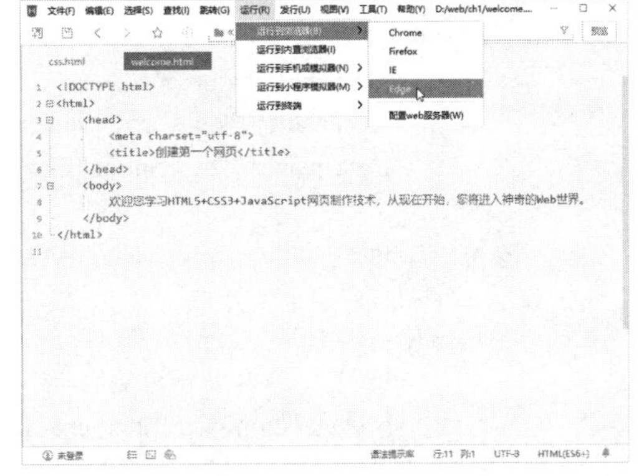


图 1-23 运行菜单

10）运行结果显示在 Edge 浏览器中，如图 1-24 所示。

图 1-24　运行结果

HBuilder X 还有许多提高编辑效率的方法，读者可以在使用过程中逐步熟悉。

## 1.9　注释

注释的作用是方便阅读和调试代码，便于以后维护和修改。当浏览器遇到注释时会自动忽略注释内容，访问者在浏览器中是看不见这些注释的，只有在用文本编辑器打开文件源代码时才可见。注释标签的格式为：

```
<!-- 注释内容 -->
```

注释并不局限于一行，长度不受限制。结束标签与开始标签可以不在一行上。例如，以下代码将在页面中显示段落的信息，而加入的注释不会显示在浏览器中。

```
<!--这是一段注释。注释不会在浏览器中显示。-->
<p>学习网页制作</p>
```

## 1.10　案例——制作鲜品园页面摘要和版权信息

**【例 1-1】**制作鲜品园页面摘要和版权信息，页面中包括版权符号、空格，本例文件 1-1.html 在浏览器中显示的效果如图 1-25 所示。

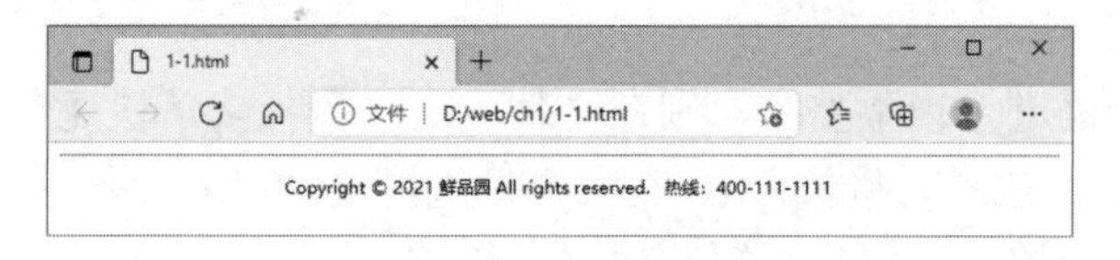


图 1-25　鲜品园页面摘要和版权信息

```
<!DOCTYPE html>
<html>
    <head>
        <meta charset="utf-8">
        <meta name= "keywords" content= "鲜品园,果蔬批发,在线交易,交易市场" />
        <meta name= "description" content= "鲜品园商品分类齐全,物美价廉,服务周到,是您购物的理想之地!" />
        <title></title>
    </head>
    <body>
        <hr>        <!--水平分隔线-->
        <p style="font-size:12px;text-align:center">Copyright &copy; 2021 鲜品园 All rights reserved.   热线：400-111-1111 </p>
    </body>
</html>
```

**【说明】**HTML 语言忽略多余的空格，最多只空一个空格。在需要空格的位置，既可以用“ ”插入一个空格，也可以输入全角中文空格。另外，这里对段落使用了行内 CSS 样式

style="font-size:12px;text-align:center"来控制段落文字的大小及对齐方式，关于 CSS 样式的应用将在后面的章节中详细讲解。

## 习题 1

1．WWW 浏览常用的浏览器是什么？URL 的含义和功能是什么？
2．简述超文本和超文本标记语言的特点。
3．什么是 Web 标准？举例说明网页的表现和结构相分离的含义。
4．简述 HTML5 文件的基本结构及语法规范。
5．简述常见的网页编辑工具。
6．使用 HBuilder X 创建一个包含网页基本结构的页面。
7．制作简单的 HTML5 文件，检测浏览器是否支持 HTML5。

# 第 2 章　编辑网页元素

网页内容的表现形式多种多样，包括文本、超链接、图像、列表和多媒体元素等。本章将重点介绍如何在页面中添加与编辑这些网页元素，以实现页面的基本排版。

## 2.1　文本元素

在网页制作过程中，通过文本与段落的基本排版即可制作出简单的网页。文本元素包括字体样式元素和短语元素。

### 2.1.1　字体样式元素

字体样式元素可以使文本内容在浏览器中呈现特定的文字效果。但是，这些文本格式化元素仅能实现简单的、基本的文本格式化。在 HTML5 中，建议使用 CSS 样式表来取得更加丰富的文本格式化效果。对于简单的更改字体样式，文本格式化元素也会经常用到。字体样式元素全是成对出现的标签，而且不使用属性。常用的字体样式元素见表 2-1。

**表 2-1　常用的字体样式元素**

| 元　素 | 描　述 |
|---|---|
| <b>…</b> | 本标签定义粗体文本，是 bold 的缩写。呈现粗体文本效果。根据 HTML5 规范，在没有其他合适的标签时，才把<b>标签作为最后的选项。HTML5 规范声明，应该使用<h1>~<h6>来表示标题，使用<em>标签来表示强调的文本，应该使用<strong>标签来表示重要文本，应该使用<mark>标签来表示标注的或突出显示的文本 |
| <big>…</big> | 本标签呈现大号字体效果，使用<big>标签可以很容易地放大字体，浏览器显示包含在<big>…</big>标签之间的文字时，其字体比周围的文字要大一号。但是，如果文字已经是最大号字体，则这个<big>标签将不起任何作用。甚至可以嵌套<big>标签来放大文本。每一个<big>标签都可以使字体大一号，直到上限 7 号文本，这正如字体模型所定义的那样。但使用<big>标签时还是要小心，因为浏览器总是很宽大地试图去理解各种标签，对于那些不支持<big>标签的浏览器来说，经常将其认为是粗体字标签 |
| <i>…</i> | 本标签将包含其中的文本以斜体字（italic）或倾斜（oblique）字体显示。如果这种斜体字对该浏览器不可用的话，可以使用高亮、反白或加下画线等样式 |
| <small>…</small> | 本标签呈现小号字体效果，<small>标签和它所对应的<big>标签一样，但它是缩小字体。如果被包围的字体已经是字体模型所支持的最小字号，那么<small>标签将不起任何作用。<small>标签也可以嵌套，从而连续地把文字缩小。每个<small>标签都把文本的字体变小一号，直到下限的一号字 |
| <tt>…</tt> | 本标签呈现类似打字机或等宽的文本效果。对于那些已经使用了等宽字体的浏览器来说，这个标签在文本的显示上就没有什么特殊效果了 |
| <sup>…</sup> | 本元素定义上标文本。包含在<sup>标签和其结束标签</sup>中的内容将会以当前文本流中字符高度的一半来显示上标，但与当前文本流中文字的字体和字号都是一样的。这个元素在向文件添加脚注以及表示方程式中的指数值时非常有用。如果和<a>标签结合起来使用，就可以创建出很好的超链接脚注 |
| <sub>…</sub> | 本元素定义下标文本。包含在<sub>标签和其结束标签</sub>中的内容将会以当前文本流中字符高度的一半来显示下标，但与当前文本流中文字的字体和字号都是一样的。无论是<sub>标签还是和它对应的<sup>标签，在数学等式、科学符号和化学公式中都非常有用 |

【例 2-1】字体样式元素示例。本例文件 2-1.html 在浏览器中显示的效果如图 2-1 所示。

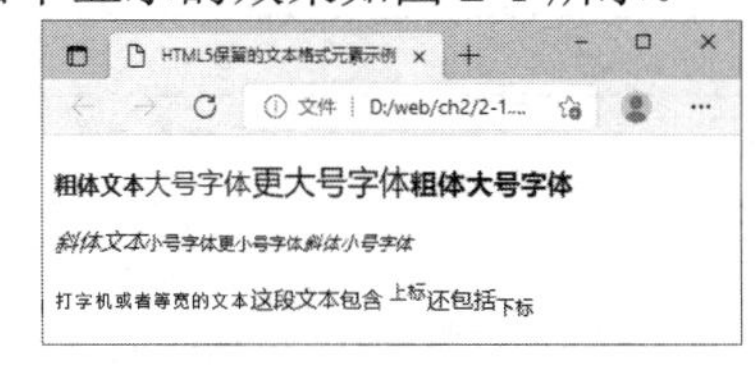


图 2-1 字体样式元素示例

```
<!DOCTYPE html>
<html>
    <head>
        <meta charset="utf-8">
        <title>HTML5 保留的文本格式元素示例</title>
    </head>
    <body>
        <p><h>粗体文本</b><big>大号字体</big><big><big>更大号字体</big></big><b><big>
粗体大号字体</big></b></p>
        <p><i>斜体文本</i><small>小号字体</small><small><small>更小号字体</small>
</small><i><small>斜体小号字体</small></i></p>
        <p><tt>打字机或者等宽的文本</tt>这段文本包含 <sup>上标</sup>还包括<sub>下标
</sub></p>
    </body>
</html>
```

## 2.1.2 短语元素

短语元素拥有明确的语义，用以标注特殊用途的文本，这类特殊的文本格式化元素都会呈现特殊的样式。在文本中加入强调也要有技巧，如果强调太多，有些重要的短语就会被漏掉；如果强调太少，就无法真正突出重要的部分。语义标签不只是让用户更容易理解和浏览你的文件，而且将来某些自动系统还可以利用这些恰当的标签，从你的文件中提取信息及从文件中提取有用参数。提供给浏览器的语义信息越多，浏览器就可以越好地把这些信息展示给用户。如果只是为了达到某种视觉效果而使用这些标签的话，则不建议使用，而应该用样式表。常用的特殊语义的短语元素见表 2-2。

**表 2-2 常用的特殊语义的短语元素**

| 元　　素 | 描　　述 |
| --- | --- |
| <em>…</em> | 本标签告诉浏览器把其中的文本表示为强调的内容。浏览器会把这段文字用斜体来显示 |
| <strong>…</strong> | 与<em>标签一样，本标签用于强调文本，但它强调的程度更强一些。在浏览器中用粗的字体来显示 |
| <code>…</code> | 本标签用于表示计算机源代码或其他机器可以阅读的文本内容。在浏览器中显示等宽、类似电传打字机样式的字体（Courier） |
| <kbd>…</kbd> | 本标签用来表示文本是从键盘上输入的。浏览器通常用等宽字体来显示该标签中包含的文本 |
| <var>…</var> | 本标签表示变量的名称，或者由用户提供的值。用<var>标签标记的文本通常显示为斜体字 |
| <dfn>…</dfn> | 本标签标记特殊术语或短语。浏览器通常用斜体字来显示<dfn>标签中的文本 |
| <cite>…</cite> | 本标签通常表示它所包含的文本对某个参考文献的引用，如书籍或杂志的标题。按照惯例，引用的文本将以斜体字显示 |
| <address>…</address> | 本标签定义文件或文章的作者或拥有者的联系信息，显示为斜体字 |
| <q>…</q> | 本标签定义短的引用，浏览器在引用的内容周围添加双引号 |
| <pre>…</pre> | 本标签定义预格式化的文本。被包围在 pre 元素中的文本会保留空格和换行符，文本呈现为等宽字体。<pre>标签的一个常见应用就是用来表示计算机的源代码。pre 元素中允许的文本可以包括物理样式和基于内容的样式变化，还有链接、图像和水平分隔线 |
| <del>…</del> | 本标签定义文件中已经被删除（delete）的文本，文字上显示一条删除线 |
| <ins>…</ins> | 本标签定义已经被插入（insert）文件中的文本。<ins>与<del>标签配合使用，来描述文件中的更新和修正 |

续表

| 元　　素 | 描　　述 |
| --- | --- |
| <samp>…</samp> | 本标签定义计算机程序代码的样本文本。标签并不经常使用，只有在要从正常的上下文中将某些短字符序列提取出来，对它们加以强调的极少情况下，才使用这个标签 |
| <abbr>…</abbr> | 本标签用来表示一个缩写词或首字母缩略词，如“WWW”。通过对缩写词进行标记，能够为浏览器、拼写检查程序、翻译系统及搜索引擎分度器提供有用的信息 |
| <bdo>…</bdo> | bdo（Bi-Directional Override）标签定义文字方向，使用 dir 属性，属性值是 ltr（left to right，从左到右）或 rtl（right to left，从右到左） |

**【例 2-2】**短语元素示例。本例文件 2-2.html 在浏览器中显示的效果如图 2-2 所示。

```
<!DOCTYPE html>
<html>
    <head>
        <meta charset="utf-8">
        <title>短语元素示例</title>
    </head>
    <body>
        <p>em 标签告诉浏览器把文本表示为强调的内容，<em>用斜体来显示。</em></p>
        <p> strong 强调的程度更强一些，<strong>用粗的字体来显示。</strong></p>
        <p><code>
                <pre>
    PI = 3.1415926
    r = int(input('r='))  #请输入 <kbd>100</kbd> , 其中变量 <var>r</var> 表示圆的半径
    s = PI*r**2
    print('s=', s)
                </pre>
            </code>
        </p>
        <p>She said <q>I didn't know.</q></p>
        <p>一打有<del>20</del> <ins>12</ins>件。</p>
    </body>
</html>
```

图 2-2　短语元素示例

## 2.2　文本层次语义元素

为了使 HTML 页面中的文本内容更加形象生动，需要使用一些特殊的元素来突出文本之间的层次关系，这样的元素称为层次语义元素。文本层次语义元素通常用于描述特殊的内容片段，可使用这些语义元素标注出重要信息，例如，名称、评价、注意事项、日期等。

### 2.2.1　mark 元素

mark 元素用来定义带有记号的文本，其主要功能是在文本中高亮显示某个或某几个字符，旨在引起用户的特别注意。

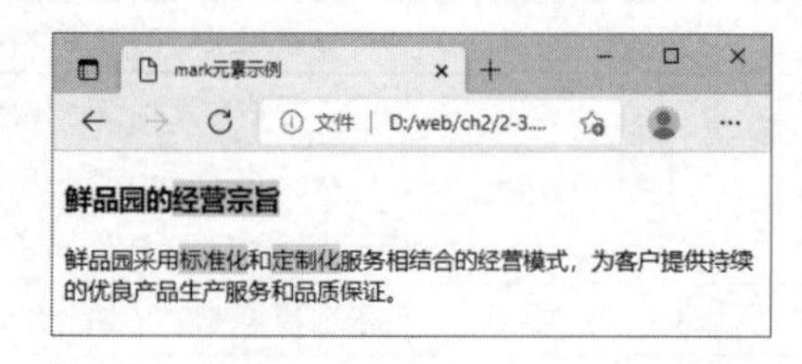

图 2-3　mark 元素示例

**【例 2-3】**mark 元素示例。本例文件 2-3.html 在浏览器中的显示效果如图 2-3 所示。

```
<!DOCTYPE html>
<html>
    <head>
        <meta charset="utf-8">
        <title>mark 元素示例</title>
    </head>
    <body>
        <h3>鲜品园的<mark>经营宗旨</mark></h3>
        <p>鲜品园采用<mark>标准化</mark>和<mark>定制化</mark>服务相结合的经营模式，
为客户提供持续的优良产品生产服务和品质保证。
    </body>
</html>
```

### 2.2.2 cite 元素

cite 元素可以创建一个引用标记，用于对文件参考文献的引用说明，一旦在文件中使用了该标记，被标记的文件内容就将以斜体的样式展示在页面中，以区别于段落中的其他字符。

【例 2-4】cite 元素示例。本例文件 2-4.html 在浏览器中的显示效果如图 2-4 所示。

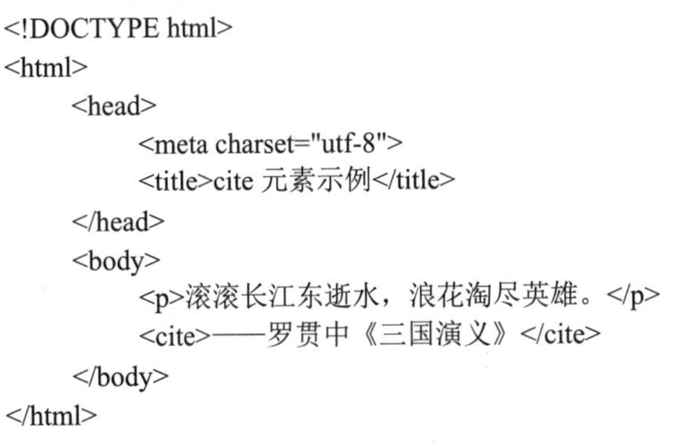

```
<!DOCTYPE html>
<html>
    <head>
        <meta charset="utf-8">
        <title>cite 元素示例</title>
    </head>
    <body>
        <p>滚滚长江东逝水，浪花淘尽英雄。</p>
        <cite>——罗贯中《三国演义》</cite>
    </body>
</html>
```

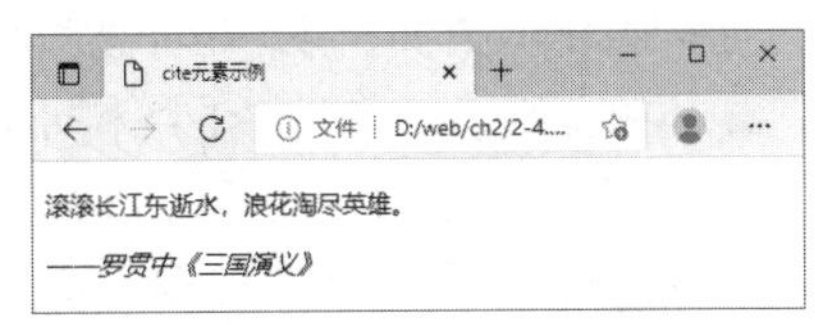


图 2-4　cite 元素示例

### 2.2.3 time 元素

time 元素用于定义公历的时间（24 小时制）或日期，时间和时区偏移是可选的。time 元素不会在浏览器中呈现任何特殊效果，但是能以机器可读的方式对日期和时间进行编码，例如，用户能够将生日提醒或排定的事件添加到用户日程表中，搜索引擎也能够生成更智能的搜索结果。time 元素的属性见表 2-3。

表 2-3　time 元素的属性

| 属　性 | 描　述 |
| --- | --- |
| datetime | 规定日期/时间，否则由元素的内容给定日期/时间 |
| pubdate | 指示<time>标签中的日期/时间是文件（或<article>标签）的发布日期 |

【例 2-5】time 元素示例。本例文件 2-5.html 在浏览器中的显示效果如图 2-5 所示。

```
<!DOCTYPE html>
<html>
    <head>
        <meta charset="utf-8">
        <title>time 元素的使用</title>
    </head>
```

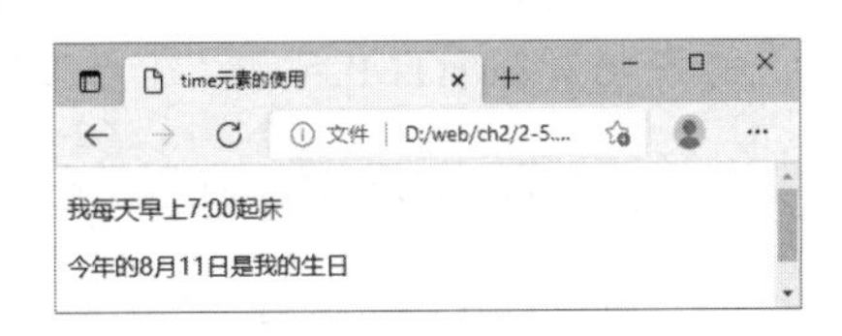


图 2-5　time 元素示例

```
    <body>
        <p>我每天早上<time>7:00</time>起床</p>
        <p>今年的<time datetime="2021-08-11">8 月 11 日</time>是我的生日</p>
        <time datetime="2021-08-11" pubdate="pubdate">
            本消息发布于 2021 年 8 月 11 日
        </time>
    </body>
</html>
```

## 2.3 基本排版元素

标题、段落和水平线属于最基本的文件结构元素。在网页制作过程中，通过文件结构元素的排版即可制作出简单的网页。

### 2.3.1 标题元素 h1～h6

<h1>～<h6>标签可定义标题。其中，<h1>定义最大的标题，<h6>定义最小的标题。由于<h>拥有确切的语义，因此在开发过程中需要选择恰当的标签层级构建文件的结构。通常，<h1>用于顶层的标题，<h2>、<h3>和<h4>用于较低的层级，<h5>和<h6>由于文件层级关系很低，字号非常小，所以很少使用。该标签支持全局标准属性和全局事件属性。

通过设置不同大小的标题，增加文章的条理性。标题元素的格式为：

**<h# align="left|center|right"> 标题文字 </h#>**

“#”用来指定标题文字的大小，#取 1～6 之间的整数值。<h#>…</h#>标签默认显示宋体，在一个标题行中无法使用不同大小的字体。

**【例 2-6】**标题示例。本例文件 2-6.html 在浏览器中显示的效果如图 2-6 所示。

```
<!DOCTYPE html>
<html>
    <head>
        <meta charset="UTF-8">
        <title>标题示例</title>
    </head>
    <body>
        <h1>一级标题</h1>
        <h2>二级标题</h2>
        <h3>三级标题</h3>
        <h4>四级标题</h4>
        <h5>五级标题</h5>
        <h6>六级标题</h6>
    </body>
</html>
```

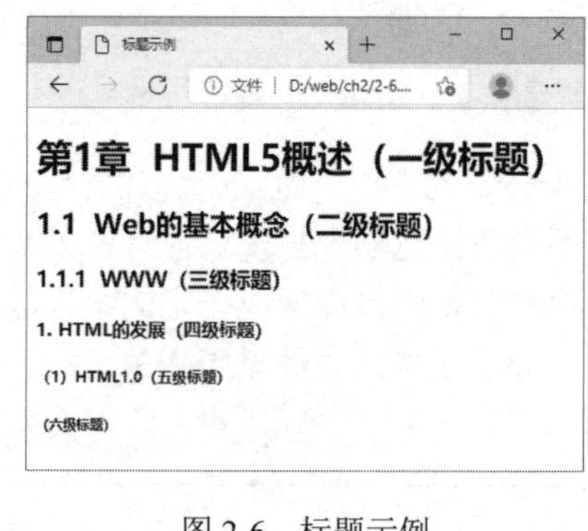


图 2-6 标题示例

**【说明】**在 HTML5 中，推荐使用 CSS 设置标题元素的属性。

### 2.3.2 段落元素 p 和换行元素 br

段落标签<p>…</p>定义段落，浏览器增加段前、段后的行距。段落的行数会根据浏览器窗口的大小而改变。而且如果段落元素的内容中有多个连续的空格（按空格键），或者连续多个换行（按 Enter 键），浏览器都将其解读为一个空格（ ）。该标签支持全局标准属性和全局事件属性。段落元素的格式为：

**<p>段落文字</p>**

在 HTML5 中，推荐使用 CSS 设置段落元素 p 的属性。

若要正常地换行，使用<br />标签，<br />标签定义一个换行，通常放在<p>标签内。需要注意的是，不要用<br />标签分段落，它们的语义不同，在浏览器中的显示也不同，<br />标签不会增加段前、段后的行距。换行元素的格式为：

**<br />**

【例 2-7】段落、换行元素示例。本例文件 2-7.html 在浏览器中显示的效果如图 2-7 所示。

```
<!DOCTYPE html>
<html>
    <head>
        <meta charset="utf-8">
        <title>段落、换行示例</title>
    </head>
    <body>
        <h3>1.1.1  Web 服务器</h3>
        <p>Web 服务器也称为 WWW（World Wide Web）服务器，一般指网站服务器，
        WWW 是 Internet 的多媒体信息查询工具，是 Internet 上发展最快和目前用得
        最广泛的服务。<br />正是 WWW 工具使得近年来 Internet 迅速发展，
        且用户数量飞速增长。</p>
        <p>    Web 服务器的主要功能是提供网上信息浏览
        服务。<br />Web 服务器可以解析 HTTP，当 Web 服务器接收到一个 HTTP 请
        求时，会返回一个 HTTP 响应，这样浏览器等 Web 客户端就可以从服务器上获取
        网页（HTML），包括 CSS、JS、音频、视频等资源。</p>
    </body>
</html>
```

图 2-7　段落、换行示例

【说明】段落元素会在段落前后加上额外的空行，不同段落间的间距等于连续加了两个换行元素，用以区别文字的不同段落。

### 2.3.3　缩排元素 blockquote

blockquote 元素可定义一个块引用，浏览器会把<blockquote>与</blockquote>标签之间的所有文本都从常规文本中分离出来，在左、右两边缩进，而且有时会使用斜体。也就是说，块引用拥有它们自己的空间。在<blockquote>标签前后添加换行，并增加外边距。blockquote 元素的格式为：

**<blockquote>文本</blockquote>**

【例 2-8】blockquote 元素示例。本例文件 2-8.html 在浏览器中的显示效果如图 2-8 所示。

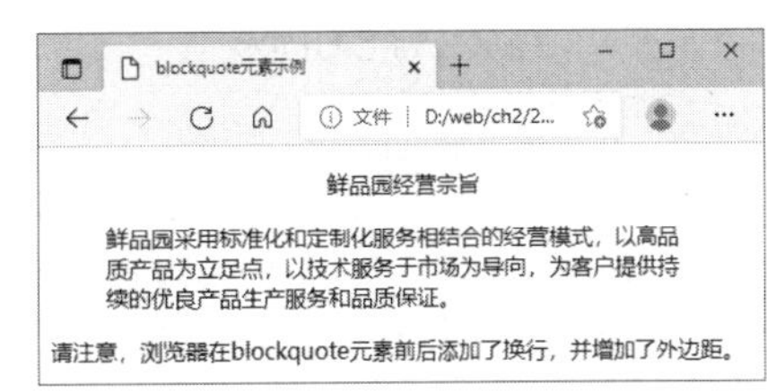


图 2-8　blockquote 元素示例

```
<!DOCTYPE html>
<html>
    <head>
        <meta charset="utf-8">
        <title>blockquote 元素示例</title>
    </head>
    <body>
```

```
            <p align="center">鲜品园经营宗旨</p>
            <blockquote>
                  鲜品园采用标准化和定制化服务相结合的经营模式，以高品质产品为立足点，以技术服务于市场为导向，为客户提供持续的优良产品生产服务和品质保证。
            </blockquote>
            请注意，浏览器在 blockquote 元素前后添加了换行，并增加了外边距。
      </body>
<html>
```

【**说明**】浏览器会自动在<blockquote>标签前后添加换行，并增加外边距。

### 2.3.4　水平线元素 hr

使用水平线元素 hr 可以在浏览器中创建一条水平标尺线（Horizontal Rules），可以在视觉上将文件分隔成多个部分。线段的样式由标签的参数决定。水平线元素的格式为：

**<hr />**

在 HTML5 中，推荐使用 CSS 设置水平线元素的其他属性（线条粗细、长度、颜色等）。

【**例 2-9**】hr 元素示例。本例文件 2-9.html 在浏览器中的显示效果如图 2-9 所示。

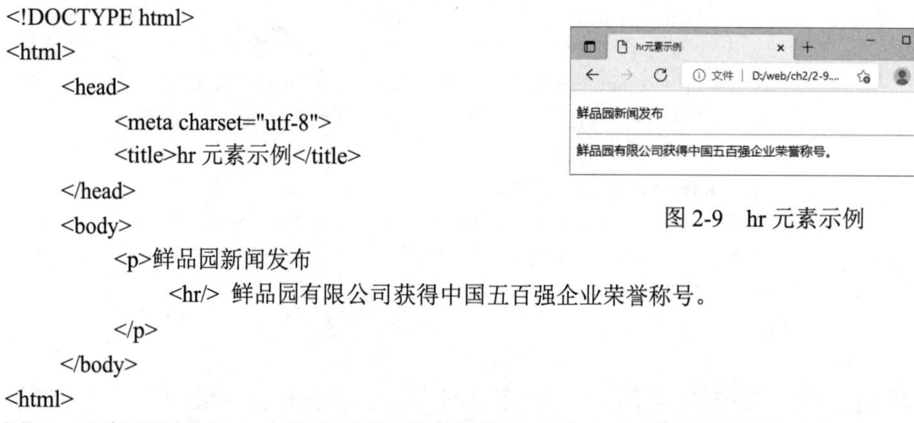


```
<!DOCTYPE html>
<html>
      <head>
            <meta charset="utf-8">
            <title>hr 元素示例</title>
      </head>
      <body>
            <p>鲜品园新闻发布
                  <hr/> 鲜品园有限公司获得中国五百强企业荣誉称号。
            </p>
      </body>
<html>
```

图 2-9　hr 元素示例

【**说明**】hr 元素强制执行一个换行，将导致段落的对齐方式重新回到默认值设置。

### 2.3.5　案例——制作鲜品园服务指南页面

经过前面文件结构元素的学习，接下来使用基本的段落排版制作鲜品园服务指南页面。

【**例 2-10**】制作鲜品园服务指南页面，本例文件 2-10.html 在浏览器中的显示效果如图 2-10 所示。

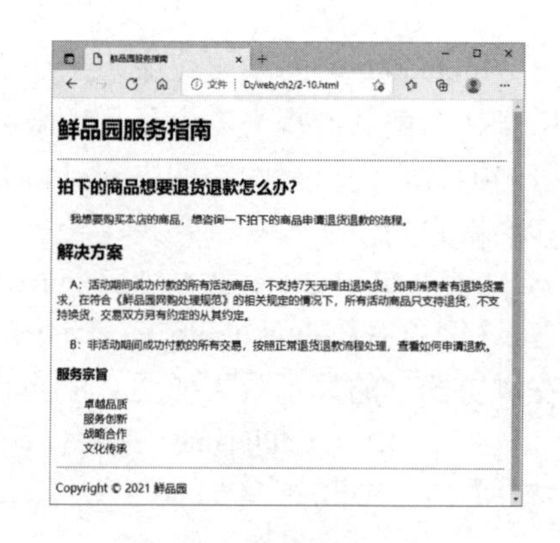


图 2-10　页面显示效果

```
<!DOCTYPE html>
<html>
      <head>
            <meta charset="utf-8">
            <title>鲜品园服务指南</title>
      </head>
      <body>
            <h1>鲜品园服务指南</h1>
            <!--一级标题-->
            <hr/>
            <!--水平分隔线-->
```

```
        <h2>拍下的商品想要退货退款怎么办?</h2>
        <p>    我想要购买本店的商品……（此处省略文字）</p>
        <h2>解决方案</h2>
        <!--二级标题-->
        <p>
                A：活动期间成功付款……（此处省略文字）<br /><br />
            <!--换行-->
                B：非活动期间成功付款……（此处省略文字）
        </p>
        <h3>服务宗旨</h3>
        <blockquote>
            卓越品质<br/>
            服务创新<br/>
            战略合作<br/>
            文化传承
        </blockquote>
        <hr>
        <!--水平分隔线-->
        <p>
            Copyright &copy; 2021  鲜品园
        </p>
    </body>
</html>
```

## 2.4 图像元素

图像也称图片，是网页中不可缺少的元素，它可以美化网页，使网页看起来更加美观大方。HTML 的一个重要特性就是可以在文本中加入图像，既可以把图像作为文件的内在对象加入，又可以通过超链接的方式加入，同时还可以将图像作为背景加入到文件中。

虽然有很多种计算机图像格式，但由于受网络带宽和浏览器的限制，在 Web 上常用的图像格式有 3 种：GIF、JPEG 和 PNG。

img 元素向网页中嵌入一幅图像。从技术上讲，<img>标签并不会在网页中插入图像，而是从网页上链接图像。<img>标签创建的是被引用图像的占位空间。img 元素的格式为：

**<img src="图像的URL" alt="替代文字" title="鼠标悬停提示文字" width="图像宽度" height="图像高度" />**

img 元素中的属性说明如下。

1）src 属性：指出要加入图像的位置，即“图像文件的 URL/图像文件名”，URL 可以是相对路径，也可以是绝对路径，本属性是必需的属性。

2）alt 属性：在浏览器尚未完全读入图像或显示的图像不存在时，在图像位置显示的文字，本属性是必需的属性。

3）title 属性：为浏览者提供额外的提示或帮助信息。

4）width 属性：宽度（像素数或百分数）。如果不设定图像的大小，图像将按照其本身的大小显示。属性值可取像素数，也可取百分数。百分数是指相对于当前浏览器窗口的百分比。

5）height 属性：设定图像的高度（像素数或百分数）。

需要注意的是，在 width 和 height 属性中，如果只设置了其中的一个属性，则另一个属性会根据已设置的属性按原图等比例显示。如果对两个属性都进行了设置，且其比例和原图大小的比例不一致的话，那么显示的图像会相对于原图变形或失真。

**【例 2-11】** img 元素的基本用法。本例文件 2-11.html 在浏览器中正常的显示效果如图 2-11 所示；当显示的图像路径错误时，显示效果如图 2-12 所示。

图 2-11　正常的显示效果

图 2-12　图像路径错误时的显示效果

```
<!DOCTYPE html>
<html>
	<head>
		<meta charset="utf-8">
		<title>img 元素的基本用法</title>
	</head>
	<body>
		<img src="images/intro.png" width="390" height="312" alt="产品简介" title="鲜品园" />
	</body>
</html>
```

**【说明】**

1）当显示的图像不存在时，页面中图像的位置将显示出网页图像丢失的信息，但由于设置了 alt 属性，因此在图像占位符上显示出替代文字“产品简介”。

2）在使用<img>标签时，最好同时使用 alt 属性和 title 属性，避免因图像路径错误带来的错误信息；同时，增加的鼠标提示信息也方便了浏览者的使用。

# 2.5　超链接元素

超链接（Hyperlink）或按照标准叫法称为锚点，是使用<a>标签定义的。超链接可以是一个字、词、句或图像。当网页中包含超链接时，在所有浏览器中，链接的默认外观是：未被访问的链接带有下画线并且是蓝色的；已被访问的链接带有下画线并且是紫色的；活动链接带有下画线并且是红色的。当把鼠标指针移动到网页中的某个超链接上时，鼠标指针变为手形，单击它可以从当前网页跳转到其他位置，包括当前页的某个位置、Internet、本地硬盘或局域网上的其他网页或文件，也包括跳转到声音、图像等多媒体文件。

## 2.5.1　a 元素

锚点（Anchor）由 a 元素定义，它在网页上建立超文本链接。通过单击一个词、句或图像，可从此处转到另一个链接资源（目标资源），这个目标资源有唯一的地址（URL）。具有以上特点的词、句或图像就称为热点。a 元素的格式为：

<a href="URL" target="打开窗口方式">热点</a>

a 元素中的属性说明如下。

1）href 属性：规定链接指向页面的 URL。如果要创建一个不链接到其他位置的空超链接，可用“#”代替 URL。链接目标可以是站内目标，也可以是站外目标；站内目标可以用相对路径，也可以用绝对路径，站外目标则必须用绝对路径。

2）target 属性：指定链接被单击后会产生网页跳转动作，打开目标页面方式的属性值如下。

- _self：默认值，指在超链接所在的窗口中打开目标页面。
- _blank：在新浏览器窗口中打开目标页面。
- _parent：将目标页面载入含有该链接的父窗口中。
- _top：在当前的整个浏览器窗口中打开目标页面。

## 2.5.2 指向其他页面的链接

创建指向其他页面的链接，就是在当前页面与其他相关页面之间建立超链接。根据目标文件与当前文件的目录关系，有 4 种写法。注意，应该尽量采用相对路径。

### 1. 链接到同一目录内的网页文件

格式为：

<a href="目标文件名.html">热点文本</a>

其中，“目标文件名”是链接所指向的文件。

### 2. 链接到下一级目录中的网页文件

格式为：

<a href="子目录名/目标文件名.html">热点文本</a>

### 3. 链接到上一级目录中的网页文件

格式为：

<a href="../目标文件名.html">热点文本</a>

其中，“../”表示退到上一级目录中。

### 4. 链接到同级目录中的网页文件

格式为：

<a href="../子目录名/目标文件名.html">热点文本</a>

表示先退到上一级目录中，然后再进入目标文件所在的目录。

## 2.5.3 指向书签的链接

书签就是用<a>标签对网页元素做一个记号，其功能类似于用于固定船的锚，所以书签也称为锚记或锚点。如果页面中有多个书签链接，则对不同目标元素要设置不同的书签名。书签名在<a>标签的 name 属性中定义，格式为：

<a name="记号名">目标文本附近的字符串</a>

### 1. 指向页面内书签的链接

要在当前页面内实现书签链接，需要定义两个标签：一个为超链接标签；另一个为书签标签。超链接标签的格式为：

**<a href="#记号名"> 热点文本 </a>**

即单击“热点文本”将跳转到“记号名”开始的网页元素。

#### 2．指向其他页面书签的链接

要在其他页面内实现书签链接，需要定义两个标签：一个为当前页面的超链接标签；另一个为跳转页面的书签标签。当前页面的超链接标签的格式为：

**<a href="目标文件名.html #记号名">热点文本</a>**

即单击“热点文本”将跳转到目标页面“记号名”开始的网页元素。

### 2.5.4 指向下载文件的链接

如果链接到的文件不是 HTML 文件，则该文件将作为下载文件。指向下载文件的链接格式为：

**<a href="下载文件名">热点文本</a>**

例如，下载一个软件的压缩包文件 softsetup.rar，可以建立如下链接：

```
<a href="softsetup.rar">下载</a>
```

### 2.5.5 指向电子邮件的链接

单击指向电子邮件的链接，将打开默认的电子邮件程序，如 FoxMail、Outlook Express 等，并自动填写邮件地址。指向电子邮件的链接格式为：

**<a href="mailto:E-mail 地址">热点文本</a>**

例如，E-mail 地址是 Jack@163.com，可以建立如下链接：

```
信箱:<a href="mailto:Jack@163.com">和我联系</a>
```

### 2.5.6 JavaScript 链接

如果链接的是 JavaScript 代码，单击链接将执行该 JavaScript 代码，其格式为：

**<a href="javascript:代码;">热点文本</a>**

其中，javascript 表示 url 属性的内容通过 javascript 执行。

例如，执行 JavaScript 代码“alert('Hello World');”，可以建立如下链接：

```
<a href="javascript:alert('Hello World');">单击显示消息框</a>
```

### 2.5.7 用图像作为超链接热点

图像也可作为超链接热点，单击图像则跳转到被链接的文本或其他文件，其格式为：

**<a href="URL" target="打开窗口方式"><img src="图像文件名" /> </a>**

【例 2-12】超链接元素示例。本例文件 2-12.html 在浏览器中显示的效果如图 2-13 所示。

```
<!DOCTYPE html>
<html>
    <head>
        <meta charset="utf-8">
        <title>超链接元素示例</title>
    </head>
    <body>
        <h3>友情链接</h3>
```

图 2-13 页面的显示效果

```
            <p><a href="http://www.sohu.com/" target="_blank">搜狐</a>    
                <a href="https://v.qq.com/">腾讯视频</a>    
                <a href="https://www.baidu.com/">百度</a>
            </p>
            <p><a href="http://www.icbc.com.cn/icbc/"><img src=" images/icbc.jpg" alt="中国工商银行
" /></a>
                <a href="https://www.boc.cn/"><img src=" images/boc.jpg" alt="中国银行" /></a>
            </p>
        </body>
    </html>
```

### 2.5.8　空链接

空链接是指未指派目标地址的链接。空链接用于向页面上的对象或文本附加行为。例如，可向空链接附加一个行为，以便在指针滑过该链接时会交换图像或显示绝对定位的元素。

创建空链接有下面两种方法：

#### 1．第一种方法

语法格式如下：

**<a href="#">热点文本</a>或<a href="">热点文本</a>**

虽然这也是空链接，但它其实有锚点#top 的意思，会产生回到顶部的效果。

#### 2．第二种方法

语法格式如下：

**<a href="javascript:void(0);">热点文本</a>**

href="javascript:void(0);"的含义是让超链接去执行一个 JavaScript 函数，而不是去跳转到一个地址。void(0)表示一个空的方法，并不进行任何操作，这样可防止链接跳转到其他页面。其目的是为了保留链接的样式，而不让链接执行实际操作。

### 2.5.9　案例——制作鲜品园资料下载页面

【例 2-13】制作鲜品园资料下载页面，本例文件 2-13.html 和 2-13-doc.html 在浏览器中的显示效果如图 2-14、图 2-15 所示。

图 2-14　页面之间的链接

图 2-15　下载文件链接

2-13.html 的代码如下：

```
<!DOCTYPE html>
<html>
	<head>
		<meta charset="utf-8" />
		<title>鲜品园资料下载</title>
	</head>
	<body>
		<h2><a name="top">资料下载</a></h2>
		分类/标题<br/>
		<hr>
		<!--水平分隔线-->
		<a href="2-13-doc.html" target="_blank">市场运维文档</a><br/>
		<a href="#" target="_blank">产品包装文档</a><br/>
		<a href="#" target="_blank">技术手册文档</a><br/>
		<a href="#" target="_blank">日常维护文档</a><br/>
		<a href="#" target="_blank">销售合同文档</a><br/>
	</body>
</html>
```

2-13-doc.html 的代码如下：

```
<!DOCTYPE html>
<html>
	<head>
		<meta charset="utf-8" />
		<title>下载文档详细页面</title>
	</head>
	<body>
		<h2><a name="top">技术文档</a></h2>
		<hr>
		<!--水平分隔线-->
		<img src="images/doc.jpg" align="left" hspace="20" />市场运维文档<br/><br/> 下载次数：
    20
		<br/><br/> 文件大小：     19.33 KB<br/><br/> 添加时间：
    2021-08-12
		<br/><br/><br/><br/><br/>
```

```
        <h2><a name="top">下载</a></h2>
        <hr1>
            <!--水平分隔线-->
            文件名称：市场运维文档  文件大小：19.33 KB   
 
            <a href="guide.rar">下载</a> <br/><br/> 和我联系:
            <a href="mailto:angel@love.com">鲜品园资料下载</a>  
            <a href="#top">返回页顶</a>
    </body>
</html>
```

【说明】在资料下载页面中，将鼠标指针移动到下载文档的超链接时，鼠标指针变为手形，单击文档标题链接则打开指定的网页 2-13-doc.html。如果在<a>标签中省略属性 target，则在当前窗口中显示；当 target="_blank"时，将在新的浏览器窗口中显示。

## 2.6 列表元素

把相关内容以列表的形式放在一起，可以使内容显得更加有条理性。HTML5 提供了 4 种列表模式，即无序列表、有序列表、定义列表和嵌套列表。

### 2.6.1 无序列表

无序列表就是列表中列表项的前导符号没有一定的次序，而是用黑点、圆圈、方框等一些特殊符号标识。无序列表并不是使列表项杂乱无章，而是使列表项的结构更清晰、更合理。

当创建一个无序列表时，主要使用 HTML 的<ul>标签和<li>标签来标记。其中<ul>标签标识一个无序列表的开始；<li>标签标识一个无序列表项。格式为：

```
<ul>
    <li> 第一个列表项
    <li> 第二个列表项
    …
</ul>
```

从浏览器上看，无序列表的特点是，列表项目作为一个整体，与上下段文本间各有一行空白；表项向右缩进并左对齐，每行的前面有项目符号。

HTML5 推荐用 CSS 样式来定义列表的类型，所以在 CSS 章节中介绍列表的类型。

【例 2-14】使用无序列表显示鲜品园的新闻分类，本例文件 2-14.html 在浏览器中的显示效果如图 2-16 所示。

```
<!DOCTYPE html>
<html>
    <head>
        <meta charset="utf-8">
        <title>无序列表</title>
    </head>
    <body>
        <h2>新闻分类</h2>
        <ul>
            <li>最新消息
```

图 2-16　无序列表显示效果

```
                <li>鲜品社区
                <li>心得体验
                <li>每日新品
            </ul>
        </body>
</html>
```

### 2.6.2 有序列表

有序列表是一个有特定顺序的列表项集合。在有序列表中，各个列表项有先后顺序之分，它们之间以编号来标识。使用<ol>标签可以建立有序列表，表项的标签仍为<li>。格式为：

```
<ol>
    <li> 表项 1
    <li> 表项 2
    …
</ol>
```

在浏览器中显示时，有序列表整个表项与上下段文本之间各有一个空白行；列表项目向右缩进并左对齐；各表项前带顺序号。

HTML5 推荐使用样式表 CSS 改变有序列表中的序号类型，这里不详细介绍。

【例 2-15】使用有序列表显示鲜品园注册步骤，本例文件 2-15.html 在浏览器中的显示效果如图 2-17 所示。

```
<!DOCTYPE html>
<html>
    <head>
        <meta charset="utf-8">
        <title>有序列表</title>
    </head>
    <body>
        <h2>鲜品园注册步骤</h2>
        <ol>
            <li>填写会员信息；
            <li>接收电子邮件；
            <li>激活会员账号；
            <li>注册成功。
        </ol>
    </body>
</html>
```

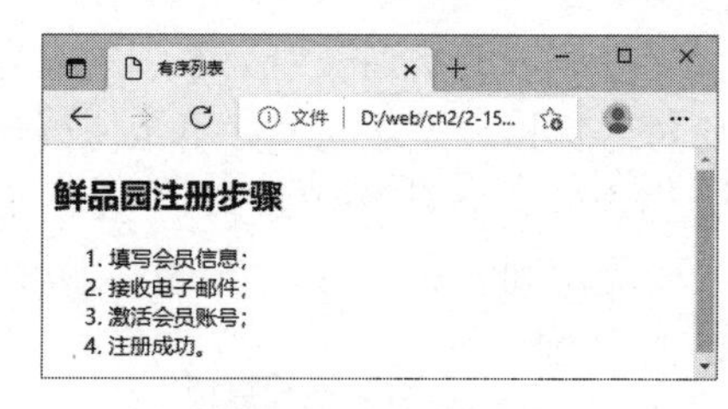


图 2-17　有序列表

### 2.6.3 定义列表

定义列表又称为释义列表或字典列表，定义列表不是带有前导字符的列项目，而是一系列术语及与其相关的解释。当创建一个定义列表时，主要用到 3 个 HTML 标签：<dl>标签、<dt>标签和<dd>标签。格式为：

```
<dl>
    <dt>…第一个标题项…</dt>
    <dd>…对第一个标题项的解释文字…</dd>
    <dt>…第二个标题项…</dt>
```

```
    …
    <dd>…对第二个标题项的解释文字…</dd>
</dl>
```

在<dl>、<dt>和<dd>3 个标签组合中，<dt>是标题，<dd>是内容，<dl>可以看作承载它们的容器。当出现多组这样的标签组合时，应尽量使用一个<dt>标签配合一个<dd>标签的方法。如果<dd>标签中的内容很多，则可以使用嵌套<p>标签。

**【例 2-16】**使用定义列表显示鲜品园联系方式，本例文件 2-16.html 在浏览器中的显示效果如图 2-18 所示。

```
<!DOCTYPE html>
<html>
    <head>
        <meta charset="utf-8">
        <title>定义列表</title>
    </head>
    <body>
        <h2>鲜品园联系方式</h2>
        <dl>
            <dt>电话：</dt>
            <dd>13501145566</dd>
            <dt>地址：</dt>
            <dd>北京市开发区鲜品园有限公司</dd>
        </dl>
    </body>
</html>
```

图 2-18　定义列表显示效果

**【说明】**在上面的示例中，<dl>列表中每一项的名称不再是<li>标签，而是用<dt>标签进行标记，后面跟着由<dd>标签标记的条目定义或解释。默认情况下，浏览器一般会在左边界显示条目的名称，并在下一行缩进显示其定义或解释。

### 2.6.4　嵌套列表

所谓嵌套列表就是无序列表与有序列表嵌套混合使用。嵌套列表可以把页面分为多个层次，给人以很强的层次感。有序列表和无序列表不仅可以自身嵌套，而且彼此可互相嵌套。嵌套方式可分为：无序列表中嵌套无序列表、有序列表中嵌套有序列表、无序列表中嵌套有序列表、有序列表中嵌套无序列表，读者需要灵活掌握。

**【例 2-17】**制作鲜品乐园页面，本例文件 2-17.html 在浏览器中的显示效果如图 2-19 所示。

```
<!DOCTYPE html>
<html>
    <head>
        <meta charset="utf-8">
        <title>嵌套列表</title>
    </head>
    <body>
        <h2>鲜品乐园</h2>
        <ul>
            <li>新闻分类
                <ul>
                    <li>最新消息
```

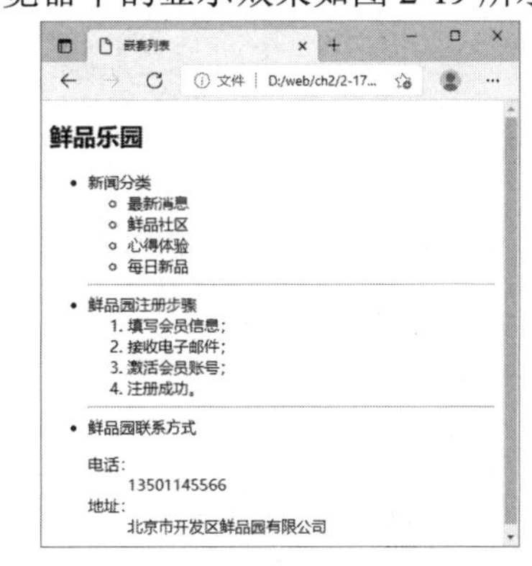


图 2-19　嵌套列表显示效果

```
                    <li>鲜品社区
                    <li>心得体验
                    <li>每日新品
                </ul>
                <hr />
                <!--水平分隔线-->
            <li>鲜品园注册步骤
                <ol>
                    <li>填写会员信息；
                    <li>接收电子邮件；
                    <li>激活会员账号；
                    <li>注册成功。
                </ol>
                <hr />
                <!--水平分隔线-->
            <li>鲜品园联系方式
                <dl>
                    <!--嵌套定义列表-->
                    <dt>电话：</dt>
                    <dd>13501145566</dd>
                    <dt>地址：</dt>
                    <dd>北京市开发区鲜品园有限公司</dd>
                </dl>
        </ul>
    </body>
</html>
```

### 2.6.5　案例——制作鲜品园公司名片页面

【例 2-18】使用列表元素制作鲜品园公司名片页面，本例文件 2-18.html 在浏览器中的显示效果如图 2-20 所示。

图 2-20　页面显示效果

```
<!DOCTYPE html>
<html>
    <head>
```

```
        <meta charset="utf-8" />
        <title>鲜品园公司名片</title>
    </head>
    <body>
        <h3>公司名片</h3>
        <hr color="red" />
        <dl>
            <dt><img src="images/images_1.jpg" width="254" height="80" /></dt>
            <dd>
                <p>鲜品园是国内顶尖的招商加盟门户网站……（此处省略文字）</p>
            </dd>
            <dt><img src="images/images_2.jpg" width="254" height="80" /></dt>
            <dd>
                <p>鲜品园为个人提供最全最新最准确的企业……（此处省略文字）</p>
            </dd>
        </dl>
        <h3>美家平台</h3>
        <hr color="red" />
        <p>技术支持</p>
        <ul>
            <li>鲜品园技术服务部已经成为鲜品商务不可分割……（此处省略文字）</li>
            <li>鲜品园商务提供的技术支持不仅仅解决客户的……（此处省略文字）</li>
            <li>鲜品园商务的形象，随着品牌的不断深入人心……（此处省略文字）</li>
        </ul>
        <p>服务宗旨</p>
        <ul type="circle">
            <li>质量第一</li>
            <li>诚信为本</li>
            <li>开拓进取</li>
            <li>客户至上</li>
        </ul>
    </body>
</html>
```

**【说明】**本例中，“公司名片”部分是通过定义列表实现的，其中插入的图像位于定义列表的标题内，即<dt>标签内部。

## 2.7　多媒体元素

在 HTML5 出现之前并没有将视频和音频嵌入到页面的标准方式，多媒体内容在大多数情况下都是通过第三方插件或集成在 Web 浏览器的应用程序置于页面中的。由于这些插件不是浏览器自身提供的，往往需要手动安装，不仅烦琐而且容易导致浏览器崩溃。运用 HTML5 中新增的音频元素和视频元素可以避免这样的问题。

HTML5 对原生音频和视频的支持潜力巨大，但由于音频、视频的格式众多，以及相关厂商的专利限制，导致各浏览器厂商无法自由使用这些音频和视频的解码器，浏览器能够支持的音频和视频格式相对有限。如果用户需要在网页中使用 HTML5 的音频和视频，就必须熟悉音频和视频格式。

### 2.7.1 audio 元素

HTML5 提供了播放音频的标准，音频元素 audio 能够播放声音文件或音频流。当前，audio 元素支持三种音频格式：OGG、MP3 和 WAV。audio 元素的格式为：

**<audio src="音频文件的 URL" controls="controls" …>文本</audio>**

audio 元素的属性见表 2-4。<audio>与</audio>之间插入的文本是供不支持 audio 元素的浏览器显示的提示文字。

表 2-4 audio 元素的属性

| 属　性 | 描　述 |
|---|---|
| autoplay | 如果出现该属性，则音频在就绪后马上播放 |
| controls | 如果出现该属性，则向用户显示控件，如播放、暂停和音量控件 |
| loop | 如果出现该属性，则每当音频结束时重新开始播放 |
| preload | 如果出现该属性，则音频在页面进行加载，并预备播放 |
| src | 要播放音频的 URL |

【例 2-19】播放音频控件的示例，本例文件 2-19.html 在浏览器中的显示效果如图 2-21 所示。

```
<!DOCTYPE html>
<html>
    <head>
        <meta charset="utf-8">
        <title>播放音频控件示例</title>
    </head>
    <body>
        <h3>播放音频</h3>
        <audio src="audio/song.mp3" controls="controls">
            您的浏览器不支持音频元素
        </audio>
    </body>
</html>
```

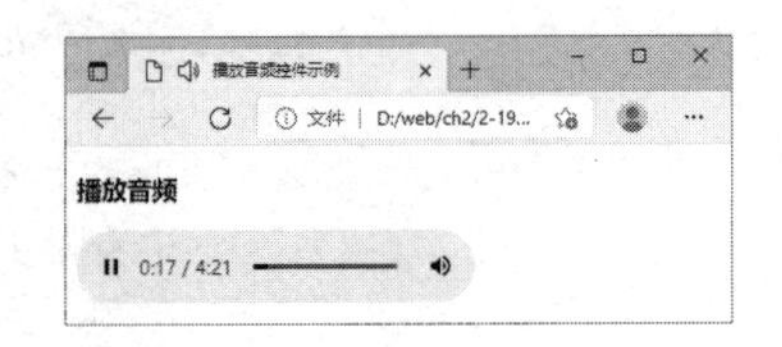


图 2-21 网页中的播放音频控件

### 2.7.2 video 元素

video 元素用于定义视频，如电影片段或其他视频流。目前 video 元素支持三种视频格式：MP4、WebM、OGG。video 元素的格式为：

**<video src="视频文件的 URL" controls="controls" …>文本</video>**

video 元素的属性见表 2-5。可以在<video>和</video>标签之间放置文本内容，这样不支持 video 元素的浏览器就可以显示出该标签的信息。

表 2-5 video 元素的属性

| 属　性 | 描　述 |
|---|---|
| autoplay | 如果出现该属性，则视频在就绪后马上播放 |
| controls | 如果出现该属性，则向用户显示控件，如播放、暂停和音量控件 |
| height | 设置视频播放器的高度 |
| loop | 如果出现该属性，则每当视频结束时重新开始播放 |
| preload | 如果出现该属性，则视频在页面进行加载，并预备播放。如果使用"autoplay"，则忽略该属性 |
| src | 要播放视频的 URL |
| width | 设置视频播放器的宽度 |

【例 2-20】播放视频控件的示例，本例文件 2-20.html 在浏览器中的显示效果如图 2-22 所示。

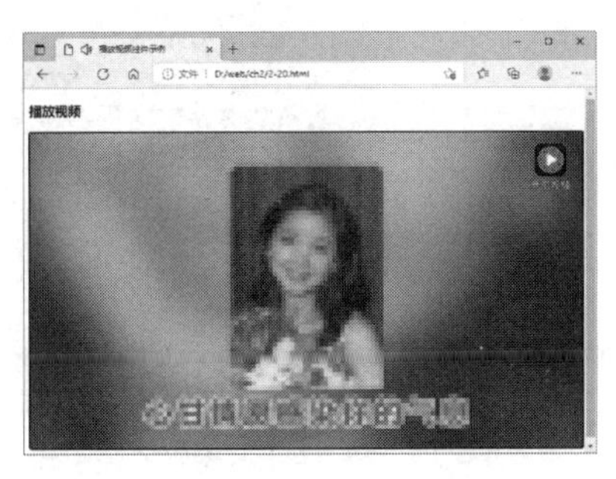


图 2-22　网页中的播放视频控件

```
<!DOCTYPE html>
<html>
    <head>
        <meta charset="utf-8">
        <title>播放视频控件示例</title>
    </head>
    <body>
        <h3>播放视频</h3>
        <video src="video/care.mp4" width="800" height="" controls="controls">
            您的浏览器不支持视频元素
        </video>
    </body>
</html>
```

# 习题 2

1．使用段落与文字的基本排版技术制作如图 2-23 所示的页面。

2．使用列表和超链接元素制作如图 2-24 所示的网页。

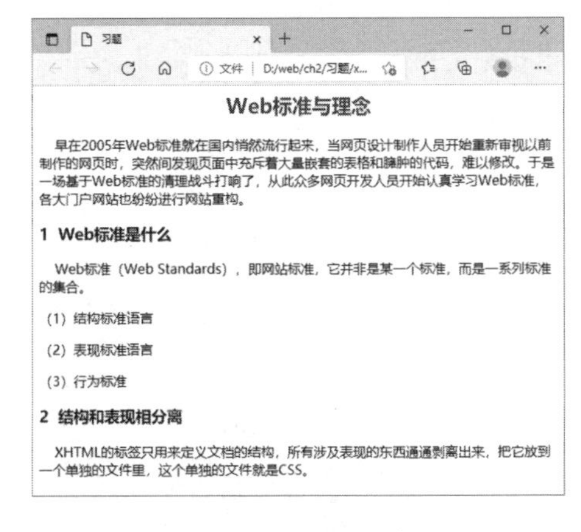


图 2-23　题 1 图

图 2-24　题 2 图

3．使用锚点链接和电子邮件链接制作如图 2-25 所示的网页。

4．使用图片和超链接元素制作如图 2-26 所示的网页。

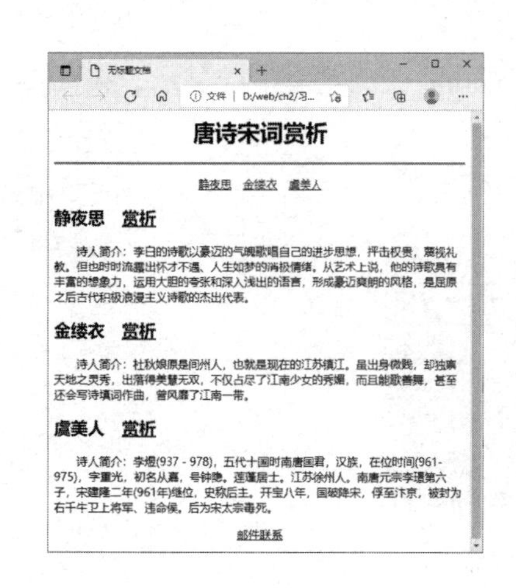


图 2-25　题 3 图

图 2-26　题 4 图

# 第 3 章　网页的布局与交互

网页的布局是指对网页上元素的位置进行合理的安排，一个具有好布局的网页，往往给浏览者带来赏心悦目的感受；表单是网站管理者与访问者之间进行信息交流的桥梁，利用表单可以收集用户意见，做出科学决策。前面讲解了网页的基本排版方法，但并未涉及元素的布局与页面交互，本章将重点讲解使用 HTML 标签布局页面及实现页面交互的方法。

## 3.1　表格元素

表格是网页中的一个重要容器元素，表格除了用来显示数据，还用于搭建网页的结构。

### 3.1.1　表格的结构

表格是由指定数目的行和列组成的，每行的列数通常一致，同行单元格高度一致且水平对齐，同列单元格宽度一致且垂直对齐，这种严格的约束形成了一个不易变形的长方形盒子结构，堆叠排列起来结构很稳定，表格中的内容按照相应的行或列进行分类和显示。表格将文本和图像按行、列排列，它与列表一样，有利于表达信息。表格中的内容按照相应的行或列进行分类和显示，如图 3-1 所示。

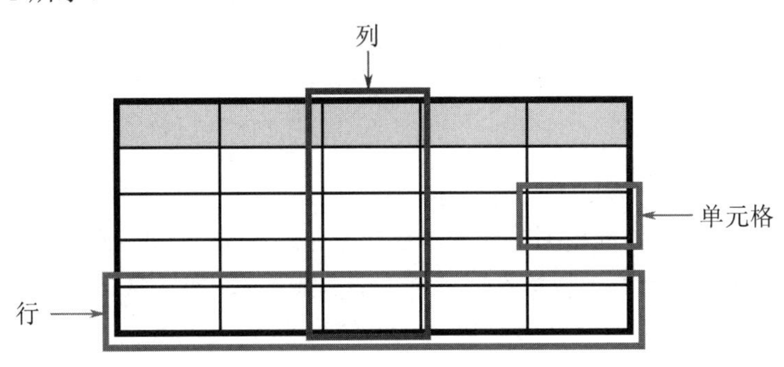


图 3-1　表格的基本结构

### 3.1.2　基本表格

表格用<table>标签定义，标签标题用<caption>标签定义；每个表格有若干行，用<tr>标签定义；每行被分隔为若干单元格，用<td>标签定义；当单元格是表头时，用<th>标签定义。定义表格元素的格式为：

```
<table border="n" width="x|x%" height="y|y%" cellspacing="i" cellpadding="j">
  <caption align="left|right|top|bottom valign=top|bottom>标题</caption>
  <tr> <th>表头 1</th> <th>表头 2</th> <th>…</th> <th>表头 n</th></tr>
  <tr> <td>表项 1</td> <td>表项 2</td> <td>…</td> <td>表项 n</td></tr>
    …
  <tr> <td>表项 1</td> <td>表项 2</td> <td>…</td> <td>表项 n</td></tr>
</table>
```

表格是一行一行建立的，在每一行中填入该行每一列的表项数据。可以把表头看作一行，只不过用的是<th>标签。在浏览器中显示时，<th>标签的文字按粗体显示，<td>标签的文字按正常字体显示。

表格的整体外观由<table>标签的属性决定。

1）border 属性：定义表格边框的粗细，n 为整数，单位为像素。如果省略，则不带边框。

2）width 属性：定义表格的宽度，x 为像素数或百分数（占窗口的）。

3）height 属性：定义表格的高度，y 为像素数或百分数（占窗口的）。

4）cellspacing 属性：定义表项间隙，i 为像素数。

5）cellpadding 属性：定义表项内部空白，j 为像素数。

**【例 3-1】**在页面中添加一个 4 行 3 列的表格。本例文件 3-1.html 在浏览器中显示的效果如图 3-2 所示。

```
<!DOCTYPE html>
<html>
    <head>
        <meta charset="utf-8">
        <title>表格示例</title>
    </head>
    <body>
        <table border="1" cellspacing="10" cellpadding="20">
            <caption>班级名单</caption>
            <tr><th>姓名</th><th>性别</th><th>专业</th></tr>
            <tr><td>田万年</td><td>男</td><td>大数据与信息处理技术</td></tr>
            <tr><td>赵千一</td><td>女</td><td>软件工程</td></tr>
            <tr><td>吕四海</td><td>女</td><td>计算机科学与技术</td></tr>
        </table>
    </body>
</html>
```

图 3-2　表格的显示效果

**【说明】**表格所使用的边框粗细等样式应放在专门的 CSS 样式文件中（后续章节讲解），此处讲解的这些属性仅仅是为了演示表格案例中的页面效果，而在真正设计表格外观时是通过 CSS 样式完成的。

### 3.1.3　跨行跨列表格

在表格中合并单元格，跨行是指单元格在垂直方向上合并，跨列是指单元格在水平方向上合并。<th>标签可以使用 rowspan 和 colspan 两个属性，分别表示该单元格横向和纵向分别跨多少行和多少列。定义跨行跨列表格的格式为：

```
<table>
  <tr><td rowspan="所跨的行数" colspan="所跨的列数">单元格内容</td></tr>
</table>
```

**【例 3-2】**跨行跨列表格示例。本例文件 3-2.html 在浏览器中的显示效果如图 3-3 所示。

```
<!DOCTYPE html>
<html>
    <head>
        <meta charset="utf-8">
```

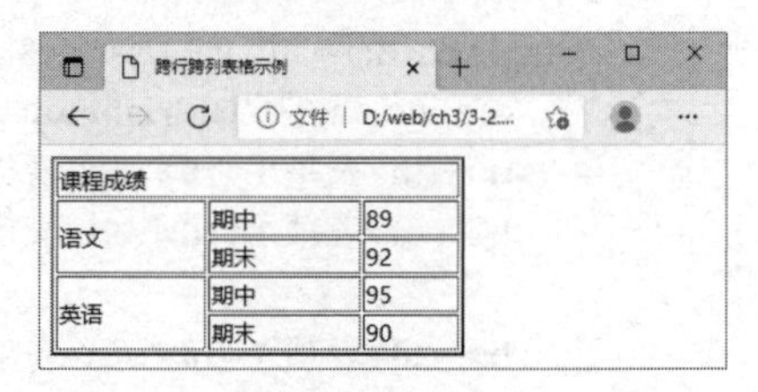


图 3-3　跨行跨列的显示效果

```
            <title>跨行跨列表格示例</title>
        </head>
        <body>
            <table width="300" border="2">
                <tr>
                    <td colspan="3">课程成绩</td><!--设置单元格水平跨 3 列-->
                </tr>
                <tr>
                    <td rowspan="2">语文</td><!--设置单元格垂直跨 2 行-->
                    <td>期中</td>
                    <td>89</td>
                </tr>
                <tr>
                    <td>期末</td>
                    <td>92</td>
                </tr>
                <tr>
                    <td rowspan="2">英语</td><!--设置单元格垂直跨 2 行-->
                    <td>期中</td>
                    <td>95</td>
                </tr>
                <tr>
                    <td>期末</td>
                    <td>90</td>
                </tr>
        </body>
    </html>
```

### 3.1.4　表格数据的分组

表格数据的分组标签包括<thead>、<tbody>和<tfoot>，主要用于对表格数据进行逻辑分组。其中，<thead>标签对应表格的表头；<tbody>标签对应表格的主题；<tfoot>标签对应表格的页脚，即对各分组数据汇总的部分。各分组标签内由多行<tr>组成，子元素仅有<td>和<th>。

<tbody>、<thead>、<tfoot>通常用于对表格内容进行分组，当创建某个表格时，希望拥有一个标题行、一些带有数据的行，以及位于底部的一个总计行。这种划分使浏览器有能力支持独立于表格标题和页脚的表格正文滚动。当长的表格被打印时，表格的表头和页脚可被打印在包含表格数据的每张页面上。

【例 3-3】表格分组示例。本例文件 3-3.html 在浏览器中的显示效果如图 3-4 所示。

```
    <!DOCTYPE html>
    <html>
        <head>
            <meta charset="utf-8">
            <title>分组表格示例</title>
        </head>
        <body>
            <table border="0" width="420"><!--设置表格宽度为 420px，无边框-->
```

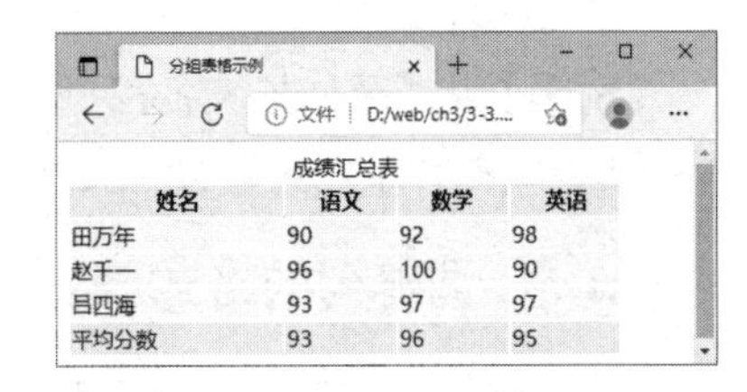


图 3-4　表格分组的显示效果

```
            <caption>成绩汇总表</caption>
            <thead style="background:#FAF0E6"><!--设置表格的页眉-->
                <tr>
                    <th>姓名</th>
                    <th>语文</th>
                    <th>数学</th>
                    <th>英语</th>
                </tr>
            </thead><!--表格页眉结束-->
            <tbody style="background:#FFFAF0"><!--设置表格主体-->
                <tr>
                    <td>田万年</td>
                    <td>90</td>
                    <td>92</td>
                    <td>98</td>
                </tr>
                <tr>
                    <td>赵千一</td>
                    <td>96</td>
                    <td>100</td>
                    <td>90</td>
                </tr>
                <tr>
                    <td>吕四海</td>
                    <td>93</td>
                    <td>97</td>
                    <td>97</td>
                </tr>
            </tbody><!--表格主体结束-->
            <tfoot style="background:#FAF0E6"><!--设置表格的数据页脚-->
                <tr>
                    <td>平均分数</td>
                    <td>93</td>
                    <td>96</td>
                    <td>95</td>
                </tr>
            </tfoot><!--表格页脚结束-->
        </table>
    </body>
</html>
```

**【说明】**为了区分报表各部分的颜色，这里使用了“style”样式属性分别为<thead>、<tbody>和<tfoot>设置背景色，此处只是为了演示页面效果。

### 3.1.5 调整列的格式

为了调整列的格式，对表格中的列组合后，可以对表格中的列定义属性值。

1）<colgroup>标签：对表格中的列进行组合，以便对其进行格式化。

2）<col>标签：对表格中一个或多个列定义属性值，通常位于<colgroup>元素内。

【例 3-4】列格式示例。本例文件 3-4.html 在浏览器中的显示效果如图 3-5 所示。

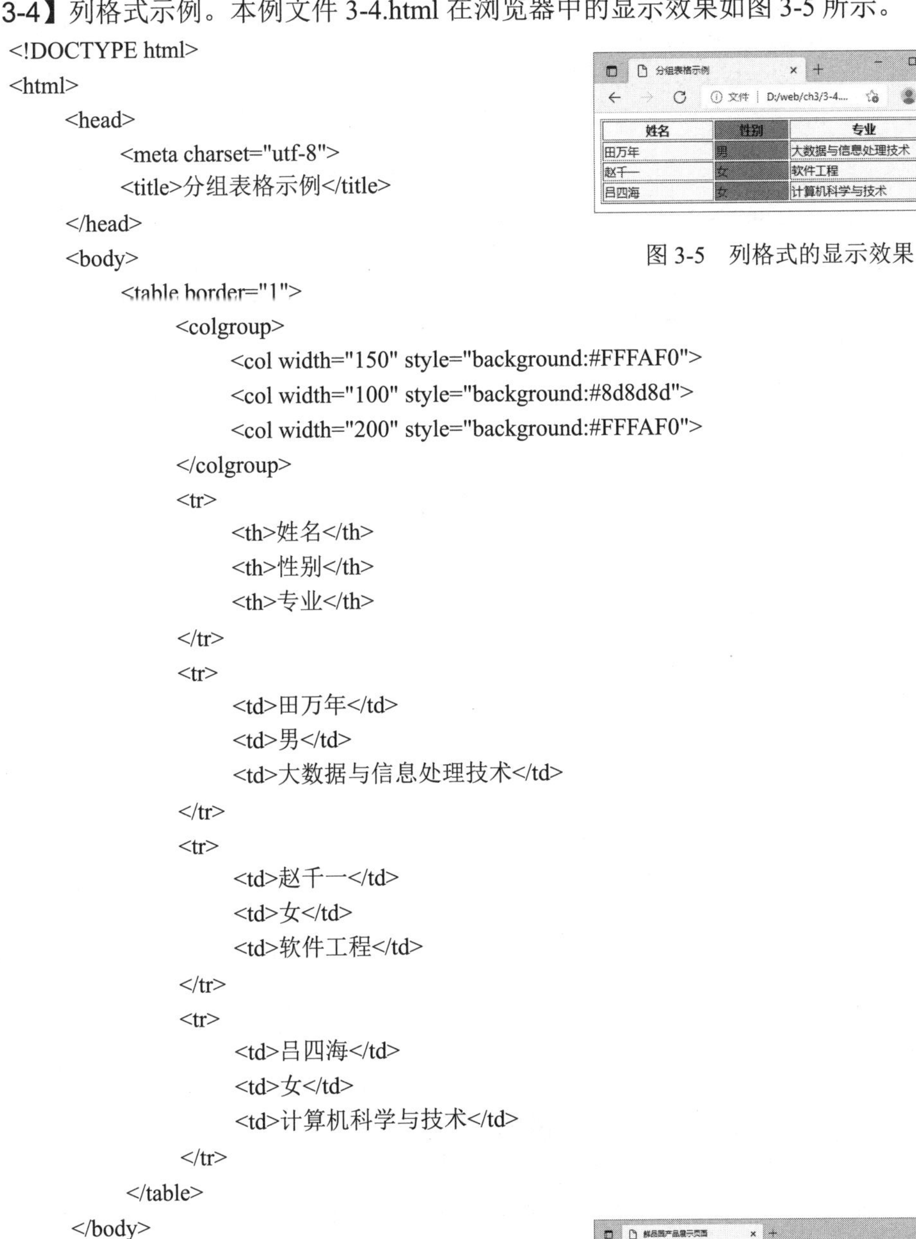

```
<!DOCTYPE html>
<html>
    <head>
        <meta charset="utf-8">
        <title>分组表格示例</title>
    </head>
    <body>
        <table border="1">
            <colgroup>
                <col width="150" style="background:#FFFAF0">
                <col width="100" style="background:#8d8d8d">
                <col width="200" style="background:#FFFAF0">
            </colgroup>
            <tr>
                <th>姓名</th>
                <th>性别</th>
                <th>专业</th>
            </tr>
            <tr>
                <td>田万年</td>
                <td>男</td>
                <td>大数据与信息处理技术</td>
            </tr>
            <tr>
                <td>赵千一</td>
                <td>女</td>
                <td>软件工程</td>
            </tr>
            <tr>
                <td>吕四海</td>
                <td>女</td>
                <td>计算机科学与技术</td>
            </tr>
        </table>
    </body>
</html>
```

| 姓名 | 性别 | 专业 |
| --- | --- | --- |
| 田万年 | 男 | 大数据与信息处理技术 |
| 赵千一 | 女 | 软件工程 |
| 吕四海 | 女 | 计算机科学与技术 |

图 3-5　列格式的显示效果

### 3.1.6　案例——使用表格布局鲜品园产品展示页面

在设计页面时，常需要利用表格来定位页面元素，进而实现页面局部布局，类似于产品展示、新闻列表这样的效果，可以采用表格来实现。

【例 3-5】使用表格布局鲜品园产品展示页面，本例文件 3-5.html 在浏览器中的显示效果如图 3-6 所示。

图 3-6　产品展示页面的显示效果

```
<!DOCTYPE html>
```

```
<html>
    <head>
        <meta charset="utf-8">
        <title>鲜品园产品展示页面</title>
    </head>
    <body>
        <h2 align="center">鲜品园产品展示</h2>
        <table width="428" border="0" align="center">
            <tr>
                <td width="200" height="200" align="center"><img src="images/01.jpg" /></td>
                <td align="center"><img src="images/02.jpg" /></td>
                <td align="center"><img src="images/03.jpg" /></td>
            </tr>
            <tr>
                <td width="200" height="20" align="center">石榴</td>
                <td align="center">榴莲</td>
                <td align="center">香梨</td>
            </tr>
            <tr>
                <td width="200" height="200" align="center"><img src="images/04.jpg" /></td>
                <td align="center"><img src="images/05.jpg" /></td>
                <td align="center"><img src="images/06.jpg" /></td>
            </tr>
            <tr>
                <td width="200" height="20" align="center">龙眼</td>
                <td align="center">火龙果</td>
                <td align="center">橘子</td>
            </tr>
        </table>
    </body>
</html>
```

## 3.2 使用结构元素构建网页布局

在 HTML5 中，为了使文件的结构更加清晰，使用文件结构元素构建网页布局。HTML5 中的主要文件结构元素如下。

- section 元素：代表文件中的一段或一节。
- nav 元素：用于构建导航链接。
- header 元素：页面的页眉。
- footer 元素：页面的页脚。
- article 元素：表示文件、页面、应用程序或网站中独立的内容。
- aside 元素：代表与页面内容相关、有别于主要内容的部分。

使用结构元素构建网页布局如图 3-7 所示。

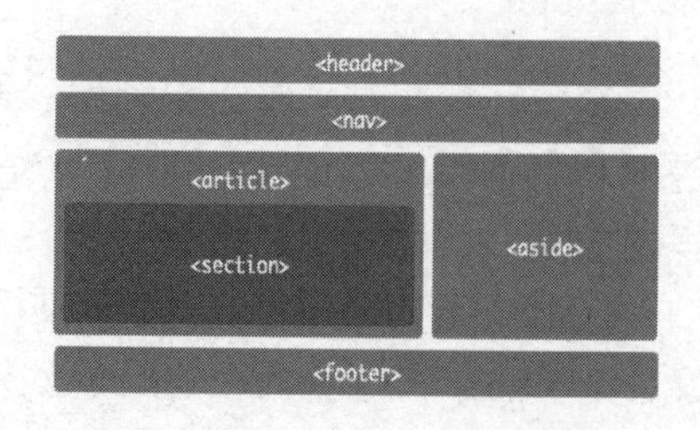


图 3-7　使用结构元素构建网页布局

### 3.2.1 section 元素

section 元素用来定义文件中的节（section、区段），如章节、页眉、页脚或文件中的其他部分。例如，下面的代码定义了文件中的区段，解释了 CSS 的含义。

```
<section>
    <h1> CSS</h1>
    <p>是 Cascading Style Sheets（层叠样式表单）的简称</p>
</section>
```

### 3.2.2 nav 元素

nav 元素用来定义导航链接的部分。例如，下面的代码定义了导航条中常见的首页、上一页和下一页链接。

```
<nav>
    <a href="index.html">首页</a>
    <a href="prev.html">上一页</a>
    <a href="next.html">下一页</a>
</nav>
```

### 3.2.3 header 元素

header 元素用来定义文件的页眉。例如，下面的代码定义了文件的欢迎信息。

```
<header>
    <h1>欢迎光临我的主页</h1>
    <p>我的名字是王小虎</p>
</header>
```

### 3.2.4 footer 元素

footer 元素用来定义 section 或 document 的页脚，通常该标签包含网站的版权、创作者的姓名、文件的创作日期及联系信息。例如，下面的代码定义了网站的版权信息。

```
<footer>
    <p>Copyright &copy; 2021  鲜品园  版权所有</p>
</footer>
```

### 3.2.5 article 元素

article 元素用来定义独立的内容，该元素定义的内容可独立于页面中的其他内容使用。article 元素经常应用于论坛帖子、新闻文章、博客条目和用户评论等应用中。

section 元素可以包含 article 元素，article 元素标签也可以包含 section 元素。section 元素用来分组相类似的信息，article 元素则用来放置诸如一篇文章或博客一类的信息，这些内容可在不影响内容含义的情况下被删除或是被放置到新的上下文中。article 元素，正如它的名称所暗示的那样，提供了一个完整的信息包。相比之下，section 元素包含的是有关联的信息，但这些信息自身不能被放置到不同的上下文中，否则其代表的含义就会丢失。

除了内容部分，一个 article 元素通常有自己的标题（一般放在 header 元素里面），有时还有自己的脚注。

**【例 3-6】**使用 article 元素定义新闻内容，本例文件 3-6.html 在浏览器中的显示效果如

图 3-8 所示。

```
<!DOCTYPE html>
<html>
    <head>
        <meta charset="utf-8">
        <title>article 元素示例</title>
    </head>
    <body>
        <article>
            <header>
                <h1>鲜品园产品发布</h1>
                <p>发布日期:2021/09/16</p>
            </header>
            <p><b>国庆节即将来临</b>，鲜品园将发布第三季度…（文章正文）</p>
            <footer>
                <p>Copyright &copy; 2021  鲜品园  版权所有</p>
            </footer>
        </article>
    </body>
</html>
```

图 3-8　新闻内容的显示效果

【说明】这个示例讲述的是使用 article 元素定义新闻的方法。在 header 元素中嵌入了新闻的标题部分，标题“鲜品园产品发布”被嵌入到<h1>标签中，新闻的发布日期被嵌入到<p>标签中；在标题部分下面的<p>标签中，嵌入了新闻的正文；在结尾处的 footer 元素中嵌入了新闻的版权，作为脚注。整个示例的内容相对比较独立、完整，因此，对这部分内容使用了 article 元素。

### 3.2.6　aside 元素

aside 元素用来表示当前页面或新闻的附属信息部分，它可以包含与当前页面或主要内容相关的引用、侧边栏、广告、导航条，以及其他类似的有别于主要内容的部分。

【例 3-7】使用 aside 元素定义了网页的侧边栏信息，本例文件 3-7.html 在浏览器中的显示效果如图 3-9 所示。

```
<!DOCTYPE html>
<html>
    <head>
        <meta charset="utf-8">
        <title>侧边栏示例</title>
    </head>
    <body>
        <aside>
            <nav>
                <h2>评论</h2>
                <ul>
                    <li>
                        <a href="http://blog.sohu.com/168">王小虎</a> 12-24 14:25
                    </li>
                    <li>
```

图 3-9　侧边栏信息的显示效果

```
                        <a href="http://blog.sohu.com//111">张大帅</a> 12-22 23:48<br/>
                        <a href="http://blog.sohu.com/1256">顶，拜读一下老兄的文章</a>
                    </li>
                    <li>
                        <a href="http://blog.sohu.com/">搜狐官博</a> 09-18 08:50<br/>
                        <a href="#">恭喜！您已经成功开通了博客</a>
                    </li>
                </ul>
            </nav>
        </aside>
    </body>
</html>
```

【说明】本例为一个典型的博客网站中的侧边栏信息，因此放在了 aside 元素中；该侧边栏又包含导航作用的链接，因此放在 nav 元素中；侧边栏的标题是“评论”，放在了<h2>标签中；在标题之后使用了一个无序列表<ul>标签，用来存放具体的导航链接。

### 3.2.7 分组元素

分组元素用于对页面中的内容进行分组。HTML5 中包含 3 个分组元素，分别是 figure 元素、figcaption 元素和 hgroup 元素。

#### 1. figure 元素和 figcaption 元素

figure 元素用于定义独立的流内容（图像、图表、照片、代码等），一般是指一个单独的单元。figure 元素的内容应该与主内容相关，但如果被删除，也不会对文件流产生影响。figcaption 元素用于为 figure 元素组添加标题，一个 figure 元素内最多允许使用一个 figcaption 元素，该元素应该放在 figure 元素的第一个或最后一个子元素的位置。

【例 3-8】使用 figure 元素和 figcaption 元素分组页面内容，本例文件 3-8.html 在浏览器中的显示效果如图 3-10 所示。

```
<!DOCTYPE html>
<html>
    <head>
        <meta charset="utf-8">
        <title>figure 和 figcaption 元素示例</title>
    </head>
    <body>
        <p>鲜品园采用……（此处省略文字）</p>
        <figure>
            <figcaption>鲜品园公司总部</figcaption>
            <p>编辑：张大帅 时间：2021 年 09 月</p>
            <img src="images/com.jpg">
        </figure>
    </body>
</html>
```

图 3-10 页面显示效果（使用 figure 元素和 figcaption 元素）

【说明】figcaption 元素用于定义文章的标题。

#### 2. hgroup 元素

hgroup 元素用于将多个标题（主标题和副标题或子标题）组成一个标题组，通常它与 h1~h6

元素组合使用。通常，将 hgroup 元素放在 header 元素中。

在使用 hgroup 元素时要注意以下几点。

1）如果只有一个标题元素则不建议使用 hgroup 元素。

2）当出现一个或一个以上的标题与元素时，推荐使用 hgroup 元素作为标题元素。

3）当一个标题包含副标题、section 或 article 元素时，建议将 hgroup 元素和标题相关元素存放到 header 元素容器中。

**【例 3-9】** 使用 hgroup 元素分组页面内容，本例文件 3-9.html 在浏览器中的显示效果如图 3-11 所示。

```
<!DOCTYPE html>
<html>
    <body>
        <header>
            <hgroup>
                <h1>鲜品园网站</h1>
                <h2>鲜品园新闻中心</h2>
            </hgroup>
            <p>鲜品园产品发布</p>
        </header>
    </body>
</html>
```

图 3-11　页面显示效果（使用 hgroup 元素）

### 3.2.8　案例——制作鲜品园新品发布页面

**【例 3-10】** 使用结构元素构建网页布局，制作鲜品园新品发布页面，本例文件 3-10.html 在浏览器中的显示效果如图 3-12 所示。

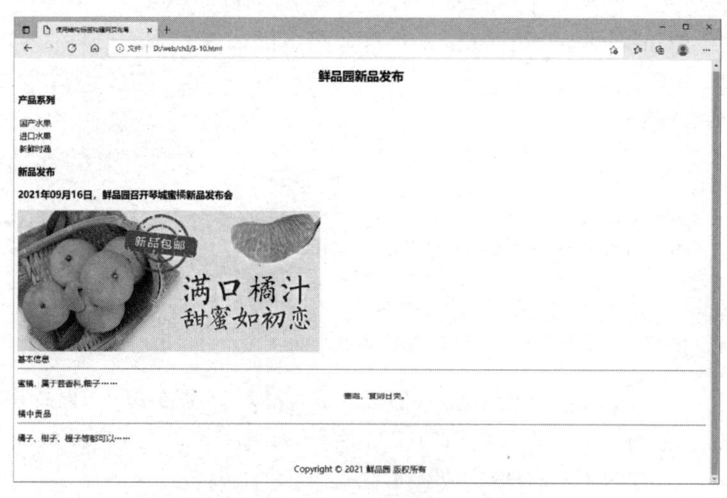


图 3-12　网页布局的显示效果

```
<!DOCTYPE html>
<html>
    <head>
        <meta charset="utf-8">
        <title>使用结构标签构建网页布局</title>
    </head>
```

```
    <body>
        <article id="main">
            <header>
                <h1 align="center">鲜品园新品发布</h>
            </header>
            <aside>
                <h3>产品系列</h3>
                <section>
                    <table>
                        <tr>
                            <td>国产水果</td>
                        </tr>
                        <tr>
                            <td>进口水果</td>
                        </tr>
                        <tr>
                            <td>新鲜时蔬</td>
                        </tr>
                    </table>
                </section>
            </aside>
            <section>
                <header>
                    <hgroup>
                        <h1>新品发布</h1>
                        <h3>2021 年 09 月 16 日，鲜品园召开琴城蜜橘新品发布会</h3>
                    </hgroup>
                </header>
                <section>
                    <img src="images/new.jpg" />
                </section>
                <article>
                    <span>基本信息</span>
                    <hr />
                    <p>蜜橘，属于芸香科和柚子……（此处省略文字）</p>
                </article>
                <article>
                    <span>橘中贡品</span>
                    <hr />
                    <p>橘子、柑子、橙子等都可以……（此处省略文字）</p>
                </article>
            </section>
            <footer>
                <p align="center">Copyright &copy; 2021  鲜品园  版权所有</p>
            </footer>
        </article>
    </body>
</html>
```

# 3.3 页面交互元素

对于网站应用来说，表现最为突出的就是客户端与服务器端的交互。HTML5 增加了交互体验元素，本节将详细讲解这些元素。

## 3.3.1 details 元素和 summary 元素

details 元素用于描述文件或文件某个部分的细节。summary 元素经常与 details 元素配合使用，作为 details 元素的第一个子元素，用于为 details 定义标题。标题是可见的，当用户单击标题时，会显示或隐藏 details 中的其他内容。

**【例 3-11】** 使用 details 元素和 summary 元素描述文件。标题折叠的效果如图 3-13 所示；标题展开的效果图 3-14 所示。

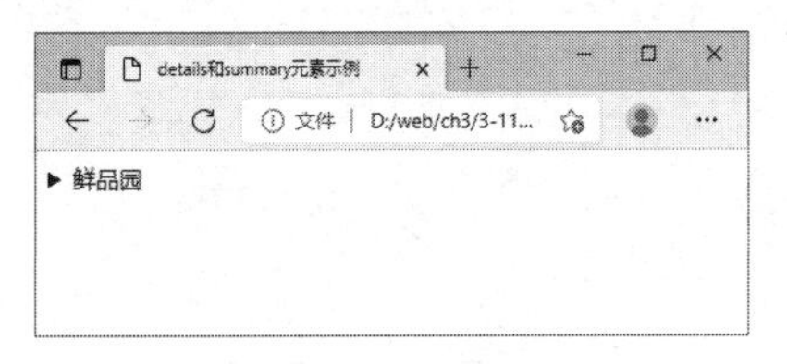


图 3-13　标题折叠的效果

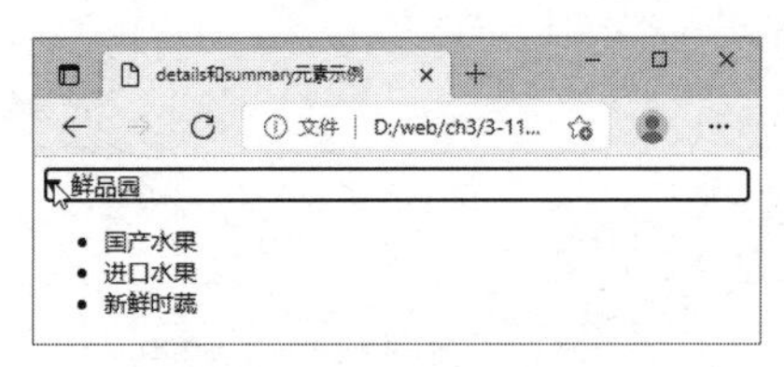


图 3-14　标题展开的效果

```
<!DOCTYPE html>
<html>
    <head>
        <meta charset="utf-8">
        <title>details 和 summary 元素示例</title>
    </head>
    <body>
        <details>
            <summary>鲜品园</summary>
            <ul>
                <li>国产水果</li>
                <li>进口水果</li>
                <li>新鲜时蔬</li>
            </ul>
        </details>
    </body>
</html>
```

## 3.3.2 progress 元素

progress 元素用于表示一个任务的完成进度。这个进度可以是不确定的，只是表示进度正在进行，但是不清楚还有多少工作量没有完成。progress 元素的常用属性值有两个，具体如下。

- value：已经完成的工作量。
- max：共有多少工作量。

其中，value 和 max 属性的值必须大于 0，且 value 的值要小于或等于 max 的值。

【例 3-12】使用 progress 元素显示项目开发进度，本例文件 3-12.html 在浏览器中的显示效果如图 3-15 所示。

```
<!DOCTYPE html>
<html>
	<head>
		<meta charset="utf-8">
		<title>progress 元素示例</title>
	</head>
	<body>
		<h1>琴城蜜橘销售进度</h1>
		<p><progress min="0" max="100" value="40"></progress></p>
	</body>
</html>
```

图 3-15　项目开发进度的显示效果

## 3.4　分区元素 div

前面介绍的几类块级元素一般用于组织小区块的内容，为了便于管理，许多小区块还需要放到一个大区块中进行布局。

分区元素 div 常用于页面布局时对区块的划分，它相当于一个大“容器”，div 可定义文件中的分区。div 是 division 的简写，意为分割、区域、分组。div 元素可以把文件分割为独立的、不同的部分。它可以用作严格的组织工具，并且不使用任何格式与其关联。div 元素可以容纳无序列表、有序列表、表格、表单等块级标签，同时也可以容纳普通的标题、段落、文字、图像等内容。

div 元素是一个块级元素，浏览器通常会在 div 元素前后放置一个换行符，换行是 div 元素固有的唯一格式表现。通常使用 div 元素来组合块级元素，这样即可使用样式对它们进行格式化。由于 div 元素没有明显的外观效果，因此需要为其添加 CSS 样式属性，这样才能看到区块的外观效果。div 元素的格式为：

```
<div id="控件 id" class="类名">文本、图像或表格</div>
```

div 元素的属性如下。

1）id 属性：用于标识单独的唯一的元素。id 值必须以字母或下画线开始，不能以数字开始。

2）class 属性：用于标识类名或元素组（类似的元素，或者可以理解为某一类元素）。

如果用 id 或 class 来标记<div>，那么该标签的作用会变得更加有效。不必为每一个<div>都加上 class 或 id，虽然这样做也有一定的好处。

【例 3-13】使用 div 元素组织网页内容示例。本例文件 3-13.html 在浏览器中的显示效果如图 3-16 所示。

图 3-16　网页内容的显示效果

```
<!DOCTYPE html>
<html>
	<head>
		<meta charset="utf-8">
		<title>div 元素组织网页内容</title>
	</head>
	<body>
		<div class="page">
			<div id="head" class="header">
```

```
                <h1>鲜品园</h1>
                <hr />
            </div>
            <div class="nav">
                <p>首页  蔬果热卖  全部产品  最新资讯  联系我们</p>
                <hr />
            </div>
            <div id="main" class="main_news">
                <h4>新品发布</h4>
                <p>2021 年 09 月 16 日，鲜品园召开琴城蜜橘新品发布会…</p>
            </div>
            <div class="foot">
                <hr />
                <h5>Copyright &copy; 2021  鲜品园  版权所有</h5>
            </div>
        </div>
    </body>
</html>
```

**【说明】**本例把整个文件体（body）设置为 1 个分区（page），然后在该分区中设置了 4 个分区，分别是页头分区（header）、导航栏分区（nav）、主题内容分区（main）和页脚的版权分区（foot）。

由于页面中的内容并未设置 CSS 样式，因此整个页面看起来并不美观，在后续章节的练习中将利用 CSS 样式对该页面进行美化。有关 div 元素的应用，将在后续章节中介绍。

## 3.5 范围元素 span

span 元素被用来组合文件中的行内元素。span 元素没有固定的格式表现，当对它应用样式时，才会产生视觉上的变化。范围标签<span>用于标识行内的某个范围，以实现行内某个部分的特殊设置以区分其他内容。其格式为：

**<span>内容</span>**

例如，<p><span>文本内容</span>其他内容</p>。

如果不对 span 应用样式，那么 span 元素中的文本与其他文本不会有任何视觉上的差异。尽管如此，上例中的 span 元素仍然为 p 元素增加了额外的结构。

可以为 span 元素应用 id 或 class 属性，这样既可以增加适当的语义，又便于对 span 应用样式。

span 元素与 div 元素的区别在于，span 元素仅是个行内元素，不会换行，而 div 元素是一个块级元素，它包围的元素会自动换行。块级元素相当于行内元素在前后各加了一个<br />标签。用容器这一词更容易理解它们的区别，块级元素 div 相当于一个大容器，而行内元素 span 相当一个小容器，大容器当然可以盛放小容器。

另外，span 元素本身没有任何属性，没有结构上的意义，当其他元素都不合适时可以换上它，同时 div 元素可以包含 span 元素，反之则不行。

## 3.6 表单

网页中的注册、登录、搜索等用于用户输入内容的文本框、单选按钮、复选框、下拉列表框、按钮等，都可以用表单来实现。当访问者在表单中输入信息，单击“提交”按钮后，这些信息将被发送到服务器，服务器端脚本或应用程序将对这些信息进行处理。

### 3.6.1 form 元素

网页上具有可输入表项及项目选择等控制所组成的栏目称为表单。<form>标签用于创建供用户输入的 HTML 表单。form（表单）元素是块级元素，其前后会产生折行。form 元素的基本格式为：

```
<form name="表单名" action="URL" method="get|post"  …>
    …
</form>
```

<form>标签主要处理表单结果的处理和传送，常用属性如下。

1）action 属性：规定当提交表单时向何处发送表单数据，是网址还是 E-mail 地址。这个属性必须有。

2）method 属性：规定用于发送表单数据时的发送类型，其属性值可以是 get 或 post，具体是哪一个，取决于后台程序。这个属性必须有。

3）enctype 属性：规定在发送表单数据之前如何对其进行编码。enctype 属性有以下 3 个值。

- application/x-www-form-urlencoded：默认的编码方式，在发送前编码所有字符。
- multipart/form-data：被编码为一条二进制消息，网页上的每个控件对应消息中的一个部分，包括文件域指定的文件。在使用包含文件上传控件的表单时，必须使用这个值。
- text/plain：空格转换为加上（+），但不对特殊字符编码。

4）name 属性：表单的名字，在一个网页中用于唯一识别一个表单，与 id 属性值相同。

5）target 属性：规定使用哪种方式打开目标 URL，它的属性值可以是_blank、_self、_parent 或_top 中的一个，使用方法与<a>标签的 target 属性相同。

### 3.6.2 input 元素

input（输入）元素用来定义用户输入数据的输入字段，根据不同的 type 属性值，输入字段可以是文本字段、密码字段、复选框、单选按钮、按钮、隐藏域、图像、文件等。input 元素的基本格式为：

```
<input type="表项类型" name="元素名" size="x" maxlength="y" />
```

input 元素的常用属性如下。

1）type 属性：指定要加入表单项目的类型，type 的属性值有 10 种表单控件，见表 3-1。

表 3-1　input 元素的 type 属性值

| type 属性值 | 描　述 |
|---|---|
| text | 单行文本输入框，可以输入一行文本，可通过 size 和 maxlength 定义显示的宽度和最大字符数 |
| password | 密码输入框，同单行文本框，不同的是该区域字符会被掩码 |
| radio | 单选按钮，相同 name 属性的单选按钮只能选中一个，默认选中 checked="checked" |
| checkbox | 复选框，多选按钮，可以同时选中多个，默认选中 checked="checked" |
| submit | 提交按钮，单击该按钮后将表单数据发送到服务器 |
| reset | 重置按钮，单击该按钮后会清除表单中输入的所有数据 |

续表

| type 属性值 | 描　　述 |
| --- | --- |
| button | 按钮，大部分情况下执行的是 JavaScript 脚本 |
| image | 图片形式的提交按钮，效果同提交按钮，必须使用 src 属性定义图片的 URL，并且使用 alt 定义当图片无法显示时的替代文字。height 和 width 属性定义图片的高和宽 |
| file | 选择文件控件，用于上传文件 |
| hidden | 隐藏的输入区域，一般用于定义隐藏的参数 |
| color | 让用户从拾色器中选择一个颜色 |
| date | 让用户从一个日期选择器中选择一个日期 |
| datetime | 让用户从一个 UTC 日期和时间选择器中选择一个日期，有的浏览器不支持 |
| datetime-local | 让用户从日期时间选择器中选择一个本地的日期和时间 |
| time | 让用户从时间选择器中选择小时和分 |
| month | 让用户从月份选择器中选择月份，包括年和月 |
| week | 让用户从周、年选择器中选择周和年 |
| email | 生成一个 E-Mail 地址的输入框 |
| number | 生成一个只能输入数值的输入框 |
| range | 生成一个拖动条，通过拖动输入一定范围内的数字值 |
| search | 生成一个用于输入搜索关键字的文本框 |
| tel | 生成一个只能输入电话号码的文本框 |
| url | 生成一个 URL 地址的输入框 |

2）name 属性：定义 input 元素的名称。

3）size 属性：定义该控件的宽度。

4）maxlength 属性：规定输入字段中字符的最大长度。

5）checked 属性：当页面加载时是否预先选择该 input 元素（适用于 type="checkbox"或 type="radio"）。

6）readonly 属性：规定输入字段为只读，字段的值无法修改。

7）autofocus 属性：规定输入字段在页面加载时是否获得焦点（不适用于 type="hidden"）。

8）disabled 属性：当页面加载时是否禁用该 input 元素（不适用于 type="hidden"）。

9）value 属性：规定 input 元素的默认值。

**【例 3-14】**制作不同类型的 input 元素示例。本例文件 3-14.html 在浏览器中的显示效果如图 3-17 所示。

图 3-17　不同类型的按钮

```
<!DOCTYPE html>
<html>
    <head>
        <meta charset="utf-8">
        <title>表单的 input 示例</title>
    </head>
    <body>
        <form action="" method="">
            账号: <input type="text" name="user" size=30 /><br />
            密码: <input type="password" name="passwd" size=30 /><br />
            性别: <input type="radio" name="sex" value="male" /> 男
            <input type="radio" name="sex" value="female" checked="checked" />女<br />
```

```
            技术: <input type="checkbox" name="tech" value="java" />Java
            <input type="checkbox" name="tech" value="html" />html
            <input type="checkbox" name="tech" value="css" />CSS<br />
            选择上传文件: <input type="file" name="file" /><br />
            图片按钮: <input type="image" src="images/ClickEnter.jpg" width="80" height="25">
<br />
            隐藏组件:<input type="hidden" name="mykey" value="myvalue" /><br />
            选择你喜欢的颜色: <input type="color" name="favcolor"><br>
            工作日期: <input type="date" name="bday"><br />
            生日(日期和时间): <input type="datetime-local" name="bdaytime"><br />
            选择时间: <input type="time" name="usr_time"><br />
            生日(月和年): <input type="month" name="bdaymonth"><br />
            数量(1 到 5 之间): <input type="number" name="quantity" min="1" max="5"><br />
            强度: <input type="range" name="points" min="1" max="10"><br />
            <input type="reset" />  <input type="submit" />  <input
type="reset" value="自定义按钮" />
        </form>
    </body>
</html>
```

### 3.6.3 label 元素

label（标签）元素为表单中的其他控件元素添加说明文字。在浏览器中，当用户单击 label 元素生成标签时，就会自动将焦点转到与该标签相关的表单控件上。label 元素的格式为：

**<label for="id">说明文字</label>**

label 元素最重要的属性是 for 属性，for 属性把 label 绑定到另一个元素中，把 for 属性的值设置为相关元素的 id 属性的值。使 label 元素与表单控件关联的方法有以下两种。

- 使用<label>标签 for 属性，指定为关联表单控件的 id。
- 把说明与表单控件一起放入<label>…</label>标签内部。

【例 3-15】label 元素的示例。本例文件 3-15.html 在浏览器中的显示效果如图 3-18 所示，单击“密码”标签，焦点将定位到其关联的文本框中。

```
<!DOCTYPE html>
<html>
    <head>
        <meta charset="utf-8">
        <title>label 元素示例</title>
    </head>
    <body>
        <form action="" method="post">
            <label for="username">用户名：</label><input id="username" type="text" name=
"user"/><br />
            <label>密码：<input type="password" name="passwd" /></label><br />
        </form>
    </body>
</html>
```

图 3-18 label 元素的显示效果

### 3.6.4 select 元素

select（选择栏）元素可创建下拉菜单或列表框，实现单选或多选菜单。<select>标签必须配合<option>标签和<optgroup>标签使用，<option>标签定义列表中的可用选项；<optgroup>标签表示一个列表项组，该元素中只能有 option 子元素。

#### 1．select

select 元素的格式为：

```
<select size="x" name="控件名" multiple= "multiple">
    <optgroup>
        <option …> … </option>
        <option …> … </option>
          …
    </optgroup>
    …
</select>
```

select 元素的属性如下。

1）size 属性：指定下拉列表中同时显示选项的数目，默认值为 1。

2）name 属性：下拉列表的名称。

3）multiple 属性：指定可选择多个选项，属性值只能是 multiple。无此属性为单选。

#### 2．option

option 元素定义下拉列表中的一个选项。浏览器将<option>标签中的内容作为<select>标签的菜单或是滚动列表中的一个元素显示。option 元素必须位于 select 元素内部。option 元素的格式为：

```
<option value="选项值" selected ="selected">…</option>
```

option 元素的属性如下。

1）value 属性：定义该列表项对应的送往服务器的参数。若省略，则初值为 option 中的内容。

2）selected 属性：指定该选项的初始状态为选中，其属性值只能是 selected。

#### 3．optgroup

如果列表选项有很多，则可以使用<optgroup>标签对相关选项分组。optgroup 元素的格式为：

```
<optgroup>
    <option …> … </option>
    <option …> … </option>
      …
</optgroup>
```

optgroup 元素的属性如下。

1）label 属性：为选项组指定说明文字，本属性必须设置。

2）disabled 属性：设置用该选项组，属性值是 disabled。

【例 3-16】制作问卷调查的下拉菜单示例。本例文件 3-16.html 在浏览器中的显示效果如图 3-19 所示。

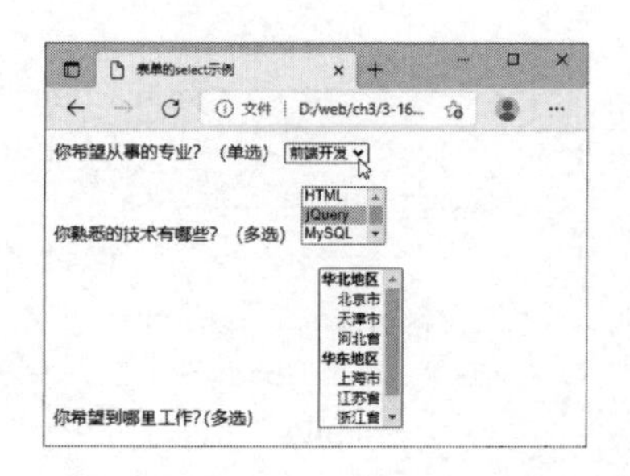


图 3-19 下拉菜单的显示效果

```
<!DOCTYPE html>
```

```
<html>
    <head>
        <meta charset="utf-8">
        <title>表单的 select 示例</title>
    </head>
    <body>
        <form action="" method="post">
            你希望从事的专业？（单选）
            <select>
                <option value="front">前端开发</option>
                <option value="back">后端开发</option>
                <option value="ai">人工智能</option>
            </select><br /><br />
            你熟悉的技术有哪些？（多选）
            <select size="3" multiple="multiple">
                <option value="html">HTML</option>
                <option value="jq" selected="selected">jQuery</option>
                <option value="mysql">MySQL</option>
                <option value="asp">ASP.NET</option>
            </select><br /><br />
            你希望到哪里工作？（多选）
            <select size="8" multiple="multiple">
                <optgroup label="华北地区">
                    <option value="beijing">北京市</option>
                    <option value="tianjin">天津市</option>
                    <option value="hebei">河北省</option>
                </optgroup>
                <optgroup label="华东地区">
                    <option value="shanghai">上海市</option>
                    <option value="jiangsu">江苏省</option>
                    <option value="zhejiang">浙江省</option>
                    <option value="anhui">安徽省</option>
                </optgroup>
            </select>
        </form>
    </body>
</html>
```

### 3.6.5 button 元素

<button>标签定义一个按钮。<button>与</button>标签之间的所有内容都是按钮的内容，其中包括任何可接受的内容，包括文本、图像或多媒体内容。这是 button（按钮）元素与 input 元素创建的按钮之间的不同之处。button 元素与<input type="button">相比，前者提供了更强大的功能和更丰富的内容。button 元素的格式为：

**<button type="按钮的类型">文本、图像元素</button>**

button 元素的属性如下。

1）type 属性：指定按钮的类型，只能是 button、reset 或 submit，对应<input>的 3 种类型

的按钮。

2）autofocus 属性：autofocus 规定当页面加载时按钮应当自动地获得焦点。

3）disabled 属性：disabled 规定应该禁用该按钮。

4）name 属性：button_name 规定按钮的名称。

5）value 属性：规定按钮的初始值。可由脚本进行修改。

**【例 3-17】**按钮元素示例。本例文件 3-17.html 在浏览器中的显示效果如图 3-20 所示。

```
<!DOCTYPE html>
<html>
    <head>
        <meta charset="utf-8">
        <title>button 元素示例</title>
    </head>
    <body>
        <form action="" method="post">
            <button type="submit">提交</button>  
            <button type="reset">重置</button>  
            <button type="button">确定</button><br /><br />
            <button type="button"><img src="images/ClickEnter.jpg" width="100"
                        height="30"></button>
        </form>
    </body>
</html>
```

图 3-20　按钮元素的显示效果

### 3.6.6　textarea 元素

textarea（多行文本）元素定义多行的文本输入控件。可以输入多个段落的文字，文本区中可容纳无限数量的文本。textarea 元素的格式为：

```
<textarea name="名称" rows="行数" cols="列数">
    初始文本内容
</textarea>
```

textarea 元素的属性如下。

1）cols 属性：指定 textarea 文本区内的宽度，此属性必须设置。

2）rows 属性：指定 textarea 文本区内的可见行数，即高度，此属性必须设置。

3）maxlength 属性：指定文本区内的最大字符数。行数和列数是指不拖动滚动条就可看到的部分。

4）name 属性：指定本标签的 ID 名称。

5）placeholder 属性：指定描述文本区的简短提示。

6）readonly 属性：指定文本区为只读，这个属性值只能是 readonly。

7）required 属性：指定文本区是必填的，这个属性值只能是 required。

通过 cols 和 rows 属性来规定 textarea 的尺寸，不过更好的办法是使用 CSS 的 height 和 width 属性。

**【例 3-18】**多行文本元素示例。本例文件 3-18.html 在浏览器中的显示效果如图 3-21 所示。

```
<!DOCTYPE html>
<html>
```

```
    <head>
        <meta charset="utf-8">
        <title>textarea 元素示例</title>
    </head>
    <body>
        <form action="" method="post">
            <p>学习经历</p>
            <textarea rows="5" cols="60" placeholder="从小学开始，必填"   required="required"> </textarea><br />
            <p>备注</p>
            <textarea rows="4" cols="60"></textarea><br />
            <input type="submit" name="" id="" value="确定" />  
            <input type="reset" name="" id="" value="重置输入" />
        </form>
    </body>
</html>
```

图 3-21　多行文本元素的显示效果

### 3.6.7　表单分组

大型表单容易在视觉上产生混淆，可以通过表单分组将表单上的元素在形式上进行组合，以达到一目了然的效果。常见的分组标签有<fieldset>和<legend>。格式为：

```
<form>
    <fieldset>
        <legend>分组标题</legend>
        表单元素…
    </fieldset>
    …
</form>
```

其中，<fieldset>标签可以看作表单的一个子容器，将所包含的内容以边框环绕方式显示，<legend>标签则是为<fieldset>边框添加相关的标题。

【例 3-19】表单分组示例，本例文件 3-19.html 在浏览器中的显示效果如图 3-22 所示。

```
<!DOCTYPE html>
<html>
    <head>
        <meta charset="utf-8">
        <title>表单分组</title>
    </head>
    <body>
        <form>
            <fieldset>
                <legend>请选择个人爱好</legend>
                <input type="checkbox" name="like" value="音乐">音乐
                <input type="checkbox" name="like" value="上网" checked>上网
                <input type="checkbox" name="like" value="足球">足球
                <input type="checkbox" name="like" value="下棋">下棋
            </fieldset>
            <br />
```

图 3-22　表单分组的显示效果

```
                <fieldset>
                    <legend>请选择个人课程选修情况</legend>
                    <input type="checkbox" name="choice" value="computer" />计算机 <br />
                    <input type="checkbox" name="choice" value="math" />数学 <br />
                    <input type="checkbox" name="choice" value="chemical" />化学 <br />
                </fieldset>
            </form>
        </body>
    </html>
```

### 3.6.8 使用表格布局表单

从上面制作的表单案例中可以看出，由于表单没有经过布局，页面整体看起来不太美观。在实际应用中，可以采用以下两种方法布局表单：一种是使用表格布局表单；另一种是使用CSS样式布局表单。本小节主要讲解使用表格布局表单。

**【例 3-20】**使用表格布局制作鲜品园联系我们表单，表格布局示意图如图 3-23 所示，最外围的虚线表示表单，表单内部包含一个 6 行 3 列的表格。其中，第一行和最后一行使用了跨 2 列的设置。本例文件 3-20.html 在浏览器中的显示效果如图 3-24 所示。

图 3-23　表格布局示意图

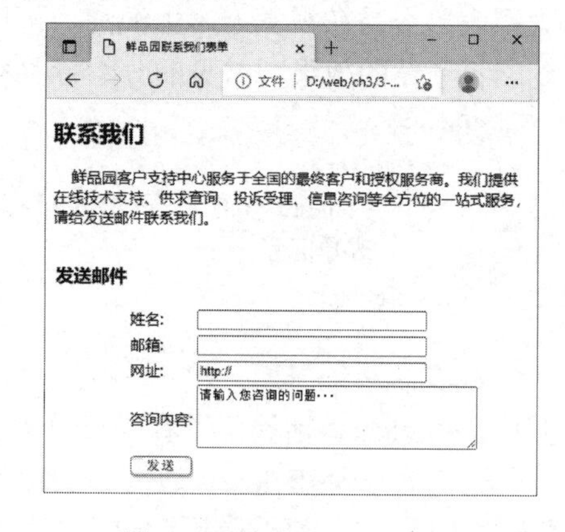


图 3-24　表单的显示效果

```
<!DOCTYPE html>
<html>
<head>
<meta charset="utf-8">
    <title>鲜品园联系我们表单</title>
  </head>
  <body>
  <h2>联系我们</h2>
  <p>    鲜品园客户支持中心服务于……（此处省略文字）</p>
  <form>
    <table>
        <tr>
          <td><h3>发送邮件</h3></td>
          <td colspan="2"> </td>      <!--内容跨 2 列并且用“空格”填充-->
        </tr>
```

```
        <tr>
          <td> </td>                    <!--内容用“空格”填充以实现布局效果-->
          <td>姓名:</td>
          <td> <input type="text" name="username" size="30"></td>
        </tr>
        <tr>
          <td> </td>                    <!--内容用“空格”填充以实现布局效果-->
          <td>邮箱:</td>
          <td> <input type="text" name="email" size="30"></td>
        </tr>
        <tr>
          <td> </td>                    <!--内容用“空格”填充以实现布局效果-->
          <td>网址:</td>
          <td> <input type="text" name="url" size="30" value="http://"></td>
        </tr>
        <tr>
          <td> </td>                    <!--内容用“空格”填充以实现布局效果-->
          <td>咨询内容:</td>
          <td> <textarea name="intro" cols="40" rows="4">请输入您咨询的问题…</textarea></td>
        </tr>
        <tr>
          <td> </td>                    <!--内容用“空格”填充以实现布局效果-->
          <td colspan="2"> <input type="image" src="images/submit.gif" /></td>
        </tr>
      </table>
    </form>
    </body>
</html>
```

# 习题 3

1. 制作如图 3-25 所示的课程表。
2. 制作如图 3-26 所示的产品销量表。

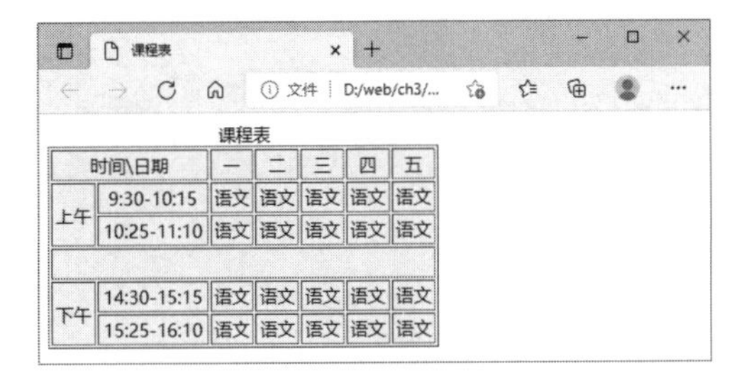

课程表

| 时间\日期 | | 一 | 二 | 三 | 四 | 五 |
|---|---|---|---|---|---|---|
| 上午 | 9:30-10:15 | 语文 | 语文 | 语文 | 语文 | 语文 |
| | 10:25-11:10 | 语文 | 语文 | 语文 | 语文 | 语文 |
| | | | | | | |
| 下午 | 14:30-15:15 | 语文 | 语文 | 语文 | 语文 | 语文 |
| | 15:25-16:10 | 语文 | 语文 | 语文 | 语文 | 语文 |

图 3-25　题 1 图

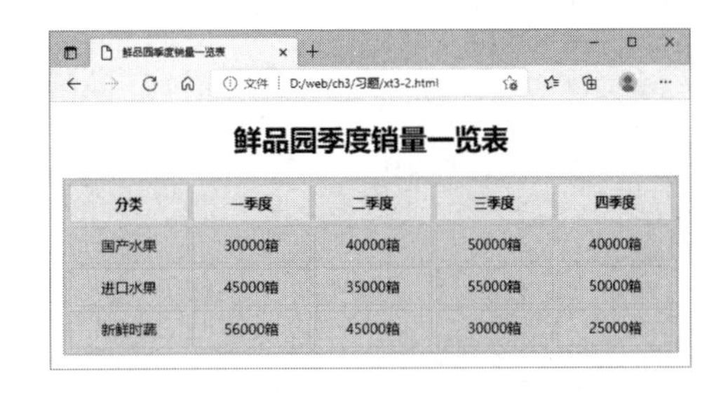

鲜品园季度销量一览表

| 分类 | 一季度 | 二季度 | 三季度 | 四季度 |
|---|---|---|---|---|
| 国产水果 | 30000箱 | 40000箱 | 50000箱 | 40000箱 |
| 进口水果 | 45000箱 | 35000箱 | 55000箱 | 50000箱 |
| 新鲜时蔬 | 56000箱 | 45000箱 | 30000箱 | 25000箱 |

图 3-26　题 2 图

3．使用<div>标签组织段落等网页内容，制作精选信息栏目，如图 3-27 所示。

4．制作鲜品园会员注册表单，如图 3-28 所示。

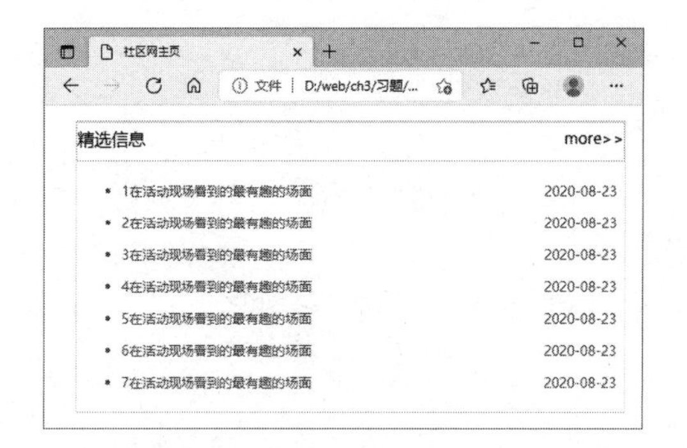


图 3-27　题 3 图

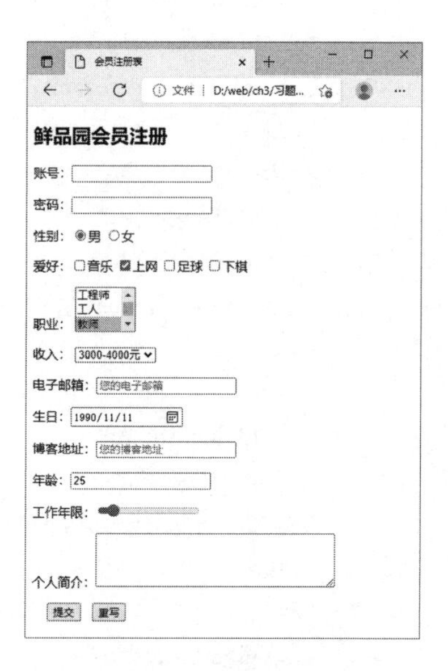


图 3-28　题 4 图

# 第 4 章　CSS3 基础

CSS 是目前最好的网页表现语言之一，所谓表现就是赋予结构化文件内容显示的样式，包括版式、颜色和大小等，它扩展了 HTML 的功能，使网页设计者能够以更有效的方式设置网页格式。现在几乎所有漂亮的网页都使用了 CSS，CSS 已经成为网页设计必不可少的工具之一。

## 4.1　CSS3 概述

CSS（Cascading Style Sheets，级联样式单，也叫层叠样式单）简称为样式表，CSS 是用于定义如何显示 HTML 元素，控制网页样式并将样式与网页内容分离的一种标记性语言。CSS 的表现与 HTML 的结构相分离，CSS 通过对页面结构的风格进行控制，进而控制整个页面的风格。也就是说，页面中显示的内容放在结构里，而修饰、美化放在表现里，做到结构（内容）与表现分开，这样，当页面使用不同的表现时，呈现的样式是不一样的，就像人穿了不同的衣服，表现就是结构的外衣，W3C 推荐使用 CSS 来完成表现。1996 年 12 月，W3C 发布了 CSS 规范的第一个版本 CSS 1.0 规范，1998 年 5 月，W3C 发布了 CSS 2.0 版本规范，2001 年 5 月，W3C 完成了 CSS 3.0 的工作草案，该草案制定了 CSS3 的发展路线图，并将 CSS3 规范分为若干个相互独立的模块单独升级，统称为 CSS3，CSS3 完全向后兼容。

### 4.1.1　CSS3 的编写规范

任何一个项目或系统开发之前都需要制定一个开发约定和规则，这样有利于项目的整体风格统一、代码维护和扩展。由于 Web 项目开发的分散性、独立性、整合的交互性等，所以制定一套完整的约定和规则显得尤为重要。

#### 1. 目录结构命名规范

存放 CSS 样式文件的目录一般命名为 style 或 css。

#### 2. 样式文件的命名规范

在项目初期，会把不同类别的样式放入不同的 CSS 文件，这是为了 CSS 编写和调试方便；在项目后期，为了网站性能上的考虑会整合不同的 CSS 文件到一个 CSS 文件，这个文件一般命名为 style.css 或 css.css。

#### 3. 选择符的命名规范

所有选择符必须由英文字母或“_”（下画线）组成，必须以字母开头，不能为纯数字。设计者要用有意义的单词或缩写组合来命名选择符，做到“见其名知其意”，这样就节省了查找样式的时间。样式名必须能够表示样式的大概含义（禁止出现如 Div1、Div2、Style1 等名称），读者可以参考表 4-1 中的样式命名。

表 4-1　样式命名参考

| 页 面 功 能 | 命 名 参 考 | 页 面 功 能 | 命 名 参 考 | 页 面 功 能 | 命 名 参 考 |
|---|---|---|---|---|---|
| 容器 | wrap/container/box | 头部 | header | 加入 | joinus |
| 导航 | nav | 底部 | footer | 注册 | register |
| 滚动 | scroll | 页面主体 | main | 新闻 | news |
| 主导航 | mainnav | 内容 | content | 按钮 | button |
| 顶导航 | topnav | 标签页 | tab | 服务 | service |
| 子导航 | subnav | 版权 | copyright | 注释 | note |
| 菜单 | menu | 登录 | login | 提示信息 | msg |
| 子菜单 | submenu | 列表 | list | 标题 | title |
| 子菜单内容 | subMenuContent | 侧边栏 | sidebar | 指南 | guide |
| 标志 | logo | 搜索 | search | 下载 | download |
| 广告 | banner | 图标 | icon | 状态 | status |
| 页面中部 | mainbody | 表格 | table | 投票 | vote |
| 小技巧 | tips | 列定义 | column_1of3 | 友情链接 | friendlink |

当定义的样式名比较复杂时用下画线把层次分开，例如，定义导航标志选择符的 CSS 代码：

```
#nav_logo{…}
#nav_logo_ico{…}
```

#### 4．CSS 代码注释

为代码添加注释是一种良好的编程习惯。注释可以增强 CSS 文件的可读性，后期维护也将更加便利。

在 CSS 中添加注释非常简单，它以“/*”开始，以“*/”结尾。注释可以是单行的，也可以是多行的，并且可以出现在 CSS 代码的任何地方。

（1）结构性注释

结构性注释仅仅是用风格统一的大注释块从视觉上区分被分隔的部分，如以下代码：

```
/* header（定义网页头部区域）-----------------------------------------------------------*/
```

（2）提示性注释

在编写 CSS 文件时，可能需要某种技巧解决某个问题。在这种情况下，最好将这个解决方案简要地注释在代码后面，如以下代码：

```
.news_list li span {
	float:left;		/* 设置新闻发布时间向左浮动，与新闻标题并列显示 */
	width:80px;
	color:#999;		/* 定义新闻发布时间为灰色，弱化发布的时间在视觉上的感觉 */
}
```

### 4.1.2　CSS3 的工作环境

CSS3 的工作环境需要浏览器的支持，否则即使编写再漂亮的样式代码，如果浏览器不支持 CSS3，那么它也只是一段字符串而已。

### 1．CSS3 的显示环境

浏览器是 CSS3 的显示环境。目前，浏览器的种类多种多样，虽然 IE、Opera、Chrome、Edge、Firefox 等主流浏览器都支持 CSS3，但它们之间仍存在符合标准的差异。也就是说，相同的 CSS 样式代码在不同的浏览器中可能显示的效果有所不同。在这种情况下，设计人员只有不断测试，了解各主流浏览器的特性才能让页面在各种浏览器中正确地显示。

### 2．CSS3 的编辑环境

能够编辑 CSS3 的软件有很多，如 Dreamweaver、HBuilder X、Edit Plus 和 topStyle 等，这些软件有些还具有“可视化”功能，但本书不建议读者太依赖“可视化”。本书中所有的 CSS 样式均采用在 HBuilder X 中手工输入的方法，不仅能够使设计人员对 CSS 代码有更深入的了解，还可以节省很多不必要的属性声明，效率反而比“可视化”软件还要高。

# 4.2 在网页中引用 CSS 的方法

要想在浏览器中显示样式表的效果，就要让浏览器识别并调用。当浏览器读取样式表时，要依照文本格式来读。这里介绍 4 种在页面中引入 CSS 样式表的方法：行内样式、内部样式表、链入外部样式表和导入外部样式表。

## 4.2.1 行内样式

行内样式是各种引用 CSS 中最直接的一种。行内样式就是通过直接设置各个元素的 style 属性，从而达到设置样式的目的。这样的设置方式，使得各个元素都有自己独立的样式，但是会使整个页面变得臃肿。即便两个元素的样式是一模一样的，用户也需要写两遍。

元素的 style 属性值可以包含任何 CSS 样式声明。使用这种方法可以很简单地对某个标签单独定义样式表。这种样式表只对所定义的标签起作用，并不对整个页面起作用。行内样式的格式为：

**<标签 style="属性:属性值; 属性:属性值; …">**

需要说明的是，行内样式由于将表现和内容混在一起，不符合 Web 标准，所以慎用这种方法，当样式仅需要在一个元素上应用一次时可以使用行内样式。

**【例 4-1】**使用行内样式将样式表的功能加入到网页中，本例文件 4-1.html 在浏览器中的显示效果如图 4-1 所示。

```
<!DOCTYPE html>
<html>
    <head>
        <meta charset="utf-8">
        <title>行内样式</title>
    </head>
    <body>
        <p style="font-size:18px; color:red">此行文字被 style 属性定义为红色显示</p>
        <p>此行文字没有被 style 属性定义</p>
    </body>
</html>
```

图 4-1 行内样式的显示效果

【说明】代码中第 1 个段落标签被直接定义了 style 属性，此行文字将显示 18px 大小、红色文字；而第 2 个段落标签没有被定义，将按照默认的设置显示文字样式。

### 4.2.2 内部样式表

内部样式（也称嵌入样式）表是指把样式定义<style>…</style>作为网页代码的一部分放到头部定义<head>…</head>中，定义的样式可以在整个 HTML 文件中调用。内部样式表与行内样式的不同点是，行内样式的作用域只有一行，而内部样式表的作用域是整个 HTML 文件。

#### 1．内部样式表的格式

内部样式表的格式为：

```
<style type="text/css">
    选择符 1{属性:属性值; 属性:属性值; … }   /* 注释内容 */
    选择符 2{属性:属性值; 属性:属性值; … }
      …
    选择符 n{属性:属性值; 属性:属性值; … }   /* 注释内容 */
</style>
```

<style>…</style>用来说明所要定义的样式。type 属性指定 style 使用 CSS 的语法来定义。当然，也可以指定使用像 JavaScript 之类的语法来定义。属性和属性值之间用冒号“:”隔开，定义之间用分号“;”隔开。

选择符可以使用 HTML 标签的名称，所有 HTML 标签都可以作为 CSS 选择符使用。

#### 2．组合选择符的格式

除了在<style>…</style>内分别定义各种选择符的样式，如果多个选择符具有相同的样式，那么还可以采用组合选择符，以减少重复定义的麻烦，其格式为：

```
<style type="text/css">
    选择符 1, 选择符 2, … , 选择符 n{属性:属性值; 属性:属性值; … }
    选择符 a, 选择符 b, … , 选择符 m{属性:属性值; 属性:属性值; … }
</style>
```

【例 4-2】使用内部样式表将样式表的功能加入到网页中，本例文件 4-2.html 在浏览器中的显示效果如图 4-2 所示。

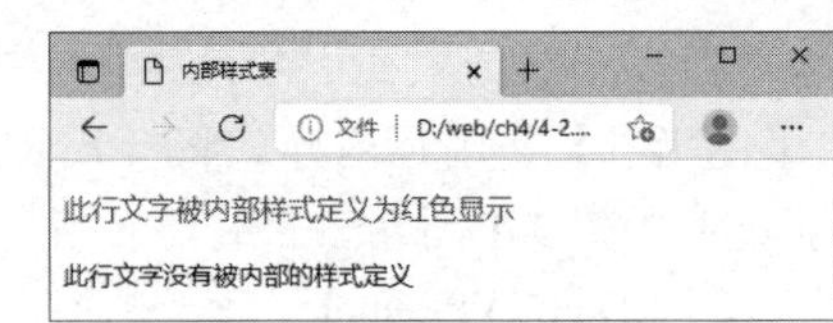


图 4-2　内部样式表的显示效果

```
<!DOCTYPE html>
<html>
    <head>
        <meta charset="utf-8">
        <title>内部样式表</title>
        <style text="text/css">
            <!-- .red {
                font-size: 18px;
                color: red;
            }
            -->
        </style>
    </head>
    <body>
        <p class="red">此行文字被内部样式定义为红色显示</p>
```

```
        <p>此行文字没有被内部的样式定义</p>
    </body>
</html>
```

【说明】代码中第 1 个段落标签使用内部样式表中定义的.red 类，此行文字将显示 18px 大小、红色文字；而第 2 个段落标签没有被定义，将按照默认的设置显示文字样式。

### 4.2.3 链入外部样式表

外部样式表通过在某个 HTML 页面中添加链接的方式生效。同一个外部样式表可以被多个网页甚至是整个网站的所有网页所采用，这就是它最大的特点。

外部样式表把声明的样式放在样式文件中，当页面需要使用样式时，通过<link>标签连接外部样式表文件。使用外部样式表，可以通过改变一个文件就能改变整个站点的外观。

#### 1. 使用<link>标签链接样式表文件

<link>标签必须放到页面的<head>…</head>标签对内。其格式为：

```
<head>
    …
    <link rel="stylesheet" href="外部样式表文件名.css" type="text/css">
    …
</head>
```

其中，<link>标签表示浏览器从“外部样式表文件名.css”文件中以文件格式读出定义的样式表。rel="stylesheet"属性定义在网页中使用外部样式表，type="text/css"属性定义文件的类型为样式表文件，href 属性用于定义.css 文件的 URL。

#### 2. 样式表文件的格式

样式表文件的内容是定义的样式表，不包含 HTML 标签。样式表文件的格式为：

```
选择符 1{属性:属性值; 属性:属性值 …}        /* 注释内容 */
选择符 2{属性:属性值; 属性:属性值 …}
 …
选择符 n{属性:属性值; 属性:属性值 …}
```

一个外部样式表文件可以应用于多个页面。当设计者制作大量相同样式页面的网站时，不仅减少了重复的工作量，而且有利于以后修改。

【例 4-3】使用链入外部样式表将样式表的功能加入到网页中，链入外部样式表文件至少需要两个文件：一个是 HTML 文件；另一个是 CSS 文件。本例文件 4-3.html 在浏览器中的显示效果如图 4-3 所示。

CSS 文件名为 style.css，存放于文件夹 style 中，代码如下：

```
.red{
    font-size:18px;
    color:red;
}
```

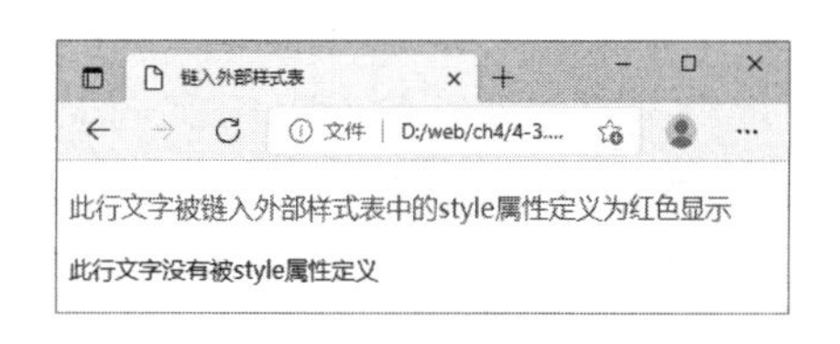


图 4-3 链入外部样式表的显示效果

网页结构文件 4-3.html 的 HTML 代码如下：

```
<!DOCTYPE html>
<html>
    <head>
        <meta charset="utf-8">
```

```
        <title>链入外部样式表</title>
        <link rel="stylesheet" type="text/css" href="style/style.css" />
    </head>
    <body>
        <p class="red">此行文字被链入外部样式表中的 style 属性定义为红色显示</p>
        <p>此行文字没有被 style 属性定义</p>
    </body>
</html>
```

【说明】代码中第 1 个段落标签使用链入外部样式表 style.css 中定义的.red 类，此行文字将显示 18px 大小、红色文字；第 2 个段落标签没有被定义，将按照默认的设置显示文字样式。

### 4.2.4 导入外部样式表

导入外部样式表是指在内部样式表的<style>标签里导入一个外部样式表，当浏览器读取 HTML 文件时，复制一份样式表到这个 HTML 文件中。其格式为：

```
<style type="text/css">
<!--
    @import url("外部样式表的文件名 1.css");
    @import url("外部样式表的文件名 2.css");
    其他样式表的声明
-->
</style>
```

导入外部样式表的使用方式与链入外部样式表相似，都是将样式定义保存为单独文件。两者的本质区别是：导入方式在浏览器下载 HTML 文件时将样式文件的全部内容复制到@import 关键字位置，以替换该关键字；而链入方式仅在 HTML 文件需要引用 CSS 样式文件中的某个样式时，浏览器才去链接样式文件，读取需要的内容并不进行替换。

注意，@import 语句后的“;”不能省略。所有的@import 声明必须放在样式表的开始部分，在其他样式表声明的前面，其他 CSS 规则放在其后的<style>…</style>标签对中。如果在内部样式表中指定了规则（如.bg{ color: black; background: orange }），则其优先级将高于导入的外部样式表中相同的规则。

【例 4-4】使用导入外部样式表将样式表的功能加入到网页中，导入外部样式表文件至少需要两个文件：一个是 HTML 文件；另一个是 CSS 文件。本例文件 4-4.html 在浏览器中的显示效果如图 4-4 所示。

CSS 文件名为 extstyle.css，存放于文件夹 style 中，代码如下：

```
.red{
    font-size:18px;
    color:red;
}
```

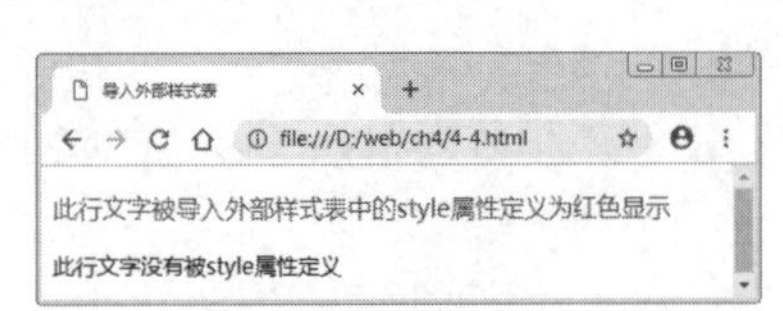


图 4-4　导入外部样式表的显示效果

文件 4-4.html 的 HTML 代码如下：

```
<!DOCTYPE html>
<html>
    <head>
        <meta charset="utf-8">
        <title>导入外部样式表</title>
        <style type="text/css">
```

```
            @import url("style/extstyle.css");
        </style>
    </head>
    <body>
        <p class="red">此行文字被导入外部样式表中的 style 属性定义为红色显示</p>
        <p>此行文字没有被 style 属性定义</p>
    </body>
</html>
```

**【说明】**代码中第 1 个段落标签使用导入外部样式表 extstyle.css 中定义的.red 类，文字显示为 18px 大小、红色文字；第 2 个段落标签没有被定义，将按照默认的设置显示文字样式。

### 4.2.5　案例——制作鲜品园业务简介页面

**【例 4-5】**使用链入外部样式表的方法制作鲜品园业务简介页面，本例文件 4-5.html 在浏览器中的显示效果如图 4-5 所示。

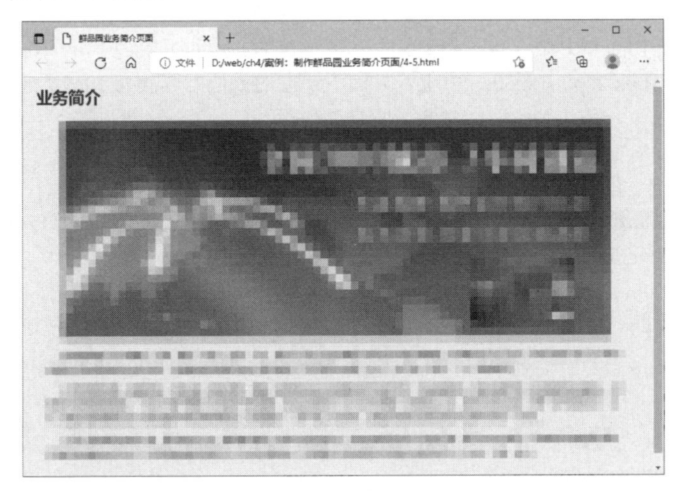


图 4-5　鲜品园业务简介页面的显示效果

制作过程如下。

1）建立目录结构。在案例文件夹下创建两个文件夹 images 和 css，分别用来存放图像素材和外部样式表文件。

2）准备素材。将本页面需要使用的图像素材存放在文件夹 images 下。

3）外部样式表。在文件夹 css 下新建一个名为 style.css 的样式表文件，代码如下：

```
*{                              /*表示针对 HTML 的所有元素*/
    padding:0px;                /*内边距为 0px*/
    margin:0px;                 /*外边距为 0px*/
    line-height: 20px;          /*行高 20px*/
}
body{                           /*设置页面整体样式*/
    height:100%;                /*高度为相对单位*/
    background-color:#f3f1e9;   /*浅灰色背景*/
    position:relative;          /*相对定位*/
}
img{
```

```
        border:0px;                /*图像无边框*/
    }
    #main_block{                   /*设置主体容器的样式*/
        font-family:Arial, Helvetica, sans-serif;
        font-size:12px;            /*设置文字大小为 12px*/
        color:#464646;             /*设置默认文字颜色为灰色*/
        overflow:hidden;           /*溢出隐藏*/
        float:left;                /*向左浮动*/
        width:920px;               /*设置容器宽度为 920px*/
    }
    .content_main{                 /*设置内容区域的样式*/
        width:900px;
        float:left;                /*向左浮动*/
        padding:20px 0px 10px 20px; /*上、右、下、左的内边距依次为 20px、0px、10px、20px*/
    }
    .box_details{                  /*设置详细信息盒子的样式*/
        padding:10px 0px 10px 0px; /*上、右、下、左的内边距依次为 10px、0px、10px、0px*/
        margin:10px 20px 10px 0px; /*上、右、下、左的外边距依次为 10px、20px、10px、0px*/
        clear:both;                /*清除所有浮动*/
    }
    .box_details p{                /*设置盒子中段落的样式*/
        padding:5px 15px 5px 15px; /*上、右、下、左的内边距依次为 5px、15px、5px、15px*/
        text-indent:2em            /*首行缩进*/
    }
```

4）网页结构文件。在当前文件夹中，新建一个名为 4-5.html 的网页文件，代码如下：

```
<!DOCTYPE html>
<html>
    <head>
        <meta charset="utf-8">
        <title>鲜品园业务简介页面</title>
        <link rel="stylesheet" type="text/css" href="css/style.css" />
    </head>
    <body>
        <div id="main_block">
            <div class="content_main">
                <h1>业务简介</h1>
                <div class="box_details">
                    <p> <img src="images/intro.jpg" /></p>
                    <p>鲜品园有限公司以蔬菜、水果、……（此处省略文字）</p>
                    <p>公司运营目标是：质量保证，……（此处省略文字）</p>
                    <p>公司以“提供更优质的产品……（此处省略文字）</p>
                </div>
            </div>
        </div>
    </body>
</html>
```

**【说明】**在本页面中，段落四周的空白间隙是通过“padding:5px 15px 5px 15px;”来实现的，表示段落四周的内边距为 15px，使段落和四周之间具有一定的空隙，这种效果可以通过盒模型的边距来设置，请读者参考第 6 章中 CSS 盒模型边距的相关知识。

## 4.3 CSS 的主要特性

CSS 有三大特性，分别是继承、层叠，优先级。CSS 的主要特性是继承，这里先讲解继承。

### 4.3.1 继承

继承指的是特定的 CSS 属性可以从父元素向下传递给子元素。这种特性允许样式不仅应用于某个特定的元素，同时也应用于其后代，而后代所定义的新样式，不会影响父代样式。

在文字样式属性中，以下属性都能继承：color、text-开头的、line-开头的、font-开头的、word-space 等。另外，所有的表格属性样式都可以被继承。

根据 CSS 规则，子元素继承父元素属性。例如：

```
body{font-family:"微软雅黑";}
```

通过继承，所有 body 的子元素都应该显示“微软雅黑”字体，子元素的子元素也一样。

**【例 4-6】** CSS 继承示例，本例文件 4-6.html 在浏览器中的显示效果如图 4-6 所示。

```
<!DOCTYPE html>
<html>
    <head>
        <meta charset="utf-8">
        <title>继承示例</title>
        <style type="text/css">
            p {
                color: #00f;
                /*定义文字颜色为蓝色*/
                text-decoration: underline;
                /*增加下画线*/
            }
            p em {
                /*为 p 元素中的 em 子元素定义样式*/
                font-size: 24px;
                /*定义文字大小为 24px*/
                color: #f00;
                /*定义文字颜色为红色*/
            }
        </style>
    </head>
    <body>
        <h1>CSS 基础</h1>
        <p>CSS 是一组格式设置规则，用于控制<em>Web</em>页面的外观。</p>
        <ul>
            <li>CSS 的优点
                <ul>
                    <li>表现和内容（结构）分离</li>
                    <li>易于维护和<em>改版</em></li>
                    <li>更好地控制页面布局</li>
```

图 4-6　继承的显示效果

```
                </ul>
            </li>
            <li>CSS 设计与编写原则</li>
        </ul>
    </body>
</html>
```

【说明】从图 4-6 的显示效果可以看出，虽然 em 子元素重新定义了新样式，但其父元素 p 并未受到影响，而且 em 子元素中的内容还继承了 p 元素中设置的下画线样式，只是颜色和字体大小采用了自己的样式风格。

需要注意的是，并不是所有属性都具有继承性，CSS 强制规定部分属性不具有继承性。所有关于盒子的、定位的、布局的属性都不能继承，如边框、外边距、内边距、背景、定位、布局、元素高度和宽度。

### 4.3.2 层叠

层叠是指 CSS 能够对同一个元素应用多个样式表的能力。样式可以规定在单个的 HTML 元素中，在 HTML 页的头元素中，或者在一个外部的 CSS 文件中，甚至可以在同一个 HTML 文件内部引用多个外部样式表。一个 HTML 文件可能会使用多种 CSS 样式，具体到某元素来说，会层叠多层样式，但生效的总会有一个顺序，当同一个 HTML 元素被不止一个样式定义时，会使用哪个样式呢？即样式生效的优先级从高到低的顺序为：内联样式→内部样式→外部样式→浏览器默认设置。

因此，行内样式（在 HTML 元素内部）拥有最高的优先权，这意味着它优先于以下的样式声明：<head>标签中的样式声明、外部样式表中的样式声明，以及浏览器中的样式声明（默认值）。

【例 4-7】样式表层叠示例。在<div>标签中嵌套<p>标签，本例文件 4-7.html 在浏览器中的显示效果如图 4-7 所示。

图 4-7　样式表层叠的显示效果

```
<!DOCTYPE html>
<html>
    <head>
        <meta charset="utf-8">
        <title>样式表的层叠</title>
        <style type="text/css">
            div {
                color: red;
                font-size: 13pt;
            }
            p {
                color: blue;
            }
        </style>
    </head>
    <body>
        <div>
            <p>这个段落的文字为蓝色 13 号字</p>
            <!-- p 元素里的内容会继承 div 定义的属性  -->
```

```
        </div>
    </body>
</html>
```

**【说明】**显示结果为表示段落里的文字大小为 13 号字，继承 div 属性；而 color 属性则依照最后的定义，为蓝色。

### 4.3.3 优先级

定义 CSS 样式时，经常出现两个或更多规则应用在同一个元素上，这时就会出现优先级的问题。

#### 1．特殊性

在编写 CSS 代码时，会出现多个样式规则作用于同一个元素的情况，特殊性描述了不同规则的相对权重，当多个规则应用到同一个元素时，权重越大的样式会被优先采用。

例如，有以下 CSS 代码片段：

```
.color_red{
  color:red;
}
p{
  color:blue;
}
```

应用此样式的结构代码为：

```
<div>
  <p class="color_red">这里的文字颜色是红色</p>
</div>
```

浏览器中的显示效果如图 4-8 所示。

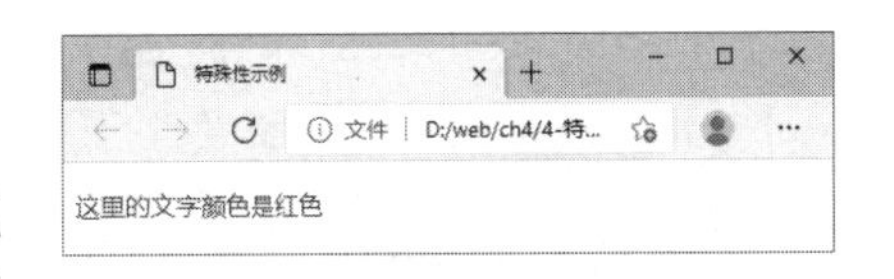


图 4-8　样式特殊性的显示效果

正如上述代码所示，预定义的<p>标签样式和.color_red 类样式都能匹配上面的 p 元素，那么<p>标签中的文字该使用哪一种样式呢？

根据规范，通配符选择符具有特殊性值 0；基本选择符（如 p）具有特殊性值 1；类选择符具有特殊性值 10；id 选择符具有特殊性值 100；行内样式（style=""）具有特殊性值 1000。选择符的特殊性值越大，规则的相对权重越大，样式就会被优先采用。

对于上面的示例，显然类选择符.color_red 要比基本选择符 p 的特殊性值大，因此<p>标签中文字的颜色是红色的。

#### 2．重要性

不同的选择符定义相同的元素时，要考虑不同选择符之间的优先级（id 选择符、类选择符和 HTML 标签选择符），id 选择符的优先级最高，其次是类选择符，HTML 标签选择符最低。如果想超越这三者之间的关系，可以用!important 来提升样式表的优先级，例如：

```
p { color: #f00!important }
.blue { color: #00f}
#id1 { color: #ff0}
```

同时对页面中的一个段落加上这 3 种样式，它会依照被!important 申明的 HTML 标签选择符的样式，显示红色文字。如果去掉!important，则根据优先级最高的 id 选择符，显示黄色文字。

## 4.4 CSS 的基本语法

### 4.4.1 基本语法

CSS 的基本语法由两部分组成，其格式为：

**selector{property1: value1; property2: value2; … }  /* 选择符{属性: 属性值} */**

selector 称为选择器，选择器决定了样式定义需要改变的 HTML 元素。

property: value 称为样式声明，每一条样式声明由 property（属性）和 value（属性的值）组成，并用冒号隔开，以分号结束，由一条或多条样式组成，包含在一对花括号“{}”内。用于告诉浏览器如何渲染页面中与选择符相匹配的对象。

例如，下面这行代码的作用是将 h3 元素内的文字颜色定义为蓝色，同时将字体大小设置为 18px。

```
h3 {color: yellow; font-size: 18px;}
```

如图 4-9 所示的示意图展示了上面这段代码的结构。

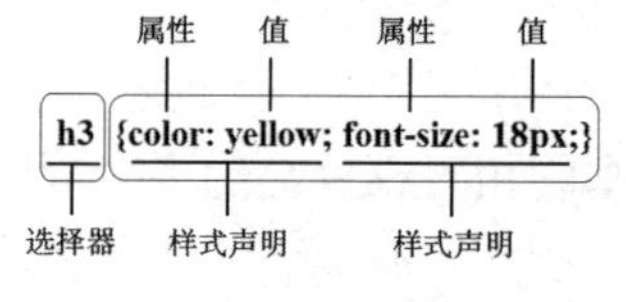


图 4-9　代码结构

### 4.4.2 注意事项

在编写样式时需要注意以下几点。

#### 1. 属性名和属性值要正确

property（属性）是由官方 CSS 规范约定的，而不是自定义的。属性是希望设置的样式属性。每个属性有一个值 value（属性值），属性和值用冒号分开，属性值跟随属性的类别而呈现不同的形式，一般包括数值、单位及关键字。

#### 2. 需要加引号

如果值为若干单词，单词之间有空格，则要给值加引号，例如：

```
p {font-family: "sans serif";}
```

#### 3. 多重声明

如果要定义不止一个声明，则需要用分号将每个声明分开。例如，下面的代码定义一个红色文字的居中段落。

```
p {text-align:center; color:red;}
```

最后一条声明是不需要加分号的，因为分号在英语中是一个分隔符号，不是结束符号。然而，大多数有经验的设计师会在每条声明的末尾都加上分号，这么做的好处是，当从现有的规则中增减声明时，会尽可能地减少出错的可能性。

#### 4. 代码的可读性

一般来说，为了方便阅读，应该在每行只描述一个属性，并且在属性末尾都加上分号。例如，将<body>和</body>标签内的所有文字设置为“华文中宋”、文字大小为 12px、黑色、白色背景，则在样式中定义如下：

```
body{ font-family: "华文中宋";   /*设置字体*/
      font-size: 12px;   /*设置文字大小为 12px*/
      color: #000;   /*设置文字颜色为黑色*/
```

```
        background-color: #fff;    /*设置背景颜色为白色*/ }
```

从上述代码片段中可以看出，这样的结构对于阅读 CSS 代码十分清晰，为方便以后编辑，还可以在每行后面添加注释说明。但是，这种写法增加了很多字节，有一定基础的 Web 设计人员可以将上述代码改写为：

```
/*定义 body 的样式为 12px 大小的黑色华文中宋字体，并且背景颜色为白色*/
body{font-family:"华文中宋"; font-size:12px; color:#000; background-color:#fff;}
```

### 5. 空格

大多数样式表包含多条规则，而大多数规则包含多个声明。多重声明和空格的使用使得样式表更容易被编辑，例如：

```
body { color: #000; background: #fff; margin: 0; padding: 0; font-family: Georgia, Palatino, serif; }
```

空格不会影响 CSS 样式的效果。

### 6. 大小写

CSS 对大小写不敏感，但在编写样式时，推荐属性名和属性值都用小写。但是，也有例外，如果涉及与 HTML 文件一起工作，那么 class 和 id 名称对大小写是敏感的。因此，W3C 推荐 HTML 文件中的代码用小写字母来命名。

### 7. 选择器的分组

对于具有相同样式的选择器，可以将这些选择器分成一组，用逗号将每个选择器隔开。这样，同组的选择器就可以分享相同的声明。

例如，定义 h1~h6 标题的颜色都为蓝色，对所有的标题元素合为一组。

```
h1,h2,h3,h4,h5,h6 { color: blue; }
```

## 4.5 CSS 的选择器

选择器也称选择符，CSS 的选择器用于指明样式对哪些元素生效。HTML 中的所有元素都通过不同的 CSS 的选择器进行控制。在 CSS 中，根据选择器的功能或作用范围，可以将选择器分为元素选择器、通配符选择器、派生选择器、兄弟选择器、id 选择器、类选择器和伪类选择器等。

需要明确的是，一个选择器可能会出现多个元素，但生效的只有一个，其他元素和符号都可以视为条件。

### 4.5.1 元素选择器

元素选择器也称标签选择器。HTML 页面是由多个不同的标签元素组成的，如 h1、p、img 等。CSS 的元素选择器用于声明这些元素的样式。元素选择器是最简单的，选择器是某个 HTML 元素。元素选择器的格式为：

```
E {property1: value1; property2: value2; … }
```

E 是 Element（元素）的缩写，表示标签元素的名称，如 p、div、td 等 HTML 标签。property 是 CSS 的属性名，value 是对应的属性值。

需要注意的是，CSS 对所有属性和属性值都有严格的要求，如果声明的属性在 CSS 规范中不存在，或者某个属性值不符合该属性的要求，则不能使该 CSS 声明生效。

通过声明具体的标签，可以对文件中这个标签出现的每个地方应用样式定义。这种做法通常用在设置那些在整个网页都会出现的基本样式。

例如，下面定义为网页设置默认字体。

```
body,p,div,blockquote,td,th,dl,ul,ol { font-family: Verdana, Arial, Helvetica; font-size: 1em; color: black;}
```

这个选择器声明了一系列的标签元素，所有这些标签出现的地方都将以定义的样式(字体、字体和颜色）显示。理论上仅声明<body>标签就能符合规则，因为其他所有标签都会放在<body>标签中，并且继承它的属性，现在大部分浏览器确实是这样的。但是仍然有浏览器不能正确地将这些样式带入表格和其他标记中。因此，为了避免这种情况的发生而声明了其他标记。

### 4.5.2　通配符选择器

通配符选择器也称全局选择器，其作用是定义网页中所有标记元素都使用同一种样式。在编写代码时，用“*”表示通配符选择符。通配符选择器的格式为：

```
* {property1: value1; property2: value2; … }
```

例如，通常在制作网页时首先将页面中所有元素的外边距 margin 和内边距 padding 设置为 0px，代码如下：

```
* { margin:0px;   /*外边距设置为 0px*/
   padding:0px;   /*内边距设置为 0px*/ }
```

**【例 4-8】**通配符选择器示例。本例文件 4-8.html 在浏览器中的显示效果如图 4-10 所示。

```
<!DOCTYPE html>
<html>
    <head>
        <meta charset="utf-8">
        <title>通配符选择器</title>
        <style type="text/css">
            * {color: #000;} /*所有文字的颜色为黑色*/
            p {color: #00f;} /*段落文字的颜色为蓝色*/
            p * {color: #f00;} /*段落子元素文字的颜色为红色*/
        </style>
    </head>
    <body>
        <div>
            <h3>通配符选择器</h2>
            <div>默认的文字颜色为黑色</div>
            <p>段落文字颜色为蓝色</p>
            <p><span>段落子元素的文字颜色为红色</span></p>
        </div>
    </body>
</html>
```

图 4-10　通配符选择器的显示效果

**【说明】**从代码的执行结果中可以看出，由于通配符选择符定义了所有文字的颜色为黑色，所以<h3>和<div>标签中文字的颜色为黑色。接着又定义了 p 元素的文字颜色为蓝色，所以<p>标签中文字的颜色呈现为蓝色。最后定义了 p 元素内所有子元素的文字颜色为红色，所以<p><span>和</span></p>之间的文字颜色为红色。

### 4.5.3　派生选择器

派生选择器是指依据元素在其位置的上下文关系定义样式，在 CSS 1.0 中，这种选择器被称为上下文选择器，CSS 2.0 改名为派生选择器。也有人将这种选择器叫作父子选择器。派生选择器允许根据文件的上下文关系来确定某个标签的样式。通过合理地使用派生选择器，可以使 HTML 代码变得更加整洁。派生选择器可以分成 3 种：后代选择器、子元素选择器、相邻兄弟选择器。

### 1. 后代选择器

后代选择器（Descendant Selector）又称包含选择器，后代选择器可以选择某元素后代的元素，两个元素之间的层次间隔可以是无限的。其格式为：

**父元素　子元素{property1: value1; property2: value2; …}**

在后代选择器中，规则左边的选择器一端包括两个或多个用空格分隔的选择器。选择器之间的空格是一种结合符（Combinator）。每个空格结合符可以解释为“…在…找到”“…作为…的一部分”“…作为…的后代”，但是要求必须从右向左读选择器，即“‘子元素’在‘父元素’找到”“‘子元素’作为‘父元素’的一部分”“‘子元素’作为‘父元素’的后代”。

因此，h1 em 选择器可以解释为“作为 h1 元素后代的任何 em 元素”。如果要从右向左读选择器，可以换成以下说法“包含 em 的所有 h1 会把以下样式应用到该 em”。

可以通过定义后代选择器来创建一些规则，使这些规则在某些文件结构中起作用，而在另一些结构中不起作用。

**【例 4-9】** 后代选择器示例。本例只对 h3 元素中的 em 元素应用样式，本例文件 4-9.html 在浏览器中的显示效果如图 4-11 所示。

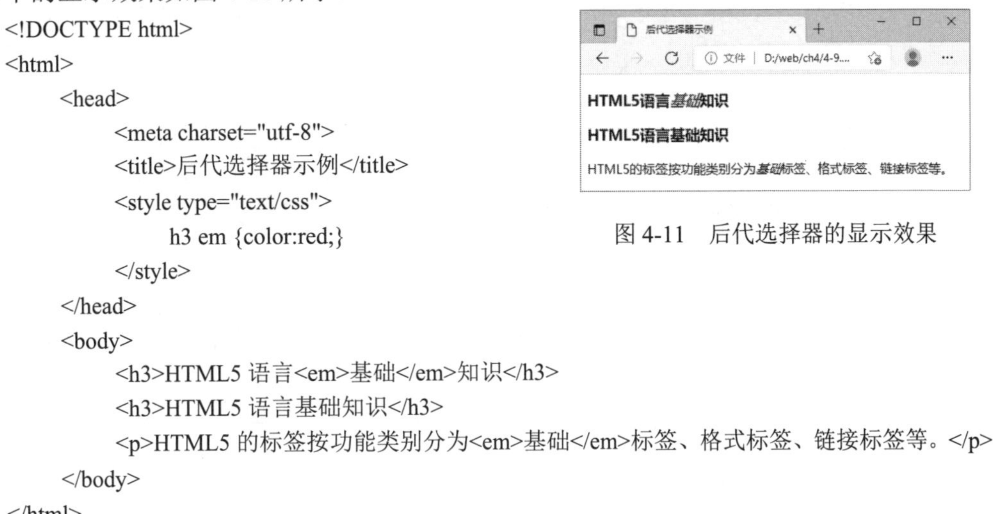

```
<!DOCTYPE html>
<html>
    <head>
        <meta charset="utf-8">
        <title>后代选择器示例</title>
        <style type="text/css">
            h3 em {color:red;}
        </style>
    </head>
    <body>
        <h3>HTML5 语言<em>基础</em>知识</h3>
        <h3>HTML5 语言基础知识</h3>
        <p>HTML5 的标签按功能类别分为<em>基础</em>标签、格式标签、链接标签等。</p>
    </body>
</html>
```



图 4-11　后代选择器的显示效果

**【说明】** h3 em {color:red;}规则会把作为 h3 元素后代的 em 元素的文本变为红色，其他 em 文本（如不含 em 的 h3、段落或块引用中的 em）则不会应用这个规则。

### 2. 子元素选择器

子元素选择器（Child Selectors）只能选择作为某元素子元素的元素。它与后代选择器最大的不同就是元素间隔不同，后代选择器将该元素作为父元素，它所有的后代元素都是符合条件的，而子元素选择器只有相对于父元素来说的第一级子元素符合条件。其格式为：

**父元素 > 子元素{property1: value1; property2: value2; … }**

子元素选择器使用了大于号（子结合符）。子结合符两边可以有空白符，这是可选的。

例如，如果希望选择只作为 h3 元素子元素的 strong 元素，可以这样写：

```
h3 > strong {color:red;}
```

选择器 h3 > strong 可以解释为“选择作为 h3 元素子元素的所有 strong 元素”。这个规则会把第一个 h3 下面的两个 strong 元素变为红色，但是第二个 h3 中的 strong 不受影响：

```
<h3>这是<strong>非常</strong> <strong>非常</strong>重要</h3>
<h3>这是<em>真的<strong>非常</strong></em>重要</h3>
```

### 3. 相邻兄弟选择器

相邻兄弟选择器（Adjacent Sibling Selector）可选择紧接在另一个元素后的元素，并且二者有相同的父元素。与后代选择器和子元素选择器不同的是，相邻兄弟选择器针对的元素是同级元素，且两个元素是相邻的，拥有相同的父元素。其格式为：

**兄弟 1 + 兄弟 2 {property1: value1; property2: value2; … }**

相邻兄弟选择器使用了加号（+），即相邻兄弟结合符（Adjacent Sibling Combinator）。与子结合符一样，相邻兄弟结合符旁边可以有空白符。请记住，使用一个结合符只能选择两个相邻兄弟中的第二个元素。两个标签相邻时，使用相邻兄弟选择器，可以对后一个标签进行样式修改。例如，如果要把紧接在 h3 元素后出现的元素段落 p 改成红色，可以这样写：

```
h3 + p {color: red;}
```

这个选择器读作：选择紧接在 h3 元素后出现的段落，h3 和 p 元素拥有共同的父元素。

**【例 4-10】** 相邻兄弟选择器示例，本例文件 4-10.html 在浏览器中的显示效果如图 4-12 所示。

```
<!DOCTYPE html>
<html>
    <head>
        <meta charset="utf-8">
        <title>相邻兄弟选择器示例</title>
        <style type="text/css">
            h3+p {color: red;}
            p+p+p {color: blue;}
            li+li {background-color: aqua;}
        </style>
    </head>
    <body>
        <p>第零个段落</p>
        <p>第一个段落</p>
        <h3>标题 3</h3>
        <p>第二个段落</p><!--p 相邻 h3，p 为红色-->
        <p>第三个段落</p>
        <p>第四个段落</p><!--连续第 3 个 p 为相邻-->
        <p>第五个段落</p><!--连续的第 3 个 p 相邻-->
        <div>
            <ul>
                <li>咖啡</li>
                <li>茶</li><!--第二个<li>标签会选中，它是第一个<li>标签紧邻的<li>标签-->
                <li>可口可乐</li><!--第三个<li>标签也会选中：因为第三个<li>标签的上一个
标签也是<li> 标签，也满足 CSS 选择器 li+li{}的条件-->
            </ul>
            <ol>
```

图 4-12　相邻兄弟选择器的显示效果

```
                <li>面包</li>
                <li>馍</li>
                <LI>汉堡</LI>
            </ol>
        </div>
    </body>
</html>
```

相邻兄弟选择器只会影响下面的<p>标签的样式，不影响上面兄弟的样式。

在上面的代码中，div 元素中包含两个列表：一个无序列表、一个有序列表，每个列表都包含三个列表项。这两个列表是相邻兄弟，列表项本身也是相邻兄弟。不过，第一个列表中的列表项与第二个列表中的列表项不是相邻兄弟，因为这两组列表项不属于同一个父元素。这个选择器只会把列表中的第二个和第三个列表项变为粗体。第一个列表项不受影响。

派生选择器是可以结合使用的，以相邻兄弟选择器为例：p + ul，相邻兄弟结合符还可以结合其他结合符：html > body p + ul {color: red;}。

从后往前，这个选择器解释为：选择紧接在 p 元素后出现的所有兄弟 ul 元素，该 p 元素包含在一个 body 元素中，body 元素本身是 html 元素的子元素。

从前往后，可解释为：选择 html 元素的子元素 body 的后代元素 p 元素的相邻元素 ul。

### 4.5.4 兄弟选择器

兄弟选择器使用了波浪号（~），即兄弟结合符（Sibling Combinator）。兄弟元素选择器用来指定位于同一个父元素中的某个元素之后的其他所有某个种类的兄弟元素所使用的样式。当两个标签不相邻时，要想修改后一个标签的样式，需要使用兄弟选择器。其格式为：

**元素 1 ~ 元素 2 {property1: value1; property2: value2; …}**

兄弟选择器与相邻兄弟选择器是不一样的。相邻兄弟选择器是指两个元素相邻，拥有同一个父元素；兄弟选择器选择元素 1 之后的所有元素 2，元素 1 和元素 2 拥有同一个父元素，且它们之间不一定相邻。

【例 4-11】兄弟选择器示例。本例文件 4-11.html 在浏览器中的显示效果如图 4-13 所示。

```
<!DOCTYPE html>
<html>
    <head>
        <meta charset="utf-8">
        <title>兄弟选择器示例</title>
        <style type="text/css">
            h3~p {background-color: aqua;}
        </style>
    </head>
    <body>
        <h3>标题 3</h3>
        <h2>标题 2</h2>
        <p>段落一，父元素是 body</p>
        <p>段落二，父元素是 body</p>
        <div>
            <p>div 元素中的段落一，这里 p 的父元素是 div，与 h3 不是同一个父元素，不受
影响</p>
```

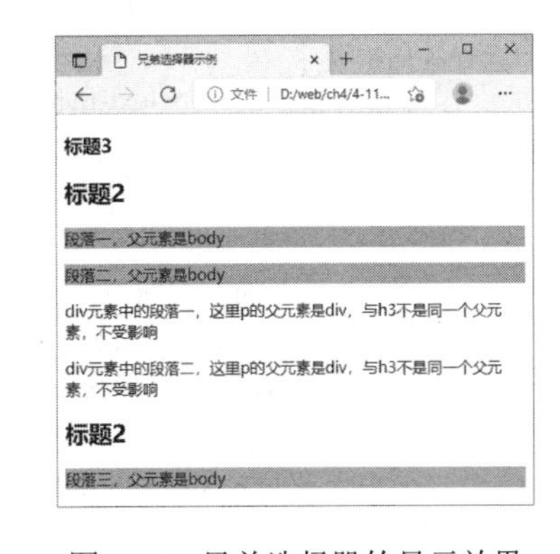


图 4-13 兄弟选择器的显示效果

```
            <p>div 元素中的段落二，这里 p 的父元素是 div，与 h3 不是同一个父元素，不受影响</p>
        </div>
        <h2>标题 2</h2>
        <p>段落三，父元素是 body</p>
    </body>
</html>
```

**【说明】**兄弟元素选择器 h3~p 表示匹配 h3 元素之后的同一个父元素中的 p 元素。

### 4.5.5 id 选择器

id 选择器可以为标有特定 id 的单一 HTML 元素指定单独的样式。定义 id 选择器时要在 id 名称前加上一个“#”号。其格式为：

**E#idValue {property1: value1; property2: value2; …}**

由于 id 的唯一性，因此通常会将标签名 E 省略。#idValue 是定义的 id 选择符名称。由于在一个 HTML 文件中 id 是唯一的，所以该选择符名称在一个文件中也是唯一的，只对页面中的唯一元素进行样式定义。这个样式定义在页面中只能出现一次，其适用范围为整个 HTML 文件中所有由 id 选择符所引用的设置。

id 选择器虽然已经很明确地选择了某元素，但它依然可以用于其他选择器。例如，用在派生选择器中，可以选择该元素的后代元素或子元素等。

id 选择器局限性很大，只能单独定义某个元素的样式，一般只在特殊情况下使用。

**【例 4-12】**id 选择器示例。本例文件 4-12.html 在浏览器中的显示效果如图 4-14 所示。

```
<!DOCTYPE html>
<html>
    <head>
        <meta charset="utf-8">
        <title>id 选择器示例</title>
        <style type="text/css">
            #title {color: red;}
            #sub_title {background-color: aqua;}
            #p_content, #p_title strong {color: blue;}
            p{text-indent: 2em;}
        </style>
    </head>
    <body>
        <h2 id="title">CSS3 简介</h2>
        <p id="p_content">CSS（Cascading Style Sheet，串联样式表，也叫层叠样式表），简称为样式表，CSS 是用于定义如何显示 HTML 元素，控制网页样式并将样式与网页内容分离的一种标记性语言。</p>
        <h2 id="sub_title">CSS3 语法基础</h2>
        <p>CSS 的基本语法由两部分组成，其格式为：</p>
        <p id="p_title"><strong>selector{property1: value1; property2: value2; … } </strong></p>
        <p>selector 被称为选择器，选择器决定了样式定义需要改变的 HTML 元素。property: value 被称为样式声明，有一条或多条样式时，用冒号隔开，以分号结束，包含在花括号“{}”内。</p>
    </body>
</html>
```

图 4-14　id 选择器的显示效果

## 4.5.6 类选择器

类选择器可以为指定类（class）的 HTML 元素指定样式。其格式为：

**E.classValue {property1: value1; property2: value2; … }**

元素 E 可以省略，省略 E 后表示在所有元素中筛选，有相同的 class 属性将被选择。如果指定 E 元素的相同 class 属性，那么需要在定义类选择器前加上元素名 E，其适用范围只限于该元素 E 所包含的元素。省略元素 E 的类选择器是常用的定义方法，使用这种方法，可以很方便地在任意元素上套用预先定义好的类样式。

class 属性值除了不具有唯一性，其他规范与 id 值相同，类名称可以是任意英文单词组合或以英文字母开头的英文字母与数字的组合，一般根据其功能和效果简要命名。

类选择器也可以配合派生选择器，与 id 选择器不同的是，元素可以基于它的类而被选择。

【例 4-13】类选择器示例。本例文件 4-13.html 在浏览器中的显示效果如图 4-15 所示。

```
<!DOCTYPE html>
<html>
	<head>
		<meta charset="utf-8">
		<title>class 选择器示例</title>
		<style type="text/css">
			.keynote{background: beige;
					font-weight: bold;color: blue;}
			p.important{color: red;}
		</style>
	</head>
	<body>
		<h2 class="keynote">CSS3 简介</h2>
		<p>CSS（Cascading Style Sheets，串联样式表，也叫层叠样式单），简称为样式表，CSS
是用于定义如何显示 HTML 元素，控制网页样式并将样式与网页内容分离的一种标记性语言。</p>
		<h2>CSS3 语法基础</h2>
		<p class="keynote">CSS 的基本语法由两部分组成，其格式为：</p>
		<p class="important"><strong>selector{property1: value1; property2: value2; … }
		</strong></p>
		<p>selector 被称为选择器，选择器决定了样式定义需要改变的 HTML 元素。property:
value 被称为样式声明，有一条或多条样式时，用冒号隔开，以分号结束，包含在花括号“{}”内。</p>
	</body>
</html>
```

图 4-15　类选择器的显示效果

## 4.5.7 伪类选择器

伪类是指同一个标签，根据其不同状态，有不同的样式。伪类之所以名字中有“伪”字，是因为它所指定的对象在文件中并不存在，它指定的是一个与其相关的选择器的状态。伪类选择器和类选择器不同，不能像类选择器一样随意用别的名字。例如，div 属于块级元素，这一点很明确。但是 a 属于什么类别？不明确。因为需要看用户单击前是什么状态，单击后是什么状态，所以把它叫作“伪类”。

伪类是指那些处在特殊状态的元素。伪类名可以单独使用，泛指所有元素，也可以和元素名称连起来使用，特指某类元素。伪类以冒号（:）开头，元素选择符和冒号之间不能有空格，伪类名中间也不能有空格。伪类选择器的语法格式为：

**selector:pseudo-class {property1: value1; property2: value2; …}**

selector 表示一个选择器。pseudo-class 表示伪类名。

CSS 类也可与伪类搭配使用。伪类选择器的语法格式为：

**selector.class : pseudo-class {property: value}**

伪类可以让用户在使用页面的过程中增加更多的交互效果，伪类见表 4-2。

表 4-2 伪类

| 伪 类 名 | 描 述 |
| --- | --- |
| :link | 向未被访问的超链接添加样式，即超链接单击之前的样式 |
| :visited | 向已被访问的超链接添加样式，即超链接单击之后的样式 |
| :active | 向被激活的元素添加样式，即鼠标单击该元素，且不松手时的样式 |
| :hover | 向鼠标指针悬停在上方的元素添加样式 |
| :focus | 向拥有输入焦点的元素添加样式 |
| :first-child | 向元素添加样式，且该元素是它的父元素的第一个元素 |
| :lang | 向带有指定 lang 属性的元素添加样式 |

例如，应用最为广泛锚点元素 a 的几种状态（未访问超链接状态、已访问超链接状态、鼠标指针悬停在超链接上的状态和被激活的超链接状态）。记住，在 CSS 中，这四种状态必须按照固定的顺序写：a:link、a:visited、a:hover、a:active。这叫“l(link)ov(visited)e h(hover)a(active)te，love hate”，即爱恨原则，“必须先爱，后恨”。如果不按照顺序，则 CSS 的就近原则（后面的样式覆盖前面的样式）会导致显示与预期不符。

【例 4-14】伪类应用示例。当鼠标指针悬停在超链接时背景色变为其他颜色，并且添加了边框线，待鼠标指针离开超链接时又恢复到默认状态，这种效果就可以通过伪类实现。本例文件 4-14.html 在浏览器中的显示效果如图 4-16 所示。

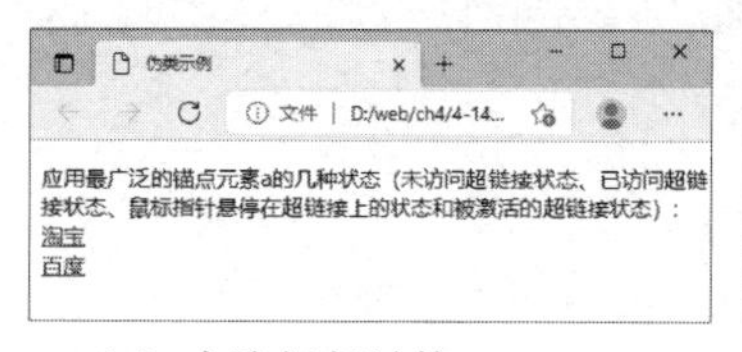


（a）未访问超链接

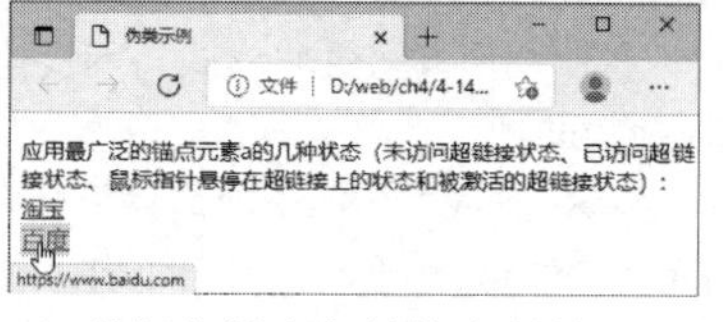


（b）鼠标指针在超链接上悬停

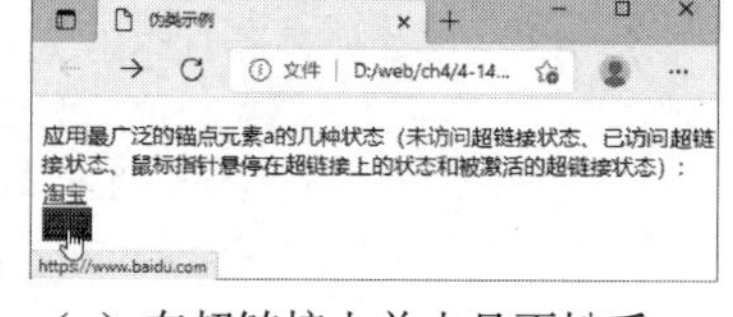


（c）在超链接上单击且不松手

图 4-16 伪类应用的显示效果

```
<!DOCTYPE html>
<html>
    <head>
        <meta charset="utf-8">
        <title>伪类示例</title>
        <style type="text/css">
            a:link {color: blue;} /*超链接单击之前是蓝色*/
            a:visited {color: red;} /*超链接单击之后是红色*/
            /*鼠标指针悬停是绿色，较大的字体，背景是黄色*/
            a:hover {color: green;font-size: large;background-color: yellow;}
            /*在超链接上单击，但不松手时，字体是黑色，背景是蓝紫色*/
            a:active {color: black;background-color: blueviolet;}
        </style>
```

```
    </head>
    <body>
        <p>应用最广泛的锚点元素 a 的几种状态（未访问超链接状态、已访问超链接状态、鼠标指针悬停在超链接上的状态和被激活的超链接状态）:<br />
            <a href="https://www.taobao.com/">淘宝</a><br />
            <a href="https://www.baidu.com/">百度</a>
        </p>
    </body>
</html>
```

需要注意的是，active 样式要写到 hover 样式后面，否则 active 样式不生效。因为当浏览者单击超链接未松手（active）的时候其实也是鼠标指针悬停（hover）的时候，所以如果把 hover 样式写到 active 样式后面就把样式重写了。

**【例 4-15】**:first-child 伪类示例。使用:first-child 伪类选择元素的第一个子元素。本例文件 4-15.html 在浏览器中的显示效果如图 4-17 所示。

图 4-17 :first-child 伪类的显示效果

```
<!DOCTYPE html>
<html>
    <head>
        <meta charset="utf-8">
        <title>:first-child 伪类示例</title>
        <style type="text/css">
            /*把作为某元素的第一个子元素的所有 p 元素设置为粗体、红色*/
            p:first-child {font-weight: bold;color: red;}
            /*把作为某个元素第一个子元素的所有 li 元素变成大字体、黄色背景*/
            li:first-child { font-size: large; background-color: yellow; }
            /*把作为某个元素第一个元素的所有 b、strong 元素变成蓝色*/
            b:first-child,strong:first-child {color: blue;}
        </style>
    </head>
    <body>
        <div>
            <p>鲜品园产品分类</p>
            <ul>
                <li>国产水果</li>
                <li>进口<strong>水</strong><strong>果</strong> </li>
                <li>新鲜<strong>时</strong>蔬</li>
            </ul>
            <p><b>国产水果、进口水果、新鲜时蔬</b>是鲜品园的<b>三大</b>系列产品，不同文化背景的国家在<b>果蔬</b>选择方面有着各具特色的偏好。</p>
        </div>
        <p><b>注释：</b>必须声明 DOCTYPE，这样 :first-child 才能在 IE 中生效。</p>
    </body>
</html>
```

### 4.5.8 伪元素选择器

伪元素不是真正的页面元素，在 HTML 中没有对应的元素。伪元素代表了某个元素的子元素，这个子元素虽然在逻辑上存在，但并不实际存在于 HTML 文件树中。伪元素在 HTML 中无法审查，但伪元素的用法和真正的页面元素一样，可以用来对 CSS 设置样式，用于将特殊的效果添加到某些选择器。

伪类的效果可以通过添加一个实际的类来达到，而伪元素的效果则需要通过添加一个实际的元素才能达到，这也是为什么一个称为伪类，另一个称为伪元素的原因。

CSS3 为了区分伪类和伪元素，规定伪类用一个冒号（:）来表示，伪元素用两个冒号（::）来表示。伪元素由双冒号和伪元素名称组成。伪元素的语法格式为：

**selector::pseudo-element {property1: value1; property2: value2; … }**

CSS 类也可以与伪元素配合使用，此时伪元素的语法格式为：

**selector.class::pseudo-element {property1: value1; property2: value2; …}**

其中，selector 表示一个选择器，pseudo-element 表示伪元素。

CSS3 定义的伪元素选择器见表 4-3。

**表 4-3　伪元素选择器**

| 伪 元 素 名 | 描　述 |
|---|---|
| ::first-letter | 将样式添加到文本的首字母 |
| ::first-line | 将样式添加到文本的首行 |
| ::before | 在某元素之前插入某些内容。::before、::after 使用时必须有一个 content 属性才能起效 |
| ::after | 在某元素之后插入某些内容 |
| ::enabled | 向当前处于可用状态的元素添加样式，通常用于定义表单的样式或超链接的样式 |
| ::disabled | 向当前处于不可用状态的元素添加样式，通常用于定义表单的样式或超链接的样式 |
| ::checked | 向当前处于选中状态的元素添加样式 |
| ::not(selector) | 向不是 selector 元素的元素添加样式 |
| ::target | 向正在访问的锚点目标元素添加样式 |
| ::selection | 向用户当前选取内容所在的元素添加样式 |

伪类选择器是用来选择对象的，伪类选择器本质上是插入了一个元素，或者说插入了一个盒子。伪元素选择器默认插入的是行内元素（inline），浏览器无法直接审查伪元素。

**【例 4-16】**伪元素选择器示例。本例文件 4-16.html 在浏览器中的显示效果如图 4-18（a）所示；当用鼠标选中内容时，被选中内容的背景改变颜色，如图 4-18（b）所示。

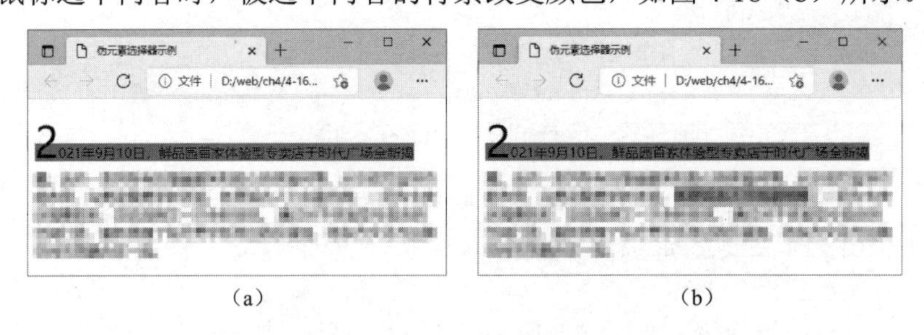


（a）　　　　（b）

图 4-18　伪元素选择器的显示效果

```
<!DOCTYPE html>
<html>
    <head>
        <meta charset="utf-8">
        <title>伪元素选择器示例</title>
```

```
        <style type="text/css">
            p::first-letter {   /* 第一个字 */
                font-size: 50px; }
            p::first-line {   /* 第一行（以浏览器为准的第一行） */
                background: chocolate; }
            p::selection {   /* 被选中的行（鼠标选中的字段） */
                background: chartreuse;         }
        </style>
    </head>
    <body>
        <p>2021 年 9 月 10 日，鲜品园首家体验型专卖店于时代广场全新揭幕……（此处省略文
字）</p>
    </body>
</html>
```

## 4.6 CSS 属性值的写法和单位

样式表是由属性和属性值组成的，有些属性值会用到单位。在 CSS 中，属性值的单位与在 HTML 中的有所不同。

### 4.6.1 长度、百分比单位

使用 CSS 进行排版时，常常会在属性值后面加上长度单位或百分比单位。

#### 1. 长度单位

长度单位有相对长度单位和绝对长度单位两种类型。

相对长度单位是指，以该属性前一个属性的单位值为基础来完成目前的设置。

绝对长度单位将不会随着显示设备的不同而改变。换句话说，属性值使用绝对长度单位时，无论在哪种设备上，显示效果都是一样的，如屏幕上的 1cm 与打印机上的 1cm 是一样长的。

由于相对长度单位确定的是一个相对于另一个长度属性的长度，它能更好地适应不同的媒体，所以它是首选的。一个长度的值由可选的正号“+”或负号“–”，接着一个数字，后跟标明单位的两个字母组成。

长度单位见表 4-4。当使用 pt 作为单位时，设置显示字体大小不同，显示效果也会不同。

表 4-4　长度单位

| 长度单位 | 简　　介 | 示　　例 | 长度单位类型 |
| --- | --- | --- | --- |
| em | 相对于当前对象内大写字母 M 的宽度 | div { font-size : 1.2em;} | 相对长度单位 |
| ex | 相对于当前对象内小写字母 x 的高度 | div { font-size : 1.2ex;} | 相对长度单位 |
| px | 像素（pixel），像素是相对于显示器屏幕分辨率而言的 | div { font-size : 12px;} | 相对长度单位 |
| pt | 点（point），1pt = 1/72in | div { font-size : 12pt;} | 绝对长度单位 |
| pc | 派卡（pica），相当于汉字新四号铅字的尺寸，1pc =12pt | div { font-size : 0.75pc;} | 绝对长度单位 |
| in | 英寸（inch），1in = 2.54cm = 25.4mm = 72pt = 6pc | div { font-size : 0.13in;} | 绝对长度单位 |
| cm | 厘米（centimeter） | div { font-size : 0.33cm;} | 绝对长度单位 |
| mm | 毫米（millimeter） | div { font-size : 3.3mm;} | 绝对长度单位 |

设置属性时，大多数仅能使用正数，只有少数属性可使用正数和负数。若属性值设置为负

数，且超过浏览器所能接受的范围，则浏览器将会选择比较靠近且能支持的数值。

### 2. 百分比单位

百分比单位也是一种常用的相对类型。百分比值总是相对于另一个值来说的，该值可以是长度单位或其他单位。每一个可以使用百分比值单位指定的属性，同时也自定义了这个百分比值的参照值。在大多数情况下，这个参照值是该元素本身的字体尺寸。并非所有属性都支持百分比单位。

一个百分比值由可选的正号“+”或负号“-”，接着一个数字，后跟百分号“%”组成。如果百分比值是正的，则正号可以不写。正负号、数字与百分号之间不能有空格。例如：

```
p{ line-height: 200%; }   /* 本段文字的高度为标准行高的 2 倍 */
hr{ width: 80%; }   /* 水平线长度是相对于浏览器窗口的 80% */
```

注意，无论使用哪种单位，在设置时，数值与单位之间不能加空格。

## 4.6.2 色彩单位

在 HTML 网页或 CSS 样式的色彩定义里，设置色彩的方式是 RGB。在 RGB 方式中，所有色彩均由红色（Red）、绿色（Green）、蓝色（Blue）三种色彩混合而成。

在 HTML 标记中只提供了两种设置色彩的方式：十六进制数和颜色英文名称。CSS 则提供了四种定义色彩的方式：颜色英文名称、十六进制数、rgb 函数和 rgba 函数。

### 1. 用颜色英文名称方式表示色彩值

在 CSS 中也提供了与 HTML 一样的用颜色英文名称表示色彩的方式。CSS 颜色规范中定义了 147 种颜色名，其中有 17 种标准颜色和 130 种其他颜色，常用的 17 种标准颜色名称包括 aqua（水绿色）、black（黑色）、blue（蓝色）、fuchsia（紫红）、gray（灰色）、green（绿色）、lime（石灰色）、maroon（褐红色）、navy（海军蓝）、olive（橄榄色）、orange（橙色）、purple（紫色）、red（红色）、silver（银色）、teal（青色）、white（白色）、yellow（黄色）。代码示例如下。

```
div {color: red; }
```

### 2. 用十六进制数方式表示色彩值

在计算机中，定义每种色彩的强度范围为 0～255。当所有色彩的强度都为 0 时，将产生黑色；当所有色彩的强度都为 255 时，将产生白色。

在 HTML 中，使用 RGB 指定色彩时，前面是一个“#”号，再加上 6 个十六进制数字表示，表示方法为：#RRGGBB。其中，前两个数字代表红光强度（Red），中间两个数字代表绿光强度（Green），后两个数字代表蓝光强度（Blue）。以上 3 个参数的取值范围为：00～ff。参数必须是两位数。对于只有 1 位的参数，应在前面补 0。这种方法共可表示 256×256×256 种色彩，即 16M 种色彩。而红色、绿色、黑色、白色的十六进制数设置值分别为：#ff0000、#00ff00、#0000ff、#000000、#ffffff。示例代码如下。

```
div { color: #ff0000; }
```

如果每个参数各自在两位上的数字都相同，也可缩写为#RGB 的方式。例如，#cc9900 可以缩写为#c90。

### 3. 用 rgb 函数方式表示色彩值

在 CSS 中，可以用 rgb 函数设置所要的色彩。语法格式为：rgb(R,G,B)。其中，R 为红色值，G 为绿色值，B 为蓝色值。这 3 个参数可取正整数值或百分比值，正整数值的取值范围为 0～255，百分比值的取值范围为色彩强度的百分比 0.0%～100.0%。示例代码如下。

```
div { color: rgb(128,50,220); }
div { color: rgb(15%,100,60%); }
```

注意，当使用 RGB 百分比时，即使当值为 0 时也要写百分比符号。但是在其他情况下就不用这么做了。例如，当尺寸为 0px 时，0 之后不需要使用 px 单位，因为 0 就是 0，无论单位是什么。

#### 4．用 rgba 函数方式表示色彩值

rgba 函数在 rgb 函数的基础上增加了控制 alpha 透明度的参数。语法格式为：rgba(R,G,B,A)。其中，R、G、B 参数等同于 rgb 函数中的 R、G、B 参数，A 参数表示 alpha 透明度，取值为 0～1，不可为负值。示例代码如下。

```
<div style="background-color: rgba(0,0,0,0.5);">alpha 值为 0.5 的黑色背景</div>
```

## 4.7　文件结构与元素类型

CSS 通过与 HTML 文件结构相对应的选择符来达到控制页面表现的目的，文件结构在样式的应用中具有重要的角色。CSS 之所以强大，是因为它采用 HTML 文件结构来决定其样式的应用。

### 4.7.1　文件结构的基本概念

为了更好地理解“CSS 采用 HTML 文件结构来决定其样式的应用”这句话，首先需要理解文件是怎样结构化的，也为以后学习继承、层叠等知识打下基础。

【例 4-17】文件结构示例。本例文件 4-17.html 在浏览器中的显示效果如图 4-19 所示。

图 4-19　文件结构的显示效果

```
<!DOCTYPE html>
<html>
    <head>
        <meta charset="utf-8">
        <title>文件结构示例</title>
    </head>
    <body>
        <h1>CSS3 基础</h1>
        <p>CSS 是一组格式设置规则，用于控制<em>Web</em>页面的外观。</p>
        <ul>
            <li>CSS 的优点
                <ul>
                    <li>表现和内容（结构）分离</li>
                    <li>易于维护和<em>改版</em></li>
                    <li>更好地控制页面布局</li>
                </ul>
            </li>
            <li>CSS 设计与编写原则</li>
        </ul>
```

```
    </body>
</html>
```

在 HTML 文件中，文件结构都是基于元素层次关系的，在 HBuilder X 中的“视图”菜单中选中“显示文件结构图”，显示的文件结构图如图 4-20 所示。本例题代码的这种元素间的层次关系可以用图 4-21 所示的树结构来描述。

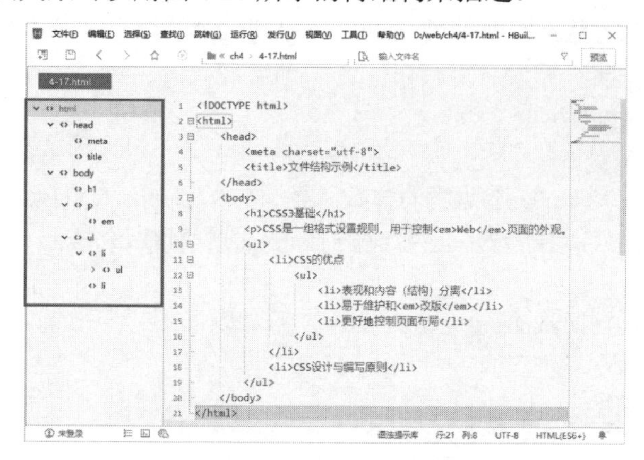


图 4-20　HBuilder X 中的文件结构图

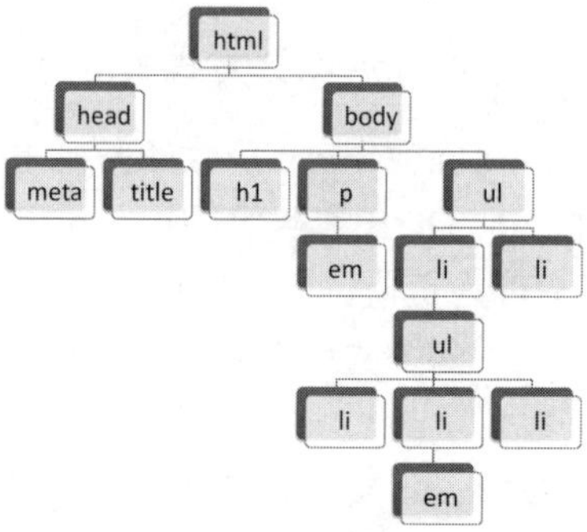

图 4-21　HTML 文件树结构

在这样的层次图中，每个元素都处于文件结构中的某个位置，而且每个元素或是父元素，或是子元素，或既是父元素又是子元素。例如，文件中的 body 元素既是 html 元素的子元素，又是 h1、p 和 ul 的父元素。在整个代码中，html 元素是所有元素的祖先，也称为根元素。前面讲解的“后代”选择符就是建立在文件结构的基础上的。

### 4.7.2　元素类型

在前面已经以文件树结构图的形式讲解了文件中元素的层次关系，这种层次关系同时也要依赖于这些元素类型间的关系。CSS 使用 display 属性规定元素应该生成的框的类型，任何元素都可以通过 display 属性改变默认的显示类型。

#### 1．块级元素（display:block）

display 属性设置为 block 将显示块级元素，块级元素的宽度为 100%，而且后面隐藏附带有换行符，使块级元素始终占据一行。如<div>常常被称为块级元素，这意味着这些元素显示为一块内容。标题、段落、列表、表格、分区 div 和 body 等元素都是块级元素。

#### 2．行内元素（display:inline）

行内元素也称内联元素，display 属性设置为 inline 将显示行内元素，元素前后没有换行符，行内元素没有高度和宽度，因此也就没有固定的形状，显示时只占据其内容的大小。超链接、图像、范围 span、表单元素等都是行内元素。

#### 3．列表项元素（display:list-item）

list-item 属性值表示列表项目，其实质上也是块状显示，不过它是一种特殊的块状类型，增加了缩进和项目符号。

### 4. 隐藏元素（display:none）

none 属性值表示隐藏并取消盒模型，所包含的内容不会被浏览器解析和显示。通过把 display 设置为 none，该元素及其所有内容就不再显示了，也不占用文件中的空间。

### 5. 其他分类

除了上述常用的分类，还包括以下分类：

**display : inline-table | run-in | table | table-caption | table-cell | table-column | table-column-group | table-row | table-row-group | inherit**

如果从布局角度来分析，上述显示类型都可以划归为 block 和 inline 两种，其他类型都是这两种类型的特殊显示，真正能够应用并获得所有浏览器支持的只有 4 个：none、block、inline 和 list-item。

## 4.8 案例——制作鲜品园行业资讯页面

【例 4-18】制作鲜品园行业资讯页面，本例文件 4-18.html 在浏览器中的显示效果如图 4-22 所示。

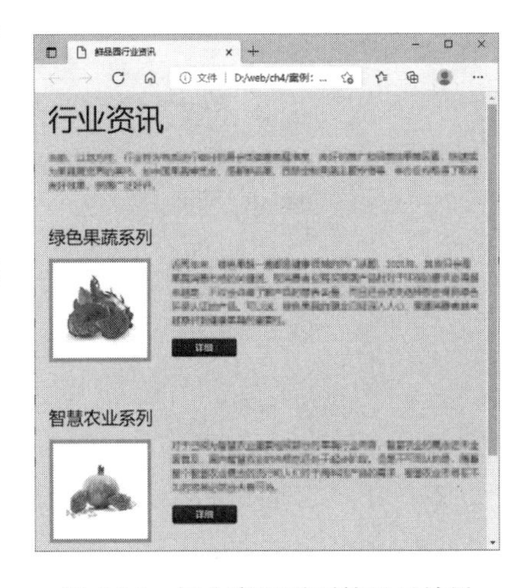

图 4-22　行业资讯页面的显示效果

### 1. 前期准备

（1）目录结构

在案例文件夹下创建文件夹 images 和 css，分别用来存放图像素材和外部样式表文件。

（2）页面素材

将本页面需要使用的图像素材存放在文件夹 images 下。

（3）外部样式表

在文件夹 css 下新建一个名为 style.css 的样式表文件。

### 2. 制作页面

style.css 样式表文件的代码如下：

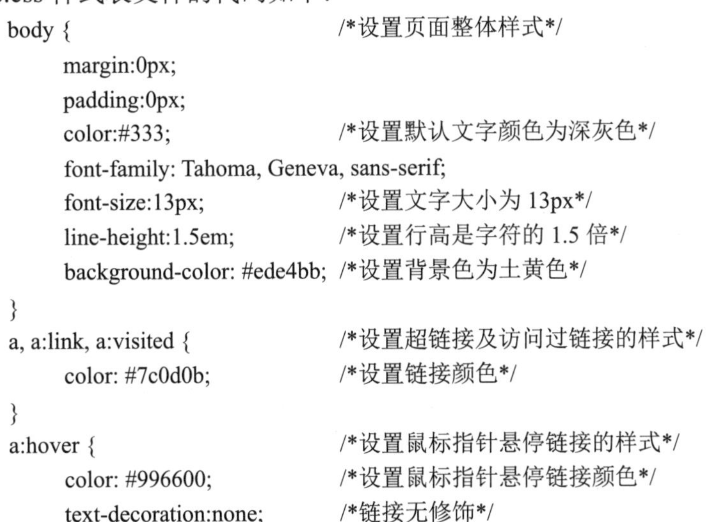

```
body {                              /*设置页面整体样式*/
    margin:0px;
    padding:0px;
    color:#333;                     /*设置默认文字颜色为深灰色*/
    font-family: Tahoma, Geneva, sans-serif;
    font-size:13px;                 /*设置文字大小为 13px*/
    line-height:1.5em;              /*设置行高是字符的 1.5 倍*/
    background-color: #ede4bb;      /*设置背景色为土黄色*/
}
a, a:link, a:visited {              /*设置超链接及访问过链接的样式*/
    color: #7c0d0b;                 /*设置链接颜色*/
}
a:hover {                           /*设置鼠标指针悬停链接的样式*/
    color: #996600;                 /*设置鼠标指针悬停链接颜色*/
    text-decoration:none;           /*链接无修饰*/
```

```
}
p {                             /*设置段落样式*/
    margin: 0px;                /*外边距为 0px*/
    padding: 0px 0px 10px 0px;  /*上、右、下、左的内边距依次为 0px、0px、10px、0px*/
}
img {                           /*设置图像样式*/
    border: none;               /*图像无边框*/
}
h1, h2{                         /*设置一级标题和二级标题共同的样式*/
    font-weight: normal;        /*字体正常粗细*/
}
h1 {                            /*设置一级标题独立的样式*/
    font-size: 40px;            /*设置文字大小为 40px*/
    color: #000;                /*设置文字颜色为黑色*/
    margin: 0px 0px 30px 0px;   /*上、右、下、左的外边距依次为 0px、0px、30px、0px*/
    padding: 5px 0px;           /*上、右、下、左的内边距依次为 5px、0px、5px、0px*/
}
h2 {                            /*设置二级标题独立的样式*/
    font-size: 24px;            /*设置文字大小为 24px*/
    color: #000;                /*设置文字颜色为黑色*/
    margin: 0px 0px 20px 0px;   /*上、右、下、左的外边距依次为 0px、0px、20px、0px*/
    padding: 0px;               /*内边距为 0px*/
}
.cleaner {
    clear: both;                /*清除所有浮动*/
}
.cleaner_h40 {
    clear: both;                /*清除所有浮动*/
    height: 40px;               /*清除浮动后区块的高度为 40px*/
}
.button a {                     /*按钮超链接的样式*/
    clear: both;                /*清除所有浮动*/
    display: block;             /*块级元素*/
    width: 92px;
    height: 24px;
    padding: 4px 0px 0px 0px;   /*上、右、下、左的内边距依次为 4px、0px、0px、0px*/
    background: url(../images/button.png) no-repeat;      /*背景图像无重复*/
    color: #ccc;                /*设置文字颜色为浅灰色*/
    font-weight: bold;          /*字体加粗*/
    font-size: 11px;
    text-align: center;         /*文字居中对齐*/
    text-decoration: none;      /*链接无修饰*/
}
.button a:hover {               /*按钮鼠标指针悬停链接的样式*/
    color: #fff;                /*设置文字颜色为白色*/
    background: url(../images/button_hover.png) no-repeat;      /*背景图像无重复*/
}
#content {                      /*主体内容区块的样式*/
```

```
        float: right;                    /*向右浮动*/
        width: 600px;
        padding-bottom: 90px;            /*下内边距 90px*/
        margin:20px 10px 0px 0px;  /*上、右、下、左的外边距依次为 20px、10px、0px、0px*/
    }
    .news_box {                          /*新闻区块的样式*/
        clear: both;                     /*清除所有浮动*/
        margin-bottom: 60px;             /*下外边距 60px，使各个新闻区块纵向保持 60px 的距离*/
    }
    .news_box p {                        /*新闻区块中段落的样式*/
        padding-bottom: 5px;             /*下内边距 5px */
        margin-bottom: 8px;              /*下外边距 8px */
    }
    .news_box .left {                    /*新闻区块左侧部分的样式*/
        float: left;                     /*向左浮动*/
        width: 140px;                    /*左侧部分宽度为 140px*/
    }
    .news_box .left img {                /*新闻区块左侧中图像的样式*/
        border:1px solid #ccc;           /*边框为 1px 浅灰色实线*/
        padding: 5px;                    /*四周内边距为 5px*/
        background: #fff;                /*白色背景*/
    }
    .news_box .right {                   /*新闻区块右侧部分的样式*/
        float: right;                    /*向右浮动*/
        width: 430px;                    /*右侧部分宽度为 430px*/
    }
```

网页结构文件 4-18.html 的 HTML 代码如下：

```
    <!DOCTYPE html>
    <html>
        <head>
            <meta charset="utf-8">
            <title>鲜品园行业资讯</title>
            <link href="css/style.css" rel="stylesheet" type="text/css" />
        </head>
        <body>
            <div id="content">
                <h1> 行业资讯</h1>
                <p>当前，以地方性、行业性为特质进行细分……（此处省略文字）</p>
                <div class="cleaner_h40"></div>
                <div class="news_box">
                    <h2> 绿色果蔬系列</h2>
                    <div class="left"> <a href="#"><img src="images/image_01.jpg" /></a> </div>
                    <div class="right">
                        <p>近两年来，绿色果蔬一直都是健康……（此处省略文字）</p>
                        <div class="button"><a href="#">详细</a></div>
                    </div>
                    <div class="cleaner"></div>
                </div>
```

```
                <div class="news_box">
                    <h2> 智慧农业系列</h2>
                    <div class="left"> <a href="#"><img src="images/image_02.jpg" /></a> </div>
                    <div class="right">
                        <p>对于已成为智慧农业重要组成部分……（此处省略文字）</p>
                        <div class="button"><a href="#">详细</a></div>
                    </div>
                    <div class="cleaner"></div>
                </div>
            </div>
        </body>
    </html>
```

**【说明】**

1）在本页面中，图像的绿色边框效果是通过“padding:5px;”来实现的，表示图像所在的区块和图像之间的内边距为5px，这种效果可以通过盒模型的边距来设置，请读者参考第6章中的CSS盒模型边距的相关知识。

2）news_box类中定义的“margin-bottom:60px;”用以实现各个新闻区块纵向保持60px的分隔距离。

# 习题4

1．建立内部样式表，制作如图4-23所示的页面。

2．使用伪类相关的知识制作鼠标指针悬停效果，当鼠标指针悬停在链接上时，呈现不同的显示，如图4-24所示。

图4-23　题1图

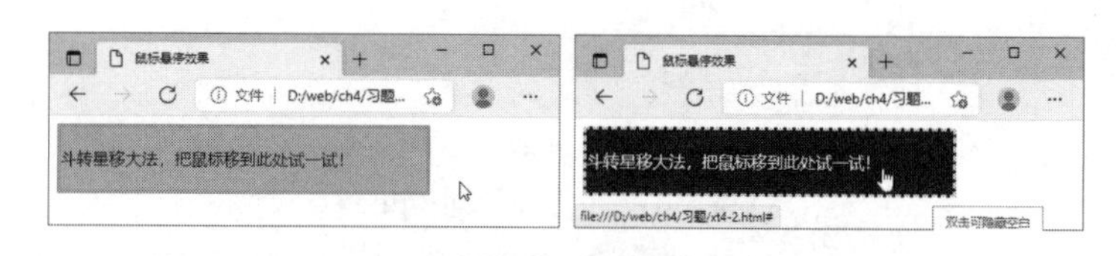


图4-24　题2图

3．使用文件结构的基本知识制作如图4-25所示的页面。

4．使用CSS制作商机发布信息局部页面，如图4-26所示。

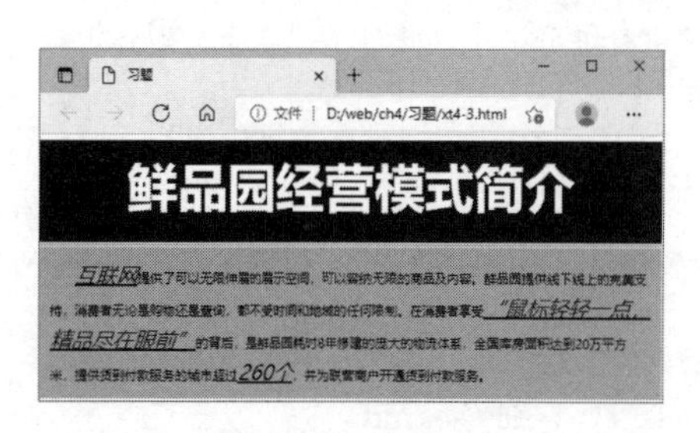


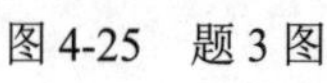

图4-25　题3图

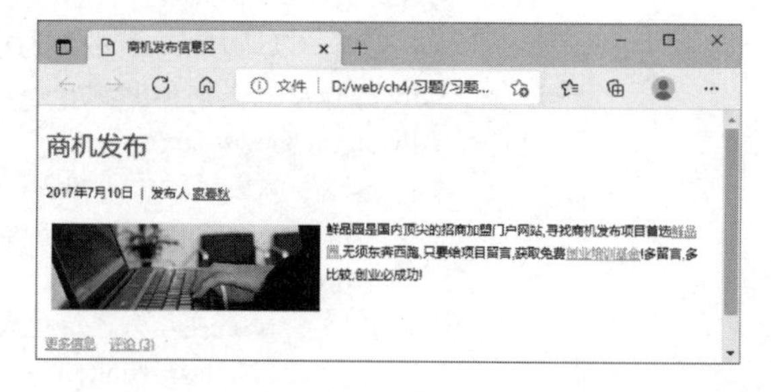


图4-26　题4图

5．使用CSS制作鲜品园服务向导局部页面，如图4-27所示。

鲜品园服务向导页面
文件
D:/web/ch4/习题/习题4-5/xt4-5.html
服务向导
商城的支付方式有哪些?
网上银行支付和货到付款
商城上买东西一般几天可以收到货?
一般情况下，若运送方式为快递，同城交易，如果当天发货，当天可以收到；省外的通过空运3小时内可以送达。
卖家发货后一直没有收到货怎么办?
在卖家已经操作发货后，一直未收到货的，可能由于活动量大造成物流延误，建议您进入"我的订单"页面找到对应交易点击"查看物流"，关注您商品的运输流转记录。
如交易即将超时打款前您还未收到商品，避免出现钱货都不在您手中的情况，建议及时进入"我的订单"页面找到对应交易点击"退货/退款"。
拍下的商品想要退货退款怎么办?
活动期间成功付款的所有活动商品，不支持7天无理由退换货。如果消费者有退换货需求，在符合《商城处理规范》的相关规定的情况下，所有活动商品只支持退货、不支持换货、交易双方另有约定的从其约定。
申请退款后，钱款多久可以退回?
申请退款后，钱款退回的时间取决于双方的协商及卖家对退款处理的快慢。只要退款状态显示为"退款成功"，即说明钱款已退回。
如何举报钓鱼网站/中奖信息网站?
如果您遇到或者收到了非法分子发来的钓鱼网站、中奖信息网站，可以进入"我的账号"—"举报管理"中，进行举报。

图 4-27　题 5 图

# 第 5 章　CSS3 的属性

网页由文本、超链接、图像等基本元素组成，使用 CSS 技术可以精确地控制这些元素的显示效果。本章介绍使用 CSS 设置背景、文本、列表、图像、表格、表单、链接等元素的属性样式，进而实现修饰页面外观。

## 5.1　CSS 字体属性

网页主要是通过文字传递信息的，字体具有两方面的作用：一方面传递语义功能；另一方面是美学效应。由于不同的字体给人带来不同风格的感受，所以对于网页设计人员来说，首先需要考虑的问题就是准确地选择字体属性。CSS 的文字设置属性不仅可以控制文本的大小、颜色、对齐方式、字体，还可以控制行高、首行缩进、字母间距和字符间距等。字体属性主要涉及文字本身的效果，在命名字体属性时使用 font-前缀。

### 5.1.1　字体类型属性

font-family 属性设置文本元素的字体类型。

语法：**font-family : name1, name2,…**

参数：name 是字体名称。字体名称按优先顺序排列，以逗号隔开。如果字体名称包含空格，则要用引号括起。

说明：用 font-family 属性可控制显示字体。不同的操作系统，其字体名是不同的。对于 Windows 系统，其字体名就如 Word 的“字体”列表中所列出的字体名称一样。

示例：

```
div { font-family: Courier, "Courier New", monospace; }
```

### 5.1.2　字体尺寸属性

font-size 属性设置字体的大小，实际上它设置的是字体中字符框的高度，实际的字符字体可能比这些框高或低。

语法：**font-size : absolute-size | relative-size | length | percentage**

参数：其值可以是绝对值也可以是相对值。它的取值有以下几种。

absolute-size（绝对尺寸）：将字体设置为不同的尺寸，取值有 xx-small | x-small | small | medium | large | x-large | xx-large，其中 medium 为默认值。这些尺寸都没有精确定义，是相对而言的，在不同的设备下，这些关键字可能会显示不同的字号。

relative-size（相对尺寸）：设置的尺寸相对于父元素中字体尺寸进行相对调节。使用成比例的 em 单位计算。取值有 larger | smaller。

length（长度）：由浮点数字和单位标识符组成的长度值，不可为负值。常见的有 px（绝对单位）、pt（绝对单位）。

percentage（百分数）：设置的尺寸是基于父元素中字体尺寸的一个百分比数。

示例：

```
p { font-style: normal; }
p { font-size: 12px; }
p { font-size: 20%; }
```

### 5.1.3　字体倾斜属性

font-style 属性设置字体的倾斜。

语法：**font-style : normal | italic | oblique**

参数：normal 为正常字体（默认值），italic 为斜体，对于没有斜体变量的特殊字体，将应用 oblique。oblique 为倾斜的字体。

说明：设置文本字体的倾斜。

示例：

```
p { font-style: normal; }
p { font-style: italic; }
p { font-style: oblique; }
```

### 5.1.4　小写字体属性

font-variant 设置元素中的文本是否为小型的大写字母。

语法：**font-variant : normal | small-caps**

参数：normal 默认为正常的字体。small-caps 设置将使所有的小写字母转换为大写字母字体，但是所有使用小型大写字体的字母与其余文本相比，其字体尺寸更小。

示例：

```
span { font-variant: small-caps; }
```

### 5.1.5　字体粗细属性

font-weight 属性设置元素中文本字体的粗细。

语法：**font-weight : normal | bold | bolder | lighter | number**

参数：normal 是正常的字体，相当于 number 为 400，声明此值将取消之前的任何设置。bold 表示粗体，相当于 number 为 700，也相当于 html b 加粗元素的作用。bolder 表示粗体再加粗，即特粗体。lighter 表示比默认字体还细。number 数字越大字体越粗，包括 100、200、300、400、500、600、700、800 和 900。

示例：

```
span { font-weight:800; }
```

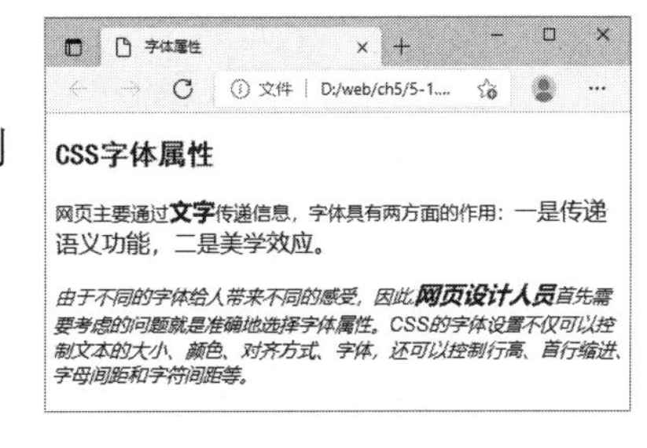


图 5-1　字体样式的显示效果

**【例 5-1】**设置字体样式示例。本例文件 5-1.html 在浏览器中的显示效果如图 5-1 所示。

```
<!DOCTYPE html>
<html>
    <head>
        <meta charset="utf-8">
        <title>字体属性</title>
        <style type="text/css">
            h2 { font-family: 黑体;   /*设置字体类型*/ }
            p { font-family: Arial, "Times New Roman"; font-size: 12pt;   /*设置字体大小*/ }
```

```
            .one { font-weight: bold;   /*设置字体为粗体*/   font-size: 20px; }
            .two { font-weight: 400;   /*设置字体为 400 粗细*/   font-size: 20px; }
            .three { font-weight: 900;   /*设置字体为 900 粗细*/   font-size: 20px; }
            p.italic { font-style: italic;   /*设置斜体*/ }
        </style>
    </head>
    <body>
        <h2>CSS 字体属性</h2>
        <p>网页主要通过<span  class="one">文字</span>传递信息，字体具有两方面的作用：
<span class="two">一是传递语义功能，二是美学效应。</span></p>
        <p class="italic">由于不同的字体给人带来不同的感受，因此<span class="three">网页设
计人员</span>首先需要考虑的问题就是准确地选择字体属性。CSS 的字体设置不仅可以控制文本的大
小、颜色、对齐方式、字体，还可以控制行高、首行缩进、字母间距和字符间距等。
        </p>
    </body>
</html>
```

**【说明】**大多数操作系统和浏览器还不能很好地实现非常精细的文本加粗设置，通常只能设置“正常”（normal）和“加粗”（bold）两种粗细。

## 5.2　CSS 文本属性

文本属性包括文本对齐方式、行高、文本修饰、段落首行缩进、首字下沉、文本截断、文本换行、文本颜色及背景色等。字体属性主要涉及文字本身的效果，而文本属性主要涉及多个文字的排版效果。

### 5.2.1　文本颜色属性

color 属性设置文本的颜色。

语法：**color: color**

参数：color 指定颜色，颜色取值前面已经介绍过，颜色值可以使用多种书写方式，可以用颜色英文名称，也可以用十六进制数，还可以是 rgb 函数。

说明：有些颜色英文名称不被一些浏览器接受。

示例：

```
div {color: red; }   /*颜色值为颜色英文名称*/
div {color: #000000; }   /*颜色值为十六进制数*/
div { color: rgb(0,0,255); }   /*颜色值为 rgb 函数*/
div{ color: rgb(0%,0%,80%);}   /*颜色值为 rgb 百分数*/
```

### 5.2.2　行高属性

line-height 属性设置元素的行高，即字体底端与字体内部顶端之间的距离，如图 5-2 所示。

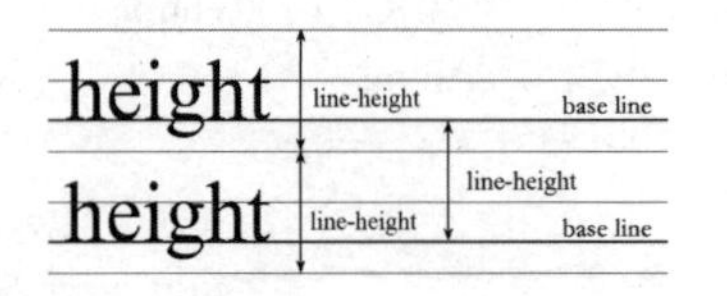


图 5-2　行高示意图

语法：**line-height : length | normal | inherit**

参数：length 为由百分比数字或由数值、单位标识符组成的长度值，允许为负值。其百分比取值基于字体的高度尺寸。

normal 为默认行高。inherit 为从父元素继承 line-height 设置。

说明：如果行内包含多个对象，则应用最大行高。此时行高不可为负值。其中，语法格式中各参数之间的竖线“|”表示分开的多个参数选项只能选取一项。

示例：

```
div {line-height:6px; }
div {line-height:10.5; }
p { line-height:100px; }
```

### 5.2.3 文本水平对齐方式属性

使用 text-align 属性可以设置元素中文本的水平对齐方式。

语法：**text-align : left | right | center | justify**

参数：left 为左对齐，right 为右对齐，center 为居中，justify 为两端对齐。

说明：设置对象中文本的对齐方式。

示例：

```
div { text-align : center; }
```

### 5.2.4 为文本添加修饰属性

使用 CSS 样式可以对文本进行简单的修饰，text 属性所提供的 text-decoration 属性，主要实现文本加下画线、顶线、删除线及文本闪烁等效果。

语法：**text-decoration : none | underline | blink | overline | line-through**

参数：none 为无装饰。underline 为下画线，blink 为闪烁，overline 为上画线，line-through 为删除线。

说明：text-decoration 属性定义添加到文本的修饰，包括下画线、上画线、删除线等。有些元素默认具有某种修饰，如 a 元素中的文本默认值为 underline，可以使用本属性改变修饰。如果应用的对象不是文本，则此属性不起作用。

示例：

```
div { text-decoration : underline; }
a { text-decoration : underline overline; }
```

### 5.2.5 段落首行缩进属性

段落首行缩进指的是段落的第一行从左向右缩进一定的距离，而首行以外的其他行保持不变，其目的是便于阅读和区分文章整体结构。text-indent 属性用于设置文本块首行文本的缩进。可以为所有块级元素应用 text-indent，但不能应用于行级元素。如果想把一个行级元素的第一行缩进，可以用左内边距或外边距创造这种效果。

语法：**text-indent : length**

参数：length 为百分比数字或由浮点数字、单位标识符组成的长度值，允许为负值。它的属性可以是固定的长度值，也可以是相对于父元素宽度的百分比，默认值为 0。

说明：设置对象中的文本段落的缩进。本属性只应用于整块的内容。

示例：

```
div { text-indent : -5px; }
div { text-indent : underline 10%; }
```

### 5.2.6 文本阴影属性

text-shadow 设置对象中文本的文字是否有阴影及模糊效果。普通文本默认是没有阴影的。

语法：**text-shadow : x_position_length || y_position_length || blur || color**

参数：一条阴影的属性值有以下 4 个属性。

x_position_length：表示阴影在 $x$ 轴方向向右偏移的距离，可为负值，负值表示向左偏移。

y_position_length：表示阴影在 $y$ 轴方向向下偏移的距离，可为负值，负值表示向上偏移。

blur：指定模糊效果的作用距离，不可为负值。如果仅仅需要模糊效果，则将前两个 length 全部设定为 0。模糊的距离越大，模糊的程度也越大。

color：表示阴影的颜色。

4 个参数中，x_position_length 和 y_position_length 是必需的。

说明：每个阴影有两个或三个长度值和一个可选的颜色值来规定。省略的长度是 0。可以设定多组阴影效果，这时属性值用逗号分隔每组的阴影列表。其中，语法格式中各参数之间的双竖线“||”表示分开的多个参数选项可以选取多项。

示例：

```
p { text-shadow: 0px 0px 20px yellow, 0px 0px 10px orange, red 5px -5px; }
p:first-letter { font-size: 36px; color: red; text-shadow: red 0px 0px 5px;}
```

### 5.2.7 元素内部的空白属性

white-space 属性设置元素内空格的处理方式。

语法：**white-space : normal | pre | nowrap**

参数：normal 是默认处理方式。pre 用等宽字体显示预先格式化样式的文本，不合并字间的空白距离和进行两端对齐，空白被浏览器保留，等同 pre 元素。nowrap 强制在同一行内显示所有文本，直到文本结束或遭遇 br 对象为止，参阅 td、div 等对象的 nowrap 属性。

示例：

```
p { white-space: nowrap; }
```

### 5.2.8 文本截断效果属性

text-overflow 属性可以实现文本的截断效果。本属性需要配合 overflow:hidden 和 white-space:nowrap 才能生效。

语法：**text-overflow : clip | ellipsis**

参数：clip 定义简单的裁切，不显示省略标记（…）。ellipsis 定义当文本溢出时显示省略标记。

说明：设置文本的截断。要实现溢出文本显示省略标记的效果，除了使用 text-overflow 属性，还必须配合 white-space:nowrap（强制文本在一行内显示）和 overflow:hidden（溢出隐藏）同时使用才能实现。

示例：

```
div { text-overflow : clip; white-space:nowrap; overflow:hidden; }
```

**【例 5-2】**设置文本样式示例。本例文件 5-2.html 在浏览器中的显示效果如图 5-3 所示。

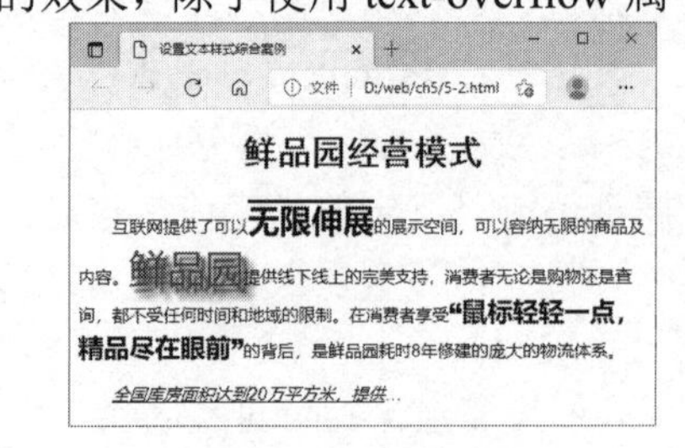


图 5-3 文本样式的显示效果

```
<!DOCTYPE html>
<html>
```

```
    <head>
        <meta charset="utf-8">
        <title>设置文本样式综合案例</title>
        <style type="text/css">
            h1 {
                font-family: 黑体;              /*设置字体类型*/
                text-align: center;             /*文本居中对齐*/
            }
            p {
                font-family: Arial, "Times New Roman";
                font-size: 12pt;                /*设置字体大小*/
                text-indent: 2em;               /*段落首行缩进 2 个父元素的宽度*/
            }
            .one {
                font-weight: bold;              /*设置字体为粗体*/
                font-size: 30px;
                text-decoration: overline;      /*设置上画线*/
            }
            .two {
                font-weight: 400;               /*设置字体为 400 粗细*/
                font-size: 36px;
                color: green;                   /*绿色文字*/
                text-shadow: 5px 5px 3px, 10px 10px 5px gray;       /*文字阴影*/
            }
            .three {
                font-weight: 900;               /*设置字体为 900 粗细*/
                font-size: 24px;
            }
            p.bottom {
                font-style: italic;             /*设置斜体*/
                text-decoration: underline;     /*设置下画线*/
                width: 320px;                   /*设置裁切的宽度*/
                height: 20px;                   /*设置裁切的高度*/
                overflow: hidden;               /*溢出隐藏*/
                white-space: nowrap;            /*强制文本在一行内显示*/
                text-overflow: ellipsis;        /*当文本溢出时显示省略标记*/
            }
        </style>
    </head>
    <body>
        <h1>鲜品园经营模式</h1>
        <p>互联网提供了可以<span class="one">无限伸展</span>的展示空间，可以容纳无限的
商品及内容。<span class="two">鲜品园</span>提供线下线上的完美支持，消费者无论是购物还是查询，
都不受任何时间和地域的限制。在消费者享受<span class="three">“鼠标轻轻一点，精品尽在眼前”</span>
的背后，是鲜品园耗时 8 年修建的庞大的物流体系。</p>
        <p class="bottom">全国库房面积达到 20 万平方米，提供货到付款服务的城市超过 260
个，并为联营商户开通货到付款服务。</p>
```

```
    </body>
</html>
```

【说明】text-indent 属性的值是长度，为了缩进两个汉字的距离，常用的距离是“2em”。1em 等于一个中文字符，两个英文字符相当于一个中文字符。因此，如果需要英文段落的首行缩进两个英文字符，需设置“text-indent:1em;”。

# 5.3 CSS 背景属性

网页背景是网页设计的重要因素之一，不同类型的网站有不同的背景和基调。CSS 有非常丰富的背景属性。CSS 允许为任何元素添加纯色背景，也允许使用图像作为背景。背景属性在命名时，使用“background-”前缀。

## 5.3.1 背景颜色属性

background-color 属性用于设置背景颜色，可以设置任何有效的颜色值。

语法：**background-color : color | transparent**

参数：color 指定颜色，颜色取值前面已经介绍过，颜色值可以使用多种书写方式，可以用颜色英文名，也可以用十六进制数，还可以是 rgb 函数。transparent 表示透明的意思，也是浏览器的默认值。

说明：background-color 不能继承，默认值是 transparent，如果一个元素没有指定背景色，那么默认背景色为 transparent（透明色），这样才能看见其父元素的背景。

示例：设置元素的背景颜色属性。

```
p { background-color: silver; }
div { background-color: rgb(223,71,177);}
body { background-color: #98AB6F; }
pre { background-color: transparent; }
```

【例 5-3】设置元素的背景颜色示例。本例文件 5-3.html 在浏览器中的显示效果如图 5-4 所示。

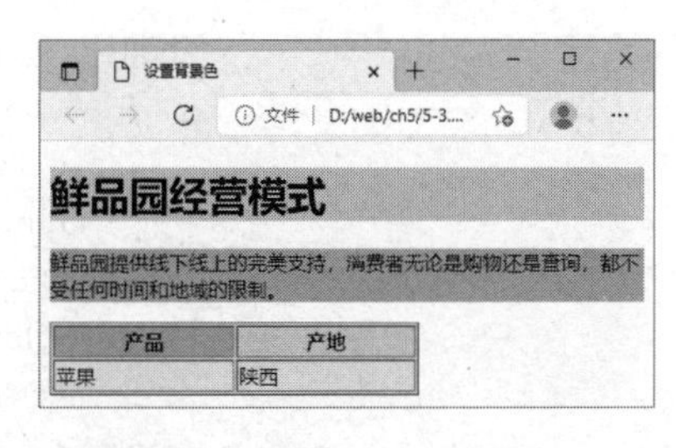


图 5-4　背景颜色的显示效果

```
<!DOCTYPE html>
<html>
    <head>
        <meta charset="utf-8">
        <title>设置背景色</title>
        <style type="text/css">
            h1 { /*标题 1 的背景色*/ background-color: #ccc;}
            p { /*段落的背景色*/ background-color: cyan;}
            table { /*表格的背景色*/ background-color: pink;}
        </style>
    </head>
    <body style="background: gainsboro;">   <!--设置整个网页的背景色-->
        <h1>鲜品园经营模式</h1>
        <p>鲜品园提供线下线上的完美支持，消费者无论是购物还是查询，都不受任何时间和
地域的限制。</p>
        <table width="300px" border="1" cellspacing="" cellpadding="">
            <tr>
```

```
                <th style="background-color: orange;">产品</th>    <!--表格单元格的背景色-->
                <th>产地</th>
            </tr>
            <tr style="background-color: lavender;">                <!--设置表格的行的背景色-->
                <td>苹果</td>
                <td>陕西</td>
            </tr>
        </table>
    </body>
</html>
```

### 5.3.2　背景图像属性

用 background-image 设置背景图像，background-image 还可以设置线性渐变等效果。

语法：**background-image : none | url(url), url(url),… | linear-gradient | radial-gradient | repeating-linear-gradient | repeating-radial-gradient**

参数：默认值为 none，表示不加载图像，无背景图。

url 设置要插入背景图像的路径，使用绝对地址或相对地址指定背景图像。CSS3 之前每个元素只能设置一个背景，如果同时指定背景颜色和背景图像，背景图像会覆盖背景颜色。CSS3 允许为元素使用多个背景图像，多个 url 属性值之间用逗号分隔。

CSS3 增加的属性还有：linear-gradient 使用线性渐变创建背景图像。radial-gradient 使用径向（放射性）渐变创建背景图像。repeating-linear-gradient 使用重复的线性渐变创建背景图像。repeating-radial-gradient 使用重复的径向（放射性）渐变创建背景图像。

说明：如果设置了 background-image，那么同时也建议设置 background-color 用于当背景图像不可见时保持与文本一定的对比效果。

若把图像添加到整个浏览器窗口，则可以将其添加到<body>标签中。对于块级元素，则从元素的左上角开始放置背景图像，并沿着 $x$ 轴和 $y$ 轴平铺，占满元素的全部尺寸。通常要配合 background-repeat 控制图像的平铺。

如果网页中某元素同时具有 background-image 属性和 background-color 属性，那么 background-image 属性优先于 background-color 属性，即背景图像覆盖于背景颜色之上。

**【例 5-4】**设置背景图像示例。本例文件 5-4.html 在浏览器中的显示效果如图 5-5 所示。

```
<!DOCTYPE html>
<html>
    <head>
        <meta charset="utf-8">
        <title>设置背景图像</title>
        <style type="text/css">
            body { /*整个网页的背景图像*/
                background-image: url(images/back.gif);
            }
            div { /*分区的背景图像*/
                background-image: url(images/fresh.jpg);
                width: 400px;
                height: 300px;
                border: 2px dashed cyan;
```

图 5-5　背景图像的显示效果

```
            }
        </style>
    </head>
    <body>
        <div>鲜品园提供线下线上的完美支持，消费者无论是购物还是查询，都不受任何时间和地域的限制。
        </div>
    </body>
</html>
```

### 5.3.3 重复背景图像属性

background-repeat 属性的主要作用是设置背景图像以何种方式在网页中显示。通过背景重复，使用很小的图像就可以填充整个页面，有效地减少图像字节的大小。

在默认情况下，图像会自动向水平和竖直两个方向平铺。如果不希望平铺，或者只希望沿着一个方向平铺，则可以使用 background-repeat 属性来控制。

语法：**background-repeat : repeat | no-repeat | repeat-x | repeat-y**

参数：repeat 表示背景图像在水平和垂直方向平铺，是默认值；repeat-x 表示背景图像在水平方向平铺；repeat-y 表示背景图像在垂直方向平铺；no-repeat 表示背景图像不平铺。

说明：设置对象的背景图像是否平铺及如何平铺，必须先指定对象的背景图像。

示例：设置表格或段落的背景图片重复属性。

```
table { background: url("images/buttondvark.gif"); background-repeat: repeat-y; }
p { background: url("images/rose.gif"); background-repeat: no-repeat; }
```

【例 5-5】设置重复背景图像示例。本例文件 5-5a.html、5-5b.html、5-5c.html、5-5d.html 在浏览器中的显示效果如图 5-6 所示。

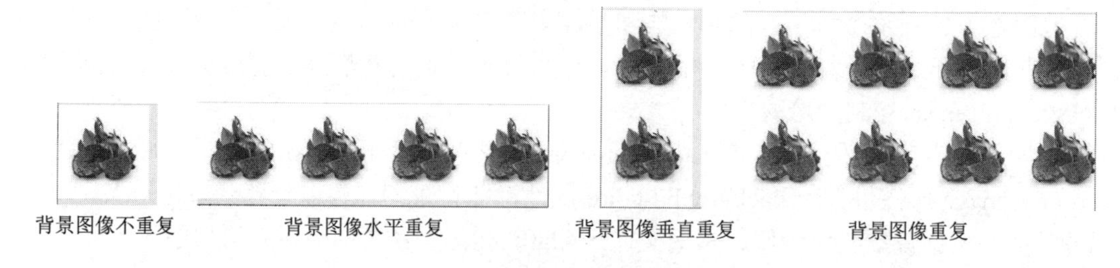


图 5-6　背景图像的显示效果

背景图像不重复的 CSS 定义代码如下：

```
body{background-color: beige;background-image:url(images/back.jpg); background-repeat: no-repeat;}
```

背景图像水平重复的 CSS 定义代码如下：

```
body { background-color: beige;background-image:url(images/back.jpg);background-repeat: repeat-x;}
```

背景图像垂直重复的 CSS 定义代码如下：

```
body {background-color: beige;background-image:url(images/back.jpg);background-repeat: repeat-y;}
```

背景图像重复的 CSS 定义代码如下：

```
body {background-color: beige;background-image:url(images/back.jpg);background-repeat: repeat;}
```

### 5.3.4 固定背景图像属性

如果希望背景图像固定在屏幕的某一位置，不随着滚动条移动，则可以使用 background-attachment 属性来设置。

语法：**background-attachment : scroll | fixed**

参数：background-attachment 属性有两个属性值，其中，scroll 设置图像随页面元素一起滚动（默认值），fixed 设置图像固定在屏幕上，不随页面元素滚动。

说明：background-attachment 设置背景图像是否固定或者随着页面的其余部分滚动。默认值为 scroll，表示背景图像会随着页面其余部分的滚动而滚动。设置为 fixed 表示当页面其余部分滚动时，背景图像不会滚动。也可以设置 inherit 继承父元素的 background-attachment 设置。

示例：设置或检索背景图像是固定的。

```
html { background-image: url("rose.jpg"); background-attachment: fixed; }
```

### 5.3.5 背景图像位置属性

当在网页中插入背景图像时，插入图像的位置默认都是位于网页的左上角，可以通过 background-position 属性来改变图像的插入位置。

语法：**background-position : position position | length length**

参数：position 可取 top（将背景图像同元素的顶部对齐）、center（将背景图像相对于元素水平居中或垂直居中）、bottom（将背景图像同元素的底部对齐）、left（将背景图像同元素的左边对齐）、right（将背景图像同元素的右边对齐）之一。length 为百分比或由数字和单位标识符组成的长度值。

说明：background-position 设置背景图像原点的位置，如果图像需要平铺，则从这一点开始，默认值为左上角零点位置，这两个值用空格隔开，写作 0 0。它的值有以下 3 种写法。

- 位置参数：*x* 轴有 3 个参数，分别是 left、center、right；*y* 轴同样有 3 个参数，分别是 top、center、bottom。通常，*x* 轴和 *y* 轴参数各取一个组成属性值，如 left bottom 表示左下角，right top 表示右上角。如果只给定一个值，则另一个值默认为 center。
- 百分比：写为 x% y%，第一个表示 *x* 轴的位置，第二个表示 *y* 轴的位置，左上角为 0 0，右下角为 100% 100%。如果只指定了一个值，则该值用于横坐标 *x*，纵坐标 *y* 将默认为 50%。
- 长度：写为 xpos ypos，第一个表示 *x* 轴离原点的长度，第二个表示 *y* 轴离原点的长度。其单位可以是 px 等长度单位，也可以与百分比混合使用。

设置对象的背景图像位置时，必须先指定 background-image 属性。默认值为：(0% 0%)。

该属性定位不受对象的补丁（padding）属性设置影响。

示例：

```
body { background: url("images/backpic.jpg"); background-position: top right; }
div { background: url("images/back.gif"); background-position: 30% 75%; }
table { background: url("images/back.gif"); background-position: 35% 2.5cm; }
a { background: url("images/backpic.jpg"); background-position: 5.25in; }
```

### 5.3.6 背景图像大小属性

在 CSS3 之前，背景图像的尺寸是由图像的实际尺寸决定的。在 CSS3 中，可以规定背景图像的尺寸。background-size 属性设置背景图像的大小。

语法：**background-size : [ length | percentage | auto ]{1,2} | cover | contain**

参数：auto 为默认值，保持背景图像的原始高度和宽度。length 设置具体的值，可以改变背景图像的大小。percentage 是百分值，可以是 0%～100%之间的任何值，但此值只能应用在块级元素上，所设置百分值将使用背景图像大小根据所在元素的宽度的百分比来计算。

cover 将图像拉伸放大以适合铺满整个容器，采用 cover 将背景图像拉伸放大到充满容器的大小，但这种方法会使背景图像失真。contain 刚好与 cover 相反，用于将背景图像缩小以适合铺满整个容器，这种方法同样会使图像失真。

当 background-size 取值为 length 和 percentage 时可以设置两个值，也可以设置一个值，当只取一个值时，第二个值相当于 auto，但这里的 auto 并不会使背景图像的高度保持自己原始高度，而会与第一个值相同。

说明：设置背景图像的大小，以像素或百分比显示。当指定为百分比时，大小由所在父元素区域的宽度、高度决定，还可以通过 cover 和 contain 来对图像进行伸缩。

示例：

```
div{background:url(bg_flower.gif);background-size: 100px 80px;background-repeat:no-repeat;}
```

### 5.3.7 背景属性

background 是简写属性，可以在一个样式中将 background-color、background-image、background-repeat、background-attachment、background-position 全部设置，也可以省略其中的某几项。将这几项的属性值直接用空格拼接，作为 background 的属性值即可。还可以直接设置 inherit，从父元素继承。

语法：**background : background-color | background-image | background-repeat | background-attachment | background-position**

参数：该属性是复合属性。请参阅各参数对应的属性。默认值为 transparent none repeat scroll 0% 0%。

说明：如果使用该复合属性定义其单个参数，则其他参数的默认值将无条件覆盖各自对应的单个属性设置。

尽管该属性不可继承，但如果未指定，则其父对象的背景颜色和背景图像将在对象中显示。

示例：

```
body { background: url("images/bg.gif") repeat-y; }
div { background: red no-repeat scroll 5% 60%; }
caption { background: #ffff00 url("images/bg.gif") no-repeat 50% 50%; }
pre { background: url("images/bg.gif") top right; }
```

### 5.3.8 背景图像起点属性

background-origin 属性值与 background-clip 属性值相同，都表示背景覆盖的起点，但在使用过程中，由于背景会横向纵向重复，像纯色的背景是看不出差别的，所以 background-origin 属性用于表示背景图像的起点。background-origin 属性规定 background-position 属性相对于什么位置来定位。如果背景图像的 background-attachment 属性为 fixed，则该属性没有效果。

语法：**background-origin: padding-box | border-box | content-box**

参数：border-box 设置背景图像起点在外边框的左上角。padding-box 设置背景图像起点在内边距框的左上角，是默认值。content-box 设置背景图像起点在内容框的左上角。边框示意图如图 5-7 所示。

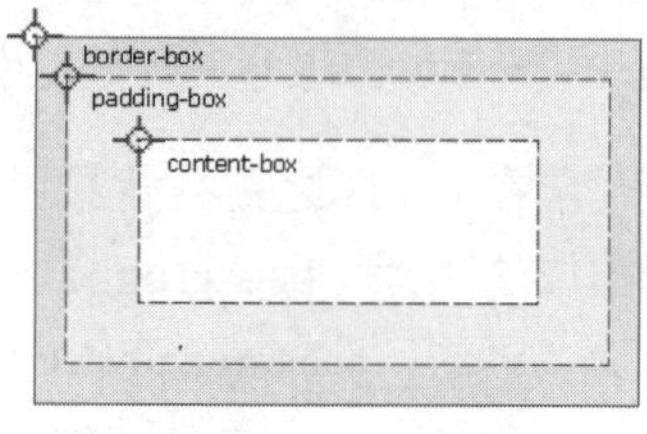

图 5-7 边框示意图

示例：相对于内容框 content-box 来定位背景图像。

```
div{ background-image: url('bg.jpg');
     background-repeat: no-repeat;
     background-position: 100% 100%;
     background-origin: content-box; }
```

**【例 5-6】**背景图像起点属性示例。本例文件 5-6.html 在浏览器中的显示效果如图 5-8 所示。

```
<!DOCTYPE html>
<html>
    <head>
        <meta charset="utf-8">
        <title>background-origin 属性</title>
        <style type="text/css">
            div { text-align: center; border: 10px dashed #09f;
                background: url(images/flower.png) no-repeat;
                padding: 20px; margin: 20px;
                width: 200px; height: 100px; }
            .borderBox { background-origin: border-box }
            .paddingBox { background-origin: padding-box}
            .contentBox {background-origin: content-box}
        </style>
    </head>
    <body>
        <h3>CSS3 自定义背景图像起点</h3>
        <div class="borderBox">
            background-origin 属性规定背景图像起点，包含 border
        </div>
        <div class="paddingBox">
            background-origin 属性规定背景图像起点，包含 padding
        </div>
        <div class="contentBox">
            background-origin 属性规定背景图像起点，包含 content
        </div>
    </body>
</html>
```

图 5-8　起点属性的显示效果

# 5.4　CSS 尺寸属性

CSS 可以控制每个元素的宽度、最小宽度、最大宽度、高度、最小高度、最大高度。元素的大小通常是自动的，浏览器会根据内容计算出实际的宽度和高度。正常的元素默认值分别是 width=auto; height=auto。如果手动设置了宽度和高度，则可以定制元素的大小。宽度和高度都可以设置一个最小值与一个最大值，当测量的长度超过了定义的最小值或最大值时，则直接转换成最小值或最大值。取值方式可以是 CSS 允许的长度，如 24px；也可以是基于包含它的块级元素的百分比。

### 5.4.1 宽度属性

width 属性设置元素的宽度。

语法：**width : auto | length**

参数：默认值 auto 无特殊定位，是 HTML 定位规则的宽度。length 由浮点数字和单位标识符组成的长度值或百分数。百分数是基于父级对象的宽度，不可为负数。

说明：对于 img 对象来说，仅指定此属性，其 height 值将根据图像源尺寸等比例缩放。

按照样式表的规则，对象的实际宽度为其下列属性值之和（见图 5-9），即

margin-left + border-left + padding-left + width + padding-right + border-right + margin-right

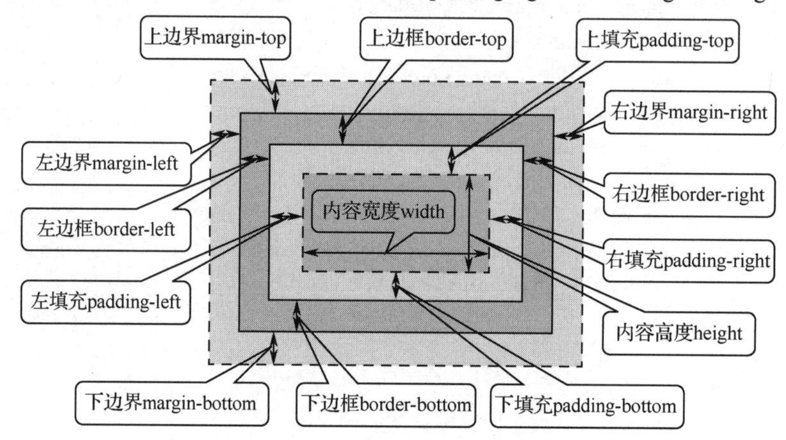


图 5-9　宽度、高度属性示意图

示例：

```
div { width: 1.5in; }
div { position:absolute; top:-3px; width:6px; }
```

### 5.4.2 高度属性

height 属性设置对象的高度。

语法：**height : auto | length**

参数：auto 默认无特殊定位，根据 HTML 定位规则确定高度。length 是由浮点数字和单位标识符组成的长度值或百分数。百分数是基于父级对象的高度，不可为负数。

按照样式表的规则，对象的实际高度为其下列属性值之和（见图 5-9），即

margin-top+border-top+padding-top+height+padding-bottom+border-bottom+margin-bottom

示例：

```
div { height: 2in; }
div { position:absolute; top:-2px; height:5px; }
```

### 5.4.3 最小宽度属性

min-width 属性设置元素的最小宽度。

语法：**min-width : none | length**

参数：none 默认无最小宽度限制。length 是由浮点数字和单位标识符组成的长度值或百分数，不可为负数。

说明：如果 min-width 属性的值大于 max-width 属性的值，则会被自动转设为 max-width 属性的值。

示例：

```
p { min-width: 200px; }
```

### 5.4.4　最大宽度属性

max-width 属性设置元素的最大宽度。

语法：**max-width : none | length**

参数：none 默认无最大宽度限制。length 是由浮点数字和单位标识符组成的长度值或百分数，不可为负数。

说明：如果 max-width 属性的值小于 min-width 属性的值，则会被自动转设为 min-width 属性的值。

示例：

```
p { max-width: 200%; }
```

### 5.4.5　最小高度属性

min-height 属性设置元素的最小高度。

语法：**min-height : none | length**

参数：none 默认无最小高度限制。length 是由浮点数字和单位标识符组成的长度值或百分数，不可为负数。

说明：如果 min-height 属性的值大于 max-height 属性的值，则会被自动转设为 max-height 属性的值。

示例：

```
p { min-height: 200px; }
```

### 5.4.6　最大高度属性

max-height 属性设置元素的最大高度。

语法：**max-height : none | length**

参数：none 默认无最大高度限制。length 是由浮点数字和单位标识符组成的长度值或百分数，不可为负数。

说明：如果 max-height 属性的值小于 min-height 属性的值，则会被自动转设为 min-height 属性的值。

示例：

```
p { max-height: 200%; }
```

**【例 5-7】**设置尺寸属性示例。本例文件 5-7.html 在浏览器中的显示效果如图 5-10 所示。

```
<!DOCTYPE html>
<html>
    <head>
        <meta charset="utf-8">
        <title>尺寸属性</title>
    </head>
    <body>
```

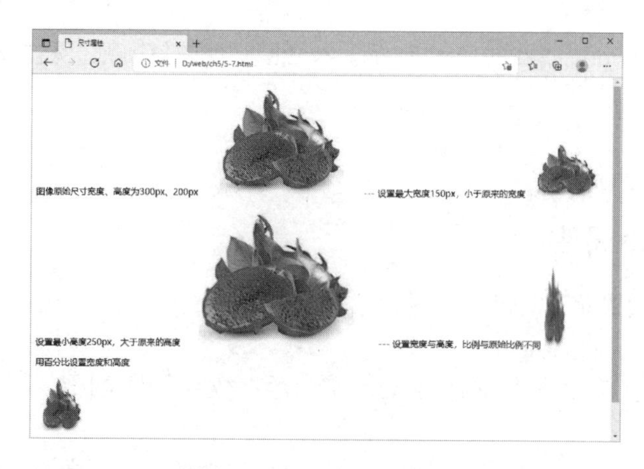


图 5-10　尺寸属性显示效果

```
        <p>图像原始尺寸宽度、高度为 300px、200px<img src="images/changesize.jpg" />---
            设置最大宽度 150px，小于原来的宽度<img src="images/changesize.jpg" style="max-width:150px;" /></p>
        <p>设置最小高度 250px，大于原来的高度<img src="images/changesize.jpg" style="min-height:250px;" />---
            设置宽度与高度，比例与原始比例不同<img src="images/changesize.jpg" style="width: 50px;height:150px;" /></p>
        <div style="width: 200px;height: 200px;">
            <p>用百分比设置宽度和高度</p>
            <img src="images/changesize.jpg" style="width:50%;height:50%;" />
        </div>
    </body>
</html>
```

# 5.5　CSS 列表属性

列表属性用于改变列表项标记，在 CSS 样式中，主要是通过 list-style-type、list-style-image 和 list-style-position 这 3 个属性改变列表修饰符的类型。

## 5.5.1　图像作为列表项的标记属性

除了传统的项目符号，CSS 还提供了 list-style-image 属性，它可以将项目符号显示为任意图像。list-style-image 属性设置将一个图像作为列表项的标记。

语法：**list-style-image : none | url (url) | inherit**

参数：none 默认不显示图像。url 使用绝对地址或相对地址指定背景图像。inherit 从父元素继承属性，部分浏览器不支持此属性。

说明：若 list-style-image 属性为 none 或指定图像不可用时，list-style-type 属性会替代 list-style-image 属性对列表产生作用。

图像相对于列表项内容的放置位置通常使用 list-style-position 属性控制。

示例：

```
ul.out { list-style-position: outside; list-style-image: url("images/it.gif"); }
```

### 5.5.2 列表项标记的位置属性

list-style-position 属性设置列表项标记的位置，即设置作为对象的列表项标记如何根据文本排列。

语法：**list-style-position : outside | inside**

参数：outside 设置列表项目标记放在文本以外，且环绕文本不根据标记对齐。inside 设置列表项目标记放在文本以内，且环绕文本根据标记对齐。

说明：仅作用于具有 display 值等于 list-item 的对象（如 li 对象）。

注意：ol 对象和 ul 对象的 type 特性为其后的所有列表项目（如 li 对象）指明列表属性。

示例：

```
ul.in { display: list-item; list-style-position: inside; }
```

### 5.5.3 标记的类型属性

list-style-type 属性设置元素的列表项所使用的预设标记。

语法：**list-style-type : disc | circle | square | decimal | lower-roman | upper-roman | lower-alpha | upper-alpha | none | armenian | cjk-ideographic | georgian | lower-greek | hebrew | hiragana | hiragana-iroha | katakana | katakana-iroha | lower-latin | upper-latin**

参数：通常，项目列表主要采用<ul>或<ol>标签，然后配合<li>标签罗列各个项目。在 CSS 样式中，列表项的标记类型是通过属性 list-style-type 来修改的，无论是<ul>标签还是<ol>标签，都可以使用相同的属性值，而且效果是完全相同的。

list-style-type 属性主要用于修改列表项的标记类型，例如，在一个无序列表中，列表项的标记是出现在各列表项旁边的圆点，而在有序列表中，标记可能是字母、数字或其他符号。

当给<ul>或<ol>标签设置 list-style-type 属性时，在它们中间的所有<li>标签都采用该设置，而如果对<li>标签单独设置 list-style-type 属性，则仅仅作用在该项目上。当 list-style-image 属性为 none 或指定的图像不可用时，list-style-type 属性将发生作用。

常用的 list-style-type 属性值见表 5-1。

表 5-1　常用的 list-style-type 属性值

| 属　性　值 | 描　　述 |
| --- | --- |
| disc | 默认值，标记是实心圆 |
| circle | 标记是空心圆 |
| square | 标记是实心正方形 |
| decimal | 标记是阿拉伯数字 |
| lower-roman | 标记是小写罗马字母，如 ⅰ,ⅱ,ⅲ,ⅳ,ⅴ,ⅵ,ⅶ,… |
| upper-roman | 标记是大写罗马字母，如 Ⅰ,Ⅱ,Ⅲ,Ⅳ,Ⅴ,Ⅵ,Ⅶ,… |
| lower-alpha | 标记是小写英文字母，如 a,b,c,d,e,f,… |
| upper-alpha | 标记是大写英文字母，如 A,B,C,D,E,F,… |
| none | 不显示任何符号 |

说明：当 list-style-image 属性为 none 或指定图像不可用时，list-style-type 属性将起作用，仅作用于具有 display 值等于 list-item 的对象（如 li 对象）。

当选用背景图像作为列表修饰时，list-style-type 属性和 list-style-image 属性都要设置为

none。

示例：

```
li { list-style-type: square }
```

### 5.5.4　列表简写属性

list-style 属性是列表的简写属性或称复合属性，可以把关于列表的所有属性值都写在这个属性中，也可以省略某几项。

语法：**list-style : list-style-type | list-style-position | list-style-image**

参数：可以按顺序设置属性 list-style-type、list-style-position、list-style-image。属性值之间用空格拼接。也可以直接设置 inherit，从父元素继承。

示例：

```
li { list-style: url(images/sqpurple.gif), inside, circle; }
ul { list-style: outside, upper-roman; }
ol { list-style: square; }
```

【例 5-8】设置列表项图像标记示例。本例文件 5-8.html 在浏览器中的显示效果如图 5-11 所示。

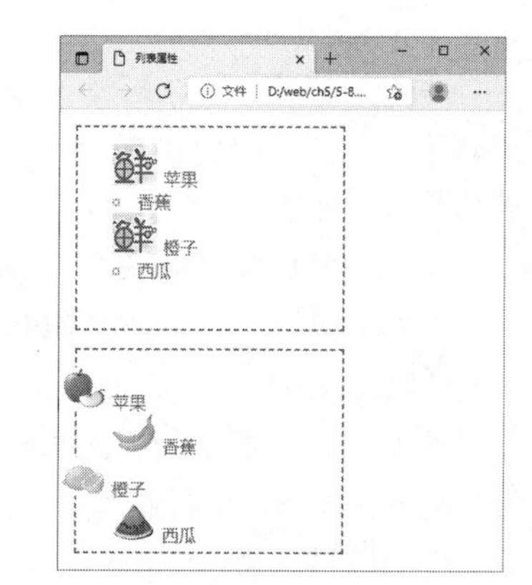


图 5-11　列表项图像标记的显示效果

```
<!DOCTYPE html>
<html>
    <head>
        <meta charset="utf-8">
        <title>列表属性</title>
        <style type="text/css">
            /*设置分区样式*/
            div { width: 300px; height: 220px;
                border: 2px dashed #09f;
                float: left; margin: 10px; }
            /*设置列表的默认显示样式*/
            ul { font-size: 1.2em; color: #09f;
```

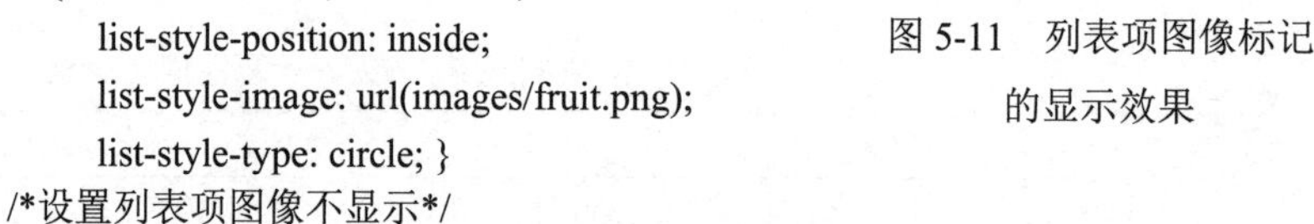

```
                list-style-position: inside;
                list-style-image: url(images/fruit.png);
                list-style-type: circle; }
            /*设置列表项图像不显示*/
            .img_none { list-style-image: none;}
            /*设置苹果图像的列表样式*/
            .img_apple { list-style-position: outside; list-style-image: url(images/01.png);
                list-style-type: none; }
            /*设置香蕉图像的列表样式*/
            .img_banana { list-style-position: inside; list-style-image: url(images/02.png);
                list-style-type: none; }
            /*设置橙子图像的列表样式*/
            .img_orange { list-style-position: outside; list-style-image: url(images/03.png);
                list-style-type: none; }
            /*设置西瓜图像的列表样式*/
            .img_watermelon { list-style-position: inside; list-style-image: url(images/04.png);
                list-style-type: none; }
        </style>
```

```
    </head>
    <body>
        <div>
            <ul>
            <li>苹果</li>
            <li class="img_none">香蕉</li>
            <li>橙子</li>
            <li class="img_none">西瓜</li>
            </ul>
        </div>
        <div>
            <ul>
                <li class="img_apple">苹果</li>
                <li class="img_banana">香蕉</li>
                <li class="img_orange">橙子</li>
                <li class="img_watermelon">西瓜</li>
            </ul>
        </div>
    </body>
</html>
```

**【说明】**

1）页面预览后可以清楚地看到，当 list-style-image 属性设置为 none 或设置的图像路径出错时，list-style-type 属性会替代 list-style-image 属性对列表产生作用。

2）虽然使用 list-style-image 很容易实现设置列表项图像的目的，但是也失去了一些常用特性。list-style-image 属性不能够精确控制图像替换的项目符号与文字的位置，在这个方面不如 background-image 灵活。

**【例 5-9】**使用背景图像替代列表项标记示例。本例文件 5-9.html 在浏览器中的显示效果如图 5-12 所示。

图 5-12　页面显示效果

```
<!DOCTYPE html>
<html>
    <head>
        <meta charset="utf-8">
        <title></title>
        <style type="text/css">
            body { background-color: #fff; }
            ul{font-size:1.6em;color:green;list-style-type:none; /*设置列表类型为不显示符号*/}
            li { padding-left: 55px; /*设置左内边距，目的是为背景图像留出位置*/
            background: url(images/fruit.png) no-repeat left center;/*背景图像无重复，左侧居中*/
            line-height:48px;        /*设置行高，避免行之间的内容拥挤*/ }
        </style>
    </head>
    <body>
        <ul>
            <li>苹果</li>
            <li>香蕉</li>
            <li>橙子</li>
            <li>西瓜</li>
```

```
        </ul>
    </body>
</html>
```

【说明】

1）在设置背景图像替代列表修饰符时，必须确定背景图像的宽度。本例中的背景图像宽度为 50px，因此，CSS 代码中的 padding-left:55px;设置左内边距为 55px，目的是为背景图像留出位置。

2）如果希望项目符号采用图像的方式，建议将 list-style-type 属性设置为 none，然后修改<li>标签的背景属性 background 来实现。

## 5.6 CSS 表格属性

CSS 表格属性用于改善表格的外观，方便排出美观的页面。

### 5.6.1 合并边框属性

border-collapse 属性设置表格中行的边框与单元格的边框是合并在一起，还是按照标准的 HTML 样式分开，分别有各自的边框。

语法：**border-collapse : separate | collapse**

参数：separate 是默认值，边框分开，不合并。collapse 表示边框合并，即如果两个边框相邻，则共同使用一个边框。

说明：表格的默认样式虽然有立体的感觉，但它在整体布局中并不是很美观。通常情况下，会把表格的 border-collapse 属性设置为 collapse（边框合并），然后设置表格单元格 td 的 border（边框）为 1px，即可显示细线表格的样式。

示例：

```
table { border-collapse: separate; }
```

### 5.6.2 边框间隔属性

border-spacing 属性设置当表格边框独立时，行和单元格的边框在横向和纵向上的间距，即设置相邻单元格边框间的距离。

语法：**border-spacing : length | length**

参数：由浮点数字和单位标识符组成的长度值，不可为负值。当只指定一个 length 值时，表示横向和纵向间距都用这个长度；当指定两个 length 值时，第 1 个表示横向间距，第 2 个表示纵向间距。

说明：该属性用于设置当表格边框独立（border-collapse 属性为 separate）时，单元格的边框在横向和纵向上的间距。

示例：

```
table { border-collapse: separate; border-spacing: 10px; }
```

### 5.6.3 标题位置属性

caption-side 属性设置表格的标题（caption 元素）的位置在表格的哪一边。

语法：**caption-side : bottom | left | right | top**

参数：默认值为 top，表示标题在表格的上方。bottom 表示标题在表格的下方。多数浏览器不支持 left（标题在左边）、right（标题在右边）。

说明：该属性设置表格的 caption 元素是在表格的哪一边，是与 caption 元素一起使用的属性。

示例：

```
table caption { caption-side: top; width: auto; text-align: left; }
```

### 5.6.4 单元格无内容显示方式属性

empty-cells 属性设置当表格的单元格无内容时，是否显示该单元格的边框。

语法：**empty-cells : hide | show**

参数：show 是默认值，表示当表格的单元格无内容时显示单元格的边框。hide 表示当表格的单元格无内容时隐藏单元格的边框。

说明：只有当表格边框独立（如 border-collapse 属性为 separate）时，该属性才起作用。

【例 5-10】使用 border-spacing 属性设置相邻单元格边框间距离的示例。本例文件 5-10.html 在浏览器中的显示效果如图 5-13 所示。

图 5-13　边框间距离的显示效果

```
<!DOCTYPE html>
<html>
    <head>
        <meta charset="utf-8">
        <title>CSS 表格属性</title>
        <style type="text/css">
            table.one { border-collapse: separate; /*表格边框独立*/
                border-spacing: 10px; /*单元格水平、垂直距离均为 10px*/ }
            table.two { border-collapse: separate; /*表格边框独立*/
                border-spacing: 10px 20px; /*单元格水平距离为 10px、垂直距离为 20px*/
                empty-cells: hide; /*表格的单元格无内容时隐藏单元格的边框*/ }
        </style>
    </head>
    <body>
        <table border="1" style="caption-side: bottom;">
            <caption>每餐饮料</caption>
            <tr>
                <th>早餐</th><th>午餐</th><th>晚餐</th>
            </tr>
            <tr>
                <td>可可</td><td>咖啡</td><td>茶</td>
            </tr>
        </table>
        <hr />
        <table border="1" style="border-collapse: collapse;border-spacing: 10px 20px;">
            <tr>
                <th>早餐</th><th>午餐</th><th>晚餐</th>
            </tr>
            <tr>
```

```
                <td>可可</td><td>咖啡</td><td>茶</td>
            </tr>
        </table>
        <hr />
        <table class="one" border="1">
            <tr>
                <th>早餐</th><th>午餐</th><th>晚餐</th>
            </tr>
            <tr>
                <td>可可</td><td>咖啡</td><td>茶</td>
            </tr>
        </table>
        <br />
        <table class="two" border="1">
            <tr>
                <th>早餐</th><th>午餐</th><th></th>
            </tr>
            <tr>
                <td>可可</td><td></td><td>茶</td>
            </tr>
        </table>
    </body>
</html>
```

### 5.6.5 案例——使用斑马线表格制作畅销商品销量排行榜

当表格的行和列都很多时，单元格若采用相同的背景色，则用户在使用时会感到凌乱且容易看错行。一般的解决方法就是制作斑马线（即隔行换色）表格，可以减少错误率。

所谓斑马线表格，就是表格的奇数行和偶数行采用不同的样式，在行与行之间形成一种交替变换的效果。设计者只要给表格的奇数行和偶数行分别指定不同的类名，然后设置相应的样式就可以制作出斑马线表格。

**【例 5-11】**使用斑马线表格制作畅销商品销量排行榜，本例文件 5-11.html 在浏览器中的显示效果如图 5-14 所示。

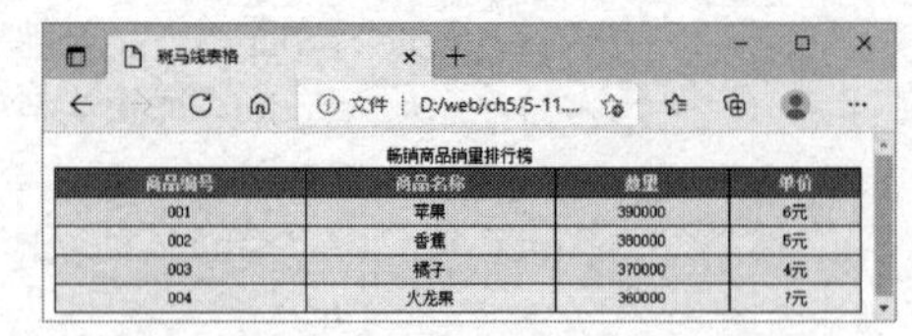


图 5-14　斑马线表格的显示效果

```
<!DOCTYPE html>
<html>
    <head>
        <meta charset="utf-8">
        <title>斑马线表格</title>
        <style type="text/css">
            table {
                border: 1px solid #000000;
                font: 12px/1.5em "宋体";
                border-collapse: collapse;
                /*合并单元格边框*/
            }
            caption {
                text-align: center;
```

```
			}
			/*设置标题信息居中显示 */
			th {
				color: #F4F4F4;
				border: 1px solid #000000;
				background: #328aa4;
			}
			/*设置表头的样式（表头文字颜色、边框、背景色）*/
			td {
				text-align: center;
				border: 1px solid #000000;
				background: #e5f1f4;
			}
			/*设置所有 td 内容单元格的文字居中显示，并添加黑色边框和背景颜色*/
			.tr_bg td {
				background: #FDFBCC;
			}
			/*通过 tr 标签的类名修改相对应的单元格背景颜色 */
		</style>
	</head>
	<body>
		<table width="600" border="0">
			<caption>畅销商品销量排行榜</caption>
			<tr>
				<th>商品编号</th><th>商品名称</th><th>数量</th><th>单价</th>
			</tr>
			<tr>
				<td>001</td><td>苹果</td><td>390000</td><td>6 元</td>
			</tr>
			<tr class="tr_bg">
				<td>002</td><td>香蕉</td><td>380000</td><td>5 元</td>
			</tr>
			<tr>
				<td>003</td><td>橘子</td><td>370000</td><td>4 元</td>
			</tr>
			<tr class="tr_bg">
				<td>004</td><td>火龙果</td><td>360000</td><td>7 元</td>
			</tr>
		</table>
	</body>
</html>
```

## 5.7 CSS 属性的应用

本节介绍 CSS 属性在图像、表单、链接、导航菜单中的应用。

### 5.7.1 设置图像样式

在 HTML 中，读者已经学习过图像元素的基本知识。图像（img）元素，作为 HTML 的一个独立对象，需要占据一定的空间。因此，img 元素在页面中的风格样式仍然可以使用盒模型来设计。通过 CSS 统一管理，不但可以更加精确地调整图像的各种属性，还可以实现很多特殊的效果。CSS 样式中有关图像控制的常用属性见表 5-2。

表 5-2 图像控制的常用属性

| 属　　性 | 描　　述 |
|---|---|
| width、height | 设置图像的缩放 |
| border | 设置图像边框样式 |
| opacity | 设置图像的不透明度 |
| background-image | 设置背景图像 |
| background-repeat | 设置背景图像重复方式 |
| background-position | 设置背景图像定位 |
| background-attachment | 设置背景图像固定 |
| background-size | 设置背景图像大小 |

#### 1. 图像缩放

使用 CSS 样式控制图像的大小，可以通过 width 和 height 两个属性来实现。需要注意的是，当 width 和 height 两个属性的取值使用百分比数值时，它是相对于父元素而言的。如果将这两个属性设置为相对于 body 的宽度或高度，就可以实现当浏览器窗口改变时，图像大小也发生相应变化的效果。

**【例 5-12】**设置图像缩放示例，本例文件 5-12.html 在浏览器中的显示效果如图 5-15 所示。

图 5-15 图像缩放的显示效果

```
<!DOCTYPE html>
<html>
    <head>
        <meta charset="utf-8">
        <title>设置图像的缩放</title>
        <style type="text/css">
            #box { padding: 10px; width: 500; height: 200px; border: 2px dashed #FF8C00; }
            img.per { width:30%; /*相对宽度为 30%*/   height: 40%; /*相对高度为 40%*/ }
            img.pixel  {width:180px;  /*绝对宽度为 180px*/   height:  200px;  /*绝对高度为 200px*/ }
        </style>
    </head>
    <body>
        <div id="box">
            <img src="images/changesize.jpg"> <!--图像的原始大小-->
            <img src="images/changesize.jpg" class="per"> <!--相对于父元素缩放的大小-->
            <img src="images/changesize.jpg" class="pixel"> <!--绝对像素缩放的大小-->
        </div>
    </body>
</html>
```

【说明】

1）本例中图像的父元素为 id="box"的 div 容器，在 img.per 中定义 width 和 height 两个属性的取值为百分比数值，该数值是相对于 id="box"的 div 容器而言的，而不是相对于图像本身。

2）img.pixel 中定义 width 和 height 两个属性的取值为绝对像素值，图像将按照定义的像素值显示大小。

### 2. 图像边框

图像边框就是利用 border 属性作用于图像元素而呈现的效果。在 HTML 中可以直接通过<img>标签的 border 属性值为图像添加边框，属性值为边框的粗细，以像素为单位。当设置 border 属性值为 0 时，则显示为没有边框。示例代码如下。

```
<img src="images/changesize.jpg" border="0">   <!--显示为没有边框-->
<img src="images/changesize.jpg" border="1">   <!--设置边框的粗细为 1px-->
<img src="images/changesize.jpg" border="2">   <!--设置边框的粗细为 2px -->
<img src="images/changesize.jpg" border="3">   <!--设置边框的粗细为 3px -->
```

通过浏览器的解析，图像边框的粗细从左至右依次递增，效果如图 5-16 所示。

图 5-16 图像边框的粗细效果

然而使用这种方法存在很大的局限性，即所有的边框都只能是黑色，而且风格单一，都是实线，只是在边框粗细上能够进行调整。

如果希望更换边框的颜色，或者换成虚线边框，仅仅依靠 HTML 是无法实现的。下面的实例讲解如何用 CSS 样式美化图像的边框。

**【例 5-13】**设置图像边框示例。本例文件 5-13.html 在浏览器中的显示效果如图 5-17 所示。

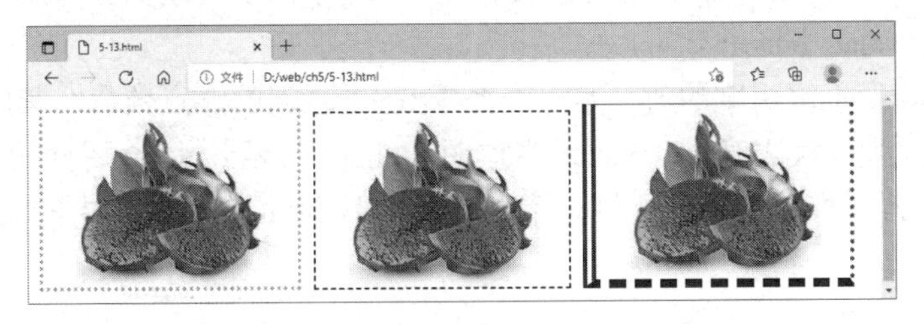


图 5-17 图像边框的显示效果

```
<!DOCTYPE html>
<html>
    <head>
        <meta charset="utf-8">
        <title></title>
        <style type="text/css">
            .test1 {
                border-style: dotted; /*点画线边框*/
                border-color: #fd8e47; /*边框颜色为橘红色*/
                border-width: 4px; /*边框粗细为 4px*/
```

```
                margin: 5px;
            }
            .test2 {
                border-style: dashed; /*虚线边框 */
                border-color: blue; /*边框颜色为蓝色*/
                border-width: 2px; /*边框粗细为 2px*/
                margin: 5px;
            }
            .test3 {
                border-style: solid dotted dashed double; /*四周线型依次为实线、点画线、虚线
和双线边框*/
                border-color: red green blue purple; /*四周颜色依次为红色、绿色、蓝色和紫色*/
                border-width: 1px 5px 10px 15px; /*四周边框粗细依次为 1px、5px、10px 和 15px*/
                margin: 5px;
            }
        </style>
    </head>
    <body>
        <img src="images/changesize.jpg" class="test1">
        <img src="images/changesize.jpg" class="test2">
        <img src="images/changesize.jpg" class="test3">
    </body>
</html>
```

**【说明】**如果希望分别设置 4 条边框的不同样式，在 CSS 中也是可以实现的，只要分别设定 border-left、border-right、border-top 和 border-bottom 的样式即可，依次对应左、右、上、下 4 条边框。

### 3．图像的不透明度

在 CSS3 中，使用 opacity 属性能够使图像呈现出不同的透明效果。

语法：**opacity: value | inherit**

参数：value 表示不透明度的值，是一个介于 0～1 之间的浮点数值。其中，0 表示完全透明，1 表示完全不透明（默认值），0.5 表示半透明。inherit 表示 opacity 属性的值从父元素继承。

**【例 5-14】**设置图像的透明度示例。本例文件 5-14.html 在浏览器中的显示效果如图 5-18 所示。

图 5-18　图像透明度的显示效果

```
<!DOCTYPE html>
<html>
    <head>
        <meta charset="utf-8">
        <title>设置图像的透明度</title>
        <style type="text/css">
            #boxwrap {
                width: 610px;
                margin: 10px auto;
                border: 2px dashed #fd8e47;
            }
            img:first-child { opacity: 1; }
```

```
                img:nth-child(2) { opacity: 0.8; }
                img:nth-child(3) { opacity: 0.5; }
                img:nth-child(4) { opacity: 0.2; }
            </style>
        </head>
        <body>
            <div id="boxwrap">
                <img src="images/changesize.jpg">
                <img src="images/changesize.jpg">
                <img src="images/changesize.jpg">
                <img src="images/changesize.jpg">
            </div>
        </body>
    </html>
```

### 5.7.2　设置表单样式

在前面章节中讲解的表单设计大多采用表格布局，这种布局方法对表单元素的样式控制很少，仅局限于功能上的实现。本小节主要讲解如何使用 CSS 样式控制和美化表单。

表单中常用的元素包括的文本域、单选钮、复选框、下拉菜单和按钮等。

文本域主要用于采集用户在其中编辑的文字信息，通过 CSS 样式可以对文本域内的字体、颜色及背景图像加以控制。按钮主要用于控制网页中的表单，通过 CSS 样式可以对按钮的字体、颜色、边框及背景图像加以控制。

【例 5-15】使用 CSS 样式美化常用的表单元素，制作鲜品园用户调查页面。本例文件 5-15.html 在浏览器中的显示效果如图 5-19 所示。

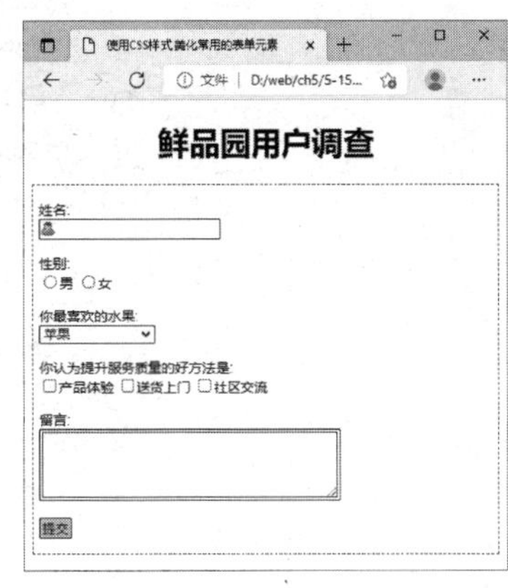


图 5-19　页面显示效果

```
    <!DOCTYPE html>
    <html>
        <head>
            <meta charset="UTF-8">
            <title>使用 CSS 样式美化常用的表单元素</title>
            <style type="text/css">
                form {
                    border: 1px dashed #00008B;
                    padding: 1px 6px 1px 6px;
                    margin: 0px;
                    font: 14px Arial;
                }
                input {
                    /* 所有 input 标记 */
                    color: #00008B;
                }
                input.txt {
                    /* 文本框单独设置 */
                    border: 1px solid #00008B;
                    padding: 2px 0px 2px 16px;
                    background: url(images/username_bg.jpg) no-repeat left center;
                }
```

```
            input.btn {
                /* 按钮单独设置 */
                color: #00008B;
                background-color: #ADD8E6;
                border: 1px solid #00008B;
                padding: 1px 2px 1px 2px;
            }
            select {
                width: 120px;
                color: #00008B;
                border: 1px solid #00008B;
            }
            textarea {
                width: 300px;
                height: 60px;
                color: #00008B;
                border: 4px double #00008B;
            }
        </style>
    </head>
    <body>
        <h1 align="center">鲜品园用户调查</h1>
        <form method="post">
            <p>姓名:<br><input type="text" name="name" id="name" class="txt"></p>
            <p>性别:<br>
                <input type="radio" name="sex" id="male" value="male">男
                <input type="radio" name="sex" id="female" value="female">女</p>
            <p>你最喜欢的水果:<br>
                <select name="fruits" id="fruits">
                    <option value="1">苹果</option>
                    <option value="2">香蕉</option>
                    <option value="3">榴莲</option>
                </select>
            </p>
            <p>你认为提升服务质量的好方法是:<br>
                <input type="checkbox" name="hobby" id="tree" value="tree">产品体验
                <input type="checkbox" name="hobby" id="water" value="water">送货上门
                <input type="checkbox" name="hobby" id="talk" value="talk">社区交流</p>
            <p>留言:<br><textarea name="comments" id="comments"></textarea></p>
            <p><input type="submit" name="btnSubmit" class="btn" value="提交"></p>
        </form>
    </body>
</html>
```

**【说明】**本例中设置文本框左内边距为16px，目的是给文本框背景图像预留显示空间，否则输入的文字将覆盖在背景图像之上，用户在输入文字时看不清输入内容。

### 5.7.3　设置链接

使用 CSS 样式可以实现链接的多样化效果。

#### 1．设置文字链接的外观

在 HTML 语言中，超链接是通过<a>标签来实现的，链接的具体地址则是利用<a>标签的 href 属性，代码如下：

```
<a href="http://www.baidu.com">百度</a>
```

在默认的浏览器方式下，超链接统一为蓝色且带有下画线，访问过的超链接则为紫色且也有下画线。这种最基本的超链接样式已经无法满足设计人员的要求，通过 CSS 样式可以设置超链接的各种属性，而且通过伪类还可以制作出许多动态效果。

**【例 5-16】**使用 CSS 伪类设置超链接样式，鼠标指针悬停时有按下去的效果。本例文件 5-16.html 在浏览器中的显示效果如图 5-20 所示。

图 5-20　设置超链接样式的显示效果

```
<!DOCTYPE html>
<html>
    <head>
        <meta charset="utf-8">
        <title>设置超链接样式</title>
        <style type="text/css">
            <style type="text/css">
                body { margin: 20px; }
                a { font-family: Arial; margin: 5px; }
                a:link, a:visited { color: #008000; padding: 4px 10px 4px 10px;
                background-color: #DDDDDD; text-decoration: none;
                border-top: 1px solid #EEEEEE; border-left: 1px solid #EEEEEE;
                border-bottom: 1px solid #717171; border-right: 1px solid #717171; }
                a:hover { color: #821818; padding: 5px 8px 3px 12px; background-color: #CCC;
                border-top: 1px solid #717171; border-left: 1px solid #717171;
                border-bottom: 1px solid #EEEEEE; border-right: 1px solid #EEEEEE; }
        </style>
    </head>
    <body>
        <a href="#">首页</a>
        <a href="#">全部产品</a>
        <a href="#">最新资讯</a>
        <a href="#">联系我们</a>
    </body>
</html>
```

本例中对文字链接的修饰通过增加边框、背景颜色等方式，实现了按钮效果。

#### 2．图文链接

对链接的修饰，还可以利用背景图像将文字链接进一步美化。

**【例 5-17】**图文链接示例。鼠标指针未悬停时文字链接的效果如图 5-21（a）所示；鼠标指针悬停在文字链接上时的效果如图 5-21（b）所示。

（a）　　（b）

图 5-21　图文链接的效果

```
<!DOCTYPE html>
<html>
    <head>
        <meta charset="utf-8">
        <title>图文链接</title>
        <style type="text/css">
            .a { padding-left: 40px; /*设置左内边距用于增加空白显示背景图像*/
                font-size: 24px; text-decoration: none; /*无修饰*/ }
            .a:hover { background: url(images/coffee.gif) no-repeat left center; /*增加背景图像*/
                text-decoration: underline; /*下画线*/ }
        </style>
        <a href="#" class="a">  鼠标指针悬停在超链接上时显示咖啡杯图片</a>
    </head>
    <body>
    </body>
</html>
```

**【说明】** 本例 CSS 代码中的 padding-left:40px;用于增加容器左侧的空白，为后来显示背景图像做准备。当触发鼠标指针悬停操作时，增加背景图像，位置是容器的左边中间。

### 5.7.4　创建导航菜单

导航菜单按照菜单的布局显示可以分为纵向列表模式的导航菜单和横向列表模式的导航菜单。

#### 1．纵向列表模式的导航菜单

应用 Web 标准进行网页制作时，通常使用无序列表<ul>标签来构建菜单，其中纵向列表模式的导航菜单又是应用比较广泛的一种。由于纵向列表模式的导航菜单的内容并没有逻辑上的先后顺序，因此可以使用无序列表来实现。

**【例 5-18】** 制作纵向列表模式的导航菜单。鼠标指针未悬停在菜单项上时的效果如图 5-22（a）所示；鼠标指针悬停在菜单项上时的效果如图 5-22（b）所示。

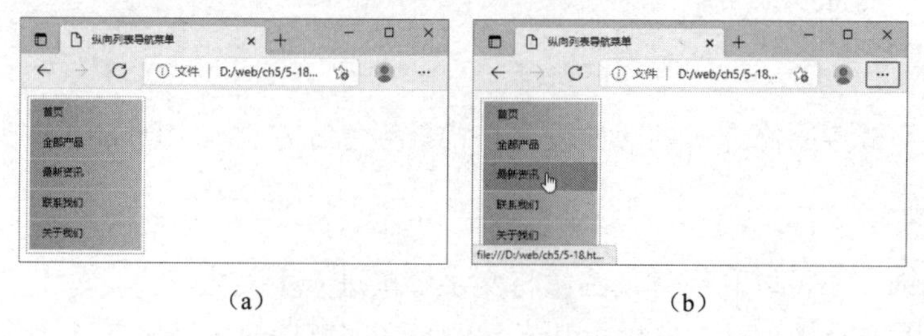

（a）　　（b）

图 5-22　纵向列表模式的导航菜单

制作过程如下。

（1）建立网页结构

首先建立一个包含无序列表的 div 容器，列表包含 5 个项目，每个项目中包含 1 个用于实现导航菜单的文字链接。代码如下。

```
<body>
    <div id="menu">
        <ul>
            <li><a href="#">首页</a></li>
            <li><a href="#">全部产品</a></li>
            <li><a href="#">最新资讯</a></li>
            <li><a href="#">联系我们</a></li>
            <li><a href="#">关于我们</a></li>
        </ul>
    </div>
</body>
```

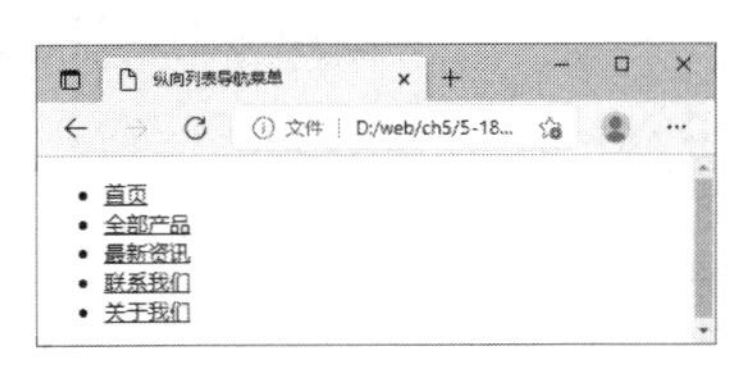

图 5-23　无 CSS 样式的效果

在没有 CSS 样式的情况下，菜单的效果如图 5-23 所示。

（2）设置容器及列表的 CSS 样式

接着设置菜单 div 容器的整体区域样式，设置菜单的宽度、字体，以及列表和列表选项的类型和边框样式。代码如下。

```
#menu {
    width: 130px; /*设置菜单的宽度*/
    border: 1px solid #cccccc;
    padding: 3px; font-size:12px;}
#menu * { margin: 0px padding: 0px; }
#menu li {
    list-style: none;   /*不显示项目符号*/
    border-bottom: 1px solid #ffce88;  /*设置列表项之间的间隔线*/
}
```

经过以上设置容器及列表的 CSS 样式，菜单显示效果如图 5-24 所示。

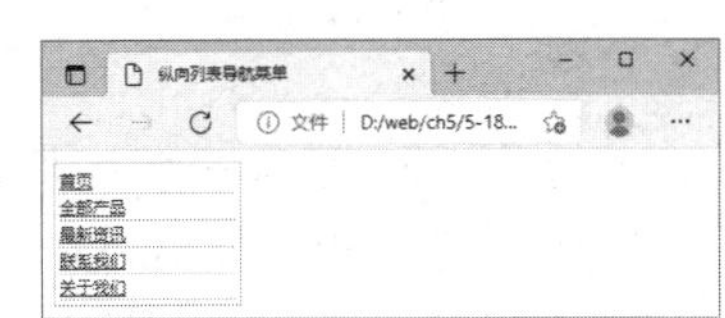

图 5-24　修改后的菜单显示效果

（3）设置菜单项超链接的 CSS 样式

在设置容器的 CSS 样式之后，菜单项的显示效果并不理想，还需要进一步美化。接下来设置菜单项超链接的区块显示、左侧的粗红边框、右侧阴影及内边距。最后，建立未访问过的链接、访问过的链接及鼠标指针悬停于菜单项上时的样式。代码如下。

```
#menu li a {
    display:block;          /*区块显示*/
    background:#fbd346 url(images/menu_bg.jpg) repeat-y left;
    color:#000;
    text-decoration:none;  /*取消超链接文字下画线效果*/
    padding:5px 5px 10px 15px;/*设置内边距，将 a 元素所在的容器预留空间以显示背景图像*/
}
#menu li a:hover {          /*鼠标指针悬停于菜单项上时的样式*/
    background:#f7941d url(imagesmenu_h.jpg) repeat-x top; /*背景图像水平重复顶端对齐*/
}
```

菜单经过进一步美化，显示效果如图 5-22 所示。

## 2. 横向列表模式的导航菜单

在设计人员制作网页时，经常要求导航菜单能够在水平方向上显示。通过 CSS 属性的控制，可以实现列表模式导航菜单的横竖转换。在保持原有 HTML 结构不变的情况下，将纵向导航转变成横向导航最重要的环节就是设置<li>标签为浮动。

**【例 5-19】** 制作横向列表模式的导航菜单。本例文件 5-25.html，鼠标指针未悬停在菜单项上时的效果，如图 5-25（a）所示；鼠标指针悬停在菜单项上时的效果，如图 5-25（b）所示。

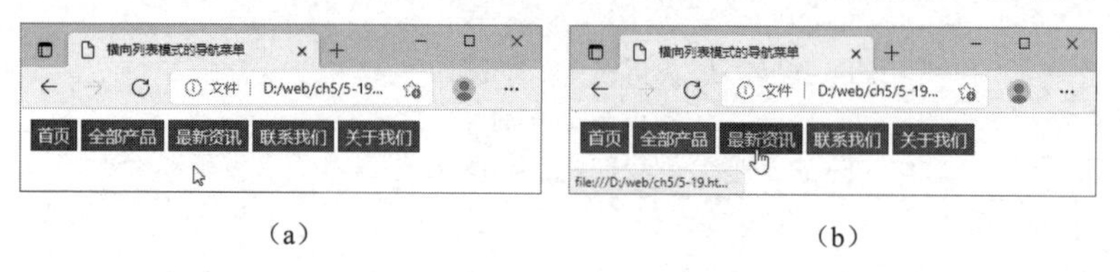


图 5-25　横向列表模式的导航菜单

制作过程如下。

（1）建立网页结构

首先建立一个包含无序列表的 div 容器，列表包含 5 个选项，每个选项中包含 1 个用于实现导航菜单的文字链接。代码如下。

```
<body>
    <div id="nav">
        <ul>
            <li><a href="#">首页</a></li>
            <li><a href="#">全部产品</a></li>
            <li><a href="#">最新资讯</a></li>
            <li><a href="#">联系我们</a></li>
            <li><a href="#">关于我们</a></li>
    </div>
</body>
```

在没有 CSS 样式的情况下，菜单的效果如图 5-23 所示。

（2）设置容器及列表的 CSS 样式

接着设置菜单 div 容器的整体区域样式，设置菜单的宽度、字体，以及列表和列表选项的类型和边框样式。代码如下。

```
<style type="text/css">
    #nav { width:360px;     /*设置菜单水平显示的宽度*/ }
    #nav ul {               /*设置列表的类型*/
        list-style-type: none;  /*不显示项目符号*/
        margin:0px;         /*外边距为 0px*/
        padding:0px;        /*内边距为 0px*/
    }
    #nav li { float:left;   /*使得菜单项都水平显示*/ }
</style>
```

以上设置中最为关键的代码就是“float:left;”，正是设置了<li>标签为浮动，才将纵向列表模式的导航菜单转变成横向列表模式的导航菜单。经过以上设置，菜单显示效果如图 5-26 所示。

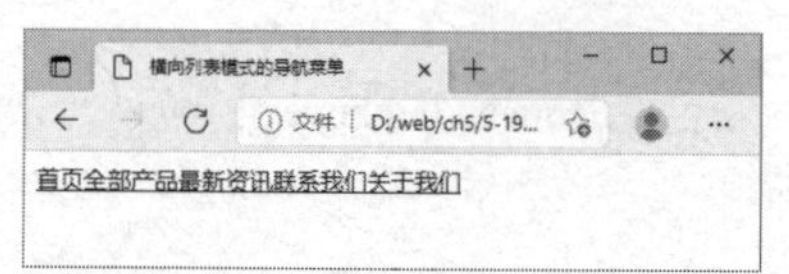


图 5-26　设置 CSS 样式后的效果

（3）设置菜单项超链接的 CSS 样式

在设置容器的 CSS 样式之后，菜单项的显示横向拥挤在一起，效果非常差，还需要进一步美化。接下来设置菜单项超链接的区块显示、四周的边框线及内外边距。最后，建立未访问过的链接、访问过的链接及鼠标指针悬停于菜单项上时的样式。代码如下。

```
#nav li a{
    display:block;                       /*块级元素*/
    padding:3px 6px 3px 6px;
    text-decoration:none;                /*链接无修饰*/
    border:1px solid #711515;            /*超链接区块四周的边框线效果相同*/
    margin:2px;
}
#nav li a:link, #nav li a:visited{      /*未访问过的链接、访问过的链接的样式*/
    background-color:#c11136;           /*改变背景色*/
    color:#fff;                         /*改变文字颜色*/
}
#nav li a:hover{                        /*鼠标指针悬停于菜单项上时的样式*/
    background-color:#990020;           /*改变背景色*/
    color:#ff0;                         /*改变文字颜色*/
}
```

菜单经过进一步美化，显示效果如图 5-25 所示。

## 5.8 综合案例——制作鲜品园梦想社区页面

前面已经讲解的 DIV+CSS 布局页面的案例都是页面的局部布局，按照循序渐进的学习规律，本节从一个页面的全局布局入手，讲解鲜品园梦想社区作品展示页面的制作，重点练习使用 CSS 设置网页常用样式修饰的相关知识。

### 5.8.1 页面布局规划

页面布局的首要任务是弄清网页的布局方式，分析版式结构，待整体页面搭建有明确规划后，再根据成熟的规划进行切图。

通过成熟的构思与设计，梦想社区作品展示页面的效果如图 5-27 所示，页面布局示意图如图 5-28 所示。

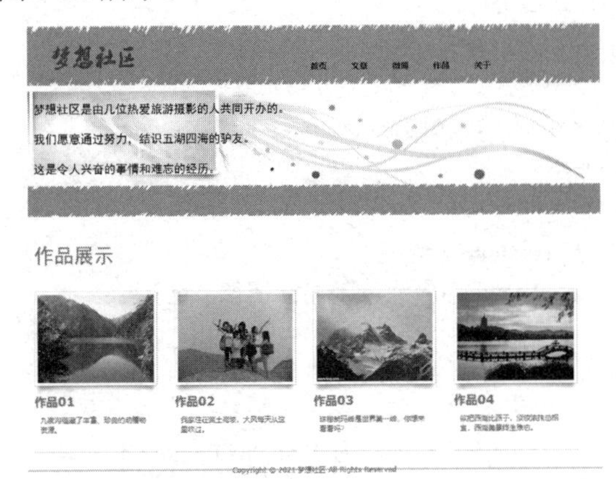


图 5-27　梦想社区作品展示页面的效果

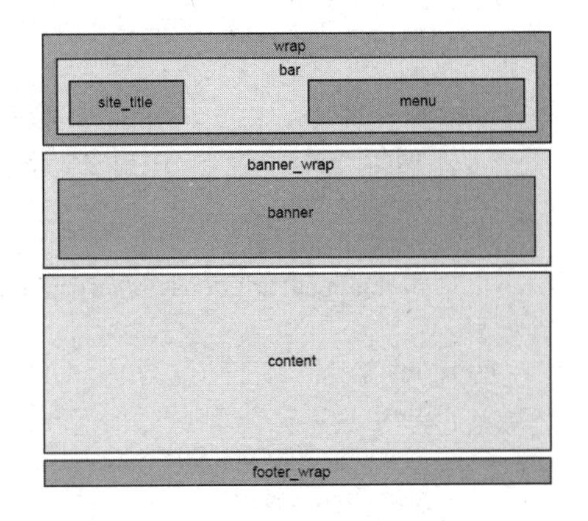


图 5-28　页面布局示意图

### 5.8.2　页面的制作过程

#### 1．前期准备

（1）栏目目录结构

在栏目文件夹下创建文件夹 images 和 style，分别用来存放图像素材和外部样式表文件。

（2）页面素材

将本页面需要使用的图像素材存放在文件夹 images 下。

（3）外部样式表

在文件夹 style 下新建一个名为 style.css 的样式表文件。

#### 2．制作页面

（1）页面整体的制作

页面整体 body 的 CSS 定义代码如下：

```
body {                          /*页面整体的 CSS 规则*/
    margin: 0px;                /*外边距为 0px*/
    padding: 0px;               /*内边距为 0px*/
    font-family: Verdana, Geneva, sans-serif;
    font-size: 12px;
    color: #666;
}
```

（2）页面顶部的制作

页面顶部的内容被放置在名为 wrap 的 div 容器中，主要用来显示页面标志图片和导航菜单，如图 5-29 所示。

图 5-29　页面顶部的显示效果

CSS 代码如下：

```
#wrap {                         /*页面顶部容器的 CSS 规则*/
    width: 100%;                /*设置元素百分比宽度*/
    height: 100px;              /*设置元素像素高度*/
    margin: 0px auto;           /*设置元素自动居中对齐*/
}
#bar {                          /*页面顶部区域的 CSS 规则*/
    width: 980px;               /*设置元素宽度*/
    height: 100px;              /*设置元素高度*/
    margin: 0px auto;           /*设置元素自动居中对齐*/
    background: url(../images/header.jpg) no-repeat center top;     /*背景图像不重复*/
}
#site_title {                   /*页面标志图片的 CSS 规则*/
    float: left;                /*向左浮动*/
    padding: 20px 0px 0px 0px;  /*上、右、下、左的内边距依次为 20px,0px,0px,0px*/
    text-align: center;         /*文字居中对齐*/
}
```

```
#menu {                              /*导航菜单的 CSS 规则*/
    float: right;                    /*向右浮动*/
    width: 515px;                    /*设置元素宽度*/
    height: 100px;                   /*设置元素高度*/
    padding: 0px 0px 0px 0px;        /*内边距为 0px*/
    margin: 0px auto;                /*设置元素自动居中对齐*/
}
#menu ul {                           /*导航菜单列表的 CSS 规则*/
    margin: 0px;                     /*外边距为 0px*/
    padding: 0px;                    /*内边距为 0px*/
    list-style: none;                /*列表无样式*/
}
#menu ul li {                        /*导航菜单列表选项的 CSS 规则*/
    padding: 0px;                    /*内边距为 0px*/
    margin: 0px;                     /*外边距为 0px*/
    display: inline;                 /*内联元素*/
}
#menu ul li a {                      /*导航菜单列表选项超链接的 CSS 规则*/
    float: left;                     /*向左浮动*/
    display: block;                  /*块级元素*/
    height: 20px;
    padding: 60px 20px 10px 20px;    /*上、右、下、左的内边距依次为 60px,20px,10px,20px*/
    margin-left: 2px;                /*左外边距为 2px*/
    text-align: center;              /*文字居中对齐*/
    font-size: 14px;
    text-decoration: none;           /*无修饰*/
    color:#000;
    font-weight: bold;
}
#menu li a:hover {                   /*导航菜单列表选项鼠标指针经过的 CSS 规则*/
    color:#fff;
    background:url(../images/menu_hover.png) repeat-x top;        /*背景图像水平重复*/
}
```

（3）页面广告条的制作

页面广告条的内容被放置在名为 banner_wrap 的 div 容器中，主要用来显示广告背景图像和宣传语，如图 5-30 所示。

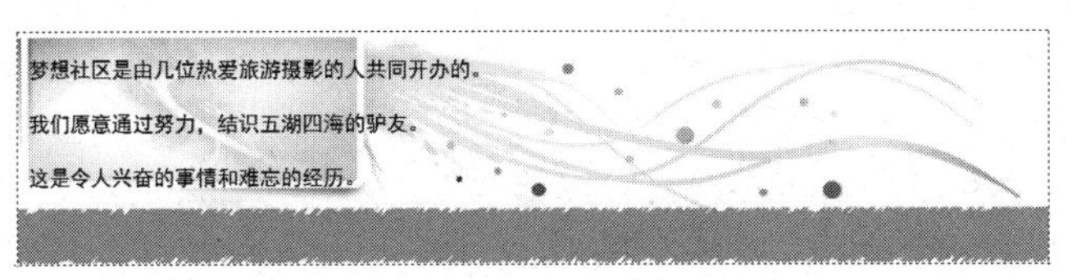


图 5-30　页面广告条的效果

CSS 代码如下：

```
#banner_wrap {                       /*广告条容器的 CSS 规则*/
    clear: both;                     /*清除浮动*/
    width: 100%;                     /*设置元素百分比宽度*/
    height: 220px;                   /*设置元素像素高度*/
```

```
        margin: 0px auto;              /*设置元素自动居中对齐*/
    }
    #banner {                          /*广告条区域的 CSS 规则*/
        width: 980px;                  /*设置元素宽度*/
        height: 209px;                 /*设置元素高度*/
        margin: 5px auto;              /*设置元素自动居中对齐*/
        padding: 5px 0px;              /*上、下内边距为 5px、右、左内边距为 0px*/
        background:url(../images/banner.jpg) no-repeat center;          /*背景图像不重复*/
    }
    #banner p {                        /*广告条区域中段落的 CSS 规则*/
        font-family:"黑体";
        font-size:20px;
        color: #000;
        line-height: 40px;             /*行高为 40px*/
    }
```

（4）页面中部的制作

页面中部的内容被放置在名为 content 的 div 容器中，主要用来显示作品展示区的摄影图片及文字说明，如图 5-31 所示。

图 5-31　页面中部的效果

CSS 代码如下：

```
    #content {                         /*页面中部容器的 CSS 规则*/
        width: 960px;                  /*设置元素宽度*/
        height:350px;                  /*设置元素高度*/
        margin: 0px auto;              /*设置元素自动居中对齐*/
        padding: 30px 10px;            /*上、下内边距为 30px、右、左内边距为 10px*/
        background: #fff;
    }
    .pic_box {                         /*图片和文字容器的 CSS 规则*/
        float: left;                   /*向左浮动*/
        width: 210px;                  /*设置元素宽度*/
        padding-bottom: 20px;          /*下内边距为 20px*/
        margin-bottom: 20px;           /*下外边距为 20px*/
        margin-right:30px;             /*右外边距为 30px*/
        border-bottom: 1px dotted #999;          /*下边框为 1px 灰色点画线*/
    }
    h2 {                               /*作品展示二级标题的 CSS 规则*/
        margin: 0px 0px 30px 0px;  /*上、右、下、左的外边距依次为 0px,0px,30px,0px*/
        padding: 10px 0px;             /*上、下内边距为 10px、右、左内边距为 0px*/
```

```
        font-size: 34px;
        font-family:"黑体";
        font-weight: normal;
        color: #808e04;
    }
    h3 {                              /*文字说明三级标题的 CSS 规则*/
        margin: 0px 0px 10px 0px;     /*上、右、下、左的外边距依次为 0px,0px,10px,0px*/
        padding: 0px;                 /*内边距为 0px*/
        font-size: 20px;
        font-weight: bold;
        color: #808e04;
    }
    p {
        margin: 10px;
        padding: 0px;
    }
    img {                             /*图片的 CSS 规则*/
        margin: 0px;                  /*外边距为 0px*/
        padding: 0px;                 /*内边距为 0px*/
        border: none;
    }
    .thumb_wrapper {                  /*图片容器的 CSS 规则*/
        width: 198px;
        height: 158px;
        padding: 6px;                 /*内边距为 6px*/
        background:url(../images/thumb_frame.png) no-repeat;          /*背景图像不重复*/
    }
```

（5）页面底部的制作

页面底部的内容被放置在名为 footer_wrap 的 div 容器中，主要用来显示版权信息，如图 5-32 所示。

Copyright © 2021 梦想社区 All Rights Reserved

图 5-32　页面底部的效果

CSS 代码如下：

```
    #footer_wrap {
        width: 100%;
        margin: 0px auto;
        background:url(../images/footer_top.jpg) repeat-x top;      /*背景图像水平重复顶端对齐*/
        text-align:center;
    }
```

（6）页面结构代码

为了使读者对页面的样式与结构有一个全面的认识，最后说明整个页面（index.html）的结构代码，代码如下：

```
    <!DOCTYPE html>
    <html>
        <head>
```

```
        <meta charset="utf-8">
        <title>梦想社区作品展示</title>
        <link href="style/style.css" rel="stylesheet" type="text/css" />
    </head>
    <body>
        <div id="wrap">
            <div id="bar">
                <div id="site_title"><img src="images/logo.png" /></div>
                <div id="menu">
                    <ul>
                        <li><a href="index.html"><span></span>首页</a></li>
                        <li><a href="#"><span></span>文章</a></li>
                        <li><a href="#"><span></span>微博</a></li>
                        <li><a href="#"><span></span>作品</a></li>
                        <li><a href="#"><span></span>关于</a></li>
                    </ul>
                </div>
            </div>
        </div>
        <div id="banner_wrap">
            <div id="banner">
                <p>梦想社区是由几位热爱旅游摄影的人共同开办的。</p>
                <p>我们愿意通过努力，结识五湖四海的驴友。</p>
                <p>这是令人兴奋的事情和难忘的经历。</p>
            </div>
        </div>
        <div id="content">
            <h2>作品展示</h2>
            <div class="pic_box" id="pic_box1">
                <div   class="thumb_wrapper"><a   href="#"><img   src="images/image_01.jpg"
width="198" height="146" /></a>
                </div>
                <h3>作品 01</h3>
                <p>九寨沟蕴藏了丰富、珍贵的动植物资源。</p>
            </div>
            <div class="pic_box" id="pic_box2">
                <div   class="thumb_wrapper"><a   href="#"><img   src="images/image_02.jpg"
width="198" height="146" /></a>
                </div>
                <h3>作品 02</h3>
                <p>我家住在黄土高坡，大风每天从这里吹过。</p>
            </div>
            <div class="pic_box" id="pic_box3">
                <div   class="thumb_wrapper"><a   href="#"><img   src="images/image_03.jpg"
width="198" height="146" /></a>
                </div>
                <h3>作品 03</h3>
                <p>珠穆朗玛峰是世界第一峰，你想来看看吗？</p>
```

```
                </div>
                <div class="pic_box" id="pic_box4">
                    <div class="thumb_wrapper"><a href="#"><img src="images/image_04.jpg"
width="198" height="146" /></a>
                    </div>
                    <h3>作品 04</h3>
                    <p>欲把西湖比西子，淡妆浓抹总相宜，西湖美景终生难忘。</p>
                </div>
            </div>
            <div id="footer_wrap">Copyright &copy; 2021 梦想社区 All Rights Reserved</div>
            </div>
        </body>
    </html>
```

# 习题 5

1．使用 CSS 对页面中的网页元素加以修饰，制作如图 5-33 所示的页面。

2．使用 CSS 对页面中的网页元素加以修饰，制作如图 5-34 所示的页面。

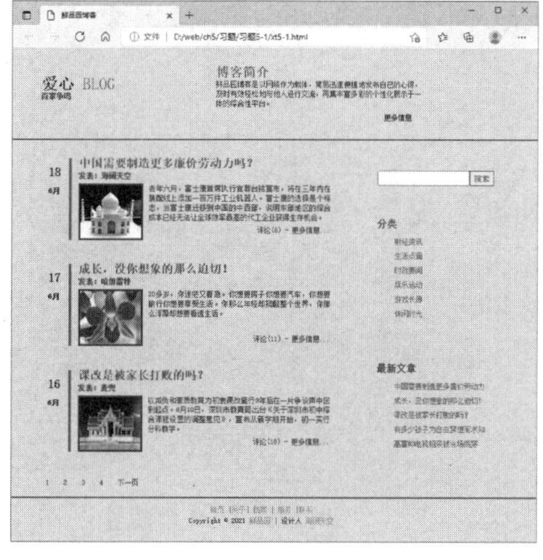


图 5-33　题 1 图

图 5-34　题 2 图

# 第 6 章　盒模型与页面布局

盒模型是 CSS 控制网页布局的非常重要的概念。网页上的所有元素，包括文本、图像、超链接等，都被放在一个个盒子中。这些元素盒子又被放在容器盒子中，形成大盒子套小盒子的结构。CSS 控制这些盒子的显示属性、定位属性，完成整个页面的布局。通过本章的学习，理解 CSS 盒模型的组成和大小，掌握 CSS 盒模型的属性与页面布局方法。

## 6.1　CSS 盒模型的组成和大小

页面中的每个元素都包含在一个矩形区域内，这个矩形区域通过一个模型来描述其占用空间，这个模型称为盒模型（Box Model），也称框模型。盒模型，顾名思义，盒子是用来装东西的，它装的东西就是 HTML 元素的内容，盒子将页面中的元素包含在盒子中。由于每个可见的元素都是一个盒子，盒模型将页面中的每个元素看作一个盒子，所以下面所说的盒子都等同于元素。这里的盒子是二维的。每个盒子除了有自己的大小和位置，还会影响其他盒子的大小和位置。

### 6.1.1　盒子的组成

盒模型通过 4 个边界来描述，一个盒子从内到外依次分为 4 个区域：内容区域（Content Area）、内边距区域（Padding Area）、边框区域（Border Area）和外边距区域（Margin Area），如图 6-1 所示。

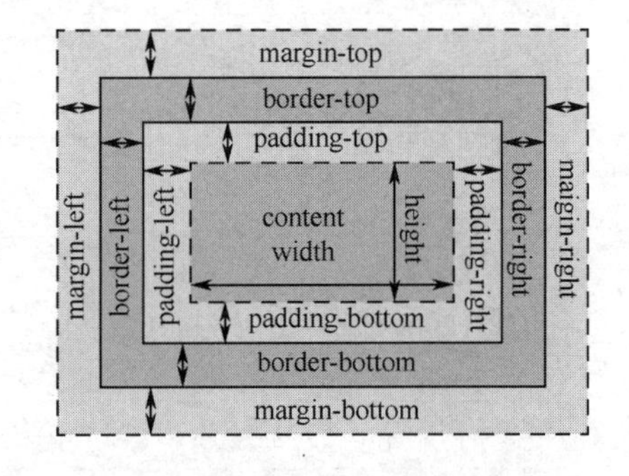

图 6-1　CSS 盒模型

#### 1. 内容区域

内容区域由内容边界限制，容纳元素的“真实”内容，如文本、图像等。它的尺寸为内容宽度 width（或称 content-box 宽度）和内容高度 height（或称 content-box 高度）。如果内容超出 width 属性和 height 属性限定的大小，盒子会自动放大，但前提是需要使用 overflow 属性设置处理方式。通常具有一个背景颜色（默认颜色为透明）或背景图像。

如果 box-sizing 为 content-box（默认），则内容区域的大小可通过 width、min-width、max-width、height、min-height 和 max-height 控制（这部分元素的宽度 width、高度 height 等属性已经在第 5 章介绍过了）。

#### 2. 内边距区域

元素与边框之间的距离叫内边距（也称内补丁、填充），用 padding 设置。内边距区域扩展自内容区域，负责延伸内容区域的背景，填充元素中内容与边框的间距，内边距是透明的。它的尺寸是 padding-box 宽度和 padding-box 高度。内边距区域分为上、右、下、左四部分（按顺时针排列）。

### 3. 边框区域

边框区域是容纳边框的区域，扩展自内边距区域。边框一般用于分隔不同的元素，边框的外围即为元素的最外围。元素外边距内就是元素的边框（Border）。元素的边框是指围绕元素内容和内边距的一条或多条线，边框用 border 设置，边框有 3 个属性，分别是边框的宽度（粗细）、样式和颜色。

（1）边框与背景

CSS 规范规定，元素的背景是内容、内边距和边框区的背景，边框绘制在“元素的背景之上”。这点很重要，因为有些边框是“间断的”（如点线边框或虚线框），元素的背景应当出现在边框的可见部分之间。

（2）边框的样式

边框的样式属性指定要显示什么样的边框。样式是边框最重要的一个方面，这不是因为样式控制着边框的显示（当然，样式确实控制着边框的显示），而是因为如果没有样式，将根本没有边框。CSS 的 border-style 属性定义了 10 个不同的非 inherit 样式，包括 none。可以为元素框的某一个边设置边框样式，即上、右、下、左。

（3）边框的宽度

可以通过 border-width 属性为边框指定宽度，也可以定义单边宽度，即上边、右边、下边、左边。

如果边框样式设置为 none，不仅边框的样式没有了，其宽度也会变成 0px。这是因为如果边框样式为 none，即边框根本不存在，那么边框就不可能有宽度，所以边框宽度自动设置为 0px。记住这一点非常重要。因此，如果希望边框出现，就必须声明一个边框样式。

（4）边框的颜色

使用 border-color 属性为边框设置颜色，它一次可以接受最多 4 个颜色值。可以使用任何类型的颜色值，可以是命名颜色，也可以是十六进制数和 RGB 值。

默认的边框颜色是元素本身的前景色。如果没有为边框声明颜色，则它将与元素的文本颜色相同。另外，如果元素没有任何文本，假设它是一个表格，其中只包含图像，那么该表的边框颜色就是其父元素的文本颜色（因为 color 可以继承）。这个父元素很可能是 body、div 或另一个 table。

也可以定义单边颜色，与单边样式和宽度属性相似；还可以定义透明边框，创建有宽度的不可见边框。

### 4. 外边距区域

元素之间的距离就是外边距，用 margin 设置。用空白区域扩展边框区域，以分开相邻的元素，外边距是透明的。它的尺寸为 margin-box 宽度和 margin-box 高度。外边距区域的大小也分为 4 部分，即上、右、下、左。

## 6.1.2 盒子的大小

当指定一个 CSS 元素的宽度和高度属性时，只是设置内容区域的宽度和高度。一个完整的元素，还包括填充、边框和边距。

盒子的大小（总元素的大小）指的是盒子的宽度和高度，盒子的大小是这几个部分之和。

## 1．盒子的宽度

盒子的宽度（总元素的宽度）的计算表达式如下：

盒子的宽度=margin-left（左边距）+border-left（左边框）+padding-left（左填充）+width（内容宽度）+padding-right（右填充）+border-right（右边框）+margin-right（右边距）

## 2．盒子的高度

盒子的高度（总元素的高度）的计算表达式如下：

盒子的高度=margin-top（上边距）+border-top（上边框）+padding-top（上填充）+height（内容高度）+padding-bottom（下填充）+border-bottom（下边框）+margin-bottom（下边距）

根据 W3C 的规范，默认情况下，元素内容 content 的宽和高是由 width 和 height 属性设置的。而内容周围的 margin、border 和 padding 值是另外计算的。在标准模式下的盒模型，盒子实际内容（content）的 width 和 height 等于设置的 width 和 height。

例如，为了更好地理解盒模型的宽度与高度，定义某个元素的 CSS 样式，代码如下：

```
#test{
    margin:10px 20px;   /*定义元素上下外边距为 10px，左右外边距为 20px*/
    padding:20px 10px;   /*定义元素上下内边距为 20px，左右内边距为 10px*/
    border-width:10px 20px;   /*定义元素上下边框宽度为 10px，左右边框宽度为 20px*/
    border:solid #f00;  /*定义元素边框类型为实线型，颜色为红色*/
    width:100px;   /*定义元素宽度为 100px*/
    height:100px;   /*定义元素高度为 100px*/
}
```

盒模型的宽度=20px+20px+10px+100px+10px+20px+20px=200px

盒模型的高度=10px+10px+20px+100px+20px+10px+10px=180px

一个页面由许多这样的盒子组成，这些盒子之间会互相影响，因此掌握盒模型需要从两个方面来理解：第一，理解一个孤立的盒子的内部结构；第二，理解多个盒子之间的相互关系。

网页布局的过程可以看作在页面中摆放盒子的过程，通过调整盒子的边距、边框、填充和内容等参数，控制各个盒子，实现对整个网页的布局。

盒模型的几点提示如下。

1）padding、border、margin 都是可选的，大部分 html 元素的盒子属性（margin、padding）默认值都为 0px；有少数 html 元素的盒子属性（margin、padding）浏览器默认值不为 0px。例如，<body>、<p>、<ul>、<li>、<form>标签等，有时有必要先设置它们的这些属性为 0px。<input>元素的边框属性默认值不为 0px，可以设置为 0px 达到美化输入框和按钮的目的。

但是浏览器会自行设置元素的 margin 和 padding，所以要通过在 CSS 样式表中进行设置来覆盖浏览器样式。可使用如下代码清除元素的默认内外边距：

```
* { margin:0px;   /*清除外边距*/
    padding:0px;   /*清除内边距*/
}
```

注意：这里的*表示所有元素，但是这样设置性能不好，建议依次列出常用的元素来设置。

2）如果给元素设置背景（background-color 或 background-image），并且边框的颜色为透明，背景将应用于内容、内边距和边框组成的外沿（默认为在边框下层延伸，边框会盖在背景上）。此默认表现可通过 CSS 属性 background-clip 来改变。

### 6.1.3 块级元素与行级元素的宽度和高度

前面的章节中已经讲到块级元素与行级元素的区别，本节重点讲解两者宽度、高度属性的区别。默认情况下，块级元素可以设置宽度、高度，但行级元素是不能设置的。

**【例 6-1】**块级元素与行级元素宽度和高度的区别示例。本例文件 6-1.html 在浏览器中的显示效果如图 6-2 所示。

```
<!DOCTYPE html>
<html>
    <head>
        <meta charset="utf-8">
        <title></title>
        <style type="text/css">
            .special {
                border: 1px solid #036;   /*元素边框为 1px 蓝色实线*/
                width: 300px;   /*元素宽度 300px*/
                height: 100px;   /*元素高度 100px*/
                background: #ccc;   /*背景色灰色*/
                margin: 5px;   /*元素外边距 5px*/
            }
        </style>
    </head>
    <body>
        <div class="special">这是 div 元素</div>
        <span class="special">这是 span 元素</span>
    </body>
</html>
```

图 6-2　默认情况下行级元素不能设置高度

**【说明】**代码中设置行级元素 span 的样式.special 后，由于行级元素设置宽度、高度无效，因此样式中定义的宽度 300px 和高度 100px 并未影响 span 元素的外观。

如何让行级元素也能设置宽度、高度属性呢？这里要用到元素显示类型的知识，需要让元素的 display 属性设置为 display:block（块级显示）。在上面的.special 样式的定义中添加一行定义 display 属性的代码，代码如下：

```
display:block;   /*块级元素显示*/
```

浏览网页，即可看到 span 元素的宽度和高度设置为定义的宽度和高度了，如图 6-3 所示。

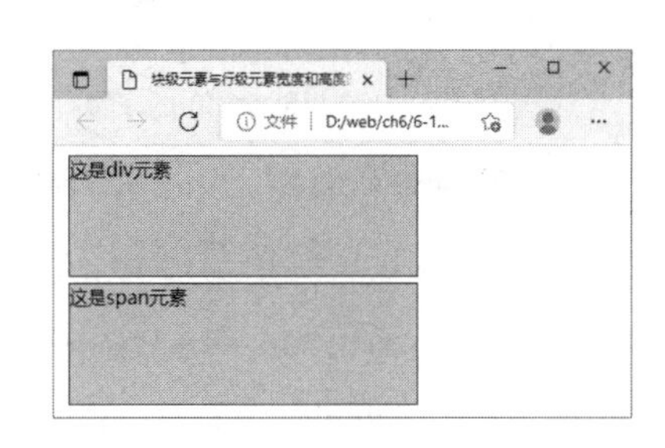

图 6-3　设置行级元素的宽度和高度

## 6.2 CSS 盒模型的属性

padding-border-margin 模型是一个通用的描述盒子布局形式的方法。对于任何一个盒子，都可以分别设定 4 条边各自的 padding、border 和 margin，以实现各种各样的排版效果。

### 6.2.1 CSS 内边距属性

元素的内边距是边距与内容区之间的距离。CSS 内边距属性有 padding-top、padding-right、padding-bottom、padding-left、padding。

### 1．上内边距属性 padding-top

padding-top 属性用于设置元素上（顶）边的内边距。

语法：**padding-top : auto | length | 百分比 | inherit**

参数：其属性值可以是 auto（自动，设置为相对其他边的值）、length（由浮点数字和单位标识符组成的长度值，默认值为 0px，不允许使用负数）、百分比（相对于父元素宽度的比例）、inherit。该属性不能被继承。

说明：行内元素要使用属性值 inherit，必须先设置元素的 height 或 width 属性，或者设定 position 属性为 absolute。

示例：

```
h1 { padding-top: 32pt; }
```

### 2．右内边距属性 padding-right

padding-right 属性用于设置元素右边的内边距。

语法：**padding-right : auto | length | 百分比 | inherit**

参数：同 padding-top。

说明：同 padding-top。

示例：

```
div { padding-right: 12px; }
```

### 3．下内边距属性 padding-bottom

padding-bottom 属性用于设置元素下（底）边的内边距。

语法：**padding-bottom : length | 百分比 | inherit**

参数：同 padding-top。

说明：同 padding-top。

示例：

```
body { padding-bottom: 15px; }
```

### 4．左内边距属性 padding-left

padding-left 属性用于设置元素左边的内边距。

语法：**padding-left : auto | length | 百分比 | inherit**

参数：同 padding-top。

说明：同 padding-top。

示例：

```
img { padding-left: 32pt; }
```

### 5．四边的内边距属性 padding

padding 属性用于设置元素四边的内边距。

语法：**padding : auto | length | 百分比 | inherit**

参数：本属性是简写方式，如果提供全部 4 个参数值，则将按上、右、下、左的顺序作用于四边。如果只提供 1 个，则将用于全部的 4 条边。如果提供 2 个，则第 1 个用于上、下边，第 2 个用于左、右边。如果提供 3 个，则第 1 个用于上边，第 2 个用于左、右边，第 3 个用于下边。每个参数中间用空格分隔。

说明：同 padding-top。

示例：

```
h1 { padding: 10px 11px 12px 13px; } /*顺序为上、右、下、左*/
p { padding: 12.5%; }
div { padding: 10% 10% 10% 10%; }
```

### 6．边距值的复制

在设置边距时，如果提供全部 4 个参数值，按照上、右、下、左的顺时针顺序列出。例如：

```
padding: 10px 10px 10px 10px;
```

如果按照简写的形式，CSS 将按照一定的规则顺序复制边距值。例如：

```
padding: 10px;
```

由于 padding: 10px 只定义了上内边距，按顺序右内边距将复制上内边距，变成如下形式：

```
padding: 10px 10px;
```

由于 padding: 10px 10px 只定义了上内边距和右内边距，按顺序下内边距将复制上内边距，变成如下形式：

```
padding: 10px 10px 10px;
```

由于 padding: 10px 10px 10px 只定义了上内边距、右内边距和下内边距，所以按顺序左内边距将复制右内边距，变成如下形式：

```
padding: 10px 10px 10px 10px;
```

根据这个规则，可以省略相同的值。例如，padding: 10px 5px 15px 5px 可以简写为 padding: 10px 5px 15px，padding: 10px 5px 10px 5px 可以简写为 padding: 10px 5px。

但是，有时虽然出现了重复却不能简写，如 padding: 10px 5px 5px 10px 和 padding: 5px 5px 5px 10px。

**【例 6-2】**CSS 内边距属性示例。本例文件 6-2.html 在浏览器中的显示效果如图 6-4 所示。

图 6-4　内边距属性示例

```
<!DOCTYPE html>
<html>
    <head>
        <meta charset="utf-8">
        <title>CSS 内边距</title>
        <style type="text/css">
            div {
                width: 302px;     /*容器内容宽度 302px=图像的宽度+图像的左、右边框宽度*/
                border: 2px solid red;   /*容器边框为 2px 红色实线*/
                padding: 10px 20px;    /*容器上、下内边距为 10px，左、右内边距为 20px*/
            }
            img {
                width: 300px;              /*图像宽度为 300px*/
                height: 200px;
                border: 1px solid blue;    /*图像边框宽度为 1px*/
            }
            p {
                padding:20px;              /*段落四周的内边距都为 20px*/
                border:2px dashed #09f;    /*段落边框为 2px 蓝色虚线*/
```

```
            }
        </style>
    </head>
    <body>
        <div><img src="images/fruit.jpg" /></div>
        <p>我最爱吃的火龙果</p>
    </body>
</html>
```

### 6.2.2 CSS 外边距属性

元素的外边距是元素边框与元素内容之间的距离。设置外边距会在元素外创建额外的空白。外边距设置属性有：margin-top、margin-right、margin-bottom、margin-left，可分别设置某一条边的外边距属性，也可以用 margin 属性一次性设置所有边的边距。

#### 1. 上外边距属性 margin-top

margin-top 属性用于设置元素顶边的外边距。

语法：**margin-top : auto | length | 百分比 | inherit**

参数：其属性值可以是 auto（自动，设置为相对其他边的值）、length（由浮点数字和单位标识符组成的长度值，默认值为 0px，不允许使用负数）、百分比（相对于父元素宽度的比例）、inherit。该属性不能被继承。

说明：行内元素如果要使用属性值 inherit，必须先设定元素的 height 或 width 属性，或者设定 position 属性为 absolute。外边距始终是透明的。

示例：

```
body { margin-top: 12.5%; }
```

#### 2. 右外边距属性 margin-right

margin-right 属性用于设置元素右边的外边距。

语法：**margin-right: auto | length | 百分比 | inherit**

参数：同 margin-top。

说明：同 margin-top。

示例：

```
div { margin-right: 10px; }
```

#### 3. 下外边距属性 margin-bottom

margin-bottom 属性用于设置元素底边的外边距。

语法：**margin-bottom: auto | length | 百分比 | inherit**

参数：同 margin-top。

说明：同 margin-top。

示例：

```
h1 { margin-bottom: auto; }
```

#### 4. 左外边距属性 margin-left

margin-left 属性用于设置元素左边的外边距。

语法：**margin-left: auto | length | 百分比 | inherit**

参数：同 margin-top。

说明：同 margin-top。

示例：

```
img { margin-left: 10px; }
```

以上 4 项属性可以控制一个元素四周的边距，每个边距都可以有不同的值，或者设置一个外边距，然后让浏览器使用默认的设置设定其他几个外边距。可以将外边距应用于文字和其他元素。

示例：

```
h4 { margin-top: 20px; margin-bottom: 5px; margin-left: 100px; margin-right: 55px }
```

设定外边距参数值最常用的方法是利用长度单位（px、pt 等），也可以用比例值设置。

将外边距值设置为负值，可以将两个对象叠在一起。例如，把下边距设置为-55px，右边距设置为 60px。

### 5．四边的外边距属性 margin

margin 属性用于设置元素四边的外边距，本属性是简写的复合属性。

语法：**margin: auto | length | 百分比 | inherit**

参数：同 margin-top。

说明：如果提供全部 4 个参数值，将按上、右、下（底）、左的顺序作用于四边。如果只提供 1 个，则将用于全部的 4 条边；如果提供 2 个，则第 1 个用于上、下边，第 2 个用于左、右边；如果提供 3 个，则第 1 个用于上边，第 2 个用于左、右边，第 3 个用于下边。每个参数中间用空格分隔。

示例：

```
body { margin: 20px 30px; }
body { margin: 10.5%; }
body { margin: 10% 10% 10% 10%; }
```

例如，要使盒子水平居中，需要满足两个条件：必须是块级元素；必须指定盒子的宽度（width）。然后将左、右外边距都设置为 auto，即可使块级元素水平居中。

```
.header {width: 960px; margin: 0px auto;   /*margin: 0px auto 相当于 left: auto; right:auto*/
        left: auto; right: auto;}
```

行内元素只有左、右外边距，没有上、下外边距，所以尽量不要给行内元素指定上、下外边距。

**【例 6-3】**CSS 外边距属性示例。本例文件 6-3.html 在浏览器中的显示效果如图 6-5 所示。

图 6-5　外边距属性示例

```
<!DOCTYPE html>
<html>
    <head>
        <meta charset="utf-8">
        <title>CSS 外边距</title>
        <style type="text/css">
            div {
                width: 342px;    /*容器内容宽度 342px=图像左外边距+图像的左边框宽度+
图像的宽度+图像的右边框宽度+图像右外边距*/
```

```
                border: 2px solid red;   /*容器边框为 2px 红色实线*/
            }
            img {
                width: 300px;            /*图像宽度为 300px*/
                height: 200px;
                border: 1px solid blue; /*图像边框宽度为 1px*/
                margin: 10px 20px;      /*图像上、下外边距为 10px，左、右外边距为 20px*/
            }
            p {
                margin:30px 10px;       /*段落的上、下外边距为 30px，左、右外边距为 10px*/
                border:2px dashed #09f;/*段落边框为 2px 蓝色虚线*/
            }
        </style>
    </head>
    <body>
        <div><img src="images/fruit.jpg" /></div>
        <p>我最爱吃的火龙果</p>
    </body>
</html>
```

### 6.2.3　CSS 边框属性

CSS 边框可以是围绕元素内容和内边距的一条或多条线，对于边框可以设置它们的样式、宽度（粗细）和颜色。

#### 1．边框的样式属性（border-style）

边框的样式属性 border-style 是边框最重要的一个属性，如果没有样式，就没有边框，也就不存在边框的宽度和颜色了。边框的样式设置属性有：border-top-style、border-right-style、border-bottom-style、border-left-style，可分别为某元素设置上边、右边、下（底）边、左边的边框的样式，也可以用 border-style 属性一次性设置所有边的边框的样式。

语法：**border-top-style || border-right-style || border-bottom-style || border-left-style || border-style : none | hidden | dotted | dashed | solid | double | groove | ridge | inset | outset | inherit**

参数：CSS 的边框属性定义了 10 个不同的非 inherit 样式，边框样式值可取如下之一。

- none：无边框，默认值。任何指定的 border-width 值都将无效。
- hidden：隐藏边框，与 none 相同。但对于表，hidden 用于解决边框冲突。
- dotted：点线边框。
- dashed：虚线边框。
- solid：实线边框。
- double：双线边框。双线的间隔宽度等于指定的 border-width 值。
- groove：3D 凹槽边框，根据 border-color 的值画 3D 凹槽。
- ridge：3D 凸槽边框，根据 border-color 的值画菱形边框。
- inset：3D 凹入边框，根据 border-color 的值画 3D 凹边。
- outset：3D 凸起边框，根据 border-color 的值画 3D 凸边。
- inherit：从父元素继承边框样式。

说明：如果使用 border-style 属性，则要提供全部 4 个参数值，将按上、右、下（底）、左的顺序作用于四边。如果只提供 1 个，则将用于全部的 4 条边。如果提供 2 个，则第 1 个用于上、下边，第 2 个用于左、右边。如果提供 3 个，则第 1 个用于上边，第 2 个用于左、右边，第 3 个用于下边。每个参数中间用空格分隔。

要使用这些边框样式属性，必须先设定对象的 height 或 width 属性，或者设定 position 属性为 absolute。如果 border-width 不大于 0px，则本属性失去作用。

示例：

```
.box { border-top-style: double; border-bottom-style: groove; border-left-style: dashed; border-right-style: dotted; }
```

### 2. 边框的宽度属性（border-width）

边框的宽度属性分为 border-top-width、border-right-width、border-bottom-width、border-left-width，可分别为某元素设置上边、右边、下边、左边的边框的宽度，也可以用 border-width 属性一次性设置所有边的边框的宽度。

语法：**border-top-width | border-right-width | border-bottom-width | border-left-width | border-width: medium | thin | thick | length | inherit**

参数：宽度的取值可以是系统定义的 3 种标准宽度，即 thin（小于默认宽度的细的宽度）、medium（默认宽度）、thick（大于默认宽度的粗的宽度）。还可以自定义宽度 length，但不可以为负值。inherit 表示从父元素继承边框宽度。

说明：如果使用 border-width 属性，要提供全部 4 个参数值，则将按上、右、下、左的顺序作用于四边。如果只提供 1 个，则将用于全部的 4 条边。如果提供 2 个，则第 1 个用于上、下边，第 2 个用于左、右边。如果提供 3 个，则第 1 个用于上边，第 2 个用于左、右边，第 3 个用于下边。每个参数中间用空格分隔。

要使用该属性，必须先设定对象的 height 或 width 属性，或者设定 position 属性为 absolute。如果 border-style 设置为 none，本属性将失去作用。

示例：

```
p { border-width:2px; } /*定义 4 条边都为 2px*/
p { border-width:2px 3px 4px; } /*定义上边为 2px, 左、右边为 3px,下边为 4px*/
p { border-left-width: thin; border-left-style: solid; }
h1 { border-right-width: thin; border-right-style: solid; }
div { border-bottom-width: thin; border-bottom-style: solid; }
blockquote { border-style: solid; border-width: thin; }
.div { border-style: solid; border-width: 1px thin; }
```

### 3. 边框的颜色属性（border-color）

边框的颜色属性分为 border-top-color、border-right-color、border-bottom-color、border-left-color，可分别为某元素设置上边、右边、下边、左边的边框的颜色，也可以用 border-color 属性一次性设置所有边的边框的颜色。

语法：**border-top-color | border-right-color | border-bottom-color | border-left-color | border-color: color**

参数：color 是指定的边框颜色，颜色值可以用颜色名，也可以用十六进制数，还可以是 rgb 函数。边框还提供了一种透明色（transparent)，经常用于预留一个边框，以实现两种效果：一种是与其他有边框的元素保持元素位置对齐；另一种很容易实现一种焦点提醒的效果，如鼠标指针移开时显示为普通文本，鼠标指针悬停时会出现红色边框提醒，提高用户体验。

说明：如果使用 border-color 属性，则要提供全部 4 个参数值，将按上、右、下、左的顺序作用于四边。如果只提供 1 个，则将用于全部的 4 条边。如果提供 2 个，则第 1 个用于上、下边，第 2 个用于左、右边。如果提供 3 个，则第 1 个用于上边，第 2 个用于左、右边，第 3 个用于下边。每个参数中间用空格分隔。

要使用该属性，必须先设定对象的 height 或 width 属性，或者设定 position 属性为 absolute。

如果 border-width 等于 0px 或 border-style 设置为 none，则本属性失去作用。

示例：

```
div{border-top-color:red;border-bottom-color:rgb(220,86,73);border-right-color:red;border-left-color:black;}
.box { border-color: #f00;border-style: outset;}
h1 { border-color: silver red rgb(220, 86, 73); }
p { border-color: #666699 #ff0033 #000000 #ffff99; border-width: 3px }
```

**【例 6-4】**CSS 边框属性示例。本例文件 6-4.html 在浏览器中的显示效果如图 6-6 所示。

```
<!DOCTYPE html>
<html>
    <head>
        <meta charset="utf-8">
        <title>边框的样式属性</title>
        <style type="text/css">
            p {   margin: 20px; /*外边距为 20px*/
                  border-width: 5px; *边框宽度为 5px*/
                  border-color: #000000; /*边框颜色为黑色*/
                  padding: 5px; /*内边距为 5px*/
                  background-color: #FFFFCC; /*淡黄色背景*/
            }
        </style>
    </head>
    <body>
        <p style="border-style:none">无边框 none</p>
        <p style="border-style:hidden">隐藏边框 hidden</p>
        <p style="border-style:dotted">点线边框 dotted</p>
        <p style="border-style:dashed">虚线边框 dashed</p>
        <p style="border-style:solid">实线边框 solid</p>
        <p style=" border-style:double">双线边框 double</p>
        <p style="border-style:groove">3D 凹槽边框 groove</p>
        <p style="border-style:ridge">3D 凸槽边框 ridge</p>
        <p style="border-style:inset">3D 凹入边框 inset</p>
        <p style="border-style:outset">3D 凸起边框 outset</p>
        <p style="border-style:inherit">从父元素继承边框样式 inherit</p>
    </body>
</html>
```

图 6-6　边框属性示例

### 4．边框的复合属性（border）

CSS 提供了一次对 4 条边框设置边框宽度、样式、颜色的属性。

语法：**border : border-width || border-style || border-color**

参数：border 是一个复合属性，可以把 3 个子属性结合写在一起，各属性值之间用空格分隔，顺序不能错。其中 border-width 和 border-color 可以省略，默认值为 medium 和 none。border-color 的默认值将采用文本颜色。

说明：如果使用该复合属性定义其单个参数，则其他参数的默认值将无条件覆盖各自对应的单个属性设置。

要使用该属性，必须先设定对象的 height 或 width 属性，或者设定 position 属性为 absolute。

示例：

```
p { border: thick double yellow; }
blockquote { border: dotted gray; }
p { border: 25px; }
h1 { border: 2px solid red; }
div { border-bottom: 25px solid red; border-left: 25px solid yellow; border-right: 25px solid blue;
border-top: 25px solid green; }
```

**【例 6-5】** 边框的复合属性示例。本例文件 6-5.html 在浏览器中的显示效果如图 6-7 所示。

```
<!DOCTYPE html>
<html>
    <head>
        <meta charset="utf-8">
        <title>边框的复合属性</title>
        <style type="text/css">
            h1 { border: 2px solid red; text-indent: 2em;}
            .pa { border-bottom: red dashed 3px; border-top: blue double 3px;}
            .box { border-bottom: 25px solid red; border-left: 25px solid yellow;border-right: 25px
solid blue; border-top: 25px solid green; }
        </style>
    </head>
    <body>
        <h1>边框的复合属性</h1>
        <p>边框的复合属性</p>
        <p style="border: coral dashed 5px">边框的复合属性</p>
        <p class="pa">边框的复合属性</p>
        <p class="box">边框的复合属性</p>
    </body>
</html>
```

图 6-7　边框的复合属性示例

## 6.2.4　圆角边框属性

CSS3 增加了圆角边框属性，圆角边框属性分为 border-top-left-radius、border-top-right-radius、border-bottom-right-radius、border-bottom-left-radius，可分别为某元素设置左上、右上、右下、左下角的圆角属性，也可以用 border-radius 属性一次设置所有 4 个角的圆角属性。

语法：**border-radius : none | length {1,4} [ / length {1,4} ]**

参数：none 为默认值，表示元素没有圆角；length 是由浮点数字和单位标识符组成的长度值，也可以是百分比，不允许为负值；{1,4}表示 length 可以是 1～4 的值，用空格隔开。如果在 border-radius 属性中只指定一个值，那么将生成 4 个圆角。

说明：圆角边框属性可以包含两个参数值，第 1 个 length 值表示圆角的水平半径，第 2

个 length 值表示圆角的垂直半径，两个参数值用“/”隔开。如果只给定 1 个参数值，省略第 2 个值，则从第 1 个值复制，第 2 个值与第 1 个值相同，表示这个圆角是一个 1/4 的圆角。如果任意一个 length 为 0px，则这个角就是方角，不再是圆角。水平半径的百分比是指边界框的宽度，而垂直半径的百分比是指边界框的高度。可以用 border-?-?-radius 属性分别指定圆角。

如果要在 4 个角上一一指定，可以使用以下规则。

- 4 个值：第 1 个值为左上角，第 2 个值为右上角，第 3 个值为右下角，第 4 个值为左下角。
- 3 个值：第 1 个值为左上角，第 2 个值为右上角和左下角，第 3 个值为右下角。
- 2 个值：第 1 个值为左上角与右下角，第 2 个值为右上角与左下角。
- 1 个值：4 个圆角值相同。

示例：

```
border-radius: 10px;   /*一个数值表示 4 个角都是相同的 10px 的弧度*/
border-radius: 50%;   /*50%取宽度和高度一半，则会变成一个圆形*/
border-radius: 2em 4em;   /*左上角和右下角是 2em，右上角和左下角是 4em*/
border-radius: 10px 40px 80px;   /*左上角是 10px，右上角和左下角是 40px，右下角是 80px*/
border-radius: 10px 40px 80px 100px;   /*左上角是 10px，右上角是 40px，右下角是 80px，左下角是 100px*/
```

【例 6-6】圆角边框属性示例。本例文件 6-6.html 在浏览器中的显示效果如图 6-8 所示。

```
<!DOCTYPE html>
<html>
    <head>
        <meta charset="utf-8">
        <title>圆角边框</title>
        <style type="text/css">
            #radius{ width:150px; height:100px;
                border-width: 3px; border-style: solid;
                border-radius: 11px 11px 11px 11px;     /*圆角半径为 11px*/
                padding:20px; margin: 5px; float: left; }
            #corner1 { background: #32cd99; background: url(images/radius.jpg);
                background-position: left top; background-repeat: repeat; padding: 20px;
                width: 150px; height: 100px;
                border-radius: 2em 6em/3em 10em;
                float: left; }
        </style>
    </head>
    <body>
        <p id="radius">指定相同的 4 个圆角</p>
        <p id="corner1" style="border-radius: 2em 6em/3em 10em;">指定背景图像的圆角</p>
    </body>
</html>
```

图 6-8 圆角边框属性示例

### 6.2.5 盒模型的阴影属性

box-shadow 属性用于设置盒模型的阴影，可以添加一个或多个阴影。

语法：**box-shadow: h-shadow v-shadow blur spread color inset**

参数：属性值是用空格分隔的阴影列表，每个阴影由 2～4 个长度值、可选的颜色值及可选的 inset 关键词来规定。省略长度的值是 0px。属性值需要设置 6 个，见表 6-1。

表 6-1　box-shadow 属性值

| 属　性　值 | 描　　述 |
| --- | --- |
| h-shadow | 阴影在水平方向偏移的距离，是必须填写的参数，允许负值 |
| v-shadow | 阴影在垂直方向偏移的距离，是必须填写的参数，允许负值 |
| blur | 模糊的半径距离，可以不写，是可选参数 |
| spread | 阴影额外增加的尺寸，负数表示减少的尺寸，是可选参数 |
| color | 阴影的颜色，是可选参数 |
| inset | 将外部阴影（outset）改为内部阴影，是可选参数 |

如果需要设置多个阴影，则用逗号将每个阴影连接起来作为属性值。

【例 6-7】盒模型的阴影示例。本例文件 6-7.html 在浏览器中的显示效果如图 6-9 所示。

图 6-9　盒模型的阴影示例

```
<!DOCTYPE html>
<html>
    <head>
        <meta charset="utf-8">
        <title>box-shadow 属性</title>
        <style type="text/css">
            img {
                border: 1px solid #666;
                border-radius: 50%;    /*将图像设置为圆形效果*/
                padding: 20px;    /*内边距让图像和阴影之间拉开距离，避免图像遮挡阴影*/
                box-shadow: 5px 5px 10px 2px #999 inset;    /*内部阴影效果*/
            }
        </style>
    </head>
    <body>
        <img src="images/new.jpg" alt="新品上市" />
    </body>
</html>
```

### 6.2.6　调整大小属性

CSS3 增加了 resize 属性，用于设置一个元素是否可由浏览者通过拖动的方式调整元素的大小。

语法：**resize: none | both | horizontal | vertical**

参数：属性值默认为 none，即浏览者无法调整元素的大小；both 表示可调整元素的高度和宽度；horizontal 表示可调整元素的宽度；vertical 表示可调整元素的高度。

说明：如果希望此属性生效，则需要设置元素的 overflow 属性，值可以是 auto、hidden 或 scroll。

示例：设置可以由浏览者调整 div 元素大小的代码如下。

```
div{ resize: both; overflow: auto;}
```

【例 6-8】resize 属性示例。本例文件 6-8.html 在浏览器中的显示效果如图 6-10 所示，用鼠标拖动框右下角的拖动柄可以改变大小。

```
<!DOCTYPE html>
<html>
```

```
    <head>
        <meta charset="utf-8">
        <title>resize 属性示例</title>
        <style type="text/css">
            div { border: 2px solid;padding: 10px 30px;
                width: 360px; overflow: auto; }
        </style>
    </head>
    <body>
        <div>resize  属性规定是否可由用户调整元素尺寸。</div>
        <hr />
        <div style="resize: both; cursor: se-resize;">可以调整宽度和高度</div>
        <hr />
        <div style="resize: horizontal; cursor: ew-resize;">可以调整宽度</div>
        <hr />
        <div style="resize: vertical;cursor: ns-resize;">可以调整高度</div>
    </body>
</html>
```

图 6-10　resize 属性示例

**【说明】**从图 6-10 中可以看到，定义了 resize 属性后，元素的右下角会出现拖动柄，浏览者可以拖动右下角的拖动柄随意调整元素的尺寸。

在使用 resize 属性调整元素的尺寸时，建议配合 cursor 属性使用，通过相应的光标样式来增强用户体验。例如，resize: both 时使用 cursor: se-resize，resize: horizontal 时使用 cursor: ew-resize，resize: vertical 时使用 cursor: ns-resize。

## 6.3　CSS 布局属性

CSS 为定位和浮动提供了一些属性，利用这些属性，可以建立列式布局，将布局的一部分与另一部分重叠。

### 6.3.1　元素的布局方式概述

定位就是允许定义元素相对于其正常位置应该出现的位置，或者相对于父元素、另一个元素甚至浏览器窗口本身的位置。

#### 1．盒子的类型

div、h1 或 p 元素常常被称为块级元素。这意味着这些元素显示为一块内容，即“块盒”（或称块框）。与之相反，span、strong 等元素称为“行内元素”，这是因为它们的内容显示在行中，即“行内盒”（或称行内框）。

可以使用 display 属性改变生成的盒子的类型。这意味着，通过将 display 属性设置为 block，可以让行内元素（如 a 元素）表现得像块级元素一样。还可以通过把 display 属性设置为 none，让生成的元素根本没有盒子。这样，该盒子及其所有内容不再显示，不占用文件中的空间。

但是还有一种情况，即使没有进行显式的定义，也会创建块级元素。这种情况发生在把一些文本添加到一个块级元素（如 div）的开头。即使没有把这些文本定义为段落，它也会被当作段落对待。例如，在下面代码中，some text 没有定义成段落，但也会处理成段落：

```
<div>
    some text
    <p>Some more text.</p>
</div>
```

在这种情况下，这个盒子称为无名块盒，因为它不与专门定义的元素相关联。

块级元素的文本行也会发生类似的情况。假设有一个包含三行文本的段落，每行文本形成一个无名块盒。无法直接对无名块盒或行盒应用样式，这是因为没有可以应用样式的地方（注意，行盒和行内盒是两个概念）。但是，这有助于理解在屏幕上看到的所有东西都形成某种盒。

### 2. CSS 定位机制

元素的布局方式也称 CSS 定位机制，CSS 有三种基本的定位机制：普通文件流、浮动和定位。

（1）普通文件流（简称普通流）

除非专门指定，否则所有盒都在普通流中定位，普通流中元素的位置由元素在 HTML 中的位置决定。文件中的元素按照默认的显示规则排版布局，即从上到下，从左到右。

块级盒独占一行，从上到下一个接一个地排列，盒之间的垂直距离是由盒的垂直外边距计算出来的。

行内盒在一行中按照顺序水平布置，直到在当前行遇到了边界，则换到下一行的起点继续布置，行内盒内容之间不能重叠显示。行内盒在一行中水平布置，可以使用水平内边距、边框和外边距调整它们的间距。但是，垂直内边距、边框和外边距不影响行内盒的高度。

由一行形成的水平盒称为行盒（Line Box），行盒的高度总是足以容纳它包含的所有行内框的。不过，设置行高可以增加这个盒的高度。

（2）浮动

浮动（Float）可以使元素脱离普通文件流，CSS 定义的浮动盒（块级元素）可以向左或向右浮动，直到它的外边缘碰到包含它的元素的边框，或者其他浮动盒的边框为止。

由于浮动盒不在文件的普通流中，所以对于文件的普通流中的块盒，表现得就像浮动盒不存在一样。

例如，如图 6-11（a）所示，当把“盒子 1”向右浮动时，它脱离文件流并向右移动，直到它的右边缘碰到包含盒子的右边缘，如图 6-11（b）所示。

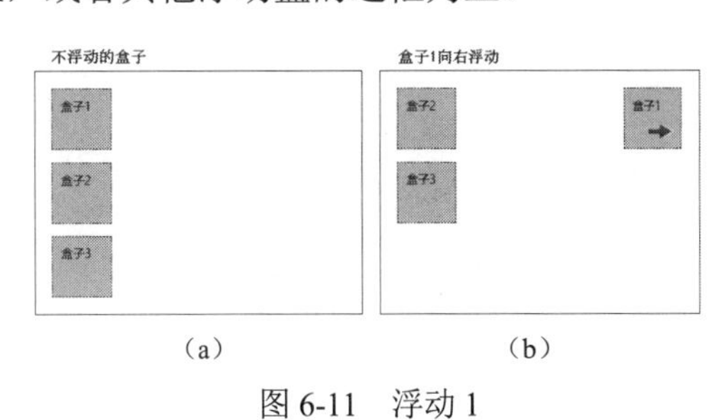


（a）　（b）

图 6-11　浮动 1

如图 6-12（a）所示，当“盒子 1”向左浮动时，它脱离文件流并向左移动，直到它的左边缘碰到包含盒子的左边缘。因为它不再处于文件流中，所以不占据空间，实际上覆盖了“盒子 2”，使“盒子 2”从视图中消失。

如图 6-12（b）所示，如果把所有 3 个盒子都向左移动，那么“盒子 1”向左浮动直到碰到包含的盒子，另外两个盒子向左浮动直到碰到前一个浮动盒子。

（a）　（b）

图 6-12　浮动 2

如图 6-13（a）所示，如果包含的盒子太窄，无法容纳水平排列的 3 个盒子，那么其他盒子向下移动，直到有足够的空间。如果盒子的高度不同，那么当它们向下移动时可能被其他盒子“卡住”，如图 6-13（b）所示。

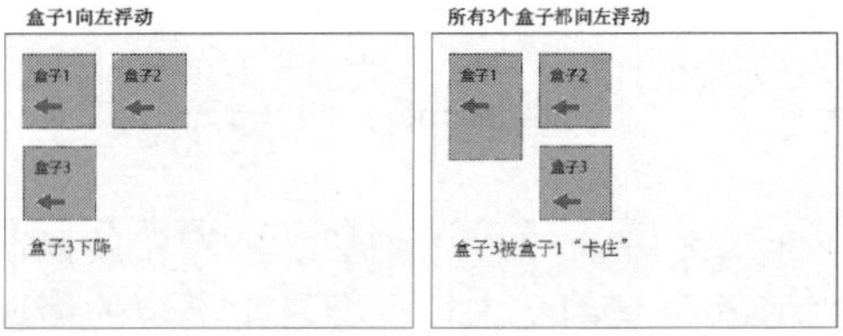

（a）　　（b）

图 6-13　浮动 3

盒子会引起下面的问题。

1）父元素的高度无法撑开，影响与父元素的同级元素。

2）与浮动元素同级的非浮动元素（内联元素）会跟随其后。

3）若非第一个元素浮动，则该元素之前的元素也需要跟随其后，否则会影响页面显示的结构。

（3）定位

直接定位元素在文件或在父元素中的位置，表现为漂浮在指定元素上方，脱离了文件流；元素可以重叠在一块区域内，按照显示的级别以覆盖的方式显示。

定位分为绝对定位、相对定位和固定定位。

#### 3. 布局属性

CSS 布局属性（Layout Properties）用来控制元素显示位置、文件布局方式。按照功能可以分为如下三类。

- 控制浮动类属性，包括 float、clear 属性。
- 控制溢出类属性，overflow 属性。
- 控制显示类属性，包括 display，visibility 属性。

### 6.3.2　CSS 浮动属性

有时希望相邻块级元素的盒子左右排列（所有盒子浮动），或者希望一个盒子被另一个盒子中的内容所环绕（一个盒子浮动）做出图文混排的效果，最简单的办法就是运用 float 属性使盒子在浮动方式下定位。

在 CSS 中，通过 float 属性实现元素的浮动。float 属性定义元素在哪个方向浮动。当某元素设置为浮动后，不管该元素是行内元素还是块级元素，都会生成一个块级盒，按块级元素处理，即 display 属性被设置为 block。

语法：**float : none | left |right | inherit**

参数：none 是默认值，元素不浮动，并会显示其在文本中出现的位置；left 设置元素向左浮动；right 设置元素向右浮动；inherit 规定应该从父元素继承 float 属性的值。

说明：假如在一行中只有极少的空间提供给浮动元素，那么这个元素会跳至下一行，这个过程会持续到某一行拥有足够的空间为止。

示例：

```
img { float: right }
```

元素的水平方向浮动，意味着元素只能左右移动而不能上下移动。一个浮动元素会尽量向左或向右移动，直到它的外边缘碰到包含的盒子或另一个盒子的边框为止。浮动元素后面的元素，将围绕这个浮动元素。浮动元素前面的元素不会受到影响。如果图像是右浮动的，则下面的文本流将环绕在它的左边；反之文本流将环绕在它的右边。

**【例 6-9】** float 属性示例。本例文件 6-9.html 在浏览器中的显示效果如图 6-14 所示。

```
<!DOCTYPE html>
<html>
    <head>
        <meta charset="utf-8">
        <title>CSS 浮动</title>
        <style type="text/css">
            img { width: 100px; height: 60px; }
        </style>
    </head>
    <body>
        <p>这里是演示文字<img src="images/sunflower.jpg" >这里是演示文字…</p>
        <p>这里是浮动框外围的演示文字<img src="images/newfruit.jpg" style="float: left;">这里是浮动框外围的演示文字…</p>
        <p>这里是浮动框外围的演示文字<img src="images/newfruit.jpg" style="float: right;">这里是浮动框外围的演示文字…</p>
    </body>
</html>
```

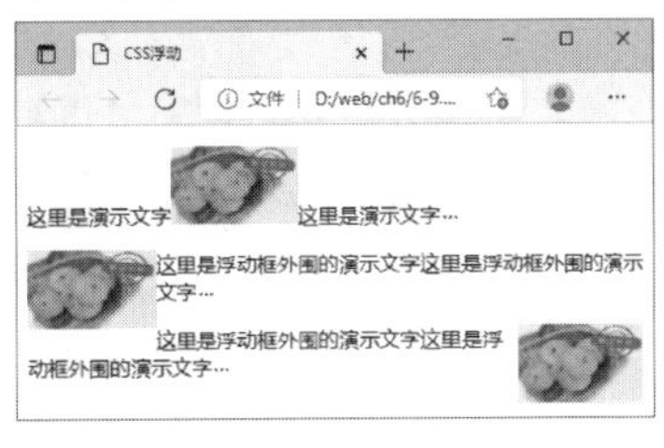


图 6-14　float 属性示例

**【说明】** 第 1 段内容是普通文件流，图片也是普通文件流的一个元素，所以顺序排列显示。第 2 段、第 3 段内容中的图片由于分别设置为向左或向右浮动，使得图片脱离文件流直到它的外边缘碰到包含它的元素的边框为止，由于浮动盒不在文件的普通流中，所以表现得就像浮动盒不存在一样。浮动盒旁边的行盒被缩短，从而给浮动盒留出空间，行盒围绕浮动盒。因此，创建浮动盒可以使文本围绕浮动盒，如图 6-15 所示。

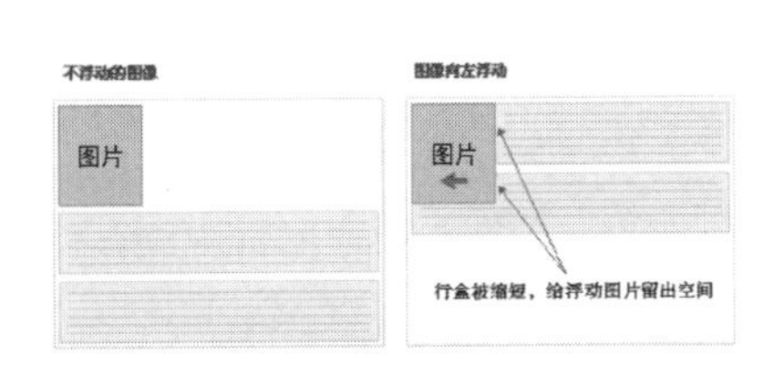


图 6-15　浮动示意图

### 6.3.3　清除浮动属性

元素浮动之后，周围的元素会重新排列，要想阻止行盒围绕浮动盒，就要清除该元素的 float 属性，叫作清除浮动，即对该盒应用 clear 属性。clear 属性规定元素的哪一侧不允许其他浮动元素。

语法：**clear : none | left |right | both | inherit**

参数：none 是默认值，允许两边都可以有浮动元素；left 表示不允许左边有浮动元素；right 表示不允许右边有浮动元素；both 表示两侧都不允许有浮动元素；inherit 规定应该从父元素继承 clear 属性的值。

示例：

```
div { clear : left }
```

因为浮动元素脱离了文件流，所以包围图片和文本的 div 不占据空间，如图 6-16（a）所示。为了让后续元素不受浮动元素的影响，需要在这个元素中的某个地方应用 clear 属性清除 float 属性产生的浮动，如图 6-16（b）所示。

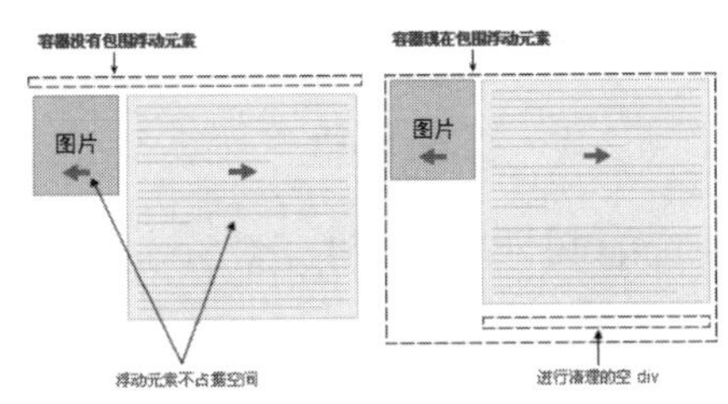


图 6-16　浮动和清除浮动

【例 6-10】clear 属性示例。本例文件 6-10.html 在浏览器中的显示效果如图 6-17（a）所示。

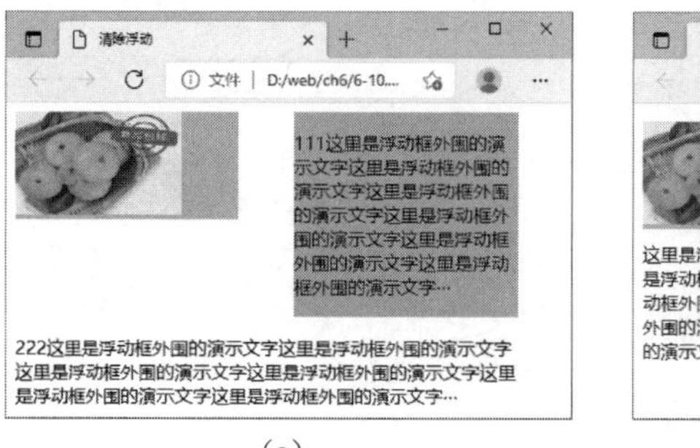


（a）

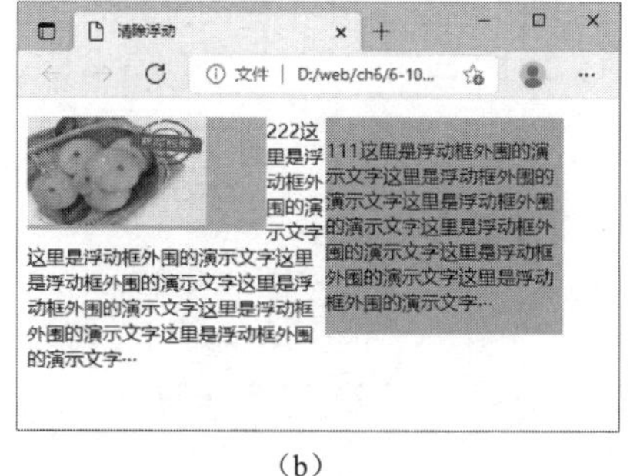


（b）

图 6-17　clear 属性示例

```
<!DOCTYPE html>
<html>
    <head>
        <meta charset="utf-8">
        <title>清除浮动</title>
        <style type="text/css">
            .box { width: 450px; height: 200px; }
            .box_left { float: left; width: 200px; background: aquamarine; }
            .box_right { width: 200px; float: right; background: burlywood; }
            .clear { clear: both; }
        </style>
    </head>
    <body>
        <div class="box">
            <div class="box_left">
                <img src="images/newfruit.jpg" style="width: 150px;height: 90px;" />
            </div>
            <div class="box_right">
                <p>111 这里是浮动框外围的演示文字……（此处省略文字）</p>
            </div>
            <div class="clear"></div> <!-- 清除 float 产生的浮动 -->
            <p>222 这里是浮动框外围的演示文字……（此处省略文字）</p>
        </div>
    </body>
</html>
```

**【说明】**如果删除<div class="clear">，则显示效果如图 6-17（b）所示，由此可以看出清除浮动的作用。

### 6.3.4　裁剪属性

clip 属性用于设置元素的可视区域，看起来就像对元素进行了裁剪。区域外的部分是透明的。

语法：**clip : auto | rect ( top right bottom left )**

参数：auto 表示对元素不裁剪。如果要裁剪，则需要给定一个矩形，格式为 rect ( top right bottom left )，依据上、右、下、左的顺序提供裁剪后的矩形右上角的纵坐标 top、横坐标 right

和左下角的纵坐标 bottom、横坐标 left，或者左上角为(0,0)坐标计算的 4 个偏移数值。其中任一坐标都可用 auto 替换，即此边不剪切。

说明：该元素必须是绝对定位，即必须将 position 的值设为 absolute，此属性才可使用。

示例：

```
div { position:absolute; width:50px; height:50px; clip:rect(0px 25px 30px 10px); }
div { position:absolute; width:50px; height:50px; clip:rect(1cm auto 30px 10cm); }
```

**【例 6-11】** clip 属性示例。本例文件 6-11.html 在浏览器中的显示效果如图 6-18 所示。

```
<!DOCTYPE html>
<html>
    <head>
        <meta charset="utf-8">
        <title>clip 属性示例</title>
        <style type="text/css">
            img{ width:300px; height:200px; }
        </style>
    </head>
    <body>
        <img src="images/fruit.jpg">
        <img src="images/fruit.jpg" style="position: absolute;clip:rect(0px 150px 150px 20px); ">
    </body>
</html>
```

图 6-18　clip 属性示例

### 6.3.5　元素显示方式属性

display 属性用于设置元素的显示方式。

语法：**display : none | block | inline | inline-block | table | inherit**

参数：none 设置该元素被隐藏起来，且隐藏的元素不会占用任何空间。也就是说，该元素不但被隐藏了，而且该元素原本占用的空间也会从页面布局中消失。

block 设置该元素显示为块级元素，元素前后会有换行符，可以设置它的宽度和上、右、下、左的内外边距。

inline 设置该元素被显示为行内元素，元素前后没有换行符，也无法设置宽、高和内外边距。

inline-block 设置该元素是行内元素，但具有 block 元素的某些特性，可以设置 width 和 height 属性，保留了 inline 元素不换行的特性。

table 设置该元素作为块级元素的表格显示。还有许多有关表格元素的显示方式属性。

inherit 继承父元素的 display 设置。

说明：在 CSS 中，利用 CSS 可以摆脱 HTML 标签归类（块级元素、内联元素）的限制，自由地在不同标签或元素上应用需要的属性。CSS 样式主要有以下 3 个。

- display:block：显示为块级元素。
- display:inline：显示为行内元素。
- display:inline-block：显示为行内块元素。表现为同行显示并可修改宽高内外边距等属性。例如，将<ul>元素加上 display:inline-block 样式，原本垂直的列表就可以水平显示了。

示例：

```
img { disply: block; float:right; }
```

【例 6-12】display 属性示例。本例文件 6-12.html 在浏览器中的显示效果如图 6-19 所示。

```
<!DOCTYPE html>
<html>
    <head>
        <meta charset="utf-8">
        <title>display 属性</title>
        <style type="text/css">
            p { display: inline; }
            span { display:block; }
            span.inline_box{ border: red solid 1px; display: inline-block; width: 200px;
                height: 50px; text-align: center; }
        </style>
    </head>
    <body>
        <p>display 属性的值为"inline"的结果，</p>元素前后没有换行符，
        <p>两个元素显示在同一水平线上。</p>
        <span>display 属性值为"block"的结果，</span>元素前后会有换行符，<span>可以设置它的宽度和上、右、下、左的内外的内外边距。</span>
        <span class="inline_box">display 属性值为"inline-block"的结果，</span>但具有 block 元素的某些特性，<span class="inline_box">两个元素显示在同一水平线上。</span>
    </body>
</html>
```

图 6-19　display 属性示例

### 6.3.6　元素可见性属性

visibility 属性用于设置一个元素是否可见。此属性与 display:none 属性不同，visibility:hidden 属性设置为隐藏元素后，元素占据的空间仍然保留，但 display:none 不保留占用的空间，就像元素不存在一样。

语法：**visibility : hidden | visible | collapse | inherit**

参数：hidden 设置元素隐藏；visible 设置元素可见；collapse 主要用来隐藏表格的行或列，隐藏的行或列能够被其他内容使用，对于表格外的其他对象，其作用等同于 hidden；inherit 继承上一个父元素的可见性。

说明：如果希望元素为可见，那么其父元素也必须是可见的。visibility:hidden 可以隐藏某个元素，但隐藏的元素仍占用与未隐藏之前一样的空间。也就是说，该元素虽然被隐藏了，但仍然会影响布局。visibility 属性，通常其值被设置成 visible 或 hidden。

当设置元素 visibility:collapse 后，一般元素的表现与 visibility:hidden 一样，会占用空间。但如果该元素是与 table 相关的元素，如 table row、table column、table column group、table column group 等，其表现却与 display:none 一样，也即其占用的空间会释放。不同浏览器对 visibility:collapse 的处理方式不同。

示例：

```
img { visibility: hidden; float: right; }
```

【例 6-13】visibility 属性示例。本例文件 6-13.html 在浏览器中的显示效果如图 6-20 所示。

```
<!DOCTYPE html>
<html>
```

```
    <head>
        <meta charset="utf-8">
        <title>visibility 属性示例</title>
        <style type="text/css">
            h1.hidden { visibility: hidden; }
            h2.display { display: none; }
        </style>
    </head>
    <body>
        <h1>这是一个可见标题</h1>
        <h1 class="hidden">这是一个隐藏标题</h1>
        <p>注意，本例中的 visibility: hidden 隐藏标题仍然占用空间。</p>
        <h1 class="display">这个标题不被保留空间</h1>
        <p>注意，本例中的 display: none 不显示标题不占用空间。</p>
    </body>
</html>
```

图 6-20　visibility 属性示例

## 6.4　CSS 盒子定位属性

前面介绍了独立的盒模型，以及在标准流情况下盒子的相互关系。如果仅按照标准流的方式进行排版，就只能按照仅有的几种可能性进行，限制太多。CSS 的制定者也想到了排版限制的问题，因此又给出了若干不同的手段以实现各种排版需要。

定位（Positioning）的基本思想很简单，它允许用户定义元素框相对于其正常应该出现的位置，或者相对于父元素、另一个元素甚至浏览器窗口本身的位置。CSS 为定位提供了一些属性，利用这些属性，可以建立列式布局，将布局的一部分与另一部分重叠。

### 6.4.1　定位位置属性

top、right、bottom 和 left 这 4 个 CSS 属性样式用于定位元素的位置。

语法：

**top:auto | length**

**right:auto | length**

**bottom:auto | length**

**left:auto | length**

top 用于设置定位元素相对的对象顶边偏移的距离，正数向下偏移，负数向上偏移。

right 用于设置定位元素相对的对象右边偏移的距离，正数向左偏移，负数向右偏移。

bottom 用于设置定位元素相对的对象底边偏移的距离，正数向上偏移，负数向下偏移。

left 用于设置定位元素相对的对象左边偏移的距离，正数向右偏移，负数向左偏移。

参数：auto 无特殊定位，根据 HTML 定位规则在文件流中分配。length 是由数字和单位标识符组成的长度值或百分数。

说明：必须定义 position 属性值为 absolute 或 relative，此取值方可生效。用于设置对象与其最近一个定位的父对象左边相关的位置。

left 和 right 在一个样式中只能使用其一，不能将 left 和 right 都设置，一个元素设置了靠左边多少距离，右边的距离自然就有了，所以无须设置另外一边。相同的道理，top 和 bottom

对一个元素也只能使用其一。CSS 规定，如果水平方向同时设置了 left 和 right，则以 left 属性值为准。同样，如果垂直方向同时设置了 top 和 bottom，则以 top 属性值为准。

示例：

```
div{left:20px}
```

### 6.4.2 定位方式属性

position 属性用于设置元素的定位类型。

语法：**position: static | absolute | relative | sticky**

参数：static 是默认值，没有定位，元素出现在正常的文件流中（忽略 top、bottom、left、right 或 z-index 属性的声明）。

absolute 表示生成绝对定位的元素，绝对定位的元素位置相对于最近已定位的父元素，如果元素没有已定位的父元素，那么它的位置相对于页面定位。元素的位置通过 top、right、bottom、left 进行确定。此时元素不具有边距，但仍有边框和内边距。absolute 定位使元素的位置与文件流无关，因此不占据空间。absolute 定位的元素造成和其他元素重叠。

relative 表示生成相对定位的元素，相对于其正常位置进行定位，不脱离文件流，但将根据 top、right、bottom、left 等属性在正常文件流中偏移位置。移动相对定位元素的位置，它原本所占的空间不会改变。相对定位元素经常被用来作为绝对定位元素的容器块。

fixed 元素框的表现类似于将 position 设置为 absolute，不过其包含元素的位置相对于浏览器窗口是固定位置。fixed 定位使元素的位置与文件流无关，因此不占据空间。fixed 定位的元素和其他元素重叠。

sticky 定位，sticky 英文字面意思是粘贴，所以可以把它称为黏性定位。position: sticky 基于用户的滚动位置来定位。黏性定位的元素可以被认为是相对定位和固定定位的混合。它的行为就像 position:relative，而当页面滚动超出目标区域时，它的表现就像 position:fixed，会固定在目标位置。元素定位表现为在跨越特定阈值前为相对定位，之后为固定定位。这个特定阈值指的是 top、right、bottom 或 left 之一，换言之，指定 top、right、bottom 或 left 这 4 个阈值其中之一，才可使黏性定位生效。否则其行为与相对定位相同。注意，Internet Explorer、Edge 15 及更早 IE 版本不支持 sticky 定位。

说明：这个属性定义建立元素布局所用的定位机制。任何元素都可以定位，不过绝对或固定元素会生成一个块级框，而不论该元素本身是什么类型。相对定位元素会相对于它在正常流中的默认位置偏移。

#### 1．静态定位

静态定位（position:static）是 position 属性的默认值，盒子按照标准流（包括浮动方式）进行布局，即该元素出现在文件的常规位置，不会重新定位。

**【例 6-14】**静态定位示例。本例文件 6-14.html 在浏览器中的显示效果如图 6-21 所示。

```
<!DOCTYPE html>
<html>
    <head>
        <meta charset="utf-8">
        <title>静态定位</title>
        <style type="text/css">
            body { margin: 20px;/*整体外边距为20px*/ }
```

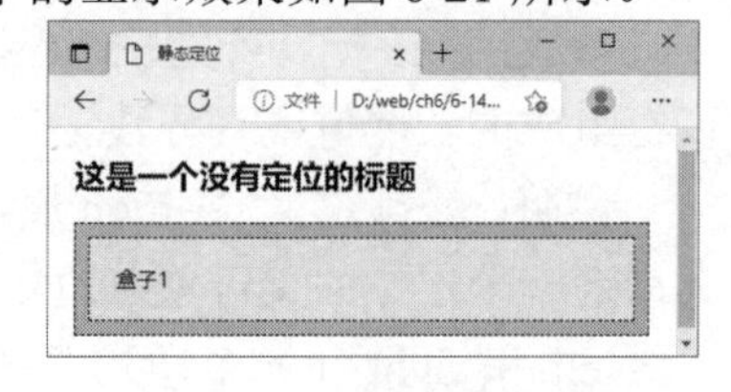


图 6-21　静态定位示例

```
            #father {background-color: #a0c8ff;   /*父容器的背景为蓝色*/
                  border: 1px dashed #000000;   /*父容器的边框为 1px 黑色虚线*/
                  padding: 10px;   /*父容器内边距为 10px*/   }
            #box1 {
                  background-color: #fff0ac;   /*盒子的背景为黄色*/
                  border: 1px dashed #000000;   /*盒子的边框为 1px 黑色虚线*/
                  padding: 20px;   /*盒子的内边距为 20px*/   }
      </style>
</head>
<body>
      <h2>这是一个没有定位的标题</h2>
      <div id="father">
            <div id="box1">盒子 1</div>
      </div>
</body>
</html>
```

【说明】“盒子 1”没有设置任何 position 属性，相当于使用静态定位方式，页面布局也没有发生任何变化。

## 2. 相对定位

使用相对定位的盒子会相对于自身原本的位置，通过偏移指定的距离，到达新的位置。使用相对定位，除了要将 position 属性值设置为 relative，还需要指定一定的偏移量。其中，水平方向的偏移量由 left 和 right 属性指定；竖直方向的偏移量由 top 和 bottom 属性指定。

【例 6-15】相对定位示例。本例文件 6-15.html 在浏览器中的显示效果如图 6-22 所示。

```
<!DOCTYPE html>
<html>
      <head>
            <meta charset="utf-8">
            <title>相对定位</title>
            <style type="text/css">
                  body  {  margin:  20px;  /* 整 体 外 边 距 为
20px*/ }
                  #father { background-color: #a0c8ff; /*父容器
的背景为蓝色*/
                        border: 1px dashed #000000; /*父容器的边框为 1px 黑色虚线*/
                        padding: 10px; /*父容器内边距为 10px*/ }
                  #box1 { background-color: #fff0ac; /*盒子背景为黄色*/
                        border: 1px dashed #000000; /*边框为 1px 黑色虚线*/
                        padding: 10px; /*盒子的内边距为 10px*/
                        margin: 10px; /*盒子的外边距为 10px*/
                        position: relative; /*relative 相对定位*/
                        left: 30px; /*距离父容器左端 30px*/
                        top: 30px; /*距离父容器顶端 30px*/   }
                  h2.left_top { position: relative; /*relative 相对定位*/
                        top: -40px; left: -30px; }
            </style>
      </head>
```

图 6-22 相对定位示例

```
        <body>
            <h2>这是一个没有定位的标题</h2>
            <h2 class="left_top">这个标题是根据其正常位置向左向上移动的</h2>
            <div id="father">
                <div id="box1">盒子 1</div>
            </div>
        </body>
    </html>
```

【说明】

1）id="box1"的盒子使用相对定位方式定位，因此向下且“相对于”初始位置向右各移动了 30px。

2）使用相对定位的盒子仍在标准流中，它对父容器没有影响。

3）即使相对定位元素的内容移动了，但是预留空间的元素仍保留在正常文件流的位置。

### 3．绝对定位

使用绝对定位的盒子以其“最近”的一个“已经定位”的“祖先元素”为基准进行偏移。如果没有已经定位的祖先元素，就以浏览器窗口为基准进行定位。

绝对定位的盒子从标准流中脱离，对其后的兄弟盒子的定位没有影响，其他的盒子就好像这个盒子不存在一样。原先在正常文件流中所占的空间会关闭，就好像元素原来不存在一样。元素定位后生成一个块级框，而不论原来它在正常流中生成何种类型的框。

**【例 6-16】**绝对定位示例。本例中的父容器包含 3 个盒子，对“盒子 2”使用绝对定位后的显示效果如图 6-23（a）所示；放大或缩小浏览器窗口时的显示效果如图 6-23（b）所示。

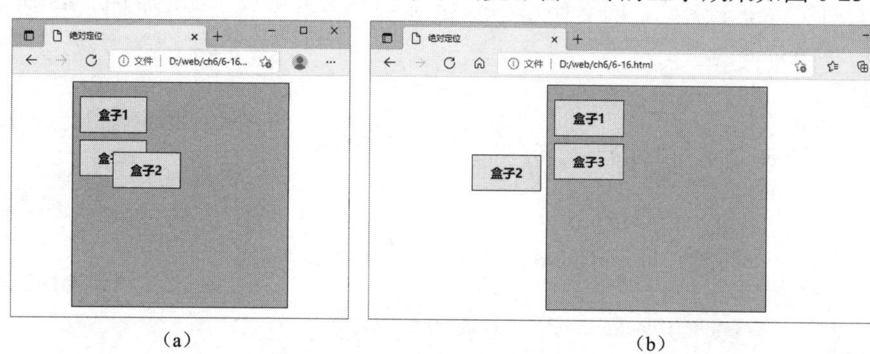


图 6-23　绝对定位示例

```
<!DOCTYPE html>
<html>
    <head>
        <meta charset="utf-8">
        <title>绝对定位</title>
        <style type="text/css">
            body { margin: 0px; padding: 0px; font-size: 18px; font-weight: bold; }
            .father { margin: 10px auto; width: 300px; height: 300px; padding: 10px;
                background: #a0c8ff; border: 1px solid #000; }
            .child01, .child02, .child03 { width: 100px; height: 50px; line-height: 50px;
                background: #fff0ac; border: 1px solid #000; margin:10px 0px; text-align: center;}
            .child02 {
```

```
            position: absolute;          /*对盒子 2 使用绝对定位*/
            left: 150px;                 /*距左边线 150px*/
            top: 100px;                  /*距顶部边线 100px*/
        }
    </style>
</head>
<body>
    <div class="father">
        <div class="child01">盒子 1</div>
        <div class="child02">盒子 2</div>
        <div class="child03">盒子 3</div>
    </div>
</body>
</html>
```

**【说明】**

1）“盒子 2”采用绝对定位后从标准流中脱离，对其后的兄弟盒子（“盒子 3”）的定位没有影响。

2）“盒子 2”最近的“祖先元素”就是 id="father"的父容器，但由于该容器不是“已经定位”的“祖先元素”。因此，对“盒子 2”使用绝对定位后，“盒子 2”以浏览器窗口为基准进行定位，距离浏览器左端 150px，距离浏览器上端 100px。

### 4．固定定位

固定定位其实是绝对定位的子类别，一个设置了 position:fixed 的元素是相对于视窗固定的，就算页面文件发生了滚动，它也会一直保留在相同的地方。

**【例 6-17】**固定定位示例。为了对固定定位演示得更加清楚，将“盒子 2”固定定位，并且调整页面高度使浏览器显示出滚动条。本例文件 6-17.html 在浏览器中的显示效果如图 6-24 所示。

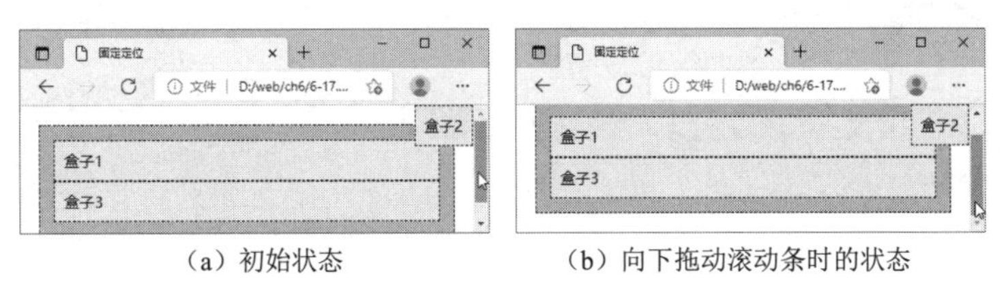


（a）初始状态　　（b）向下拖动滚动条时的状态

图 6-24　固定定位示例

```
<!DOCTYPE html>
<html>
    <head>
        <meta charset="utf-8">
        <title>固定定位</title>
        <style type="text/css">
            body { margin: 20px; /*页面整体外边距为 20px*/ }
            #father { background-color: #a0c8ff; /*父容器的背景为蓝色*/
                border: 1px dashed #000000; /*父容器的边框为 1px 黑色虚线*/
                padding: 15px; /*父容器内边距为 15px*/ }
            #box1 { background-color: #fff0ac; /*盒子的背景为黄色*/
```

```
                border: 1px dashed #000000; /*盒子的边框为 1px 黑色虚线*/
                padding: 10px; /*盒子的内边距为 10px*/
                position: relative; /*relative 相对定位  */ }
            #box2 { background-color: #fff0ac; /*盒子的背景为黄色*/
                border: 1px dashed #000000; /*盒子的边框为 1px 黑色虚线*/
                padding: 10px; /*盒子的内边距为 10px*/
                position: fixed; /*fixed 固定定位*/
                top: 0; /*向上偏移至浏览器窗口顶端*/
                right: 0; /*向右偏移至浏览器窗口右端  */ }
            #box3 {background-color: #fff0ac; /*盒子的背景为黄色*/
                border: 1px dashed #000000; /*盒子的边框为 1px 黑色虚线*/
                padding: 10px; /*盒子的内边距为 10px*/
                position: relative; /*relative 相对定位  */ }
        </style>
    </head>
    <body>
        <div id="father">
            <div id="box1">盒子 1</div>
            <div id="box2">盒子 2</div>
            <div id="box3">盒子 3</div>
        </div>
    </body>
</html>
```

### 5. 黏性定位

对元素设置 position:sticky，浏览者滚动浏览器中的内容时，黏性定位的元素依赖于用户的滚动，在 position:relative 与 position:fixed 定位之间切换。

**【例 6-18】** sticky 定位示例。本例文件 6-18.html 在浏览器中的显示效果如图 6-25 所示。

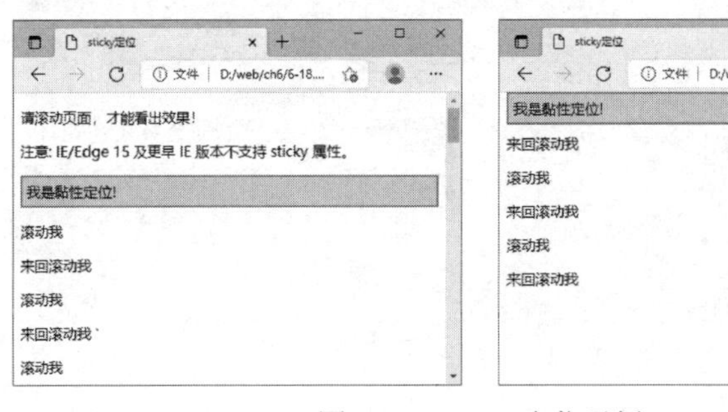


图 6-25　sticky 定位示例

```
<!DOCTYPE html>
<html>
    <head>
        <meta charset="utf-8">
        <title>sticky 定位</title>
        <style type="text/css">
            div.sticky { position: -webkit-sticky; position: sticky; top: 0; padding: 5px;
                background-color: #cae8ca; border: 2px solid #4CAF50; }
        </style>
```

```
        </head>
        <body>
            <p>请滚动页面，才能看出效果！</p>
            <p>注意: IE/Edge 15 及更早 IE 版本不支持 sticky 属性。</p>
            <div class="sticky">我是黏性定位!</div>
            <div style="padding-bottom:2000px">
                <p>滚动我</p>
                <p>来回滚动我</p>
                <p>滚动我</p>
                <p>来回滚动我</p>
                <p>滚动我</p>
                <p>来回滚动我</p>
            </div>
        </body>
    </html>
```

### 6.4.3 层叠顺序属性

z-index 属性用于设置对象的层叠顺序。

语法：**z-index : auto | number**

参数：默认值是 auto，即层叠顺序与其父元素相同；number 为无单位的整数值，可为负数，用于设置目标对象的定位程序，数值越大，所在的层级越高，覆盖在其他层级之上，该属性仅在 position:absolute 时有效。

说明：如果两个绝对定位对象的此属性具有同样的值，那么将依据它们在 HTML 文件中声明的顺序层叠。元素的定位与文件流无关，所以它们可以覆盖页面上的其他元素。z-index 属性指定了一个元素的层叠顺序（哪个元素应该放在前面或后面）。

示例：当定位多个要素并将其重叠时，可以使用 z-index 来设定哪一个要素应出现在最上层。由于<h2>文字的 z-index 参数值更高，所以它显示在<h1>文字的上面。

```
h2{ position: relative; left: 10px; top: 0px; z-index: 10}
h1{ position: relative; left: 33px; top: -35px; z-index: 1}
div { position:absolute; z-index:3; width:6px }
```

**【例 6-19】** z-index 属性示例。本例文件 6-19.html 在浏览器中的显示效果如图 6-26 所示。

图 6-26　z-index 属性示例

```
<!DOCTYPE html>
<html>
    <head>
        <meta charset="utf-8">
        <title>CSS 属性 z-index 的应用</title>
        <style>
            div { width: 182px; height: 253px; position: absolute; }
            #ten { background: url(images/ten.jpg) no-repeat; z-index: 1; left: 20px; top: 100px; }
            #jack { background: url(images/jack.jpg) no-repeat; z-index: 2; left: 100px; top: 100px;}
            #queen { background:url(images/queen.jpg) no-repeat;z-index:3;left:180px;top: 100px;}
            #king { background: url(images/king.jpg) no-repeat; z-index: 4; left: 260px;top: 100px;}
            #ace { background: url(images/ace.jpg) no-repeat; z-index: 5; left: 340px; top: 100px; }
        </style>
```

```
	</head>
	<body>
		<h3>CSS 属性 z-index 的应用</h3>
		<hr />
		<div id="ten"></div>
		<div id="jack"></div>
		<div id="queen"></div>
		<div id="king"></div>
		<div id="ace"></div>
	</body>
</html>
```

## 6.5 CSS3 多列属性

CSS3 的多列属性可以将文本内容设计成像报纸一样的多列布局。CSS3 的多列属性如下。

### 6.5.1 列数属性

column-count 属性用于设置元素被分割的列数。

语法：**column-count: <integer> | auto**

参数：默认值为 auto，列数根据 column-width 自动分配宽度。integer 用整数值来定义列数，不允许为负值。

示例：

```
<style type="text/css">
	.newspaper { column-count:3; }
</style>
<body>
	<div class="newspaper">
		文字…
	</div>
</body>
```

### 6.5.2 列宽属性

column-width 属性用于设置元素每列的宽度。

语法：**column-width: <length> | auto**

参数：默认值是 auto，表示根据 column-count 分配宽度。

示例：

```
.newspaper {column-width:100px; column-count: 3; column-gap: 40px; column-rule-style: outset; column-rule-width: 1px; }
```

### 6.5.3 列宽属性

column 属性设置元素的列数和每列的宽度，是复合属性。

语法：**columns: [ column-width ] | [ column-count ]**

参数：与每个独立属性的参数相同。column-width 设置元素每列的宽度。column-count 设置元素的列数。

示例：

```
.newspaper { columns:100px 3; }
```

### 6.5.4 列与列的间隔属性

column-gap 属性用于设置元素的列与列的间隔。

语法：**column-gap: <length> | normal**

参数：length 用长度值定义列与列的间隔，不允许为负值；normal 值与 font-size 值相同，假设该对象的 font-size 为 16px，则 normal 值为 16px。

示例：

```
.newspaper { column-count:3; column-gap:40px; }
```

### 6.5.5 是否横跨所有列属性

column-span 属性用于设置元素是否横跨所有列。

语法：**column-span: none | all**

参数：none 表示不跨列；all 表示横跨所有列。

示例：

```
.newspaper { column-count:3; }
h2 { column-span:all; }
```

### 6.5.6 列与列的间隔样式属性

column-rule-style 属性用于设置元素的列与列间隔的样式。

语法：**column-rule-style: none | hidden | dotted | dashed | solid | double | groove | ridge | inset | outset**

参数：none 表示无轮廓，column-rule-color 与 column-rule-width 将被忽略；hidden 表示隐藏边框；dotted 表示点状轮廓；dashed 表示虚线轮廓；solid 表示实线轮廓；double 表示双线轮廓，两条单线与其间隔的和等于指定的 column-rule-width 值；groove 表示 3D 凹槽轮廓；ridge 表示 3D 凸槽轮廓；inset 表示 3D 凹边轮廓；outset 表示 3D 凸边轮廓。

说明：如果 column-rule-width 值为 0px，则本属性失去作用。

示例：

```
.newspaper { column-count:3; column-gap:40px; column-rule-style:dotted; }
```

### 6.5.7 列与列的间隔颜色属性

column-rule-color 属性用于设置列与列的间隔颜色。

语法：**column-rule-color: <color>**

默认值：采用文本颜色。

说明：如果 column-rule-width 值为 0px 或 column-rule-style 值为 none，则本属性被忽略。

示例：

```
.newspaper { column-count:3; column-gap:40px; column-rule-style:outset; column-rule-color:#ff0000; }
```

### 6.5.8 列与列的宽度属性

column-rule-width 属性用于设置元素的列与列的宽度。

语法：**column-rule-width: <length> | thin | medium | thick**

默认值：<length>表示用长度值来定义边框的厚度，不允许为负值；thin 定义比默认厚度细的边框；medium 表示默认厚度的边框； thick 定义比默认厚度粗的边框。

说明：如果 column-rule-style 设置为 none，则本属性失去作用。

示例：

```
.newspaper { column-count: 3; column-gap: 40px; column-rule-style: outset; column-rule-width: 1px; }
```

### 6.5.9 列与列的间隔所有属性

column-rule 属性用于设置元素的列与列的间隔宽度、样式、颜色，是复合属性。

语法：**column-rule: [ column-rule-width ] | [ column-rule-style ] | [ column-rule-color ]**

参数：与每个独立属性的参数相同。

column-rule-width 设置元素的列与列的间隔宽度。

column-rule-style 设置元素的列与列的间隔样式。

column-rule-color 设置元素的列与列的间隔颜色。

示例：

```
.newspaper { column-count:3; column-gap:40px; column-rule:4px outset #ff00ff; }
```

【例 6-20】多列属性示例。本例文件 6-20.html 在浏览器中的显示效果如图 6-27 所示。

```
<!DOCTYPE html>
<html>
    <head>
        <meta charset="utf-8">
        <title>多列属性</title>
        <style type="text/css">
            .newspaper1{column-count:4;
                column-width: auto;
                column-rule-style: dashed;
                column-rule-width: thick;
                column-rule-color: green; }
            .newspaper2{column-count:5;
                column-width: auto;
                column-rule-style: none;
                column-gap: 10px; }
            .h3_span { column-span: all; }
            p { text-indent: 2em; margin: 0px; /*p 标签段落距离设置为 0px*/ }
        </style>
    </head>
    <body>
        <div class="newspaper1">
            <h3>水果营养</h3>
            <p>水果是对我们身体很有益的一类食物……（此处省略文字）</p>
            <p>人体的面部天天暴露在外，受空气中……（此处省略文字）</p>
            <p>草莓富含维生素 C 以及胡萝卜素，还含有……（此处省略文字）</p>
        </div>
        <hr />
        <div class="newspaper2">
            <h3 class="h3_span">水果常识</h3>
```

图 6-27 多列属性示例

```
            <p>水果可以解酒，但要适量……（此处省略文字）</p>
            <p>饮酒过量常为醉酒，醉酒多有先兆，语言渐多……（此处省略文字）</p>
            <p>有人错误地认为:水果营养成分高，多吃……（此处省略文字）</p>
            <p>但是，有些特异体质的人吃了后会发生……（此处省略文字）</p>
        </div>
    </body>
</html>
```

## 6.6 CSS 基本布局样式

以前网站采用的表格布局，现在已经不再使用。Web 标准提出将网页的内容与表现分离，同时要求 HTML 文件具有良好的结构，所以现在采用的是符合 Web 标准的 DIV+CSS 布局方式。CSS 布局就是 HTML 网页通过 div 标签+CSS 样式表代码设计制作的 HTML 网页的统称。使用 DIV+CSS 布局的优点是便于维护，有利于 SEO（Search Engine Optimization，搜索引擎优化），网页打开速度快，符合 Web 标准等。

网页设计的第一步是设计版面布局，就像传统的报刊编辑一样，将网页看作一张报纸或一本期刊来进行排版布局。本节先介绍 CSS 布局类型，然后介绍常用的 CSS 布局样式。

### 6.6.1 CSS 布局类型

基本的 CSS 布局类型主要有固定布局和弹性伸缩布局两大类，弹性伸缩布局又分为宽度自适应布局、自适应式布局、响应式布局。

#### 1. 固定布局（Fixed Layout）

固定布局是指页面的宽度固定，宽度使用绝对长度单位（px、pt、mm、cm、in），页面元素的位置不变，所以无论访问者的屏幕分辨率有多大、浏览器的尺寸是多少，都会和其他访问者看到的尺寸相同，网页布局始终按照最初写代码时的布局显示。常规的 PC 端网站都采用固定布局，如果小于这个宽度就会出现滚动条，如果大于这个宽度则内容居中，内容外加背景。固定布局也称为静态布局（Static Layout）。固定布局使用固定宽度的包裹层（Wrapper）或称为容器，内部的各个部分可以使用百分比或固定的宽度来表示。这里最重要的是外面所谓包裹层的宽度是固定不变的，所以无论访问者的浏览器是什么分辨率，看到的网页宽度都相同。

#### 2. 宽度自适应布局

宽度自适应布局（也称液态布局）是指在不同分辨率或浏览器宽度下依然保持满屏，不会出现滚动条，就像液体一样充满了屏幕。宽度自适应布局的宽度以百分比形式指定，文字使用 em。如果访问者调整浏览器窗口的宽度，则网页的列宽也跟着调整。

#### 3. 自适应式布局

自适应布局是指使网页自适应地显示在大小不同的终端设备上，自适应需要开发多套界面，通过检测视口分辨率来判断当前访问的设备是 PC 端还是平板、手机，从而请求服务层，返回不同的页面。自适应对页面做的屏幕适配是在一定范围内的，如 PC 端一般要大于 1024px，手机端要小于 768px。

### 4. 响应式布局（Responsive Layout）

响应式布局是指同一页面在不同屏幕尺寸的终端上（PC、手机、平板、手表等 Web 浏览器）有不同的布局。响应式布局是指开发一套界面，通过检测视口分辨率，针对不同客户端在客户端进行代码处理，来展现不同的布局和内容。响应式布局几乎已经成为优秀页面布局的标准。

## 6.6.2 CSS 布局样式

### 1. 一栏（列）布局样式

常见的一栏布局有两种，如图 6-28 所示。

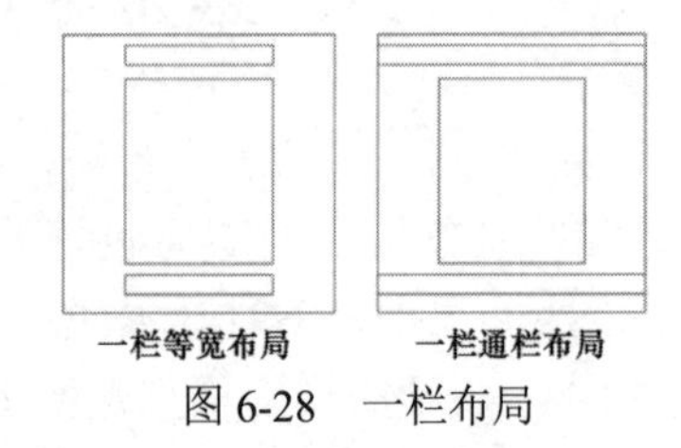

图 6-28 一栏布局

- 一栏等宽布局：header、content 和 footer 等宽的一栏布局。
- 一栏通栏布局：header 与 footer 等宽，content 略窄的一栏布局。

【例 6-21】一栏等宽布局示例。页面从上到下分别是头部（header）、导航栏（nav）、焦点图（banner）、内容（content）和页面底部（footer），如图 6-29 所示。

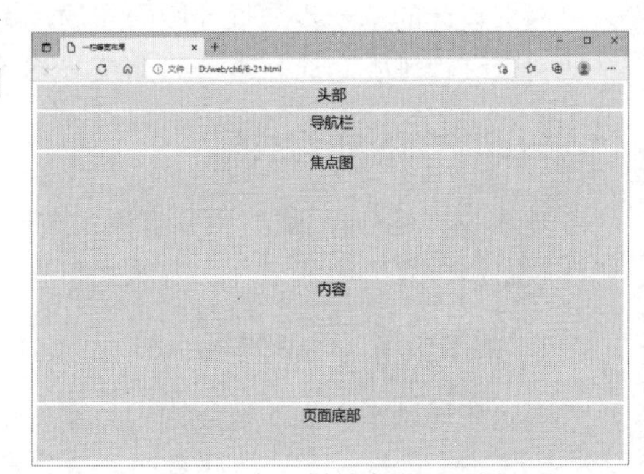

图 6-29 一栏等宽布局示例

```
<!DOCTYPE html>
<html>
    <head>
        <meta charset="utf-8">
        <title>一栏等宽布局</title>
        <style type="text/css">
            body { margin: 0px; padding: 0px;
                font-size: 24px;
                text-align: center;}
            div {
                width: 980px;           /*设置所有模块的宽度为 980px、居中显示*/
                margin: 5px auto; background: #D2EBFF; }
            /*分别设置各个模块的高度*/
            #header { height: 40px; }
            #nav { height: 60px; }
            #banner { height: 200px; }
            #content { height: 200px; }
            #footer { height: 90px; }
        </style>
    </head>
    <body>
        <div id="header">头部</div>
        <div id="nav">导航栏</div>
        <div id="banner">焦点图</div>
        <div id="content">内容</div>
        <div id="footer">页面底部</div>
```

```
        </body>
    </html>
```

【例 6-22】一栏通栏布局示例。对于一栏通栏布局样式，头部（header）、页面底部（footer）的宽度不设置，块级元素充满整个屏幕，但导航栏（nav）、焦点图（banner）和内容（content）的宽度设置同一个 width，如图 6-30 所示。

图 6-30　一栏通栏布局示例

```
    <!DOCTYPE html>
    <html>
        <head>
            <meta charset="utf-8">
            <title>一栏通栏布局</title>
            <style type="text/css">
                body { margin: 0px; padding: 0px;
                    font-size: 24px;
                    text-align: center;}
                div {
                    width: 980px;            /*设置所有模块的宽度为 980px、居中显示*/
                    margin: 5px auto; background: #D2EBFF; }
                /*头部只设置高度*/
                #header { height: 40px;}
                /*设置导航栏（nav）、焦点图（banner）和内容（content）的宽度一样*/
                #nav { width: 800px; height: 60px; }
                #banner { width: 800px; height: 200px; }
                #content { width: 800px; height: 200px; }
                /*底部只设置高度*/
                #footer { height: 90px; }
            </style>
        </head>
        <body>
            <div id="header">头部</div>
            <div id="nav">导航栏</div>
            <div id="banner">焦点图</div>
            <div id="content">内容</div>
            <div id="footer">页面底部</div>
        </body>
    </html>
```

### 2. 两栏布局样式

两栏布局样式的网页一般一边是主体内容，一边是目录的网页，两栏布局有多种实现方法。两栏布局样式通常为一栏定宽，另一栏自适应宽度，这种方法称为 float+margin。这样做的好处是定宽的一栏可以放置目录或广告，自适应的一栏可以放置主体内容。

【例 6-23】两栏自适应布局示例。本例文件 6-23.html 在浏览器中的显示效果如图 6-31 所示。

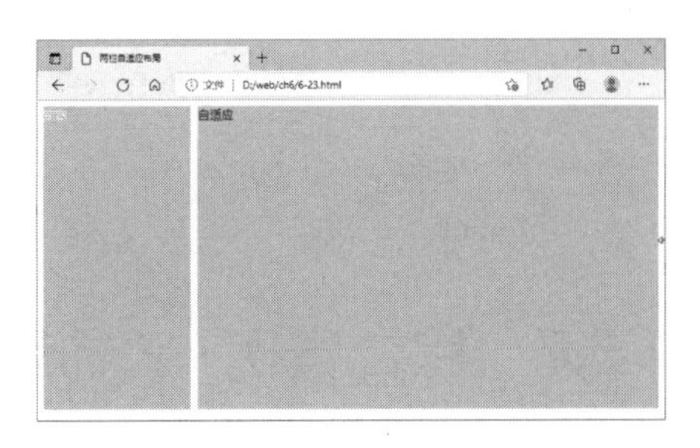


图 6-31　两栏自适应布局示例

```
<!DOCTYPE html>
<html>
    <head>
        <meta charset="utf-8">
        <title>两栏自适应布局</title>
        <style type="text/css">
            .left { width: 200px; height: 400px;background: lightblue; float: left; display: table;
color: #fff; }
            .right { margin-left: 210px; height: 400px; background: #FFAAFF; }
        </style>
    </head>
    <body>
        <div class="left">定宽</div>
        <div class="right">自适应</div>
    </body>
</html>
```

### 3．三栏布局样式

三栏布局样式通常为两侧栏固定宽度，中间栏自适应宽度。实现三栏布局有多种方式。三栏布局使用较为广泛，不过也是基础的布局方式。对于 PC 端的网页来说，三栏布局样式使用较多，但是移动端由于本身宽度的限制，很难实现三栏布局样式。

**【例 6-24】** 三栏布局示例。本例文件 6-24.html 在浏览器中的显示效果如图 6-32 所示。

```
<!DOCTYPE html>
<html>
    <head>
        <meta charset="utf-8">
        <title>三栏布局</title>
        <style type="text/css">
            .wrapper { display: flex; }
            .left { width: 200px; height: 300px;
                background: lightblue; }
            .middle { width: 100%;
background: #FFAAFF; margin: 0px 20px; }
            .right { width: 200px; height: 400px; background: yellow; }
        </style>
    </head>
    <body>
        <div class="wrapper">
            <div class="left">左栏</div>
            <div class="middle">中间</div>
            <div class="right">右栏</div>
        </div>
    </body>
</html>
```

图 6-32　三栏布局示例

## 6.7　综合案例——制作鲜品园商务安全中心页面

本节讲解鲜品园商务安全中心页面的制作，重点练习 DIV+CSS 布局页面的相关知识。

通过成熟的构思与设计，鲜品园商务安全中心页面的显示效果如图 6-33 所示，页面布局示意图如图 6-34 所示。

图 6-33　页面的显示效果

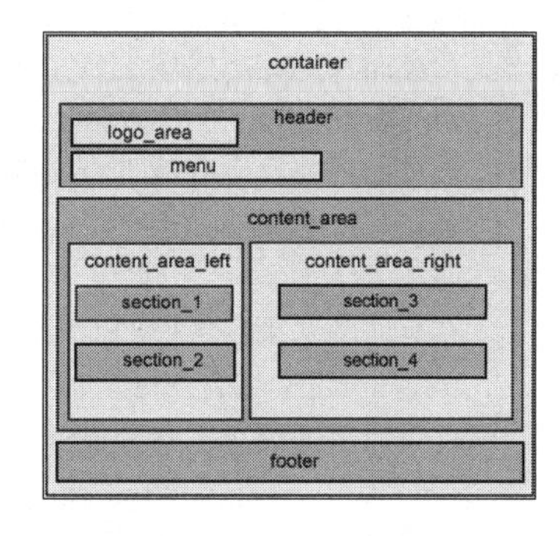


图 6-34　页面布局示意图

制作步骤如下。

### 1．前期准备

（1）栏目目录结构

在栏目文件夹下创建文件夹 images 和 style，分别用来存放图像素材和外部样式表文件。

（2）页面素材

将本页面需要使用的图像素材存放在文件夹 images 下。

（3）外部样式表

在文件夹 style 下新建一个名为 style.css 的样式表文件。

### 2．制作页面

（1）制作页面的 CSS 样式

打开建立的 style.css 文件，定义页面的 CSS 规则，代码如下：

```
/*页面整体的 CSS 规则*/
body {margin: 0px;padding:0px;font-family: Arial, Helvetica, sans-serif;font-size: 12px;line-height: 1.5em;
width: 100%;display: table;}
/*普通链接和访问过的链接样式*/
a:link, a:visited {color: #494949;text-decoration: underline;}
/*激活链接和悬停链接样式*/
a:active, a:hover {color: #494949;text-decoration: none;}
/*段落的 CSS 规则*/
p{font-family: Tahoma;font-size: 12px;color: #484848;text-align: justify;margin: 0px 0px 10px 0px;}
/*一级标题的 CSS 规则*/
h1 {font-family: Tahoma;font-size: 18px;color: #676767;font-weight: normal;margin: 0px 0px 15px 0px;}
/*二级标题的 CSS 规则*/
h2 {font-family: Tahoma;font-size: 16px;color: #0895d6;font-weight: normal;margin: 0px 0px 10px 0px;}
/*三级标题的 CSS 规则*/
```

```
h3 {font-family: Tahoma;font-size: 11px;color: #2780e4;font-weight: normal;margin: 0px 0px 5px 0px;}
/*页面容器的 CSS 规则*/
#container {width: 960px;margin: auto;}
/*页面头部区域的 CSS 规则*/
#header {width: 960px;height: 157px; background: url(../images/header.jpg) no-repeat;margin: 0px;padding: 1px 0px 0px 0px;}
/*页面头部标志区域的 CSS 规则*/
#logo_area {width: 175px;height: 60px; margin: 25px 0px 0px 50px; float: left;}
/*页面头部标志区域上方文字的 CSS 规则*/
#logo {font-family: Tahoma;font-size: 20px;color: #0e8fcb;margin: 0px 0px 5px 0px; }
/*页面头部标志区域下方文字的 CSS 规则*/
#slogan {float: left;font-family: Tahoma;font-size: 12px;color: #000;font-style: italic ; margin: 5px 0px 0px 0px;}
/*页面头部菜单区域的 CSS 规则*/
#menu {float: left; width: 960px;height: 40px;margin: 30px 0px 0px 0px; padding: 0px ; }
/*页面头部菜单区域列表的 CSS 规则*/
#menu ul {float: left; margin: 0px; padding: 0px 0px 0px 0px; width: 550px; list-style: none; }
/*菜单列表选项的 CSS 规则*/
#menu ul li {display: inline;}
/*菜单列表选项超链接的 CSS 规则*/
#menu ul li a {float: left; padding: 11px 20px; text-align: center; font-size: 12px;text-align: center;text-decoration: none;background: url(../images/menu_divider.png) center right no-repeat; color: #2a5f00; font-family: Tahoma; font-size: 12px; outline: none; }
/*菜单列表选项鼠标指针经过的 CSS 规则*/
#menu li a:hover {color: #fff;}
/*页面中部区域的 CSS 规则*/
#content_area {width: 960px; margin: 20px 0px 0px 0px; }
/*页面中部左侧区域的 CSS 规则*/
#content_area_left {float: left; width: 250px;}
/*页面中部右侧区域的 CSS 规则*/
#content_area_right {float:right; width: 685px;}
/*页面中部左侧上方区域（网购标准）的 CSS 规则*/
.section_1{ width: 250px; margin: 0px 0px 10px 0px; }
/*网购标准区域顶部的 CSS 规则*/
.section_1 .top {width: 250px;height: 33px;background: url(../images/section_1_top.jpg) left no-repeat;}
/*网购标准区域顶部一级标题的 CSS 规则*/
.top h1{display:block; float: left; margin: 15px 0px 0px 15px; }
/*网购标准区域顶部 span 的 CSS 规则*/
.top span.title{float: right; display: block; font-family: Tahoma;font-size: 10px;color: #000;margin: 15px 25px 0px 0px; }
/*网购标准区域中间的 CSS 规则*/
.section_1 .middle {width: 250px;background: url(../images/section_1_mid.jpg) left repeat-y; }
/*网购标准区域底部的 CSS 规则*/
.section_1 .bottom {width: 210px;background: url(../images/section_1_bottom.jpg) bottom left no-repeat; padding: 10px 20px 5px 15px; }
/*水平分隔线的 CSS 规则*/
.h_line {width: 100%;clear: both; height: 1px; background: url(../images/h_line.jpg); }
/*页面中部左侧下方区域（新闻）的 CSS 规则*/
```

```
.section_2{  width: 220px; margin: 0px 0px 10px 0px ; padding: 15px 15px 5px 15px; }
/*新闻区域 green 类的 CSS 规则*/
.section_2 .green { border-left: 8px solid #64d608; padding: 0px 0px 0px 5px; margin: 0px 0px 15px 0px; }
/*新闻区域 blue 类的 CSS 规则*/
.section_2 .blue{border-left: 8px solid #0895d6; padding: 0px 0px 0px 5px; margin: 0px 0px 15px 0px; }
/*页面中部右侧上方区域（欢迎信息）的 CSS 规则*/
.section_3{ width: 685px; margin: 0px 0px 20px 0px; background: url(../images/section_3_bg.jpg) no-repeat; background-position: 105px -5px;}
/*欢迎信息区域一级标题的 CSS 规则*/
.section_3 h1{margin: 0px 0px 5px 0px; }
/*欢迎信息区域蓝色标题的 CSS 规则*/
span.blue_title {font-family: Arial; font-size: 20px; color: #0895d6; display:block;margin:0px 0px 25px 20px;}
/*页面中部右侧下方区域（服务）的 CSS 规则*/
.section_4 {width: 685px; margin: 0px 0px 15px 0px; }
/*服务区域两列的 CSS 规则*/
.two_col {width: 310px; padding: 0px 15px 15px 15px; margin: 0px 0px 20px 0px; }
/*服务区域两列中图像的 CSS 规则*/
.two_col img{margin: 0px 0px 10px 0px; }
/*服务区域两列中右列的 CSS 规则*/
.right {float: right; }
/*服务区域两列中左列的 CSS 规则*/
.left {float: left; }
/*清除浮动的 CSS 规则*/
.cleaner { clear: both; height: 0px; margin: 0px; padding: 0px; }
/*页面底部版权区域的 CSS 规则*/
#footer { width: 100%; height: 52px; background: url(../images/footer_bg.jpg); color: #fff; text-align: center; padding: 36px 0px 0px 0px; margin: 0px; }
```

（2）制作页面的网页结构代码

为了使读者对页面的样式与结构有一个全面的认识，最后说明整个页面（index.html）的结构代码，代码如下：

```
<!DOCTYPE html>
<html>
    <head>
        <meta charset="utf-8">
        <title>鲜品园商务安全中心</title>
        <link href="style/style.css" rel="stylesheet" type="text/css" />
    </head>
    <body>
        <div id="container">
            <div id="header">
                <div id="logo_area">
                    <div id="logo">Business Security</div>
                    <div id="slogan">商务安全中心</div>
                </div>
                <div id="menu">
                    <ul>
                        <li><a href="#">首页</a></li>
                        <li><a href="#">标准</a></li>
```

```
                    <li><a href="#">服务</a></li>
                    <li><a href="#">证书</a></li>
                    <li><a href="#">新闻</a></li>
                    <li><a href="#">关于</a></li>
                </ul>
            </div>
        </div>
        <div id="content_area">
            <div id="content_area_left">
                <div class="section_1">
                    <div class="top">
                        <h1>网购标准</h1>
                    </div>
                    <div class="middle">
                        <div class="bottom">
                            <p> （一）网络购物平台……（此处省略文字）<br />
                                （二）网络购物交易……（此处省略文字） <br />
                                （三）在网络购物中……（此处省略文字）</p>
                        </div>
                    </div>
                </div>
                <div class="h_line"></div>
                <div class="section_2">
                    <h1>新闻</h1>
                    <div class="green">
                        <h3>网购发票难求凸显维权短板</h3>
                        <p>网购市场风生水起，低价……（此处省略文字）<br />
                        </p>
                    </div>
                    <div class="blue">
                        <h3>精明网购抗通胀 六招让你省钱又省心<br />
                        </h3>
                        <p>网店也会经常举行各种促销……（此处省略文字）</p>
                    </div>
                </div>
            </div>
            <div id="content_area_right">
                <div class="section_3">
                    <h1>Welcome</h1>
                    <span class="blue_title">商务安全中心</span>
                    <p>目前，我国网民数量日益增多……（此处省略文字）</p>
                    <p>虽然网络购物吸引了众多的……（此处省略文字）</p>
                </div>
                <div class="h_line"></div>
                <div class="section_4">
                    <h1>服务</h1>
                  <div class="two_col left"> <img src="images/img_1.jpg" alt="Fruid" />
                        <h2>电子签名</h2>
```

```
                    <p>2005 年的 4 月 1 日，国家颁布……（此处省略文字）</p>
                </div>
                <div class="two_col right"> <img src="images/img_2.jpg" alt="Free
CSS Template" />
                    <h2>对网络购物的反思</h2>
                    <p>网络交易的诚信问题不仅为……（此处省略文字）</p>
                </div>
                <div class="cleaner"></div>
            </div>
            <div class="cleaner"></div>
        </div>
    </div>
</div>
<div class="cleaner"></div>
<div id="footer"> Copyright&copy; 2021  鲜品园  </div>
</body>
</html>
```

# 练习 6

1. 制作如图 6-35 所示的 2 列固定宽度型布局。
2. 制作如图 6-36 所示的 3 列固定宽度居中型布局。

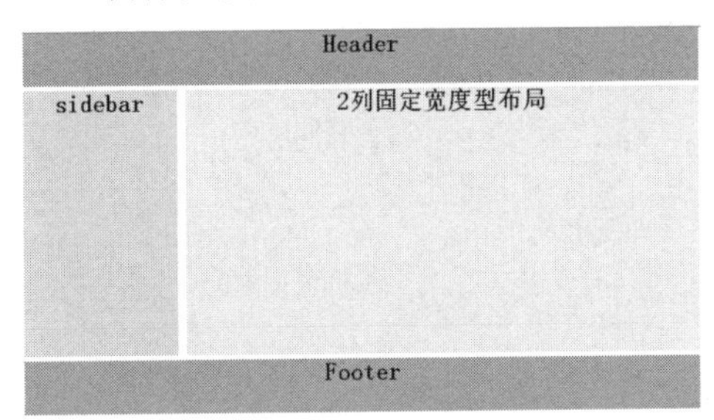


图 6-35　题 1 图

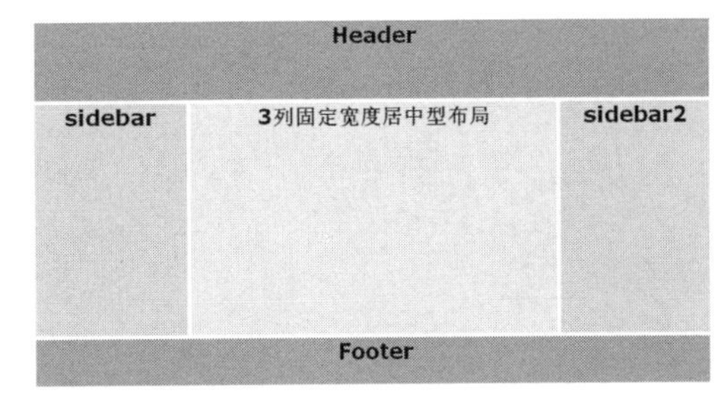


图 6-36　题 2 图

3. 使用盒模型技术制作如图 6-37 所示的页面。
4. 使用 div+CSS 布局制作如图 6-38 所示的页面。

图 6-37　题 3 图

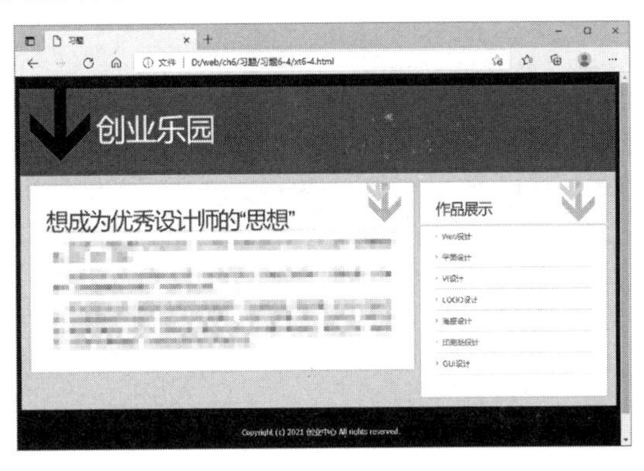


图 6-38　题 4 图

5. 使用 div+CSS 布局制作如图 6-39 所示的页面。

6. 使用 div+CSS 布局制作如图 6-40 所示的页面。

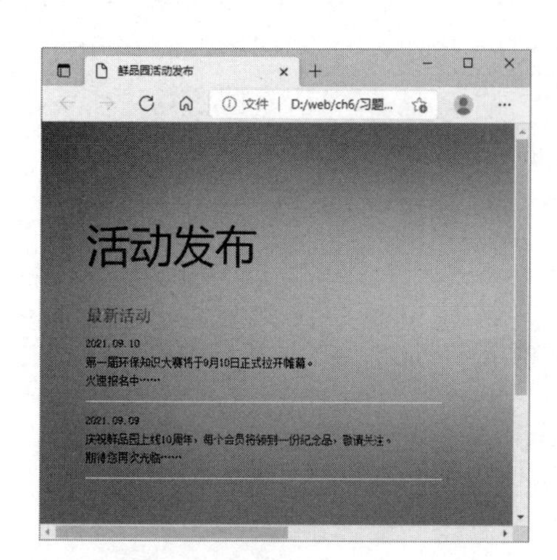

图 6-39　题 5 图

图 6-40　题 6 图

# 第 7 章　JavaScript 编程基础

使用 HTML 可以搭建网页的结构，使用 CSS 可以控制和美化网页的外观，但是对网页的交互行为和特效无能为力，JavaScript 脚本语言提供了解决方案。JavaScript 是制作网页的行为标准之一，本章主要讲解 JavaScript 语言的基本知识。

## 7.1　JavaScript 概述

JavaScript 是一种脚本语言，是一种介于 HTML 与高级编程语言（Java、VB 和 C++等）之间的特殊语言。脚本是一种能完成某些功能的小程序段，该程序段由一组可以在 Web 服务器或客户端浏览器运行的命令组成。脚本语言可以嵌入 HTML 页面，并被浏览器解释执行。

客户端脚本常用来响应用户动作、验证表单数据，以及显示各种自定义内容，如对话框、动画等。使用客户端脚本时，由于脚本程序随网页同时下载到客户机上，因此在对网页进行验证或响应用户动作时，无须通过网络与 Web 服务器进行通信，从而降低了网络的传输量和服务器的负荷，改善了系统的整体性能。

JavaScript 是一种基于对象（Object）和事件驱动（Event Driven），并且具有安全性能的脚本语言。它可与 HTML、CSS 一起实现在一个 Web 页面中链接多个对象，与 Web 客户交互的作用，从而开发出客户端的应用程序。JavaScript 通过嵌入或调入到 HTML 文件中实现其功能，它弥补了 HTML 语言的不足，是 Java 与 HTML 折中的选择。JavaScript 的开发环境很简单，不需要 Java 编译器，而是直接运行在浏览器中，因而备受网页设计者的喜爱。

JavaScript 语言的前身叫作 LiveScript，自从 Sun 公司推出著名的 Java 语言后，Netscape 公司引进了 Sun 公司有关 Java 的程序概念，将 LiveScript 重新设计，并改名为 JavaScript。

1997 年，以 JavaScript 1.1 为蓝本提交给欧洲计算机制造商协会（European Computer Manufactures Asociation，ECMA）。该协会将其标准化，定义了一种名为 ECMAScript 的新脚本语言的标准 ECMA-262。1998 年，ISO/IEC（国标标准化组织和国际电工委员会）也采用 ECMAScript 作为标准（即 ISO/TEC-16262)。

虽然通常人们认为 JavaScript 和 ECMAScript 表达相同的意思，但 JavaScript 的含义比 ECMA-262 中规定的多得多。一个完整的 JavaScript 实现由 3 个部分组成：核心（ECMAScript）、文件对象模型（DOM）和浏览器对象模型（BOM）。

## 7.2　在 HTML 文件中使用 JavaScript

在 HTML 文件中使用 JavaScript 代码有 3 种方法：在 HTML 文件中嵌入脚本程序、链接脚本文件和在 HTML 标签内添加脚本。

可以使用任何编辑 HTML 文件的软件编辑 JavaScript，本章和后续各章仍然使用 HBuilder X编辑器。所有流行浏览器都可以运行 JavaScript，本书使用 Edge 浏览器。

### 7.2.1　在 HTML 文件中嵌入脚本程序

JavaScript 的脚本程序包含在 HTML 中，使之成为 HTML 文件的一部分。其格式为：

```
<script type="text/javascript">
    JavaScript 语言代码;
    JavaScript 语言代码;
     ...
</script>
```

语法说明：

script 是脚本元素。它必须以<script type="text/javascript">开头，以</script>结束，界定程序开始的位置和结束的位置。

script 在页面中的位置决定了什么时候装载脚本，如果希望在其他所有内容之前装载脚本，就要确保脚本在页面的<head>…</head>之间。

JavaScript 脚本本身不能独立存在，它是依附于某个 HTML 页面，在浏览器端运行的。在编写 JavaScript 脚本时，可以像编辑 HTML 文件一样，在文本编辑器中输入脚本的代码。

注意，在<script language ="JavaScript">…</script>中的程序代码有大写、小写之分，如将 document.write()写成 Document.write()，程序将无法正确执行。

**【例 7-1】** 在 HTML 文件中嵌入 JavaScript 的脚本，本例文件 7-1.html 在浏览器中的显示效果如图 7-1 所示。

```
<!DOCTYPE html>
<html>
    <head>
        <meta charset="utf-8">
        <title>JavaScript 示例</title>
        <script type="text/javascript">
            document.write("Hello World!");
        </script>
    </head>
    <body>
    </body>
</html>
```

图 7-1　嵌入 JavaScript 的脚本

**【说明】** document.write()是文件对象的输出函数，其功能是将括号中的字符或变量值输出到窗口，如图 7-1 所示为浏览器加载时的显示结果。从本例中可以看出，在用浏览器加载 HTML 文件时，是从文件头向后解释并处理 HTML 文件的。

### 7.2.2　链接脚本文件

如果已经存在一个脚本文件（以.js 为扩展名），则可以使用 script 标记的 src 属性引用外部脚本文件的 URL。采用引用脚本文件的方式，可以提高程序代码的利用率。其格式为：

```
<head>
    ...
    <script type="text/javascript" src="路径/脚本文件名.js"></script>
     ...
</head>
```

type="text/javascript"属性定义文件的类型是 javascript。src 属性定义.js 文件的 URL。

如果使用 src 属性，则浏览器只使用外部文件中的脚本，并忽略任何位于<script>…</script>之间的脚本。

脚本文件可以用任何文本编辑器（如记事本、HBuilder X）打开并编辑，一般脚本文件的扩展名为.js，内容是脚本，不包含 HTML 标记。其格式为：

```
JavaScript 语言代码;  //注释
  …
JavaScript 语言代码;
```

【例 7-2】将例 7-1 改为链接脚本文件。

```
<!DOCTYPE html>
<html>
    <head>
        <meta charset="utf-8">
        <title>JavaScript 示例</title>
        <script type="text/javascript" src="hello.js"></script>   <!--URL 为 hello.js-->
    </head>
    <body>
    </body>
</html>
```

脚本文件 hello.js 的内容为：

```
document.write("Hello World!");
```

运行 7-2.html，在浏览器中显示运行结果与例 7-1 相同，显示效果如图 7-1 所示。

### 7.2.3　在 HTML 标签内添加脚本

可以在 HTML 表单的输入标签内添加脚本，以响应输入的事件。

【例 7-3】在标签内添加 JavaScript 的脚本，本例文件 7-3.html 在浏览器中的显示效果如图 7-2 和图 7-3 所示。

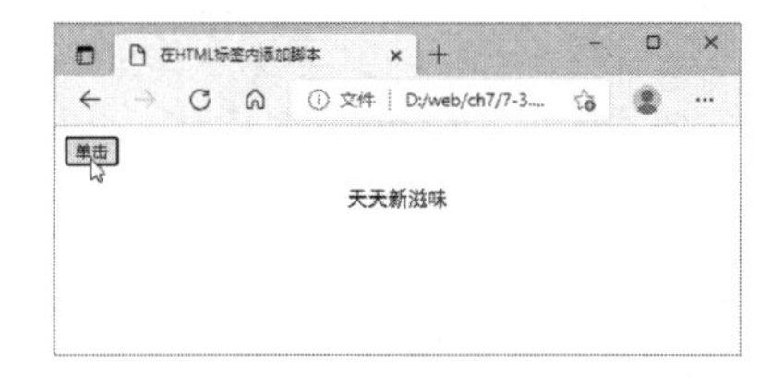


图 7-2　初始显示

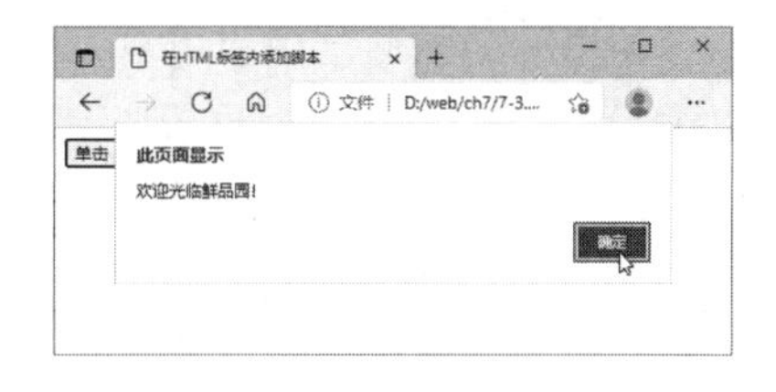


图 7-3　单击按钮后的运行结果

```
<!DOCTYPE html>
<html>
    <head>
        <meta charset="utf-8">
        <head>
            <title>在 HTML 标签内添加脚本</title>
        </head>
    </head>
    <body>
        <form>
            <input type="button" onClick="JavaScript:alert('欢迎光临鲜品园！');" value="单击">
        </form>
```

```
        <p style="font:12pt; font-family:'黑体'; color:blue; text-align:center">天天新滋味</p>
    </body>
</html>
```

## 7.3 数据类型

数据是指能输入到计算机中并被计算机处理和加工的对象。JavaScript 使用 Unicode 字符集，Unicode 覆盖了所有的字符，包含标点等字符。

数据类型是编程语言中为了对数据进行描述的定义，不同的数据类型有不同的运算规则和处理方式。

### 7.3.1 数据类型的分类

JavaScript 语言中的每个值都属于某一种数据类型。JavaScript 的数据主要分为以下两类。

#### 1. 值类型

值类型也称简单数据类型、基本数据类型、原始类型，JavaScript 有 5 种原始数据类型，即字符串（string）、数字（number）、布尔（boolean）、未定义（undefined）、空（null），以及 symbol（ES6 引入一种新的原始数据类型，表示独一无二的值）。

#### 2. 引用数据类型

引用数据类型包括对象（object）、数组（array）、函数（function）。

### 7.3.2 基本数据类型

#### 1. string 类型

string（字符串）类型是用双引号（"）或单引号（"）括起来的 0 个或多个字符组成的一串序列（也称字符串），可以包括 0 个或多个 Unicode 字符，用 16 位整数表示。string 类型是唯一没有固定大小的基本数据类型。

字符串中每个字符都有特定的位置，首字符的位置是 0，第二个字符的位置是 1，以此类推。字符串中最后一个字符的位置是字符串的长度减 1。使用内置属性 length 计算字符串的长度。

通过转义字符“\”可以在字符串中添加不可显示的特殊字符，如\n（换行）、\f（换页）、\t（Tab 符）、\'（单引号）、\"（双引号）、\\（反斜线）等。

#### 2. number 类型

JavaScript 与其他编程语言不同，在 JavaScript 中，数字不分为整数类型和浮点数类型，所有的数字都用 64 位浮点格式表示，即 JavaScript 只有一种数字类型，无论什么样的数字，统一用 number 表示，都是数字型（也称数值型）。

数字可以使用也可以不使用小数点来表示，如 32、23.16。对于较大或较小的数字可用科学（指数）计数法表示，如 132e5 表示 13200000，132e-5 表示 0.00132。对于精度，整数最多为 15 位，小数（使用小数点或指数计数法）的最大位数是 17 位。

默认情况下，数字用十进制显示，可以使用 toString()方法显示为十六进制、八进制或二进制。如果前缀为 0，则会把数值常量解释为八进制数，如 0325；如果前缀为 0 和“x”，则解释为十六进制数，如 0x3f。所以，绝对不要在数字前面写 0，除非需要进行八进制转换。

NaN（Not a Number）是代表非数字值的特殊值，用于指示某个值不是数字。一般来说，这种情况发生在类型（string、boolean 等）转换失败时。例如，将字符串转换成数值就会失败，因为没有与之等价的数值。NaN 也不能用于算术计算。可以把 number 对象设置为该值，来指示其不是数字值。使用 isNaN()全局函数来判断一个值是否是 NaN 值。

#### 3. boolean 类型

boolean（布尔、逻辑）类型只能有两个值，true 或 false。也可以用 0 表示 false，非 0 表示 true。它常用在条件测试中。例如，下面定义一个值为 true 的 boolean 类型的变量。

```
var bFlag = true;
if bFlag
    fFlag = false;
```

#### 4. undefined 类型

undefined 的意思是未定义的，undefined 类型只有一个值，即 undefined。以下几种情况下会返回 undefined。

- 在引用一个定义过但没有赋值的变量时，返回 undefined。
- 在引用一个不存在的数组元素时，返回 undefined。
- 在引用一个不存在的对象属性时，返回 undefined。

由于 undefined 是一个返回值，所以可以对该值进行操作，如输出该值或将它与其他值比较。

#### 5. null 类型

null 的意思是空，表示没有任何值，null 类型只有一个值 null。可以通过将变量赋值为 null 来清空变量。

### 7.3.3 数据类型的判断

在 JavaScript 中，判断一个数据的类型主要有两种方式。

#### 1. typeof 操作符

typeof 操作符用于获取一个变量或表达式的类型。其格式为：

**typeof 值或变量**

它有一个参数，即要检查的值或变量。对变量或值调用 typeof 运算符将返回 undefined（undefined 类型）、boolean（boolean 类型）、number（number 类型）、string(string 类型）和 object（引用类型或 null 类型）。

**【例 7-4】** 判断数据类型。为了节省篇幅，本例题只列出 JavaScript 脚本。

```
<script type="text/javascript">
    document.write(typeof "Hello World!"+ "<br>");          //输出 string
    document.write(typeof 3 + "<br>");                     //输出 number
    document.write(typeof 3*2 + "<br>");                   /输出/NaN
    document.write(typeof false + "<br>");                 //输出 boolean
```

```
        document.write(typeof varX + "<br>");                    //输出 undefined
        document.write(typeof [1,2,3] + "<br>");                 //输出 object
        document.write(typeof {name:'Tom', age:18} + "<br>");    //输出 object
        document.write(typeof null + "<br>");                    //输出 object
</script>
```

### 2．instanceof 操作符

instanceof 操作符用于判断一个引用类型（值类型不能用）属于哪种。其格式为：

**引用类型的值或变量 instanceof 引用类型**

它有两个参数，即要检查的引用类型的值或变量，以及判断的引用类型的名称。该操作符的返回值是 boolean 类型（true 或 false）。

【例 7-5】下面语句判断 a 是否为数组类型的变量，输出“a 是一个数组类型”。

```
<script type="text/javascript">
    var a = new Array();
    if (a instanceof Array) {
        document.write("a 是一个数组类型");
    } else {
        document.write("a 不是一个数组类型");
    }
</script>
```

## 7.3.4　数据类型的转换

可以把数据从一种数据类型转换为另一种数据类型，有两种转换方法。

- 使用 JavaScript 函数转换数据类型。
- 通过 JavaScript 自身自动转换数据类型。

### 1．将数字类型转换为字符串类型

1）全局方法 String()可以将数字类型转换为字符串类型。其格式为：

**String(表达式)**

该方法可用于任何类型的数字、字母、变量、表达式。

2）number 方法 toString()也有同样的效果。

number 方法 toString()的语法格式为：

**表达式.toString()**

在 number 方法中，还有多个数字转换为字符串的方法。

### 2．将布尔值转换为字符串

全局方法 String()和布尔方法 toString()都可以将布尔值转换为字符串。例如：

```
String(true)          //返回"true"
false.toString()      //返回"false"
```

### 3．将字符串转换为数字

全局方法 Number()可以将字符串转换为数字。其格式为：

**Number(字符串)**

字符串如果是数字则转换为数字类型，空字符串转换为 0，其他字符串转换为 NaN。例如：

```
Number("12.35")      //返回 12.35
Number(" ")          //返回 0
Number("")           //返回 0
Number("10 20")      //返回 NaN
Number("12.35a")     //返回 NaN
```

#### 4．一元运算符+

运算符“+”可用于将变量转换为数字。例如：

```
var x = "3";   //x 是一个字符串
var y = + x;   //y 是一个数字
```

如果变量不能转换，它仍然是一个数字，但值为 NaN（不是一个数字）。例如：

```
var x = "abc";     //x 是一个字符串
var y = + x;       //y 是一个数字（NaN）
```

#### 5．将布尔值转换为数字

全局方法 Number()可将布尔值转换为数字。

```
Number(false)    //返回 0
Number(true)     //返回 1
```

#### 6．自动转换类型

当 JavaScript 尝试操作一个“错误”的数据类型时，会自动转换为“正确”的数据类型，输出的结果可能不是所期望的。例如：

```
3 + null     //返回 3，null 转换为 0
"3" + null   //返回"3null"，null 转换为"null"
"3" + 1      //返回"31"，1 转换为"1"
"3" - 1      //返回 2，"3"转换为 3
```

#### 7．自动转换为字符串

当尝试输出一个对象或一个变量时，JavaScript 会自动调用变量的 toString()方法。

```
document.write(123);   //toString 转换为"123"
```

## 7.4 常量、变量、运算符和表达式

### 7.4.1 常量

在其他高级语言中，常量是指一旦初始化后就不能修改的固定值。但是，在 JavaScript 中，没有专门定义常量的语法和关键字。JavaScript 只有字面常量，字面量是一个值，如 3.14、100、"Hello"等。

#### 1．字符串（string）常量

使用单引号“'”或双引号“"”括起来的 0 个或几个字符，如""、 "123"、'abcABC123'、"This is a book of JavaScript"等。

#### 2．数字（number）常量

可以是整数或小数，也可以是科学计数（e）。整型常量可以使用十进制数、十六进制数、

八进制数表示其值。实型常量由整数部分加小数部分表示，如 10、12.32、2.6e5 等。

#### 3．布尔（boolean）常量

布尔常量只有两个值：true 或 false。它主要用来说明或代表一种状态或标志，以说明操作流程。JavaScript 只能用 true 或 false 表示其状态，不能用 1 或 0 表示。

### 7.4.2　变量

程序运行过程中，其值可以改变的量叫变量，变量是一个名称，变量用来存放程序运行过程中的临时值，变量的值随时可以改变，变量可以通过变量名访问。程序中使用的变量，属于用户自定义标识符。任何一个变量必须先命名其名字，然后再赋值和引用。

#### 1．变量的声明

在 JavaScript 中创建变量通常称为“声明”变量。由于 JavaScript 采用弱类型的形式，所以变量不必首先声明，而是在使用或赋值时自动确定其数据的类型。JavaScript 变量可以在使用前先进行声明，并可赋值。通过 var 关键字对变量声明。对变量进行声明的最大好处就是能及时发现代码中的错误，因为 JavaScript 是采用动态编译的，而动态编译不易发现代码中的错误。变量的声明和赋值语句 var 的语法为：

**var　变量名 1, 变量名 2 … ;**

变量名就是变量的标识符。一个 var 可以声明多个变量，其间用“,”分隔变量。例如：

```
var username="Bill", age=18, gender="male";
```

#### 2．赋值运算符

赋值运算符为“=”，也可以在声明变量的同时赋值。其格式为：

**var　变量名 1 = 初始值 1, 变量名 2 = 初始值 2 … ;**

如果加上 var 声明，则表示全局变量；如果省略 var，则表示局部变量。

例如，下面的赋值语句：

```
var username, age;              //全局变量
username="Brendan Eich";
age=35;
salary=39999;                   //局部变量
```

变量的类型是在赋值时根据数据的类型来确定的，变量的类型有字符型、数值型、布尔型等。

#### 3．变量的作用域

变量的作用域又称变量的作用范围，是指可以访问该变量的代码区域。JavaScript 中变量的作用域有全局变量和局部变量。全局变量是可以在整个 HTML 文件范围中使用的变量，全局变量定义在所有函数体之外，其作用范围是全部函数；局部变量是只能在局部范围内使用的变量，局部变量通常定义在函数体之内，只对该函数可见，对其他函数不可见。

变量的声明原则要求前面加上 var，表示全局变量，而在方法或循环等代码段中声明不需要加上 var。

### 7.4.3　运算符和表达式

运算是对数据进行加工的过程，描述各种不同运算的符号称为运算符，而参与运算的数据

称为操作数。表达式用来表示某个求值规则，它由运算符和配对的圆括号将变量、函数等对象，用操作数以合理的形式组合而成。

表达式可用来执行运算、操作字符串或测试数据，每个表达式都产生唯一的值。表达式的类型由运算符的类型决定。

### 1．算术运算符和算术表达式

JavaScript 中的算术运算符有一元运算符和二元运算符。

二元运算符有：+（两值相加）、–（两值相减）、*（两值相乘）、/（两值相除）、%（两值取余数）。

一元运算符有：++（递加 1）、––（递减 1）。

算术表达式是由算术运算符和操作数组成的表达式，算术表达式的结合性为自左向右。例如，2+3，2-3，2*3-5，2/3，3%2，i++，++i，--i。

### 2．字符串运算符和字符串表达式

字符串运算符是“+”，用于连接两个字符串，形成字符串表达式。例如，"abc"+"123"。

### 3．比较运算符和比较表达式

比较（关系）运算符首先对操作数进行比较，然后返回一个 true 或 false 值。有 8 个比较运算符，如表 7-1 所示。

表 7-1　比较（关系）运算符

| 运　算　符 | 描　　述 | 运　算　符 | 描　　述 |
|---|---|---|---|
| < | 小于 | == | 等于 |
| <= | 小于或等于 | === | 绝对等于，值和类型均相等 |
| > | 大于 | != | 不等于 |
| >= | 大于或等于 | !== | 不绝对等于，值和类型有一个不相等，或者两个都不相等 |

关系表达式是由关系运算符和操作数构成的表达式。关系表达式中的操作数可以是数字型、布尔型、枚举型、字符型、引用型等。对于数字型和字符型，上述 6 种比较运算符都可以适用；对于布尔型和字符串的比较运算符实际上只能使用==和!=。例如，2>3，2==3，2!=3，2+3<=2-3。

两个字符串值只有都为 null，或者两个字符串长度相同且对应的字符序列也相同的非空字符串比较的结果才为 true。

### 4．布尔（逻辑）运算符和布尔表达式

布尔运算符有：&&（与）、||（或）、!（非、取反）、?:（条件）。

逻辑表达式是由逻辑运算符组成的表达式。逻辑表达式的结果只能是布尔值，即 true 或 false。逻辑运算符通常和关系运算符配合使用，以实现判断语句。例如，2>3 && 2==3。

### 5．位运算符和位表达式

位运算符分为位逻辑运算符和位移动运算符。

位逻辑运算符有：&（位与）、|（位或）、^（位异或）、–（位取反）、~（位取补）。

位移动运算符有：<<（左移）、>>（右移）、>>>（右移，零填充）。

位运算表达式是由位运算符和操作数构成的表达式。在位运算表达式中，首先将操作数转换为二进制数，然后进行位运算，计算完毕后，再将其转换为十进制整数。

#### 6．条件运算符和条件表达式

条件运算符是三元运算符，其格式为：

**条件表达式 ？表达式 1：表达式 2**

由条件运算符组成条件表达式。其功能是先计算条件表达式，如果条件表达式的结果为 true，则计算表达式 1 的值，表达式 1 为整个条件表达式的值；否则，计算表达式 2，表达式 2 为整个条件表达式的值。

条件表达式必须是一个可以隐式转换成布尔型的常量、变量或表达式，如果不是，则运行时发生错误。

表达式 1、表达式 2 就是条件表达式的类型，可以是任意数据类型的表达式。

例如，求 a 和 b 中最大数的表达式 a>b ?a : b。

#### 7．运算符的优先顺序

通常不同的运算符构成了不同的表达式，甚至一个表达中包含多种运算符，JavaScript 语言规定了各类运算符的运算顺序及结合性等，表达式的运算是按运算符的优先级进行的。下列运算符按其优先顺序由高到低排列。

1）圆括号，从左到右。

2）自加、自减运算符：++、--，从右到左。

3）乘法运算符、除法运算符、取余数运算符：*、/、%，从左到右。

4）加法运算符、减法运算符：+、–，从左到右。

5）字符串运算符：+，从左到右。

6）位移动运算符：<<、>>、>>>，从左到右。

7）位逻辑运算符：&、|、^、–、~，从左到右。

8）比较运算符，小于、小于或等于、大于、大于或等于：<、<=、>、>=，从左到右。

9）比较运算符，等于、绝对等于、不等于、不绝对等于：==、===、!=、!==，从左到右。

10）布尔运算符：!、&&、?:、||，从左到右。

11）赋值运算符：=、+=、*=、/=、%=、–=，从右到左。

可以用括号改变优先顺序，强令表达式的某些部分优先运行。括号内的运算总是优先于括号外的运算，在括号之内，运算符的优先顺序不变。

## 7.5　流程控制语句

JavaScript 脚本程序语言的基本程序结构是顺序结构、条件选择结构和循环结构。

### 7.5.1　顺序结构语句

顺序结构一般由定义变量、常量的语句、赋值语句、输入/输出语句、注释语句等构成。

#### 1．注释语句

注释用来解释程序代码的功能，注释可用于提高代码的可读性。注释不会被执行。注释语句有单行注释和多行注释之分。

单行注释语句的格式为：

```
// 注释内容
```

多行注释语句的格式为：

```
/* 注释内容
  注释内容 */
```

### 2. 输出字符串

输出字符串的方法是利用 document 对象的 write()方法、window 对象的 alert()方法。

（1）利用 document 对象的 write()/writeln()方法输出字符串

document 对象的 write()方法的功能是输出内容到 HTML 文件中，字符串中可以包含 HTML 标签，输出标签的效果。其格式为：

```
document.write(字符串 1, 字符串 2, …) ;
```

（2）利用 window 对象的 alert()方法输出字符串

window 对象的 alert()方法的功能是弹出一个提示对话框，并显示输出的字符串，该对话框包含一个“确定”按钮，单击“确定”按钮后浏览器才会继续解析执行。其格式为：

```
window.alert(字符串) ;
```

可省略 window，直接使用 alert()。

**【例 7-6】** alert()方法示例。本例文件 7-6.html 在浏览器中的显示效果如图 7-4 所示。

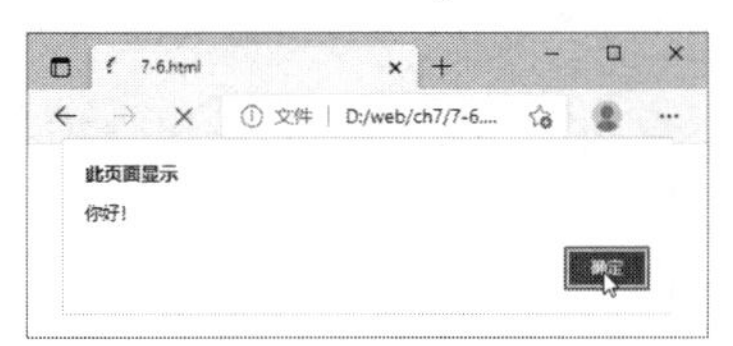

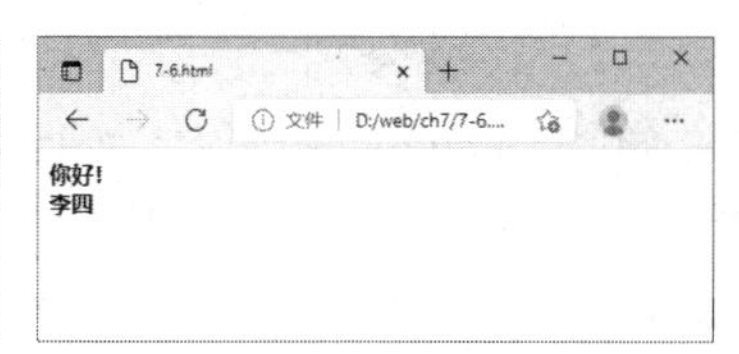


图 7-4　alert()方法依次输出字符串

```
<script type="text/javascript">
    alert("你好！");            //输出指定内容
    var msg = "你好！张三";
    alert(msg);                 //输出变量中的内容
    document.write("<strong>你好！<br />李四</strong>");
</script>
```

（3）使用 innerHTML 写入 HTML 元素

使用 document 对象的 getElementById('id').innerHTML 向页面上有 id 的元素插入内容。其格式为：

```
document.getElementById('id').innerHTML="被插入到页面元素的内容";
```

**【例 7-7】** 使用 innerHTML 写入 HTML 元素示例。本例文件 7-7.html 在浏览器中的显示效果如图 7-5 所示。

图 7-5　页面显示效果

```
<!DOCTYPE html>
<html>
    <head>
        <meta charset="utf-8">
        <title>使用 innerHTML 写入 HTML 元素</title>
    </head>
    <body>
```

```
            <p id="p1"></p>
            <script type="text/javascript">
                document.getElementById("p1").innerHTML = "你好";
            </script>
        </body>
</html>
```

### 3．输入字符串

输入字符串的方法是利用 window 对象的 prompt()方法及表单的文本框。

（1）利用 window 对象的 prompt()方法输入字符串

prompt()方法的功能是弹出一个允许输入值的对话框，提供了“确定”和“取消”两个按钮，还能显示预期输入值。单击“确定”或“取消”按钮后浏览器才会继续解析执行。其格式为：

**prompt(提示字符串，默认值字符串)；**

prompt()方法返回一个字符串。

例如，下面的代码用 prompt()方法输入字符串，然后赋值给变量 msg。

```
<script type="text/javascript">
    var msg = prompt("请输入值", "预期输入");
    alert("你输入的值： " + msg);
</script>
```

（2）利用 getElementById('id').value 获取 HTML 元素的值

利用 document 对象的 getElementById('id').value 获取页面上有 id 的元素的 value 属性中的值，并赋值给变量 x。其格式为：

**var x=document.getElementById('id1').value;**

**【例 7-8】**编写代码使用 getElementById().value 获取 input 元素的 value，如图 7-6 所示；单击“连接字符串”按钮后把 value 赋值给 p 元素，显示在网页中，如图 7-7 所示。

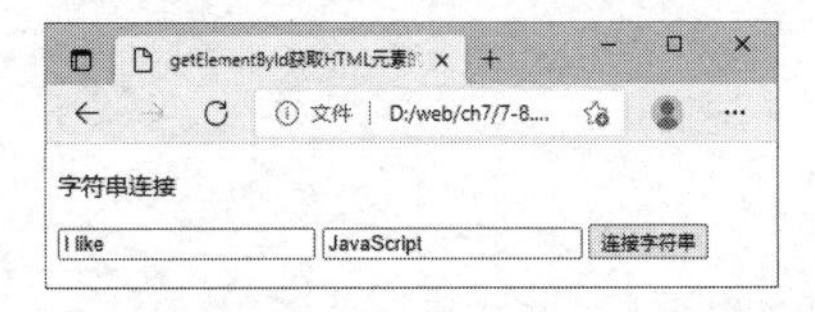


图 7-6　在文本框中输入字符串

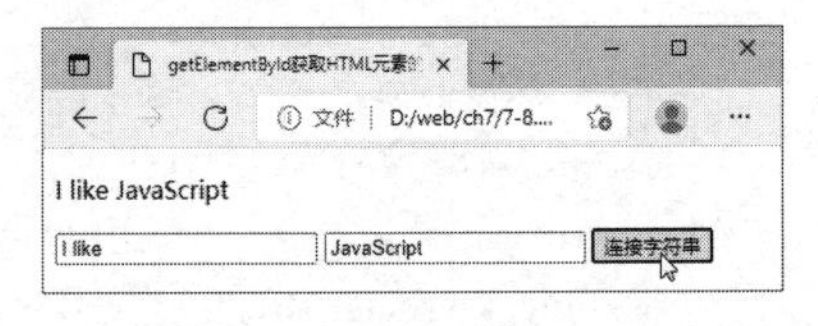


图 7-7　单击“连接字符串”按钮后赋值

```
<!DOCTYPE html>
<html>
    <head>
        <meta charset="utf-8">
        <title>getElementById 获取 HTML 元素的值</title>
    </head>
    <body>
        <p id="demo">字符串连接</p>
        <input id="i1" type="text">
        <input id="i2" type="text">
        <script type="text/javascript">
            function mm() {
                var x = document.getElementById("i1").value;
```

```
                var y = document.getElementById("i2").value;
                x = x + y;
                document.getElementById('demo').innerHTML = x;
            }
        </script>
        <button onClick="mm()">连接字符串</button>
    </body>
</html>
```

（3）利用文本框输入字符串

使用 onBlur 事件处理程序，可以得到在文本框中输入的字符串。onBlur 事件将在后续章节介绍。

**【例 7-9】**下面的代码执行时，在文本框中输入的文本将在对话框中输出，本例文件 7-9.html 在浏览器中的显示效果如图 7-8 所示。

```
<!DOCTYPE html>
<html>
    <head>
        <meta charset="utf-8">
        <title>用文本框输入</title>
        <script language="JavaScript">
            function test(str) {
                alert("您输入的内容是： " + str);
            }
        </script>
    </head>
    <body>
        <form name="chform" method="post">
            <p>请输入：
                <input type="text" name="textname" onBlur="test(this.value)" value="" />
            </p>
        </form>
    </body>
</html>
```

图 7-8　页面显示效果

## 7.5.2　条件选择结构语句

条件选择结构语句用于基于不同的条件来执行不同的操作。JavaScript 提供了 if、if else、if…else if…else 和 switch 这 4 种条件语句，条件语句也可以嵌套。

### 1. if 语句

if 语句只有当指定条件为 true 时，该语句才会执行代码。其格式为：

```
if (条件) {
    当条件为 true 时执行的语句块;
}
```

条件可以是关系表达式或逻辑表达式，用来实现判断，条件要用( )括起来。当条件的值为 true 时，执行“当条件为 true 时执行的语句块”；否则跳过 if 语句执行后面的语句。如果语句块只有一句，则可以省略{ }。例如：

```
if (x >= 0) y = 6*x;
```

### 2．if else 语句

if else 语句的格式为：

```
if (条件) {
    当条件为 true 时执行的语句块;
} else {
    当条件不为 true 时执行的语句块;
}
```

当条件为 true 时，执行“当条件为 true 时执行的语句块”，然后执行 if 块后面的语句。如果条件为 false，则执行 else 部分的“当条件不为 true 时执行的语句块”，然后执行 if 块后面的语句。语句块就是把一个语句或多个语句用一对花括号组成的一个语句序列。例如：

```
if (x >= 0) {
    y = 6 * x;
} else {
    y = 1 - x;
}
```

### 3．if…else if…else 语句

使用 if…else if…else 语句选择多个语句块之一来执行。其格式为：

```
if (条件 1) {
    当条件 1 为 true 时执行的语句块;
} else if (条件 2) {
    当条件 2 为 true 时执行的语句块;
} else {
    当条件 1 和条件 2 都不为 true 时执行的语句块;
}
```

如果条件 1 为 true，则执行“当条件 1 为 true 时执行的语句块”，然后结束 if 块，执行后面的语句。如果条件 1 的值为 false，则判断条件 2，如果其值为 true 则执行“当条件 2 为 true 时执行的语句块”，然后结束 if 块，执行后面的语句。如果所有条件的值都为 false，且有 else 子句，则执行 else 部分的“当条件 1 和条件 2 都不为 true 时执行的语句块”，然后结束 if 块，执行后面的语句。不管分支有几个语句块，只执行其中的一个。例如：

```
w = 120
if (w <= 50) {
    x = 0.25 * w;
} else if (w <= 100) {
    x = 0.25 * 50 + 0.35 * (w - 50);
} else {
    x = 0.25 * 50 + 0.35 * 50 + 0.45 * (w - 100);
}
```

### 4．switch 语句

多条件多分支语句 switch 根据变量的取值执行对应的语句块。switch 语句的格式为：

```
switch (变量)
{ case 特定数值 1 :
        语句块 1;
```

```
        break;
    case 特定数值 2 :
        语句块 2;
        break;
    …
    default :
        语句块 3; }
```

“变量”要用( )括起来，而且必须用{ }把 case 括起来。即使语句块是由多个语句组成的，也不能用{ }括起来。

当 switch 中变量的值等于第一个 case 语句中的特定数值时，执行其后的语句块，执行到 break 语句时，直接跳离 switch 语句；如果变量的值不等于第一个 case 语句中的特定数值，则判断第二个 case 语句中的特定数值。如果所有的 case 都不符合，则执行 default 中的语句。如果省略 default 语句，当所有 case 都不符合时，则跳离 switch，什么都不执行。每条 case 语句中的 break 是必需的，如果没有 break 语句，则将继续执行下一个 case 语句的判断。

switch 语句适合枚举值，不能直接表示某个范围。

**【例 7-10】**使用 switch 语句判定今日是星期几，本例文件 7-10.html 在浏览器中的显示效果如图 7-9 所示。

图 7-9　页面显示效果

```
<!DOCTYPE html>
<html>
    <head>
        <meta charset="utf-8">
        <title>使用 switch 语句判定今日是星期几</title>
    </head>
    <body>
        <script language="JavaScript">
            d = new Date();
            document.write("今天是");
            switch (d.getDay()) {
                case 1:
                    document.write("星期一");
                    break;
                case 2:
                    document.write("星期二");
                    break;
                case 3:
                    document.write("星期三");
                    break;
                case 4:
                    document.write("星期四");
                    break;
                case 5:
                    document.write("星期五");
                    break;
                case 6:
                    document.write("星期六");
                    break;
```

```
            default:
                document.write("星期日");
        }
    </script>
  </body>
</html>
```

### 7.5.3 循环结构语句

JavaScript 中提供了多种循环结构语句，有 for、for in、while 和 do while 语句，还提供用于跳出循环的 break 语句，用于终止当前循环并继续执行下一轮循环的 continue 语句，以及用于标记语句的 label。

#### 1. for 语句

for 语句的格式为：

```
for (初始化; 条件; 增量) {
    被执行的语句块;
}
```

for 语句实现条件循环，当条件成立时，执行语句块，否则跳出循环体。for 语句的执行步骤如下。

1）执行“初始化”部分，给计数器变量赋初值。

2）判断“条件”是否为真，如果为真则执行循环体，否则退出循环体。

3）执行循环体语句之后，执行“增量”部分。

4）重复步骤 2）和 3)，直到退出循环。

JavaScript 也允许循环的嵌套，从而实现更加复杂的应用。

#### 2. for in 语句

for in 语句循环遍历对象的属性，其格式为：

```
for (键 in 对象) {
    被执行的语句块;
}
```

#### 3. while 循环语句

while 循环语句的格式为：

```
while (条件) {
    被执行的语句块;
}
```

当条件表达式为真时就执行循环体中的语句。“条件”要用( )括起来。while 语句的执行步骤如下。

1）计算“条件”表达式的值。

2）如果“条件”表达式的值为真，则执行循环体，否则跳出循环。

3）重复步骤 1）和 2)，直到跳出循环。

有时可用 while 语句代替 for 语句。while 语句适合条件复杂的循环，for 语句适合已知循环次数的循环。

### 4. do while 语句

do while 语句是 while 语句的变体，其格式为：

```
do {
    被执行的语句块;
} while (条件)
```

do while 语句的执行步骤如下。

1）执行循环体中的语句。

2）计算条件表达式的值。

3）如果条件表达式的值为真，则继续执行循环体中的语句，否则退出循环。

4）重复步骤 1）和 2），直到退出循环。

do while 语句的循环体至少要执行一次，而 while 语句的循环体可以一次也不执行。

无论使用哪一种循环语句，都要注意控制循环的结束标志，避免出现无限循环（死循环）。

### 5. break 语句

break 语句的功能是无条件跳出循环结构或 switch 语句。一般 break 语句是单独使用的，有时也可在其后面加一个语句标号，以表明跳出该标号所指定的循环体，然后执行循环体后面的代码。

### 6. continue 语句

continue 语句的功能是结束本轮循环，跳转到循环的开始处，从而开始下一轮循环；而 break 语句则是结束整个循环。continue 语句可以单独使用，也可以与语句标号一起使用。

**【例 7-11】** 循环结构的用法。输出 20 以内的素数，本例文件 7-11.html 在浏览器中的显示效果如图 7-10 所示。

```
<!DOCTYPE html>
<html>
    <head>
        <meta charset="utf-8">
        <title>输出 20 以内的素数</title>
    </head>
    <body>
        <script language="JavaScript">
            for (m = 3; m <= 20; m += 2) {
                for (i = 2; i <= m - 1; i++) {
                    if (m % i == 0)     //m 能被 i 整除
                        break;          //跳出当前循环
                }
                if (i > m - 1) //如果 i 的值大于 m-1，则证明上面的循环全部执行，没有中间跳出
                    document.write(m + "  ");
            }
        </script>
    </body>
</html>
```

图 7-10　页面显示效果

# 7.6 函数

函数是指实现某项单一功能的、可重复使用的程序段。JavaScript 提供了许多内建函数，程序员可以自己创建函数，叫作自定义函数。函数可以通过事件触发或在其他脚本中被事件和其他语句调用。函数是事件驱动、可重复使用的代码块，是用来帮助封装、调用代码的工具。

## 7.6.1 函数的声明

函数由函数名、参数、函数体、返回值 4 部分组成。其中，函数可以使用参数来传递数据，也可以不使用参数。函数在完成功能后可以有返回值，也可以不返回任何值。函数遵循先定义，后调用的规则。函数的定义通常放在 HTML 文件头中，也可以放在其他位置，但最好放在文件头中，这样就可以确保先定义后使用了。

函数在使用之前要先声明（也称定义）函数，声明函数使用关键字 function。声明函数的格式为：

```
function 函数名(参数 1, 参数 2, … ) {
    函数体语句块;
    return 返回值;
}
```

函数名是调用函数时引用的名称。参数是调用函数时接收传入数据的变量名，可以是常量、变量或表达式，是可选的；可以使用参数列表，向函数传递多个参数，使得在函数中能够使用这些参数。{}中的语句是函数的执行语句，当函数被调用时执行。

函数执行完毕后可以有返回值，也可以没有返回值。有返回值时，可以返回一个值，也可以返回一个数组、一个对象等。如果返回一个值给调用函数的语句，则要在代码块中使用 return 语句；无返回值则省略 return 语句或返回没有参数的 return，这时返回值是 undefined。

【例 7-12】声明两个数的乘法函数 multiple，本例 7-12.html 在浏览器中的显示效果如图 7-11 所示。

```
<!DOCTYPE html>
<html>
    <head>
        <meta charset="utf-8">
        <title>声明函数</title>
        <script type="text/javascript">
            function multiple(number1, number2) {
                var result = number1 * number2;
                return result; //函数有返回值
            }
            var result = multiple(20, 30);        //调用有返回值的函数
            document.write(result);               //显示 600
            document.write("<br />");             //换行
            document.write(multiple(2, 3));       //调用函数，显示 6
        </script>
    </head>
```

图 7-11 页面显示效果

```
    <body>
    </body>
</html>
```

【说明】如果需要函数返回值，则使用 return 语句。

### 7.6.2 函数的调用

声明的函数不会自己执行，而是需要在程序中调用才能执行。调用函数也就是执行函数。由于函数返回一个值，在调用时完全可以像使用内部函数一样对待，把它写在表达式中即可。具体来说，调用函数的方法有直接调用、在表达式中调用、在事件中调用。

#### 1．直接调用函数

直接调用函数的方法比较适合没有返回值的函数，此时相当于执行函数中的语句块。如果函数没有返回值或调用程序不关心函数的返回值，则可以使用下面的格式调用定义的函数：

**函数名(传递给函数的参数 1, 传递给函数的参数 2, … );**

调用函数时的参数取决于声明该函数时的参数，如果定义时有参数，就需要增加实参。

例如，下面代码：

```
<script type="text/javascript">
    function hello(name) {
        alert("Hello " + name);
    }
    var hi = prompt("输入名字：")
    hello(hi);          //调用函数
</script>
```

#### 2．在表达式中调用函数

在表达式中调用函数的方法适合函数有返回值，函数的返回值参与表达式的计算。如果调用程序需要函数的返回结果，则可以使用下面的格式调用声明的函数：

**变量名=函数名(传递给函数的参数 1, 传递给函数的参数 2, … );**

例如，下面代码：

```
result = multiple(10,20);
```

对于有返回值的函数调用，也可以将其写在表达式中，直接利用其返回值。例如：

```
document.write(multiple(10,20));
```

#### 3．在事件中调用函数

JavaScript 是基于事件模型的程序语言，页面加载、用户单击、移动鼠标等行为都会产生事件。当事件产生时就可以调用某个函数来响应这个事件。在事件中调用函数的方法为：

**<标签　属性="属性值"…　事件="函数名(参数表)"></标签>**

例如，使用<a>标签的单击事件 onClick 调用函数，其代码形式为：

```
<a href="#" onClick="函数名(参数表)"> 热点文本 </a>
```

【例 7-13】本例中的 hello()函数显示一个对话框，当网页加载完成后就调用一次 hello()函数，使用<body>标记的 onLoad 属性，本例文件 7-13.html 在浏览器中先显示对话框，如图 7-12（a）所示；单击“确定”按钮后，才显示网页内容，如图 7-12（b）所示。

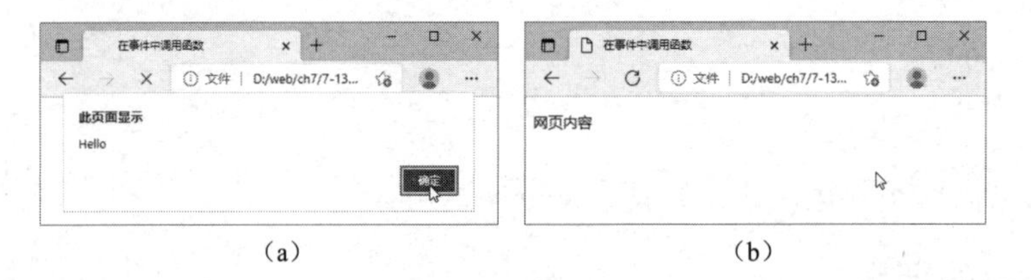


（a）　　　　　　　　　　　　（b）

图 7-12　页面显示效果

```
<!DOCTYPE html>
<html>
	<head>
		<meta charset="utf-8">
		<title>在事件中调用函数</title>
		<script type="text/javascript">
			function hello() { // 定义函数
				window.alert("Hello");
			}
		</script>
	</head>
	<body onLoad="hello();"> <!-- 使用 onLoad 调用函数 -->
		<p>网页内容</p>
	</body>
</html>
```

### 7.6.3　变量的作用域

在函数中也可以定义变量，根据变量的作用范围，又可分为全局变量和局部变量。在函数中定义的变量称为局部变量。局部变量只在定义它的函数内部有效，在函数体之外，即使使用同名的变量，也会被看作另一个变量。

相应地，在函数体之外定义的变量是全局变量。全局变量在定义后的代码中都有效，包括它后面定义的函数体内。如果局部变量和全局变量同名，则在定义局部变量的函数中，只有局部变量是有效的。

**【例 7-14】**变量的作用域示例，本例文件 7-14.html 在浏览器中的显示效果如图 7-13 所示。

```
<!DOCTYPE html>
<html>
	<head>
		<meta charset="utf-8">
		<title>变量的作用域</title>
	</head>
	<body>
		<script language="JavaScript">
			var a = 100; // 定义全局变量
			function setNumber() {
				var a = 10; // 定义局部变量
				document.write(a); // 输出局部变量 a
			}
			setNumber();
			document.write("<br>");
```

图 7-13　页面显示效果

```
            document.write(a); // 输出全局变量 a
        </script>
    </body>
</html>
```

### 7.6.4 系统函数

JavaScript 内置了很多常用的系统函数，这些函数可以直接调用。常用的系统函数（全局函数）如表 7-2 所示。

表 7-2 常用的系统函数

| 函　数 | 描　述 |
| --- | --- |
| decodeURI(URI) | 解码某个编码的 URI。decodeURI("https://blog.csdn.net/My book")，返回 https://blog.csdn.net/My book |
| decodeURIComponent(URI 组件) | 解码一个编码的 URI 组件。decodeURIComponent("https://blog.csdn.net/My book")，返回 https://blog.csdn.net/My book |
| encodeURI(URI) | 把字符串编码为 URI。encodeURI("https://blog.csdn.net/My book")，返回 https://blog.csdn.net/My%20book |
| encodeURIComponent(URI 组件) | 把字符串编码为 URI 组件。encodeURIComponent("https://blog.csdn.net/My book")，返回 https%3A%2F%2Fblog.csdn.net%2FMy%20book |
| escape(字符串) | 对字符串进行编码，所有的空格、标点、重音符号以及任何其他 ASCII 字符都用%xx 编码替换。escape("My book")，返回 My%20book |
| eval(字符串) | 计算 JavaScript 字符串，并把它作为脚本代码来执行。eval("10+3")，返回 13 |
| isFinite(数字) | 检查某个值是否为有穷大的数。isFinite(-135)，返回 true；isFinite("abc")，返回 false |
| isNaN(参数) | 检查某个值是否是数字。isNaN(13)，返回 false；isNaN("13")，返回 true |
| Boolean(参数) | 将参数转换成布尔值。Boolean(-10)，返回 true；Boolean(0)，返回 false |
| Number(参数) | 将参数转换成数值。Number("13")，返回 13；Number("abc13")，返回 NaN |
| String(参数) | 将参数转换成字符串。String(-1230.45)，返回-1230.45 |
| Object(参数) | 将参数转换成对象 |
| parseInt(字符串) | 将数字字符串转换成整数。parseInt(12ab35")，返回 12；parseInt("a123")，返回 NaN |
| parseFloat(字符串) | 将数字字符串转换成浮点数。parseFloat("2.13")，返回 2.13；parseFloat("12ab")，返回 12 |

## 7.7 对象

JavaScript 采用的是基于对象的（Object-Based）、事件驱动的编程机制，因此，必须理解对象及对象的属性、事件和方法等概念。

### 7.7.1 对象的概念

在 JavaScript 中，对象是属性和方法的集合。属性（Properties）是用来描述对象特性的一组数据，每个属性都有一个特定的名称，以及与名称相对应的值。方法（Methods）是用来操作对象特性的若干个动作，是若干个函数。对象可以保存多种数据，而普通变量只能保存单一数据。

简单地说，属性用于描述对象的一组特征，方法是为对象实施一些动作，对象的动作常要触发事件，而触发事件又可以修改属性。一个对象建立后，其操作就通过与该对象有关的属性、事件和方法来描述。

通过访问或设置对象的属性，并且调用对象的方法，即可对对象进行各种操作，从而获得需要的功能。

### 7.7.2 类

尽管 JavaScript 是面向对象的语言，却与 Java、C++有很大的不同。在面向对象的语言中，都是通过类来创建任意多个具有相同属性和方法的实例对象。但 JavaScript 中没有类的概念，每个对象都是基于一个引用类型创建的，这个引用类型可以是原生类型（Object），也可以是开发人员定义的类型（如构造函数）。

在 JavaScript 中，一般通过构造函数的形式创建类。其格式为：

```
function 类名(参数 1, 参数 2, …){
    this.属性 1 = 参数 1;
    this.属性 2 = 参数 2;
    …
    this.方法 1 = function ( ) { }
    this.方法 2 = function ( ) { }
    …
}
```

例如，用构造函数创建一个 User 类，代码如下：

```
function User(name, sex, age) { //创建一个类 User，有 3 个属性，1 个方法
    this.name = name; //name 属性，this 表示此类的成员
    this.sex = sex; //sex 属性
    this.age = age; //age 属性
    this.getName = function() { //getName 方法
        return this.name; //返回姓名
    };
}
```

这个构造函数是 JavaScript 中的类，它定义了 User 类的属性和方法。关键字 this 常用在构造函数中，this 指向当前运行时的对象，它的 name 属性就是传递到构造函数形参 name 的值。类名通常以大写字母开头，这样便于区分构造函数和普通函数。

### 7.7.3 对象的实例化

创建实例化对象有多种方法，下面介绍常用的两种方法。

#### 1．使用构造函数实例化对象

实例化一个对象使用 new 关键字后面跟着类的构造函数名字，类名必须是已经创建的。其格式为：

```
var 对象实例名=new 类名(参数表);
```

例如，对 User()类实例化对象 user1：

```
var user1 = new User("张三", "男", 19);
```

上面的代码通过 new User()实例化一个对象 user1，并传入需要的 name、sex、age 属性。

#### 2．用花括号{ }声明对象

利用{属性名: 属性值, …}实例化一个对象，也可以通过原生类型 Object.create({属性名:

属性值, …}声明对象。格式为：

**var 对象名={属性名 1: 属性值 1, 属性名 2: 属性值 2, …};**

**var 对象名= Object.create({属性名 1: 属性值 1, 属性名 2: 属性值 2, …});**

例如，分别使用上述两种格式创建对象，并传入相应的属性：

```
var student = {id: 1001, name: "Jenny", sex: "girl", age: 18};
var person = Object.create({id: 1003, name: "Jack", sex: "male", age: 20});
```

**【例 7-15】**创建类并按不同方法实例化对象，本例文件 7-15.html 在浏览器中的显示效果如图 7-14 所示。

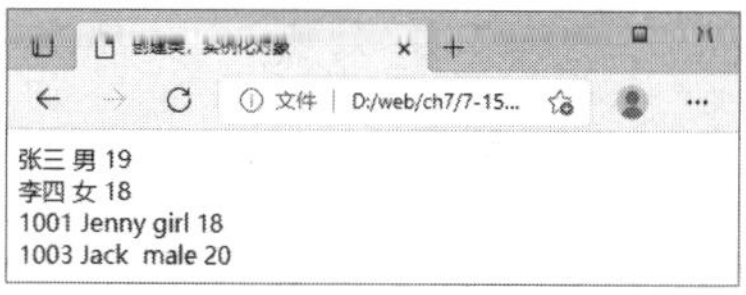

```
<!DOCTYPE html>
<html>
    <head>
        <meta charset="utf-8">
        <title>创建类，实例化对象</title>
        <script type="text/javascript">
            function User(name, sex, age) { //创建一个类 User，有 3 个属性，1 个方法
                this.name = name; //name 属性，this 表示此类的成员
                this.sex = sex; //sex 属性
                this.age = age; //age 属性
                this.getName = function() { //getName 方法
                    return this.name; //返回姓名
                };
            }
            var user1 = new User("张三", "男", 19);
            var user2 = new User("李四", "女", 18);
            document.write(user1.name + " " + user1.sex + " " + user1.age + "<br />");
        document.write(user2.name + " " + user2.sex + " " + user2.age + "<br />");
            var student = {id: 1001, name: "Jenny", sex: "girl", age: 18};
            document.write(student.id + " " + student.name + " " + student.sex +
" " + student.age + "<br />");
            var person = Object.create({id: 1003, name: "Jack", sex: "male", age: 20});
            document.write(person.id + " " + person.name + " " + " " +
person.sex + " " + person.age);
        </script>
    </head>
    <body>
    </body>
</html>
```

张三 男 19
李四 女 18
1001 Jenny girl 18
1003 Jack male 20

图 7-14　页面显示效果

### 3. 删除对象

delete 操作符可以删除一个对象的实例。其格式为：

**delete 对象名;**

## 7.7.4 对象的属性

属性描述对象的静态特征，每个对象都有一组特定的属性，属性分为属性名和属性值。对象中的属性可以动态地操作，包括添加、删除等。

### 1. 添加属性

对于已有的对象，可以为其添加属性，有两种方法。

（1）用点（.）运算符添加属性

把点放在对象实例名和属性之间，以此指向唯一的属性。其格式为：

```
对象名.属性名 = 属性值;
```

（2）用字符串的形式添加属性

通过“对象[字符串]”的格式实现对象的访问，其格式为：

```
对象名["属性名"] = 属性值;
```

### 2. 引用属性

引用属性有 3 种方法，分别是“对象名.属性名”、“对象名["属性名"]”和“对象[下标]”。

在用对象的下标访问对象属性时，下标从 0 开始。“对象[下标]”的格式如果用于添加属性，则该属性没有名称，只有下标。如果引用的属性不存在，则该值为 undefined。例如：

```
student[0]=100;   //id 重新赋值为 100
student.name="张芳"; //name 重新赋值
student["age"]=20; //age 重新赋值
student[5]="女"; //添加一个新属性 student[5]，该属性没有名称，引用本属性时也只能用下标 5
```

### 3. 删除属性

删除属性的格式为：

```
delete 对象名.属性名;
delete 对象名["属性名"];
```

## 7.7.5　对象的方法

方法是对象要执行的动作，描述的是对象的动态行为。对象中的方法也可以动态地添加和删除。

### 1. 添加方法

方法只能通过“对象名.方法名”创建，其格式为：

```
对象名.方法名=function(参数 1, 参数 2, …) {
    语句块;
    rcturn 返回值;
}
```

### 2. 调用方法

调用对象的方法只需在对象名和方法名之间用点分隔，指明该对象的某种方法，其格式为：

```
对象名.方法名(参数 1, 参数 2, …)
```

**【例 7-16】** 声明一个空对象 student，为对象添加 5 个属性：id、name、gender、dateofbirth、courses，然后添加 getName()、chooseCourse()方法。本例文件 7-16.html 在浏览器中的显示效果如图 7-15 所示。

图 7-15　页面显示效果

```
<!DOCTYPE html>
<html>
    <head>
```

```
        <meta charset="utf-8">
        <title>添加对象的方法</title>
        <script type="text/javascript">
            var student = {}; //声明一个对象
            student.id = 100; //为对象添加属性
            student.name = "刘强";
            student.gender = "男";
            student.dateofbirth = "2002-5-17";
            student.courses = []; //所选课程声明为数组，可以添加多门课程
            student.getName = function() { //添加得到姓名方法
                return this.name; //返回对象的姓名属性
            }
            student.chooseCourse = function(courseName) { //添加课程方法
                student.courses.push(courseName); //向课程数组中添加课程
            }
            student.getName(); //调用得到姓名方法
            student.chooseCourse("Web 前端开发"); //调用添加课程方法，添加一门课程
            student.chooseCourse("数据库原理及应用");
            student.chooseCourse("C#面向对象程序设计");
            document.write(student.getName()+"<br />");
            document.write(student.courses);
        </script>
    </head>
    <body>
    </body>
</html>
```

**3．删除方法**

删除方法的格式为：

**delete 对象名.方法名;**

例如，删除 student 对象的 getName()方法，代码为：

```
delete student.getName;   //注意，没有圆括号( )
```

### 7.7.6 对象的事件

事件就是对象上所发生的事情。事件是预先定义好的、能够被对象识别的动作，如单击（Click）事件、双击（DblClick）事件、装载（Load）事件、鼠标移动（MouseMove）事件等，不同的对象能够识别不同的事件。通过事件，可以调用对象的方法，以产生不同的执行动作。

有关 JavaScript 的事件，将在第 8 章中介绍。

## 7.8 JavaScript 的内置对象

JavaScript 是一种基于对象的编程语言，JavaScript 将对象分为内置对象、浏览器内置对象和自定义对象 3 种。本节主要讲述常用 JavaScript 的内置对象。内置对象是将一些常用功能预先定义成对象，供程序员直接使用。下面介绍一些 JavaScript 编程中经常用到的内置对象的特点和使用方法，包括数组对象、字符串对象、日期对象等。

### 7.8.1　数组对象

在 JavaScript 中，数组（Array）这种数据的组织方式是以对象的形式出现的。

#### 1. 数组对象的定义方法

数组对象的定义有 3 种方法：

**var 数组对象名=new Array();**

**var 数组对象名=new Array(数组元素个数);**

**var 数组对象名=new Array(第 1 个数组元素的值, 第 2 个数组元素的值, …);**

第 1 种方法在定义数组时不指定元素个数，当具体为其指定数组元素时，数组元素的个数会自动适应。例如，定义数组：

```
order=new Array();             //定义有 0 个数组元素的数组
order[12]="abc123";            //用[ ]引用数组下标
```

JavaScript 自动把数组扩充为 13 个元素，前 12 个元素（order[0]~order[11]）的值被初始化为 null，第 13 个元素 order[12]为"abc123"。

JavaScript 数组元素的访问也是通过数组下标来实现的，数组元素的下标是从 0 开始的。

第 2 种方法是指定数组元素的个数，此时将创建指定个数的数组元素。同样，当具体指定数组元素时，数组的元素个数也可以动态更改。例如，定义数组：

```
var person=new Array(10);       //定义有 10 个数组元素的数组
person[20]="Jhon";              //为数组元素赋值，数组自动扩充为 21 个元素
```

第 3 种方法是在定义数组对象的同时，对每个数组元素赋值，同时数组元素按照顺序赋值，各数组元素之间用逗号分隔，并且不允许省略其中的数组元素。例如，新建一个名为 person 的数组，其中包含 ZhangSan、LiSi、WangWu 这 3 个元素。

```
var person=new Array("ZhangSan","LiSi","WangWu");
```

数组中的元素类型可以是数值型、字符型或其他对象，并且同一个数组中的元素类型也可以不同，甚至一个数组元素也可以是一个数组。例如：

```
var person=new Array("ZhangSan",169,new array("BeiJing", 2008);
```

在上面的代码中，数组 person 中的 3 个元素及对应的值分别为：person[0]="ZhangSan"，person[1]=169，person[2,0]="BeiJing"，person[2,1]=2008。

对于用数组作为数组元素的情况，可用多维数组的方式访问，如上面的代码中 person[2,1]=2008 也可写为 person[2][1]=2008。

除了使用以上 3 种方法定义数组对象，还可以直接使用[ ]定义数组并赋值。例如：

```
var order=[1,2,3,4,5,6];
```

其效果与使用 var order=new Array(1,2,3,4,5,6)相同。

**【例 7-17】**定义一个具有 3 个元素的一维数据，分别赋值，然后显示出来，本例文件 7-17.html 在浏览器中的显示效果如图 7-16 所示。

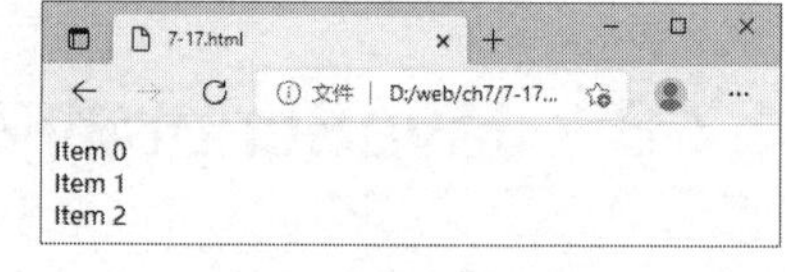


图 7-16　页面显示效果

```
<!DOCTYPE html>
<html>
    <head>
        <meta charset="utf-8">
    </head>
    <body>
        <script>
            var myArray = new Array(3); //定义有 3 个元素的数组对象
```

```
            myArray[0] = "Item 0";
            myArray[1] = "Item 1";
            myArray[2] = "Item 2";
            for(i = 0; i < myArray.length; i++) {
                document.write(myArray[i] + "<br>");
            }
        </script>
    </body>
</html>
```

**【例 7-18】**定义一个二维数组，并且把数组元素显示到表格中，本例文件 7-18.html 在浏览器中的显示效果如图 7-17 所示。

```
<!DOCTYPE html>
<html>
    <head>
        <meta charset="utf-8">
        <title>数组对象</title>
    </head>
    <body>
        <script language="JavaScript" type="text/javascript">
            var order = new Array();
            order[0] = new Array("王芳", "女", 18);
            order[1] = new Array("李勇", "男", 17);
            order[2] = new Array("张丽", "女", 19);
            document.write('<table border align="center">');
            document.write('<th>姓名</th><th>性别</th><th>年龄</th>');
            for(i = 0; i < order.length; i++) //length 属性表示数组元素的个数，order.length 为 3
            {
                document.write('<tr>');
                for(j = 0; j < order[0].length; j++) //order[0].length 为 3
                {
                    document.write('<td>' + order[i][j] + '</td>');
                }
                document.write('</tr>');
            }
            document.write('</table>');
        </script>
    </body>
</html>
```

图 7-17　页面显示效果

### 2. 数组对象的属性

数组对象的属性主要是 length，它用于获得数组中元素的个数，即数组中最大下标加 1。

### 3. 数组对象的方法

sort(function)：在不指定参数时，用于对数组中的字符串元素按字母（对应的 ASCII 码）顺序进行排序，若有元素不是字符串类型，则先转换为字符串类型后再排序。指定参数时，所指定的参数是一个排序函数。

reverse()：颠倒数组中元素的顺序。

concat($array_1$, …, $array_n$)：用于将 $n$ 个数组合并到 $array_1$ 数组中。

join(string)：将数组中的所有元素合并为一个字符串，其间用 string 参数分隔。省略参数时，直接合并，不加分隔。

slice(start, stop)：返回数组从 start 起，stop 止的部分。start 和 stop 为负数时，分别表示倒数第 start 或倒数第 stop 个元素。

tostring()：返回一个字符串，其中包含数组中的所有元素，每个元素用逗号分隔。

**【例 7-19】**分别定义两个一维数组，分别把数组中的元素按原始顺序和排序输出，本例文件 7-19.html 在浏览器中的显示效果如图 7-18 所示。

```
<!DOCTYPE html>
<html>
    <head>
        <meta charset="utf-8">
        <title>数组排序</title>
    </head>
    <body>
        <script language="JavaScript">
            var myArray1 = new Array(5)
            myArray1[0] = "z";
            myArray1[1] = "c";
            myArray1[2] = "d";
            myArray1[3] = "a";
            myArray1[4] = "q";
            document.write(myArray1 + "<br>");
            document.write(myArray1.sort() + "<br>");
            var myArray2 = new Array(5);
            myArray2[0] = 6;
            myArray2[1] = 3;
            myArray2[2] = 1;
            myArray2[3] = 9;
            myArray2[4] = 0;
            document.write(myArray2 + "<br>");
            document.write(myArray2.sort() + "<br>");
            document.write(myArray2.reverse() + "<br>");
        </script>
    </body>
</html>
```

图 7-18　页面显示效果

## 7.8.2　字符串对象

### 1. 字符串（String）对象的定义方法

String 对象是动态对象，需要创建对象实例后才能引用它的属性或方法。有两种方法可创建一个字符串对象。其格式为：

```
字符串变量名 ="字符串";
字符串变量名 =new String("字符串");
```

### 2. 字符串对象的属性

字符串对象的常用属性是 length，其功能是得到字符串的字符个数。例如：

```
var myUrl="http://www.cmpbook.com";
var myUrlLen=myUrl.length;     //或 var myUrlLen="http://www.cmpbook.com".length;
```

### 3. 字符串对象的方法

String 对象的方法主要用于字符串在 Web 页面中的显示、字体大小、字体颜色、字符的搜索及字符的大小写转换。

big()：用大字体显示字符。

small()：用小字体显示字符。

italics()：用斜体字显示字符。

bold()：用粗体字显示字符。

blink()：使字符闪烁显示。

fixed()：固定高亮字显示。

fontsize(size)：控制字体大小。

fontcolor(color)：控制字体颜色。

toUpperCase()和 toLowerCase()：把指定字符串转换为大写或小写。

indexOf[charactor, fromIndex]：返回从第 fromIndex 个字符起查找字符 character 第一次出现的位置。

chartAt(position)：返回指定字符串的第 position 个字符。

substring(start, end)：返回指定字符串开始到 end 的所有字符。

sub()：将指定字符串用下标格式显示。

toString()：把对象中的数据转换成字符串。

## 7.8.3 日期对象

日期（Date）对象用于表示日期和时间。通过日期对象可以进行一系列与日期、时间有关的操作和控制。JavaScript 并没有提供真正的日期类型，它是从 1970 年 1 月 1 日 0:0:0 开始以 ms（毫秒）来计算当前时间的。表示日期的数据都是数值型的，可进行数学运算。

### 1. 日期对象的定义方法

日期对象的定义方法有 4 种。

1）创建日期对象实例，并赋值为当前时间。其格式为：

**var 日期对象名 = new Date();**

2）创建日期对象实例，并以 GMT（格林尼治平均时间，即 1970 年 1 月 1 日 0 时 0 分 0 秒 0 毫秒）的延迟时间来设定对象的值，单位是 ms。其格式为：

**var 日期对象名 = new Date(milliseconds);**

3）使用特定的表示日期和时间的字符串 string，为创建的对象实例赋值。string 的格式与日期对象的 parse 方法相匹配。其格式为：

**var 日期对象名 = new Date(string);**

4）按照年、月、日、时、分、秒、毫秒的顺序，为创建的对象实例赋值。其格式为：

**var 日期对象名 = new Date(year, month, day, hours, minutes, seconds, milliseconds);**

Date 中的月份、日期、小时、分钟、秒、毫秒数都从 0 开始，而年从 1970 年开始。这一方法是从 UNIX 沿袭下来的，1970 年 1 月 1 日 0 时又被认为是 UNIX 的“创世纪”。

### 2．日期对象的方法

Date 对象没有提供直接访问的属性。只具有获取日期和时间，设置日期和时间，格式转换的方法。

（1）获取日期和时间的方法

getFullYear()：得到当前年份数。

getMonth()：得到当前月份数，0 代表 1 月，1 代表 2 月，11 代表 12 月。

getDate()：得到当前日期数。

getDay()：得到当前星期几。

getHours()：得到当前小时数。

getMinutes()：得到当前分钟数。

getSeconds()：得到当前秒数。

getTimeZoneOffset()：得到时区的偏移信息。

（2）设置日期和时间的方法

setFullYear()：设置年份。

setMonth()：设置月份。

setDate()：设置日数。

setHours()：设置小时。

setMinutes()：设置分钟。

setSeconds()：设置秒数。

（3）格式转换的方法

toGMTString()：转换成格林尼治标准时间表达的字符串。

toLocaleString()：转换成以当地时间表达的字符串。

toString()：把时间信息转换为字符串。

parse：从表示时间的字符串中读出时间。

UTC：返回从格林尼治标准时间到指定时间的差距（单位为 ms）。

**【例 7-20】**制作一个节日倒计时的程序，本例文件 7-20.html 在浏览器中的显示效果如图 7-19 所示。

图 7-19　页面显示效果

```
<!DOCTYPE html>
<html>
    <head>
        <meta charset="utf-8">
        <script language="JavaScript">
            var timedate = new Date(2021, 9, 1); //2021 年 10 月 1 日，0 代表 1 月，9 代表 10 月
            var times = "国庆节";
            var now = new Date();
            var date = timedate.getTime() - now.getTime();
            var time = Math.floor(date / (1000 * 60 * 60 * 24));
            if(time >= 0)
                document.write("现在时间是：", now.getHours(), ":", now.getMinutes());
            document.write("<br>今天日期是：", now.getFullYear(), "-", now.getMonth() + 1, "-",
```

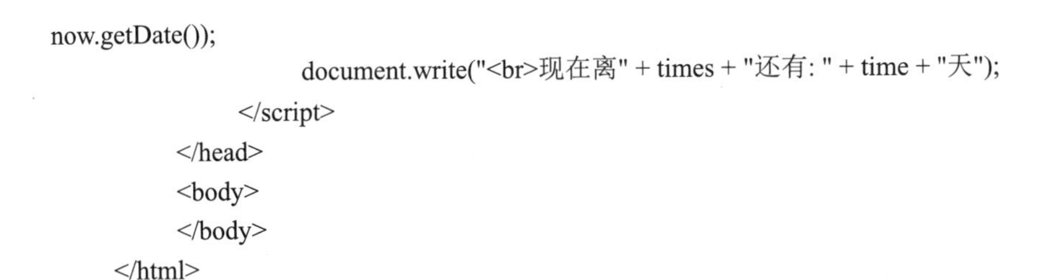

```
now.getDate());
                    document.write("<br>现在离" + times + "还有: " + time + "天");
            </script>
        </head>
        <body>
        </body>
    </html>
```

# 习题 7

1．已知圆的半径是 100，计算圆的周长和面积，如图 7-20 所示。

2．使用多重循环在网页中输出“*”号组成一个三角形，如图 7-21 所示。

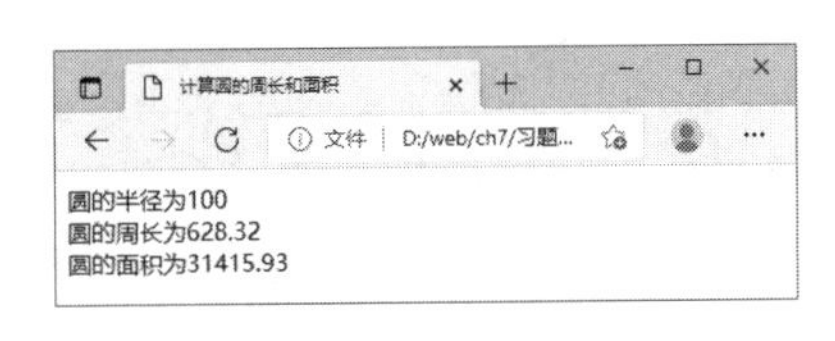


图 7-20　题 1 图

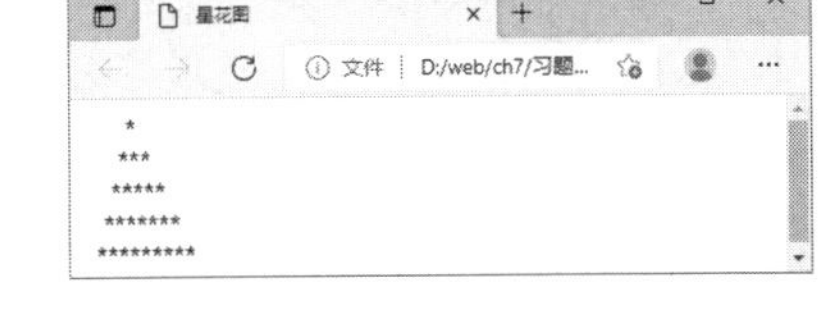


图 7-21　题 2 图

3．在页面中用中文显示当天的日期和星期，如图 7-22 所示。

4．在网页中显示一个工作中的数字时钟，如图 7-23 所示。

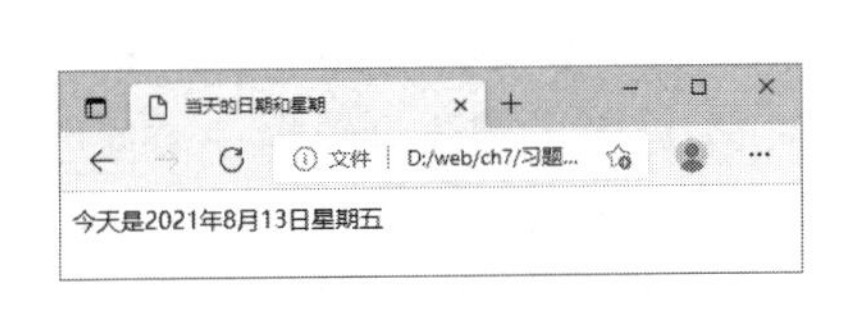


图 7-22　题 3 图

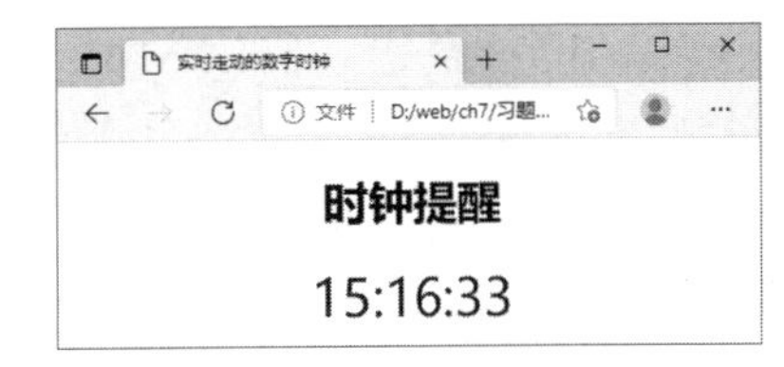


图 7-23　题 4 图

5．使用 JavaScript 函数计算不同优惠幅度的商品优惠价，如图 7-24 所示。

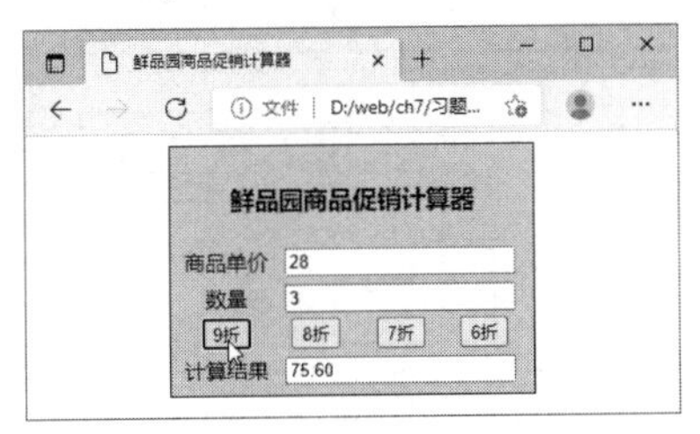


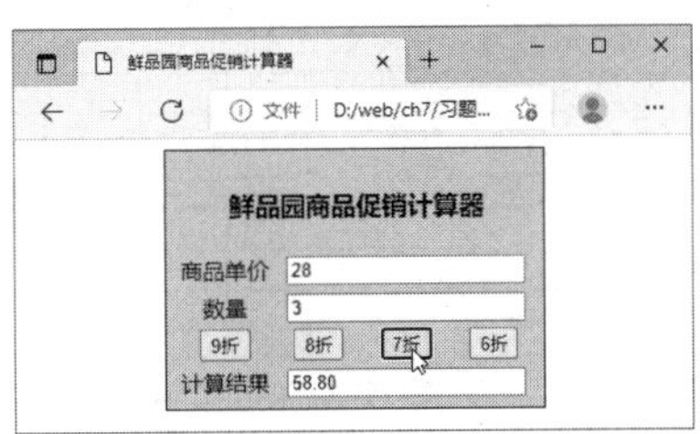


图 7-24　题 5 图

# 第 8 章　对象模型及事件处理

JavaScript 是一种基于对象的语言，它包含许多对象，如浏览器对象模型（BOM）对象、文件对象模型（DOM）对象等，利用这些对象可以很容易地实现 JavaScript 编程。通过本章的学习，应掌握 JavaScript 的 BOM、DOM 对象及操作，掌握编写 JavaScript 的对象事件处理程序。

## 8.1　BOM 和 DOM

BOM 定义了 JavaScript 操作浏览器的接口，提供了与浏览器窗口交互的功能。JavaScript 将浏览器本身、网页文件及网页文件中的 HTML 元素等都用相应的内置对象来表示，其中一些对象是作为另一些对象的属性而存在的，这些对象及对象之间的层次关系统称为 DOM。在脚本程序中访问 DOM 对象，就可以实现对浏览器本身、网页文件及网页文件中的 HTML 元素的操作，从而控制浏览器和网页元素的行为和外观。

### 8.1.1　BOM

BOM 是 Browser Object Model（浏览器对象模型）的缩写，该模型由一组浏览器对象组成，如图 8-1 所示。BOM 最初只是 ECMAScript 的一个扩展，没有相关的标准，W3C 也没有对该部分做出相应的规范，但由于大部分浏览器都支持 BOM，所以 BOM 已经成为一种实际标准。在 HTML5 中，W3C 正式将 BOM 纳入其规范之中。BOM 是用于描述浏览器中对象与对象之间层次关系的模型，提供了独立于页面内容并能够与浏览器窗口进行交互的对象结构。

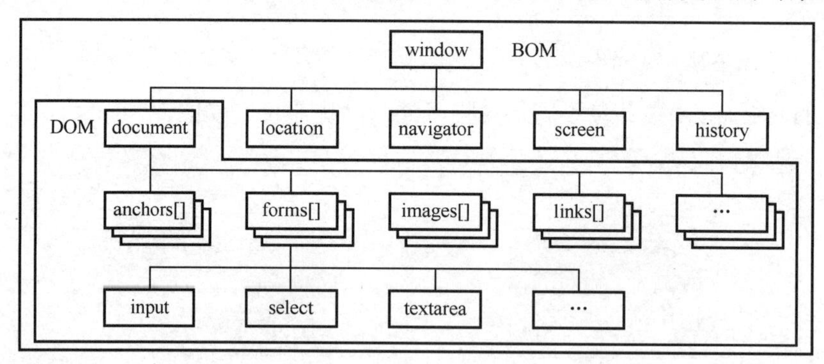


图 8-1　BOM 结构

window 对象是 BOM 中的顶层对象，其他对象都是该对象的子对象。当浏览页面时，浏览器会为每个页面自动创建 window、document、location、navigator、screen 和 history 对象等。

- window 对象是 BOM 中的最高一层，通过 window 对象的属性和方法来实现对浏览器窗口的操作。
- document 对象是 BOM 的核心对象，提供了访问 HTML 文件对象的属性、方法及事件处理。
- location 对象包含当前页面的 URL 地址，如协议、主机名、端口号和路径等信息。

- navigator 对象包含与浏览器相关的信息，如浏览器类型、版本等。
- history 对象包含浏览器的历史访问记录，如访问过的 URL、访问数量等信息。

### 8.1.2 DOM

DOM（Document Object Model，文件对象模型）属于 BOM 的一部分，用于对 BOM 中的核心对象 document 进行操作。DOM 是一种与平台、语言无关的接口，允许程序和脚本动态地访问或更新 HTML 或 XML 文件的内容、结构和样式，并且提供了一系列函数和对象来实现访问、添加、修改及删除操作。HTML 文件中的 DOM 结构如图 8-2 所示，document 对象是 DOM 的根节点。

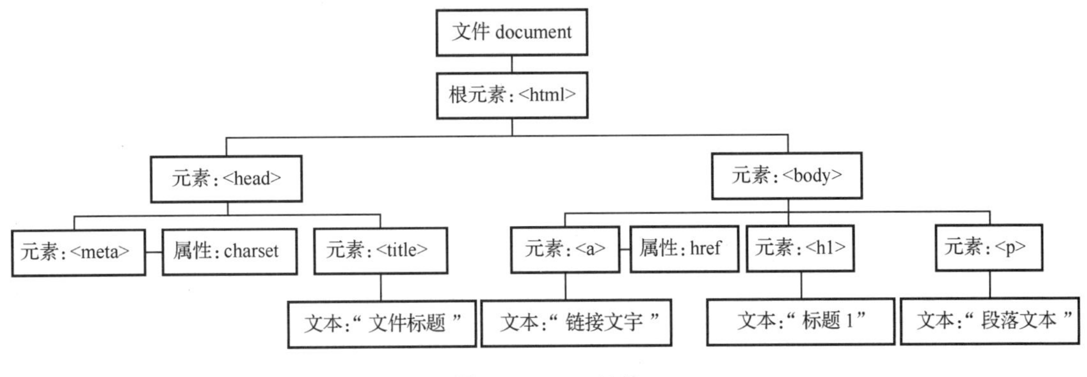


图 8-2 DOM 结构

DOM 对象的一个特点是，它的各种对象有明确的从属关系。也就是说，一个对象可能是从属于另一个对象的，而它又可能包含了其他对象。网页文件中的各种元素对象都是 document 对象的直接或间接属性。DOM 除了定义各种对象，还定义了各个对象所支持的事件，以及各个事件所对应的用户的具体操作。

## 8.2 window 对象

window（窗口）对象处于整个从属关系的最高级，它提供了处理窗口的方法和属性。每个 window 对象代表一个浏览器窗口。

### 8.2.1 window 对象的属性

window 对象的属性如表 8-1 所示。

表 8-1 window 对象的属性

| 属　性 | 描　述 |
|---|---|
| closed | 只读，返回窗口是否已被关闭 |
| opener | 可返回对创建该窗口的 window 对象的引用 |
| defaultStatus | 可返回或设置窗口状态栏中的默认内容 |
| status | 可返回或设置窗口状态栏中显示的内容 |
| innerWidth | 只读，窗口的文件显示区的宽度（单位为像素） |
| innerHeight | 只读，窗口的文件显示区的高度（单位为像素） |
| parent | 如果当前窗口有父窗口，则表示当前窗口的父窗口对象 |

续表

| 属　　性 | 描　　述 |
| --- | --- |
| self | 只读，对窗口自身的引用 |
| top | 当前窗口的最顶层窗口对象 |
| name | 当前窗口的名称 |

### 8.2.2 window 对象的方法

在前面的章节已经使用了 prompt()、alert()和 confirm()等预定义函数，其在本质上是 window 对象的方法。除此之外，window 对象还提供了一些其他方法，如表 8-2 所示。

表 8-2 window 对象的常用方法

| 方　　法 | 描　　述 |
| --- | --- |
| open() | 打开一个新的浏览器窗口或查找一个已命名的窗口 |
| close() | 关闭浏览器窗口 |
| alert() | 显示带有一段消息和一个确认按钮的对话框 |
| prompt() | 显示可提示用户输入的对话框 |
| confirm() | 显示带有一段消息及确认按钮和取消按钮的对话框 |
| moveBy(x,y) | 可相对窗口的当前坐标将它右移 x 像素、下移 y 像素 |
| moveTo(x,y) | 可把窗口的左上角移动到一个指定的坐标，但不能将窗口移出屏幕 |
| setTimeout(code,millisec) | 在指定的毫秒数后调用函数或计算表达式，仅执行一次 |
| setInterval(code,millisec) | 按照指定的周期（以毫秒计）来调用函数或计算表达式 |
| clearTimeout() | 取消由 setTimeout()设置的计时器 |
| clearInterval() | 取消由 setInterval()设置的计时器 |
| focus() | 可把键盘焦点给予一个窗口 |
| blue() | 可把键盘焦点从顶层窗口移开 |

【例 8-1】显示窗口的宽、高和设置计时器，页面初次加载时依次显示两个提示框，延时 5000ms 后再调用 hello()，显示欢迎信息的对话框，本例文件 8-1.html 在浏览器中的显示效果如图 8-3 所示。

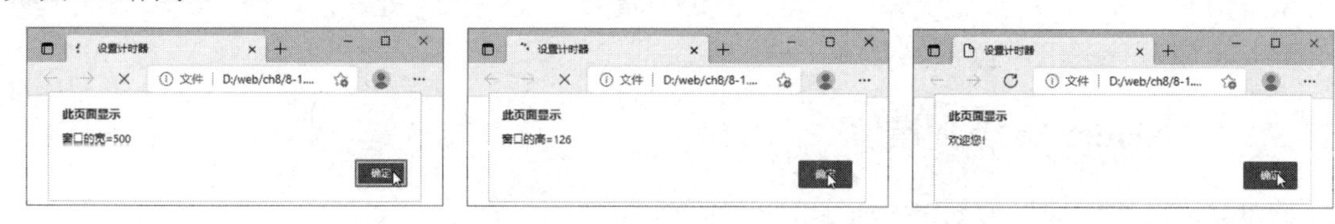


图 8-3 延时 5000ms 后显示欢迎信息的对话框

```
<!DOCTYPE html>
<html>
    <head>
        <meta charset="utf-8">
        <title>设置计时器</title>
        <script type="text/javascript">
            function hello() {
                window.alert("欢迎您！");
            }
```

```
            window.setTimeout("hello()", 5000); //延时 5000ms 后再调用 hello()
            window.alert("窗口的宽="+window.innerWidth); //获得窗口的宽度
            window.alert("窗口的高="+window.innerHeight); //获得窗口的高度
        </script>
    </head>
    <body>
    </body>
</html>
```

## 8.3 document 对象

document 对象是指每个载入到浏览器窗口中的 HTML 文件，它们都会成为 document 对象，包含当前网页的各种特征，显示的内容部分，如标题、背景、使用的语言等。document 对象是 window 对象的子对象，可以通过 window.document 属性对其进行访问，此对象可以从 JavaScript 脚本中对 HTML 页面内的所有元素进行访问。

### 8.3.1 document 对象的属性

document 对象的属性如表 8-3 所示。

表 8-3 document 对象的属性

| 属　　性 | 描　　述 |
|---|---|
| body | 提供对 body 元素的直接访问 |
| cookie | 设置或查询与当前文件相关的所有 cookie |
| referrer | 返回载入当前文件的 URL |
| URL | 返回当前文件的 URL |
| lastModified | 返回文件最后被修改的日期和时间 |
| domain | 返回下载当前文件的服务器域名 |
| all[] | 返回对文件中所有 HTML 元素的引用，all[]已经被 document 对象的 getElementById()等方法替代 |
| forms[] | 返回对文件中所有的 form 对象集合 |
| images[] | 返回对文件中所有的 image 对象集合，但不包括由<object>标签内定义的图像 |

### 8.3.2 document 对象的方法

document 对象的方法从整体上分为两大类：

- 对文件流的操作；
- 对文件元素的操作。

document 对象的方法如表 8-4 所示。

表 8-4 document 对象的方法

| 方　　法 | 描　　述 |
|---|---|
| open() | 打开一个新文件，并擦除当前文件的内容 |
| write() | 向文件写入 HTML 或 JavaScript 代码 |
| writeln() | 与 write()方法的作用基本相同，在每次内容输出后额外加一个换行符（\n） |
| close() | 关闭一个由 document.open()方法打开的输出流，并显示选定的数据 |

续表

| 方　法 | 描　述 |
| --- | --- |
| getElementById() | 返回对拥有指定 ID 的第一个对象 |
| getElementsByName() | 返回带有指定名称的对象集合 |
| getElementsByTagName() | 返回带有指定标签名的对象集合 |
| getElementsByClassName() | 返回带有指定 class 属性的对象集合，该方法属于 HTML5 DOM |

在 document 对象的方法中，open()、write()、writeln()和 close()方法可以实现文件流的打开、写入、关闭等操作；而 getElementById()、getElementsByName()、getElementsByTagName()等方法用于操作文件中的元素。

**【例 8-2】** 使用 getElementById()、getElementsByName()、getElementsByTagName()方法操作文件中的元素。浏览者填写表单中的选项后，单击“统计结果”按钮，弹出消息框显示统计结果，本例文件 8-2.html 在浏览器中的显示效果如图 8-4 所示。

图 8-4　页面显示效果

```
<!DOCTYPE html>
    <html>
        <head>
            <meta charset="utf-8">
            <title>document 对象</title>
            <script type="text/javascript">
                function count() {
                    var userName = document.getElementById("userName");
                    var hobby = document.getElementsByName("hobby");
                    var inputs = document.getElementsByTagName("input");
                    var result = "ID 为 userName 的元素的值：" + userName.value + "\nname 为 hobby 的元素的个数：" + hobby.length + "\n 喜爱的水果：";
                    for (var i = 0; i < hobby.length; i++) {
                        if (hobby[i].checked) {
                            result += hobby[i].value + " ";
                        }
                    }
                    result += "\n 标签为 input 的元素的个数：" + inputs.length;
                    alert(result);
                }
            </script>
        </head>
        <body>
            <form name="myform">
                用户名：<input type="text" name="userName" id="userName" /><br />
                水果：<input type="checkbox" name="hobby" value="苹果" />苹果
                <input type="checkbox" name="hobby" value="橘子" />橘子
                <input type="checkbox" name="hobby" value="榴莲" />榴莲<br />
                <input type="button" value="统计结果" onClick="count()" />
            </form>
        </body>
    </html>
```

## 8.4 location 对象

location 对象包含当前页面的 URL 地址的各种信息，如协议、主机服务器和端口号等，并且把浏览器重定向到新的页面。location 对象是 window 对象的一部分，可以通过 window.location 属性访问，在编写代码时可省略 window 前缀。

### 8.4.1 location 对象的属性

location 对象的属性如表 8-5 所示。

表 8-5 location 对象的属性

| 属　性 | 描　述 |
| --- | --- |
| protocol | 设置或返回当前 URL 的协议 |
| host | 设置或返回当前 URL 的主机名称和端口号 |
| hostname | 设置或返回当前 URL 的主机名 |
| port | 设置或返回当前 URL 的端口部分 |
| pathname | 设置或返回当前 URL 的路径部分 |
| href | 设置或返回当前显示的文件的完整 URL |
| hash | URL 的锚部分（从#开始的部分） |
| search | 设置或返回当前 URL 的查询部分（从?开始的参数部分） |

### 8.4.2 location 对象的方法

location 对象提供了以下 3 种方法，用于加载或重新加载页面中的内容，location 对象的方法如表 8-6 所示。

表 8-6 location 对象的方法

| 方　法 | 描　述 |
| --- | --- |
| assign(url) | 可加载一个新的文件，与 location.href 实现的页面导航效果相同 |
| reload(force) | 用于重新加载当前文件；参数 force 默认为 false；当参数 force 为 false 且文件内容发生改变时，从服务器端重新加载该文件；当参数 force 为 false 但文件内容没有改变时，从缓存区中装载文件；当参数 force 为 true 时，每次都从服务器端重新加载该文件 |
| replace(url) | 使用一个新文件取代当前文件，并且不会在 history 对象中生成新的记录 |

例如，下面代码通过 location 对象的 href 属性获得当前页面的 URL 链接。页面加载完毕后通过弹出消息框显示出来，单击“确定”按钮后，重定向并打开百度主页。

```
window.onload=function(){
    alert(location.href);
    location.replace("https://www.baidu.com");
}
```

## 8.5 history 对象

history 对象是 window 对象的一部分，包含了用户在浏览网页时所访问过的 URL 地址。可以通过 window.history 属性对其访问。history 对象包含浏览器的历史，为了保护用户隐私，

JavaScript 不允许通过 history 对象获取已经访问过的 URL 地址。

history 对象的常用属性是 history.length 属性，保存着历史记录的 URL 数量。初始时，该值为 1。如果当前窗口先后访问了 3 个网址，则 history.length 属性等于 3。

history 对象提供了 back()、forward()和 go()方法来实现针对历史访问的前进与后退功能，如表 8-7 所示。

表 8-7　history 对象的方法

| 方　法 | 描　述 |
| --- | --- |
| back() | 加载 history 列表中的前一个 URL |
| forward() | 加载 history 列表中的下一个 URL |
| go() | 加载 history 列表中的某个具体页面 |

例如，下面代码在网页中显示网页链接的数量，请输入几个网站后，再返回这个例子，链接数量将改变。

```
document.write(history.length + "<br />"); //初始时，该值为 1
history.back(); //后退一页
history.forward(); //前进一页
history.go(-1); //后退一页
history.go(1); //前进一页
history.go(2); //前进两页
```

## 8.6　navigator 对象

navigator 对象中包含浏览器的相关信息，如浏览器名称、版本号和脱机状态等。在编写时可不使用 window 这个前缀。navigator 对象的属性如表 8-8 所示。

表 8-8　navigator 对象的属性

| 属　性 | 描　述 |
| --- | --- |
| appCodeName | 返回浏览器的代码名 |
| appMinorVersion | 返回浏览器的次级版本 |
| appName | 返回浏览器的名称 |
| appVersion | 返回浏览器的平台和版本信息 |
| browserLanguage | 返回当前浏览器的语言 |
| cookieEnabled | 返回指明浏览器中是否启用 cookie 的布尔值 |
| cpuClass | 返回浏览器系统的 CPU 等级 |
| onLine | 返回指明系统是否处于脱机模式的布尔值 |
| platform | 返回运行浏览器的操作系统平台 |
| systemLanguage | 返回操作系统使用的默认语言 |
| userAgent | 返回由客户机发送服务器的 user-agent 头部的值 |
| userLanguage | 返回用户设置的操作系统的语言 |

例如，navigator.userAgent 是常用的属性，用来完成浏览器判断；然后返回客户端浏览器的各种信息。

```
if (window.navigator.userAgent.indexOf('MSIE') != -1) {
    alert('我是 IE');
} else {
    alert('我不是 IE');
}
document.write(navigator.appName+"<br />"); //返回浏览器的名称
document.write(navigator.appVersion+"<br />"); //返回浏览器的平台和版本信息
document.write(navigator.cookieEnabled+"<br />"); //返回指明浏览器中是否启用 cookie 的布尔值
document.write(navigator.platform+"<br />"); //返回运行浏览器的操作系统平台
```

# 8.7 screen 对象

每个 window 对象的 screen 属性都引用一个 screen 对象，screen 对象中存放着有关客户端显示屏幕的信息，包括浏览器屏幕的信息与显示器屏幕的信息。JavaScript 将利用这些信息来优化它们的输出，以达到用户的显示要求。另外，JavaScript 还能根据有关屏幕尺寸的信息将新的浏览器窗口定位在屏幕中间。screen 对象的属性如表 8-9 所示。

表 8-9 screen 对象的属性

| 属　性 | 描　述 |
|---|---|
| width，height | 分别返回屏幕的宽度、高度，以像素为单位（下同） |
| availWidth | 分别返回屏幕的可用宽度 |
| availHeight | 返回屏幕的可用高度（除 Windows 任务栏之外） |
| colorDepth | 返回屏幕的颜色深度，即用户在“显示属性”对话框“设置”选项中的颜色位置 |

例如，下面的代码显示浏览器显示屏幕的宽度和高度、显示器屏幕的宽度和高度。可以看到浏览器屏幕的高度与显示器屏幕的高度相差一个 Windows 任务栏的高度。

```
document.write(screen.availHeight + "<br />");   //返回浏览器显示屏幕的高度
document.write(screen.availWidth + "<br />");   //返回浏览器显示屏幕的宽度
document.write(screen.height+ "<br />");   //返回显示器屏幕的高度
document.write(screen.width + "<br />");   //返回显示器屏幕的宽度
```

# 8.8 form 对象

form 对象是 document 对象的子对象，通过 form 对象可以实现表单验证等效果。通过 form 对象可以访问表单对象的属性及方法。其格式为：

**document.表单名称.属性**
**document.表单名称.方法(参数)**
**document.forms[索引].属性**
**document.forms[索引].方法(参数)**

## 8.8.1 form 对象的属性

form 对象的属性如表 8-10 所示。

表 8-10 form 对象的属性

| 属 性 | 描 述 |
| --- | --- |
| elements[] | 返回包含表单中所有元素的数组；元素在数组中出现的顺序与在表单中出现的顺序相同 |
| enctype | 设置或返回用于编码表单内容的 MIME 类型，默认值是"application/x-www-form-urlencoded"；当上传文件时，enctype 属性应设为"multipart/form-data" |
| target | 可设置或返回在何处打开表单中的 action-URL，可以是_blank、_self、_parent、_top |
| method | 设置或返回用于表单提交的 HTTP 方法 |
| length | 用于返回表单中元素的数量 |
| action | 设置或返回表单的 action 属性 |
| name | 返回表单的名称 |

### 8.8.2 form 对象的方法

form 对象的方法如表 8-11 所示。

表 8-11 form 对象的方法

| 方 法 | 描 述 |
| --- | --- |
| submit() | 表单数据提交到 Web 服务器 |
| reset() | 对表单中的元素进行重置 |

提交表单有两种：submit 提交按钮和 submit()提交方法。

在<form>标签中，onSubmit 属性用于指定在表单提交时调用的事件处理函数；在 onSubmit 属性中使用 return 关键字表示根据被调用函数的返回值来决定是否提交表单，当函数返回值为 true 时提交表单，否则不提交表单。

## 8.9 DOM 节点

HTML 文件是一种树状结构，HTML 中的标签和属性可以看作 DOM 树中的节点。节点又分为元素节点、属性节点、文本节点、注释节点、文件节点和文件类型节点，各种节点统称为 Node 对象，通过 Node 对象的属性和方法可以遍历整个文件树。

### 8.9.1 Node 对象

Node 对象的属性用于获得该节点的类型，如表 8-12 所示。

表 8-12 DOM 节点的类型

| 属 性 | nodeType 值 | 描 述 | 示 例 |
| --- | --- | --- | --- |
| 元素（Element） | 1 | HTML 标签 | <div></div> |
| 属性（Attribute） | 2 | HTML 标签的属性 | type="text" |
| 文本（Text） | 3 | 文本内容 | Hello JavaScript ! |
| 注释（Comment） | 8 | HTML 注释段 | <!--注释--> |
| 文件（Document） | 9 | HTML 文件根节点 | <html> |
| 文件类型（DocumentType） | 10 | 文件类型 | <!DOCTYPE html> |

### 8.9.2　Element 对象

Element 对象继承了 Node 对象，是 Node 对象中的一种，常用的属性如表 8-13 所示。

表 8-13　Element 对象的属性

| 属　　性 | 描　　述 |
| --- | --- |
| attributes | 返回指定节点的属性集合 |
| childNodes | 标准属性，返回直接后代的元素节点和文本节点的集合，类型为 NodeList |
| children | 非标准属性，返回直接后代的元素节点的集合，类型为 Array |
| innerHTML | 设置或返回元素的内部 HTML |
| className | 设置或返回元素的 class 属性 |
| firstChild | 返回指定节点的首个子节点 |
| lastChild | 返回指定节点的最后一个子节点 |
| nextSibling | 返回同一父节点的指定节点之后紧跟的节点 |
| previousSibling | 返回同一父节点的指定节点的前一个节点 |
| parentNode | 返回指定节点的父节点；没有父节点时，返回 null |
| nodeType | 返回指定节点的节点类型（数值） |
| nodeValue | 设置或返回指定节点的节点值 |
| tagName | 返回元素的标签名（始终是大写形式） |

### 8.9.3　NodeList 对象

NodeList 对象是一个节点集合，其 item(index)方法用于从节点集合中返回指定索引的节点，length 属性用于返回集合中的节点数量。

【例 8-3】DOM 节点示例。单击“统计”按钮前，合计销量为 0；单击“统计”按钮后，计算出所有商品的合计销量。本例文件 8-3.html 在浏览器中的显示效果如图 8-5 所示。

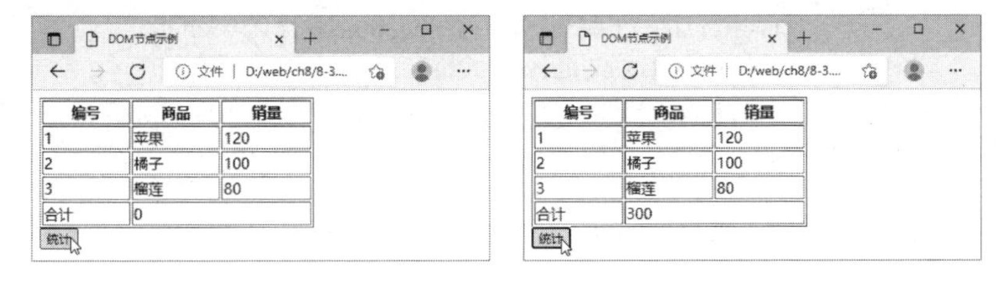


图 8-5　页面显示效果

```
<!DOCTYPE html>
<html>
    <head>
        <meta charset="utf-8">
        <title>DOM 节点示例</title>
        <script type="text/javascript">
            var dataArray = new Array();
            function amount() {
                var sum = 0;
                var myTable = document.getElementById("myTable");
                //table 中包含的节点集合（包括 tbody 元素节点和文本节点）
                var tbodyList = myTable.childNodes;
```

```
                //alert("tbody 集合的长度："+tbodyList.length);
                for (var i = 0; i < tbodyList.length; i++) {
                    var tbody = tbodyList.item(i);
                    //只对 tbody 元素节点进行操作，不对文本节点进行操作
                    if (tbody.nodeType == 1) {
                        //tbody 中包含的节点的集合（包括 tr 元素节点和文本节点）
                        var rowList = tbody.childNodes;
                        //第一行为标题栏，不需要统计
                        for (var j = 1; j < rowList.length; j++) {
                            var row = rowList.item(j);
                            //只对 tr 元素节点进行操作，不对文本节点进行操作
                            if (row.nodeType == 1) {
                                //当前行中包含的节点的集合(包括 td 节点和文本节点)
                                var cellList = row.childNodes;
                                //alert("当前行元素内容的个数："+cellList.length);
                                //获得最后一个单元格的内容
                                var lastCell = cellList.item(5);
                                if (lastCell != null) {
                                var salesAmount = parseInt(cellList.item(5).innerHTML);
                                    sum += salesAmount;
                                }
                            }
                        }
                    }
                }
                //改变统计结果
                var tableRows = myTable.getElementsByTagName("tr");
                var lastRow = tableRows.item(tableRows.length - 1);
                lastRow.lastChild.previousSibling.innerHTML = sum;
                //也可以通过 children 方式进行显示
                //myTable.children[0].children[3].children[1].innerHTML=sum;
            }
        </script>
    </head>
    <body>
        <table id="myTable" border="1" width="300">
            <tr>
                <th>编号</th><th>商品</th><th>销量</th>
            </tr>
            <tr>
                <td>1</td><td>苹果</td><td>120</td>
            </tr>
            <tr>
                <td>2</td><td>橘子</td><td>100</td>
            </tr>
            <tr>
                <td>3</td><td>榴莲</td><td>80</td>
            </tr>
```

```
            <tr>
                <td>合计</td><td colspan="3">0</td>
            </tr>
        </table>
        <input type="button" value="统计" onClick="amount()" />
    </body>
</html>
```

# 8.10 JavaScript 的对象事件处理程序

JavaScript 事件是指在浏览器窗体或 HTML 元素上发生的浏览器或用户行为。HTML DOM 使 JavaScript 有能力对 HTML 事件做出反应，可以在事件发生时执行 JavaScript。

## 8.10.1 对象的事件

在 JavaScript 中，事件是预先定义好的、能够被对象识别的动作。JavaScript 与 HTML 的交互是通过用户或浏览器操作页面时发生的事件来处理的。例如，当浏览器中所有 HTML 文件加载完成后，触发页面加载完成事件；HTML 按钮被单击时，触发按钮的单击事件，告诉浏览器发生了需要进行处理的单击操作等。

事件（Event）是文件对象模型（DOM）的一部分，每个 HTML 元素都包含一组可以触发 JavaScript 代码的事件，但并非每种事件都会产生结果，因为 JavaScript 只是识别事件的发生。为了使对象能够对某一事件做出响应（Respond），就必须编写事件处理函数。

事件处理函数（又称事件句柄、事件监听函数、事件监听器）是指用于响应某个特定事件被触发时而调用执行的函数。每个事件均对应一个事件处理函数，在程序执行时，将相应的函数或语句指定给该事件处理函数，则在该事件发生时，浏览器便执行指定的函数或语句。一个对象可以响应一个或多个事件，因此可以使用一个和多个事件过程对用户或系统的事件做出响应。例如，用户在页面中进行的鼠标单击动作、鼠标移动动作、网页页面加载完成的动作等，都称为事件名称，即 Click、MouseMove、Load 等都是事件的名称。响应某个事件的函数则称为事件处理函数。

对象事件有以下 3 类。

- 用户引起的事件，如网页装载、表单提交等。
- 引起页面之间跳转的事件，主要是超链接。
- 表单内部与界面对象的交互，包括界面对象的改变等。这类事件可以按照应用程序的具体功能自由设计。

## 8.10.2 常用的事件及处理

### 1. 浏览器事件

浏览器事件主要由 Load、UnLoad、DragDrop 及 Submit 等事件组成。

（1）Load 事件

Load 事件发生在浏览器完成一个窗口或一组帧的装载之后。onLoad 句柄在 Load 事件发生后由 JavaScript 自动调用执行。因为这个事件处理函数可在其他所有的 JavaScript 程序和网页之前被执行，可以用来完成网页中所用数据的初始化，如弹出一个提示窗口，显示版权或欢迎信息，弹出密码认证窗口等。例如：

```
<body onLoad="window.alert(Please input password!")>
```

网页开始显示时并不触发 Load 事件，只有当所有元素（包含图像、声音等）被加载完成后才触发 Load 事件。

例如，下面的代码可以在加载网页时显示对话框说明已经触发了 Load 事件。

```
<html>
  <head><title>Load 事件过程</title>
    <script language="javascript">
      function init()
      {  window.alert("触发了 Load 事件");
      }
    </script>
  </head>
  <body onLoad="init()"> 网页内容 </body>
</html>
```

（2）Unload 事件

Unload 事件发生于用户在浏览器的地址栏中输入一个新的 URL，或者使用浏览器工具栏中的导航按钮，从而使浏览器试图载入新的网页。在浏览器载入新的网页之前，自动产生一个 Unload 事件，通知原有网页中的 JavaScript 脚本程序。

onUnload 事件句柄与 onLoad 事件句柄构成一对功能相反的事件处理模式。使用 onLoad 事件句柄可以初始化网页，而使用 onUnload 事件句柄可以结束网页。

例如，下面的代码在打开 HTML 文件时显示“欢迎”，在关闭浏览器窗口时显示“再见”。

```
<html>
  <body onLoad="alert('欢迎')" onUnload="alert('再见')" >
    网页内容
  </body>
</html>
```

（3）Submit 事件

Submit 事件在完成信息的输入，准备将信息提交给服务器处理时发生。onSubmit 句柄在 Submit 事件发生时由 JavaScript 自动调用执行。onSubmit 句柄通常在<form>中声明。

为了减少服务器的负担，可在 Submit 事件处理函数中实现最后的数据校验。如果所有的数据验证都能通过，则返回一个 true 值，让 JavaScript 向服务器提交表单，把数据发送给服务器；否则，返回一个 false 值，禁止发送数据，且给用户相关的提示，让用户重新输入数据。

**【例 8-4】**本例是一个在提交时检查条件是否满足要求的简单程序。首先定义了一个文本输入框，要求用户在此文本框中输入一个在“a”和“z”之间的小写字母。在用户提交表单时，就用 check()函数对文本框中的内容进行校验。本例文件 8-4.html 在浏览器中的显示效果如图 8-6 所示。

```
<!DOCTYPE html>
<html>
    <head>
        <meta charset="utf-8">
        <title>检查表单</title>
        <script language="JavaScript">
            function check() {
```

图 8-6　页面显示效果

```
                var va1 = document.chform.textname.value; //表单名.文本框名.value
                if ("a" < va1 && va1 < "z")
                    return (true);
                else {
                    alert("输入值" + va1 + "超出了允许的范围!");
                    return (false);
                }
            }
        </script>
    </head>
    <body>
        <form name="chform" method="post" onSubmit="check()">
            <p>输入一个 a 到 z 之间的字母(a,z 除外):
                <input type="text" name="textname" value=" " size="10">
            </p>
            <input type="submit">
        </form>
    </body>
</html>
```

### 2. 鼠标事件

常用的鼠标事件有 MouseDown、MouseMove、MouseUp、MouseOver、MouseOut、Click、Blur 及 Focus 等事件。

（1）MouseDown 事件

当按下鼠标的某一个键时发生 MouseDown 事件。在这个事件发生后，JavaScript 自动调用 MouseDown 句柄。

在 JavaScript 中，如果发现一个事件处理函数返回 false 值，就中止事件的处理。如果 MouseDown 事件处理函数返回 false 值，则与鼠标操作有关的其他一些操作，如拖放、激活超链接等都会无效，因为这些操作首先都必须产生 MouseDown 事件。

这个句柄适用于网页、普通按钮及超链接。

（2）MouseMove 事件

当移动鼠标时，发生 MouseMove 事件。这个事件发生后，JavaScript 自动调用 onMouseMove 句柄。MouseMove 事件不从属于任何界面元素。只有当一个对象（浏览器对象 window 或 document）要求捕获事件时，这个事件才在每次鼠标移动时产生。

（3）MouseUp 事件

当释放鼠标键时，发生 MouseUp 事件。在这个事件发生后，JavaScript 自动调用 onMouseUp 句柄。这个事件同样适用于普通按钮、网页及超链接。

与 MouseDown 事件一样，如果 MouseUp 事件处理函数返回 false 值，则那些与鼠标操作密切相关的操作，如拖放、选定文本及激活超链接等，都无效，因为这些操作都必须首先产生 MouseUp 事件。

（4）MouseOver 事件

当光标移动到一个对象上面时，发生 MouseOver 事件。在 MouseOver 事件发生后，JavaScript 自动调用执行 onMouseOver 句柄。

通常情况下，当光标扫过一个超链接时，超链接的目标会在浏览器的状态栏中显示；也可通过编程在状态栏中显示提示信息或特殊的效果，使网页更具有变化性。在下面的示例代码中，第 1 行代码当光标在超链接上时可在状态栏中显示指定的内容，第 2、3、4 行代码是当光标在文字或图像上时，弹出相应的对话框。

```
<a href="http://www.sohu.com/" onMouseOver="window.status='你好吗';return true">请单击</a>
<a href onMouseOver="alert('弹出信息！ ')">显示的链接文字</a>
<img src="image1.jpg" onMouseOver="alert('在图像之上');"><br>
<a href="#" onMouseOver="window.alert('在链接之上');"><img src="image2.jpg"></a><hr>
```

（5）MouseOut 事件

MouseOut 事件发生在光标离开一个对象时。在这个事件发生后，JavaScript 自动调用 onMouseOut 句柄。这个事件适用于区域、层及超链接对象。

（6）Click 事件

Click 事件可在两种情况下发生。首先，在一个表单上的某个对象被单击时发生；其次，在单击一个超链接时发生。onClick 事件句柄在 Click 事件发生后由 JavaScript 自动调用执行。onClick 事件句柄适用于普通按钮、提交按钮、单选按钮、复选框及超链接。下面的代码用于单击图像后弹出一个对话框：

```
<img src="image1.jpg" onClick="window.alert('单击图像');"><br>
```

例如，下面的代码检查文本框中输入的内容，并在信息框中显示出来：

```
<body>
<form name="myForm">
  <input type="text" name="myText">
</form>
<a href="#" onClick="window.alert(document.myForm.myText.value);">检查文本框</a>
</body>
```

MouseDown 和 MouseUp 的事件处理函数一样，如果通过 Click 事件句柄返回 false 值，将会取消这个单击动作。

（7）Blur 事件

Blur 事件是在一个表单中的选择框、文本输入框中失去焦点时，即在表单其他区域单击鼠标时发生。即使此时当前对象的值没有改变，仍会触发 onBlur 事件。onBlur 事件句柄在 Click 事件发生后，由 JavaScript 自动调用执行。

（8）Focus 事件

在一个选择框、文本框或文本输入区域得到焦点时发生 Focus 事件。onFocus 事件句柄在 Click 事件发生时由 JavaScript 自动调用执行。用户可以通过单击对象，也可通过键盘上的 Tab 键使一个区域得到焦点。

onFocus 句柄与 onBlur 句柄功能相反。

### 3．键盘事件

在介绍键盘事件之前，先来了解 JavaScript 解释器传给键盘事件处理函数 Event 对象的一些共同属性。

- type：指示各自的事件名称，以字符串形式表示。
- layerX，layerY：指示发生事件时，光标相对于当前层的水平和垂直位置。
- pageX，pageY：指示发生事件时，光标相对于当前网页的水平和垂直位置。
- screenX，screenY：指示发生事件时，光标相对于屏幕的水平和垂直位置。

- which：指示键盘上按下键的 ASCII 码值。
- modifiers：指示键盘上随着按下键的同时可能按下的修饰键。

下面介绍几个主要的键盘事件。

（1）KeyDown 事件

在键盘上按下一个键时，发生 KeyDown 事件。在这个事件发生后，由 JavaScript 自动调用 onKeyDown 句柄。该句柄适用于浏览器对象 document、图像、超链接及文本区域。

（2）KeyPress 事件

在键盘上按下一个键时，发生 KeyDown 事件。在这个事件发生后，由 JavaScript 自动调用 onKeyPress 句柄。该句柄适用于浏览器对象 Document、图像、超链接及文本区域。

KeyDown 事件总发生在 KeyPress 事件之前。如果这个事件处理函数返回 false 值，就不会产生 KeyPress 事件。

（3）KeyUp 事件

在键盘上按下一个键，再释放这个键时发生 KeyUp 事件。在这个事件发生后由 JavaScript 自动调用 onKeyUp 句柄。这个句柄适用于浏览器对象 document、图像、超链接及文本区域。

（4）Change 事件

在一个选择框、文本输入框或文本输入区域失去焦点，且其中的值发生改变时，就会发生 Change 事件。在 Change 事件发生时，由 JavaScript 自动调用 onChange 句柄。Change 事件是个非常有用的事件，它的典型应用是验证一个输入的数据。

（5）Select 事件

选定文本输入框或文本输入区域的一段文本后，发生 Select 事件。在 Select 事件发生后，由 JavaScript 自动调用 onSelect 句柄。onSelect 句柄适用于文本输入框及文本输入区。

（6）Move 事件

在用户或标本程序移动一个窗口或一个帧时，发生 Move 事件。在这个事件发生后，由 JavaScript 自动调用 onMove 句柄。该事件适用于窗口及帧。

（7）Resize 事件

在用户或脚本程序移动窗口或帧时发生 Resize 事件，在事件发生后由 JavaScript 自动调用 onResize 句柄。该事件适用于浏览器对象 document 及帧。

### 8.10.3 表单对象与交互性

form 对象（称表单对象或窗体对象）提供一个让客户端输入文字或选择的功能，例如，单选按钮、复选框、选择列表等，由<form>构成，JavaScript 自动为每个表单建立一个表单对象，并且可以将用户提供的信息送至服务器进行处理，当然也可以在 JavaScript 脚本中编写程序对数据进行处理。

表单中的基本元素（子对象）有按钮、单选按钮、复选按钮、提交按钮、重置按钮、文本框等。在 JavaScript 中要访问这些基本元素，必须通过对应特定的表单元素的表单元素名来实现。每个元素主要是通过该元素的属性或方法来引用。

表单事件最常用在 form 元素中，调用 form 对象的一般格式为：

```
<form name="表单名" action="URL" 表单事件="JavaScript 代码" method="post">…>
  <input type="表项类型" name="表项名" value="默认值" 事件=" JavaScript 代码"…>
    …
</form>
```

### 1．text 单行单列输入元素

功能：对 text 中的元素实施有效的控制。

属性：name，设定提交信息时的信息名称，对应于 HTML 文件中的 name。
　　　value，设定出现在窗口中对应 HTML 文件的 value 信息。
　　　defaultvalue，包括 text 元素的默认值。

方法：blur()，将当前焦点移到后台。
　　　select()，加亮文字。

事件：onFocus，当 text 获得焦点时，产生该事件。
　　　onBlur，当元素失去焦点时，产生该事件。
　　　onSelect，当文字被加亮显示后，产生该事件。
　　　onChange，当 text 元素值改变时，产生该事件。

### 2．textarea 多行多列输入元素

功能：对 textarea 中的元素进行控制。

属性：name，设定提交信息时的信息名称，对应 HTML 文件 textarea 的 name。
　　　value，设定出现在窗口中对应 HTML 文件的 value 信息。
　　　defaultvalue，元素的默认值。

方法：blur()，将输入焦点失去。
　　　select()，加亮文字。

事件：onBlur，当失去输入焦点后产生该事件。
　　　onFocus，当输入获得焦点后，产生该事件。
　　　onChange，当文字值改变时，产生该事件。
　　　onSelect，加亮文字，产生该事件。

### 3．select 选择元素

功能：实施对滚动选择元素的控制。

属性：name，设定提交信息时的信息名称，对应文件 select 中的 name。
　　　value，设定出现在窗口中对应 HTML 文件的 value 信息。
　　　length，对应文件 select 中的 length。
　　　options，组成多个选项的数组。
　　　selectIndex，指明一个选项。
　　　text，选项对应的文字。
　　　selected，指明当前选项是否被选中。
　　　index，指明当前选项的位置。
　　　defaultselected，默认选项。

事件：onBlur，当 select 选项失去焦点时，产生该事件。
　　　onFocus，当 select 获得焦点时，产生该事件。
　　　onChange，选项状态改变后，产生该事件。

下面程序把在列表框中选定的内容在信息框中显示，代码如下：

```
<body>
<form name="myForm">
```

```
    <select name="mySelect">
      <option value="第一个选择">1</option>
      <option value="第二个选择">2</option>
      <option value="第三个选择">3</option>
    </select>
  </form>
  <a href="#" onClick="window.alert(document.myForm.mySelect.value);">请选择列表</a>
  </body>
```

### 4．button 按钮

功能：对 button 按钮的控制。

属性：name，设定提交信息时的信息名称，对应文件中 button 的 name。

　　　value，设定出现在窗口中对应 HTML 文件的 value 信息。

方法：click()，类似于单击一个按钮。

事件：onClick，当单击 button 按钮时，产生该事件。

下例演示一个单击按钮的事件，代码如下：

```
  <body>
  <form name="myForm" action="target.html">
    <input type="button" value="单击我" onClick="window.alert('你单击了我.');">
  </form>
  </body>
```

**【例 8-5】**本例中，窗体 myForm 包含了一个 text 对象和一个按钮。当用户单击 button1 按钮时，窗体的名字就将赋给 text 对象；当用户单击 button2 按钮时，函数 showElements 将显示一个警告对话框，里面包含了窗体 myForm 上的每个元素的名称。本例文件 8-5.html 在浏览器中的显示效果如图 8-7 和图 8-8 所示。

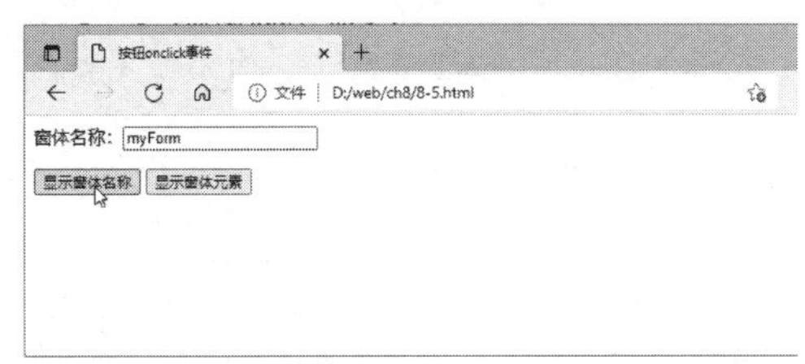


图 8-7　单击 button1 按钮的显示效果

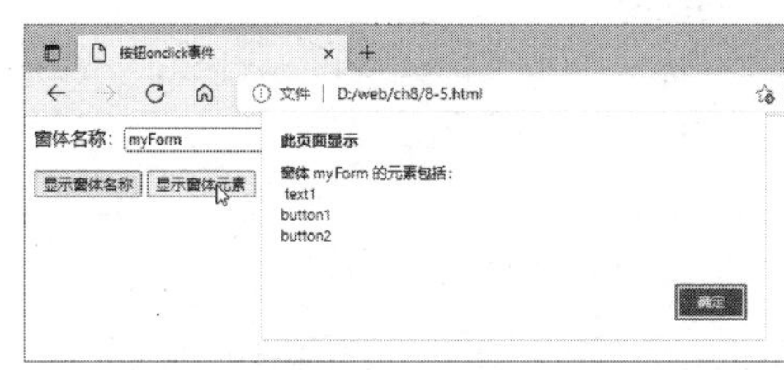


图 8-8　单击 button2 按钮的显示效果

```
  <!DOCTYPE html>
  <html>
      <head>
          <meta charset="utf-8">
          <title>按钮 onClick 事件</title>
          <script language="JavaScript">
              function showElements(theForm) {
                  str = "窗体  " + theForm.name + "  的元素包括：\n ";
                  for (i = 0; i < theForm.length; i++)
                      str += theForm.elements[i].name + "\n";
                  alert(str);
              }
          </script>
```

```
        </head>
        <body>
            <form name="myForm">
                窗体名称：<input type="text" name="text1">
                <p>
                    <input name="button1" type="button" value="显示窗体名称" onClick="this.form.
text1.value=this.form.name">
                    <input  name="button2"  type="button"  value=" 显 示 窗 体 元 素 "  onClick=
"showElements(this.form)">
            </form>
        </body>
    </html>
```

### 5．checkbox 检查框

功能：实施对一个具有复选框的元素的控制。

属性：name，设定提交信息时的信息名称。

value，设定出现在窗口中对应 HTML 文件的 value 信息。

checked，该属性指明框的状态 true/false。

defaultchecked，默认状态。

方法：click()，使得框的某一项被选中。

事件：onClick，当框被选中时，产生该事件。

在下面的代码中，单击链接，将显示是否选中复选框的提示：

```
<body>
<form name="myForm">
  <input type="checkbox" name="myCheck" value="My Check Box"> Check Me
</form>
<a href="#" onClick="window.alert(document.myForm.myCheck.checked ? 'Yes' : 'No');">
Am I Checked?</a>
</body>
```

### 6．password 口令

功能：对具有口令输入的元素的控制。

属性：name，设定提交信息时的信息名称，对应 HTML 文件中 password 的 name。

value，设定出现在窗口中对应 HTML 文件的 value 信息。

defaultvalue，默认值。

方法：select()，加亮输入口令域。

blur()，失去 password 输入焦点。

focus()，获得 password 输入焦点。

### 7．submit 提交元素

功能：对一个具有提交功能按钮的控制。

属性：name，设定提交信息时的信息名称，对应 HTML 文件中的 submit。

value，用以设定出现在窗口中对应 HTML 文件的 value 信息。

方法：click()，相当于单击 submit 按钮。

事件：onClick，当单击该按钮时，产生该事件。

## 8.11　综合案例——鲜品园商品复选框全选效果

在讲解了对象模型及事件处理的基础知识后，本节讲解使用 JavaScript 实现商品复选框的全选效果。

**【例 8-6】** 使用 JavaScript 实现商品复选框的全选效果。当用户单击“全选”复选框时，所有商品前面的复选框都被选中；再次单击“全选”复选框，所有商品前面的复选框都被取消选中。本例文件 8-6.html 在浏览器中的显示效果如图 8-9 所示。

```
<!DOCTYPE html>
<html>
    <head>
        <meta charset="utf-8">
        <title>鲜品园商品复选框的全选效果</title>
        <style type="text/css">
            table {margin: 0px auto; width: 300px;border-width: 0px;}
            td {text-align: center;}
            td img {width: 107px; height: 123px; }
            hr {border: 1px #cccccc dashed;}
        </style>
        <script language="javascript">
            function checkAll(boolValue) {
                var allCheckBoxs = document.getElementsByName("isBuy");
                for (var i = 0; i < allCheckBoxs.length; i++) {
                    if (allCheckBoxs[i].type == "checkbox") //可能有重名的其他类型元素
                        allCheckBoxs[i].checked = boolValue; //检查是否选中用 checked
                }
            }
            function change() {
                var initmmAll = document.getElementsByName("mmall");
                if (initmmAll[0].checked == true)
                    checkAll(true);
                else
                    checkAll(false);
            }
        </script>
    </head>
    <body>
        <h3 align="center">鲜品园商品选购</h3>
        <form action="" name="buyForm" method="post">
            <table>
                <tr>
                    <td style="width:50px; text-align:right;">
                        <input name="mmall" type="checkbox" onClick="change()" />
                    </td>
                    <td style="width:50px; text-align:left;">全选</td>
                </tr>
```

图 8-9　页面显示效果

```
            <tr>
                <td colspan="2" align="center">
                    <input name="isBuy" type="checkbox" id="isBuy" value="prod1" />
                </td>
                <td><img src="images/product001.jpg" /></td>
            </tr>
            <tr>
                <td colspan="3">
                    <hr noshade="noshade" />
                </td>
            </tr>
            <tr>
                <td colspan="2">
                    <input name="isBuy" type="checkbox" id="isBuy" value="prod2" />
                </td>
                <td><img src="images/product002.jpg"></td>
            </tr>
            <tr>
                <td colspan="3">
                    <hr noshade="noshade" />
                </td>
            </tr>
            <tr>
                <td colspan="2">
                    <input name="isBuy" type="checkbox" id="isBuy" value="prod3" />
                </td>
                <td><img src="images/product003.jpg"></td>
            </tr>
            <tr>
                <td colspan="3">
                    <hr noshade="noshade" />
                </td>
            </tr>
        </table>
    </form>
</body>
</html>
```

**【说明】**

1）判断“全选”复选框的状态。欲设置复选框的全选或全不选，首先需要判断“全选”复选框是选中状态还是未选中状态，然后再调用设置函数对其他复选框进行整体设置。

2）编写设置全选或全不选的函数 checkAll()并调用该函数。由于复选框的状态发生变化时会触发 change 事件，所以在“全选”复选框的 onChange 事件下调用 judge()函数。

## 习题 8

1．编写程序实现按时间随机变化的网页背景，如图 8-10 所示。

图 8-10　题 1 图

2．使用 window 对象的 setTimeout()方法和 clearTimeout()方法设计一个简单的计时器。当单击“开始计时”按钮后启动计时器，文本框从 0 开始计时；单击“暂停计时”按钮后暂停计时，如图 8-11 所示。

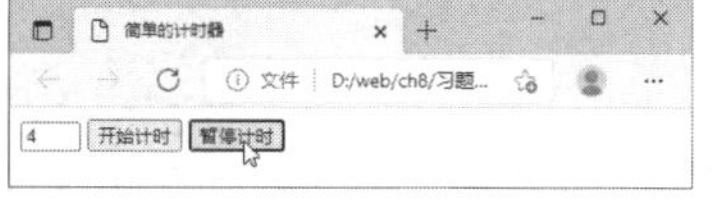


图 8-11　题 2 图

3．编写程序实现年月日的联动功能，当改变“年”“月”菜单的值时，“日”菜单的值的范围也会相应改变，如图 8-12 所示。

4．设计简易加法计算器，如图 8-13 所示。

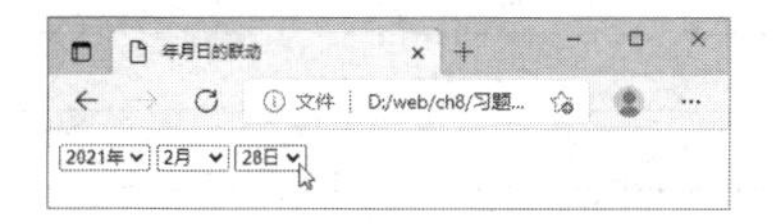


图 8-12　题 3 图

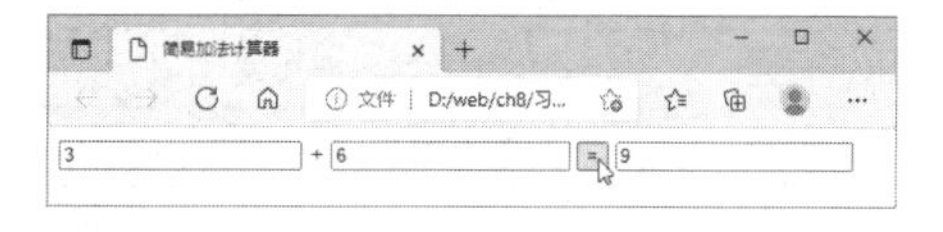


图 8-13　题 4 图

5．使用 form 对象实现 Web 页面信息交互，要求浏览者输入姓名并接受商城协议。当不输入姓名且未接受协议时，单击“提交”按钮会弹出提示框，提示用户输入姓名且接受协议；当用户输入姓名且接受协议时，单击“复位”按钮会弹出确认框，等待用户确认是否清除输入的信息，如图 8-14 所示。

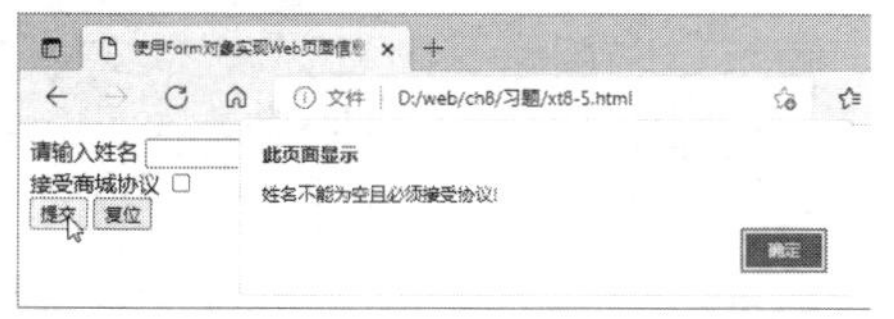

图 8-14　题 5 图

6．使用 form 对象实现 Web 页面信息交互，验证表单提交的注册信息，当用户输入的内容不符合要求时，弹出对话框进行提示，如图 8-15 所示。

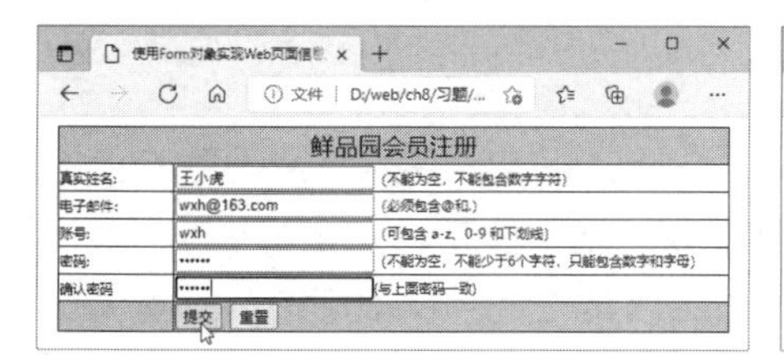

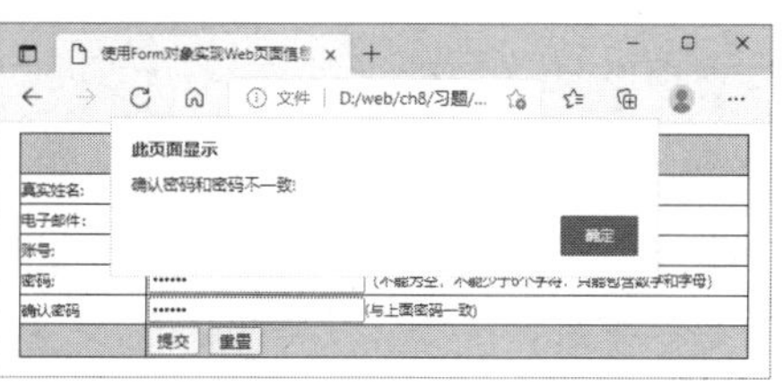


图 8-15　题 6 图

# 第 9 章　CSS3 变形、过渡和动画属性

CSS3 新增了变形、过渡、动画属性。通过本章的学习，掌握 CSS3 的变形、过渡和动画属性的使用方法。

## 9.1　变形

使用 CSS3 的变形属性，可以对元素进行移动、旋转、缩放、倾斜这 4 种几何变换操作，从而产生平滑的动画效果。CSS3 的变形属性如表 9-1 所示。

表 9-1　CSS3 变形属性

| 属　性 | 描　述 |
| --- | --- |
| transform | 对元素应用 2D 或 3D 变形 |
| transform-origin | 改变被变形元素的原点位置 |
| transform-style | 被嵌套元素如何在 3D 空间中显示 |
| perspective | 定义 3D 元素与视图之间的距离，以像素为单位。当元素定义为 perspective 属性时，其子元素会获得透视效果，而不是元素本身 |
| perspective-origin | 3D 元素的底部位置 |
| backface-visibility | 元素在不面对屏幕时是否可见 |

### 9.1.1　CSS 的坐标系统

网页布局遵循坐标系统的概念。浏览器在渲染和显示一个网页前，先进行布局计算，得到网页中所有元素对应的坐标位置和尺寸。如果有元素的坐标位置或尺寸发生了改变，浏览器都会重新进行布局计算。这个重新计算的过程也称为回流（Reflow）。

#### 1．元素的初始坐标系统

HTML 网页是平面的，每一个元素都有一个初始坐标系统，如图 9-1 所示。其中，原点位于元素的左上角，$x$ 轴向右，$y$ 轴向下，$z$ 轴指向浏览者。初始坐标系统的 $z$ 轴并不是三维空间，仅仅是 $z$-index 的参照，决定网页元素的层叠顺序，层叠顺序靠后的元素将覆盖层叠顺序靠前的元素。

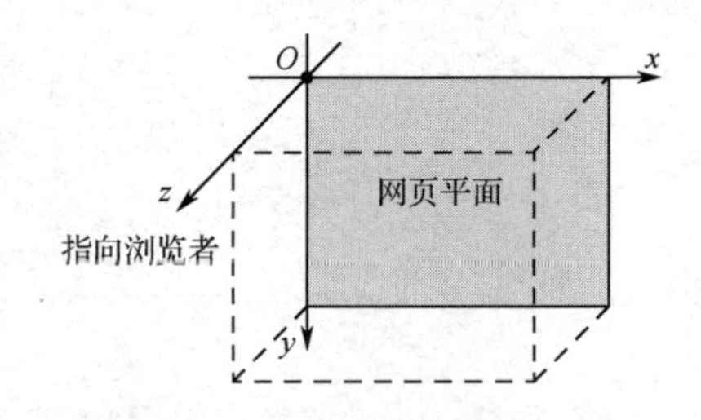


图 9-1　元素初始坐标系统示意图

#### 2．transform 的坐标系统

CSS 的变换对应属性 transform，transform 属性值包含了一系列变换函数，它的作用是修改元素自身的坐标空间，这个修改对应一个坐标系统。通过变换，元素可以实现在 2D 或 3D 空间内的平移、旋转和缩放。需要注意的是，虽然这也是关于坐标系统的，但变换改变的只是元素的视觉渲染，是在元素的布局计算后起作用的，因此在布局层面没有影响。一般情况下，变换也不会引发回流。

transform 所参照的并不是初始坐标系统，而是一个新的坐标系统，如图 9-2 所示。与初始坐标系相比，*x* 轴、*y* 轴、*z* 轴的指向都不变，只是原点位置移动到了元素的中心。如果想要改变这个坐标系的原点位置，则可以使用 transform-origin。transform-origin 的默认值是(50%,50%,0%)，因此，默认情况下，transform 坐标系统的原点位于元素中心。

如果没有使用 transform-origin 改变元素的原点位置，则移动、旋转、缩放和倾斜的变形操作都是以元素的中心位置进行的。如果使用 transform-origin 改变了元素的原点位置，则旋转、缩放和倾斜的变形操作将以更改后的原点位置进行，但移动变形操作始终以元素的中心位置进行。

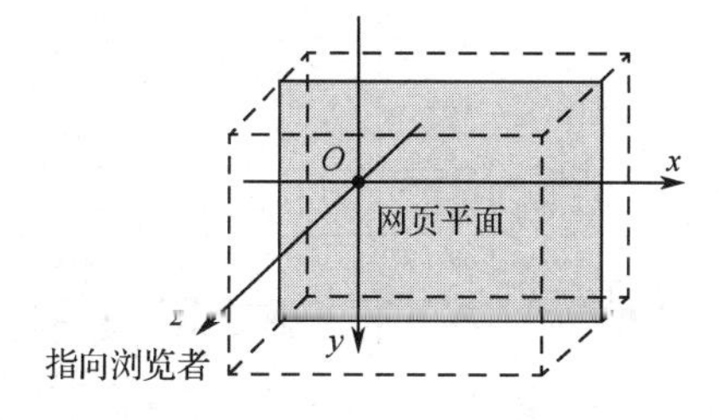

图 9-2　transform 的坐标系统示意图

### 3. transform 的顺序

当使用多个变换函数时，要注意变换函数的顺序。这是因为，每个变换函数不仅改变了元素，同时也会改变和元素关联的 transform 坐标系统，当变换函数依次执行时，后一个变换函数总是基于前一个变换后的新 transform 坐标系统。由于坐标系统会随着每一次变换发生改变，因此在不同顺序的情况下，元素最终的位置也不同。

## 9.1.2　transform 属性

transform 属性向元素应用 2D 或 3D 变换，可以对元素进行旋转、缩放、移动或倾斜这 4 种类型的变换处理。变换不会影响页面中的其他元素，也不会影响布局，如果通过变换放大某个元素，那么该元素会简单地覆盖相邻元素。其格式为：

**transform: none | transform-function;**

none 定义不进行转换，transform-function 表示一个或多个变形函数，以空格分开。当对元素应用多个变形函数时，要注意变形函数的顺序，因为每个变形函数不仅改变了元素，而且改变了和元素关联的 transform 坐标。当变形函数依次执行时，后一个变形函数总是基于前一个变形后的新的 transform 坐标。

### 1. transform 属性的 2D 变形函数

transform 属性有 5 种 2D 基本变形函数，如表 9-2 所示。

表 9-2　transform 属性的 2D 变形函数

| 函　　数 | 描　　述 |
| --- | --- |
| translate(x,y) | 2D 移动，表示元素水平方向移动 x，垂直方向移动 y，其中 y 可以省略，表示垂直方向没有位移 |
| translateX(x) | 2D 移动，表示元素水平方向移动 x。正值向右移动，负值向左移动 |
| translateY(y) | 2D 移动，表示元素垂直方向移动 y。正值向下移动，负值向上移动 |
| rotate(angle) | 2D 旋转，表示元素顺时针旋转 angle 角度，angle 的单位通常为 deg（度） |
| scale(x,y) | 2D 旋转，表示元素水平方向的缩放比为 x，垂直方向的缩放比为 y，其中 y 可以省略，表示 y 和 x 相同，以保持缩放比不变 |
| scaleX(x) | 2D 缩放，表示元素水平方向的缩放比为 x。1.0 是原始大小。使用负值会将元素绕 *y* 轴翻转，创建一个从右到左的镜像 |

续表

| 函　数 | 描　述 |
|---|---|
| scaleY(y) | 2D 缩放，表示元素垂直方向的缩放比为 y。1.0 是原始大小。使用负值会将元素绕 *x* 轴翻转，创建一个从下到上的镜像 |
| skew(angleX,angleY) | 2D 倾斜，表示元素沿着 *x* 轴方向倾斜 angleX 角度，沿着 *y* 轴方向倾斜 angleY 角度，其中 angleY 可以省略，表示 *y* 轴方向不倾斜 |
| skewX(angleX) | 2D 倾斜，表示元素沿着 *x* 轴方向倾斜 angleX 角度。上下边缘仍然水平，左右边缘倾斜 |
| skewY(angleY) | 2D 倾斜，表示元素沿着 *y* 轴方向倾斜 angleY 角度。左右边缘不倾斜，上下边缘倾斜 |
| matrix(a,b,c,d,x,y) | 将所有 2D 变形函数 matrix(scaleX(),skewX(),skewY(),scaleY(),translateX(),translateY())组合在一起，扭曲缩放加位移（*x* 轴缩放，*x* 轴扭曲，*y* 轴扭曲，*y* 轴缩放，*x* 轴位移，*y* 轴位移）。用矩阵乘法来变换元素（其他所有的变换都可以使用矩阵乘法来实现）。a 为元素的水平伸缩量，1 为原始大小；b 为纵向扭曲，0 为不变；c 为横向扭曲，0 不变；d 为垂直伸缩量，1 为原始大小；x 为水平偏移量，0 是初始位置；y 为垂直偏移量，0 是初始位置。 |

**【例 9-1】**transform 属性的移动函数 translate()的使用，向右向下移动。本例文件 9-1.html 在浏览器中的显示效果如图 9-3 所示，这是 div 元素的中心点从(100,75)像素移到了(200,150)像素位置。

```
<!DOCTYPE html>
<html>
	<head>
		<meta charset="utf-8">
		<title>transform 属性的移动函数 translate()</title>
		<style type="text/css">
			.box { /*原始的 div 元素*/
				width: 200px; height: 150px;
				background-color: aqua;
				border: 2px dotted red;
			}
			.box div {	/*移位后的 div 元素*/
				width: 200px;height: 150px;
				background-color: bisque;
				border: 2px solid blueviolet;
				transform: translate(100px, 75px);
			}
		</style>
	</head>
	<body>
		<div class="box">原始的 div 元素
			<div>移位后的 div 元素</div>
		</div>
	</body>
</html>
```

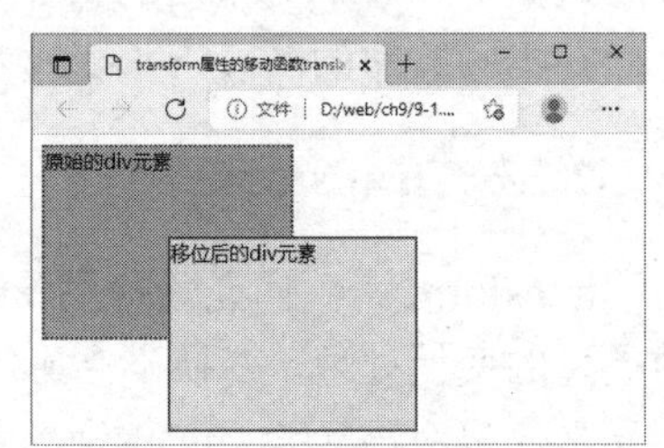


图 9-3　移动函数示例

**【例 9-2】**transform 属性的旋转函数 rotate()的使用，旋转 45°。本例文件 9-2.html 在浏览器中的显示效果如图 9-4 所示。

```
<!DOCTYPE html>
<html>
```

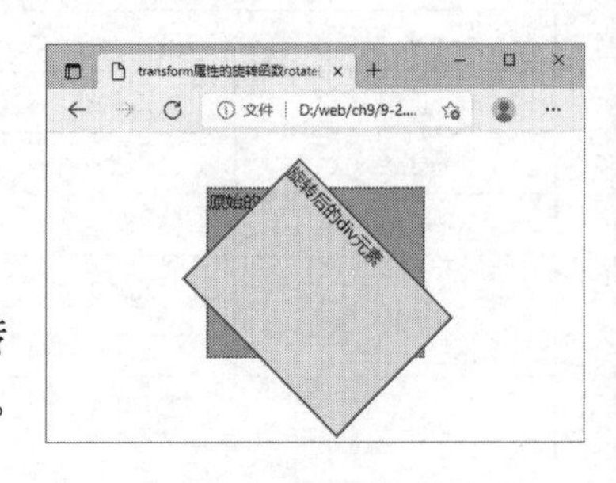


图 9-4　旋转函数示例

```
    <head>
        <meta charset="utf-8">
        <title>transform 属性的旋转函数 rotate()</title>
        <style type="text/css">
            .box { /*原始的 div 元素*/
                width: 200px;height: 150px;background-color: aqua;
                border: 2px dotted red;margin: 50px auto;
            }
            .box div {   /*移位后的 div 元素*/
                width: 200px;height: 150px;background-color: bisque;
                border: 2px solid blueviolet;transform: rotate(45deg);
            }
        </style>
    </head>
    <body>
        <div class="box">原始的 div 元素
            <div>旋转后的 div 元素</div>
        </div>
    </body>
</html>
```

**【例 9-3】** transform 属性的放大函数 scale()的使用，放大 1.5 倍。本例文件 9-3.html 在浏览器中的显示效果如图 9-5（a）所示，鼠标指针移到该元素上面时的显示效果如图 9-5（b）所示。

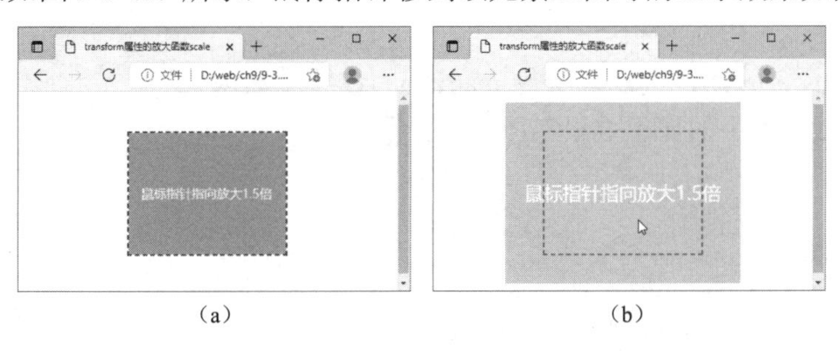


（a）　　　　（b）

图 9-5　放大函数示例

```
<!DOCTYPE html>
<html>
    <head>
        <meta charset="utf-8">
        <title>transform 属性的放大函数 scale()</title>
        <style type="text/css">
          .box {width: 200px;height: 150px;border:2px dashed red;margin: 50px auto; }
           .box div {width: 200px;height: 150px;line-height: 150px;background: orange;
                text-align: center;color: #fff; }
           .box div:hover { opacity: .5; /*不透明度，取值 0.0~1.0*/
                transform: scale(1.5); }
        </style>
    </head>
    <body>
        <div class="box">
            <div>鼠标指针指向放大 1.5 倍</div>
```

```
            </div>
        </body>
    </html>
```

【例 9-4】transform 属性的倾斜函数 skew()的使用，倾斜 45°。本例文件 9-4.html 在浏览器中的显示效果如图 9-6 所示。

```
    <!DOCTYPE html>
    <html>
        <head>
            <meta charset="utf-8">
            <title>倾斜函数 skew()</title>
            <style type="text/css">
                .wrapper {width: 200px;height: 100px;border: 2px dotted red;margin: 30px auto;}
                .wrapper div {width: 200px;height: 100px;line-height: 100px;text-align: center;color: #fff;background: orange;transform: skew(45deg);}
            </style>
        </head>
        <body>
            <div class="wrapper">
                <div>倾斜成为平行四边形</div>
            </div>
        </body>
    </html>
```

图 9-6　倾斜函数示例

【例 9-5】transform 属性的矩阵函数 matrix()的使用，本例文件 9-5.html 在浏览器中的显示效果如图 9-7 所示。

```
    <!DOCTYPE html>
    <html>
        <head>
            <meta charset="utf-8">
            <title>transform 属性的矩阵函数 matrix()</title>
            <style type="text/css">
                .box {width: 200px;height: 150px;border: 2px dotted red;margin: 30px auto;}
                .box div {width: 200px;height: 150px;background: orange;transform: matrix(1, 0, 0, 1, 50, 50);}
            </style>
        </head>
        <body>
            <div class="box">
                <div>矩阵</div>
            </div>
        </body>
    </html>
```

图 9-7　矩阵函数示例

### 2．transform 属性的 3D 变形函数

前面是 2D 的变形，CSS3 也提供了 3D 的变形。transform 属性增加了 3 个变形函数，即 rotateX、rotateY、rotateZ。transform 属性有 8 种 3D 基本变形函数，如表 9-3 所示。

表 9-3　transform 属性的 3D 变形函数

| 函　　数 | 描　　述 |
| --- | --- |
| translate3d(x,y,z) | 定义 3D 转化 |
| translateX(x) | 定义 3D 转化，仅使用用于 $x$ 轴的值 |
| translateY(y) | 定义 3D 转化，仅使用用于 $y$ 轴的值 |
| translateZ(z) | 定义 3D 转化，仅使用用于 $z$ 轴的值 |
| scale3d(x,y,z) | 定义 3D 缩放转换 |
| scaleX(x) | 定义 3D 缩放转换，通过给定一个 $x$ 轴的值 |
| scaleY(y) | 定义 3D 缩放转换，通过给定一个 $y$ 轴的值 |
| scaleZ(z) | 定义 3D 缩放转换，通过给定一个 $z$ 轴的值 |
| rotate3d(x,y,z,angle) | 定义 3D 旋转 |
| rotateX(angle) | 定义沿 $x$ 轴的 3D 旋转 |
| rotateY(angle) | 定义沿 $y$ 轴的 3D 旋转 |
| rotateZ(angle) | 定义沿 $z$ 轴的 3D 旋转 |
| perspective(n) | 定义 3D 转换元素的透视视图 |
| matrix3d(n,n,n,n,n,n,n,n,n,n,n,n,n,n,n,n) | 定义 3D 转换，使用 16 个值的 4×4 矩阵 |

**【例 9-6】**旋转方法应用示例。本例文件 9-6.html 在浏览器中的显示效果如图 9-8 所示。

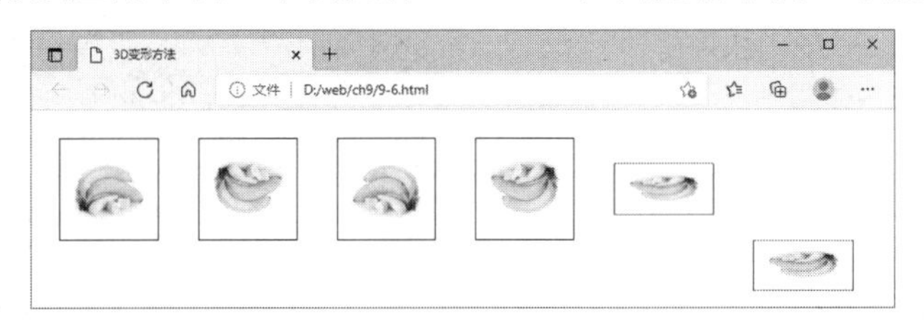


图 9-8　旋转方法应用示例

```
<!DOCTYPE html>
<html>
    <head>
        <meta charset="utf-8">
        <title>3D 变形方法</title>
        <style type="text/css">
            div {width: 100px;height:100px;background-color: yellow;border: 1px solid black;
float: left; margin: 20px; background-image: url(images/banana.jpg);background-size: 100px;}
        </style>
    </head>
    <body>
        <div></div>
        <div style="transform: rotateX(180deg);"></div>
        <div style="transform: rotateY(180deg);"></div>
        <div style="transform: rotateZ(180deg);"></div>
        <div style="transform: rotateX(60deg) rotateZ(180deg);"></div>
        <div style="transform: rotateX(60deg) rotateZ(180deg);transform-origin: center bottom;">
</div>
    </body>
</html>
```

### 9.1.3 transform-origin 属性

一般变形是以元素的中心点为参照点的。可以在应用变形前使用 transform-origin 属性改变被转换元素的原点位置，2D 转换元素能够改变元素 $x$ 轴和 $y$ 轴，3D 转换元素还能改变其 $z$ 轴。其格式为：

**transform-origin: x-axis y-axis z-axis;**

transform-origin 属性值可以使用关键字、长度和百分比，transform-origin 属性的常用值如表 9-4 所示。

表 9-4 transform-origin 属性的常用值

| 值 | 描 述 |
| --- | --- |
| x-axis | 定义视图被置于 $x$ 轴的何处。可能的值：left、center、right、length、% |
| y-axis | 定义视图被置于 $y$ 轴的何处。可能的值：top、center、bottom、length、% |
| z-axis | 定义视图被置于 $z$ 轴的何处。可能的值：length |

2D 变形的 transform-origin 属性可以是一个参数值，也可以是两个参数值。如果只提供一个参数值，则该值将表示横坐标，纵坐标默认为 50%。

3D 变形的 transform-origin 属性还包括 $z$ 轴的第 3 个值，设置 3D 变形中 transform-origin 属性远离浏览者视点的距离，默认值是 0，其取值可以是 length，不过%在这里无效。

CSS3 变形中旋转、缩放、倾斜都可以通过 transform-origin 属性重置元素的原点，但其中的位移 translate()始终以元素中心点进行位移。transform-origin 属性必须与 transform 属性一同使用。

【例 9-7】transform-origin 属性的应用，本例文件 9-7.html 在浏览器中的显示效果如图 9-9 所示。

图 9-9 transform-origin 属性

```
<!DOCTYPE html>
<html>
    <head>
        <style>
            /*容器样式*/
            #div1 { position: relative; height: 200px; width: 200px;
                margin: 100px; padding: 10px; border: 1px dashed black; }
            /*旋转图像样式*/
            #imgBanana {
                position: absolute; border: 1px solid black;
                transform: rotate(45deg);          /*顺时针旋转 45° */
                transform-origin: right bottom;    /*变形原点为容器的右下角*/
            }
        </style>
    </head>
    <body>
        <div id="div1">
            <img src="images/bananatrans.jpg" id="imgBanana">
        </div>
    </body>
</html>
```

## 9.1.4 transform-style 属性

transform-style 属性用于设置元素的子元素是在 3D 空间中显示，还是在该元素所在的平面内显示。本属性必须与 transform 属性一同使用。transform-style 属性的格式为：

**transform-style: flat | preserve-3d;**

transform-style 属性的默认值是 flat，即子元素不保留其 3D 位置，所有子元素在 2D 平面呈现。当在父元素上设置值为 preserve-3d 时，则所有子元素都处于同一个 3D 空间内。

3D 图形通常是由多个元素构成的，可以给这些所有子元素的父元素设置 preserve-3d 来使其变成一个真正的 3D 图形，或者设置 flat 让所有子元素在 2D 平面内呈现。

**【例 9-8】** transform-style 属性的应用，本例文件 9-8.html 在浏览器中的显示效果如图 9-10 所示。

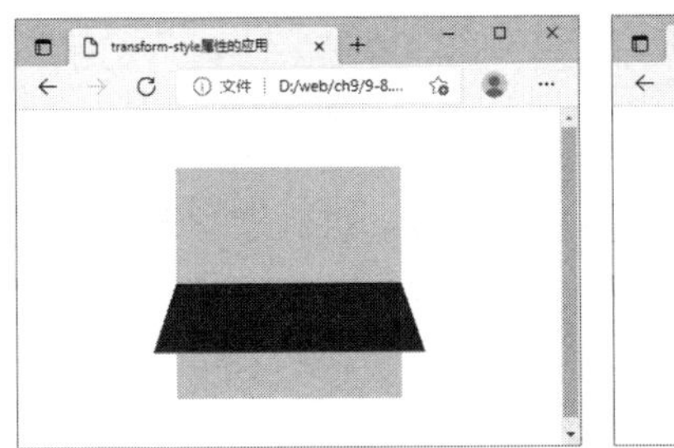
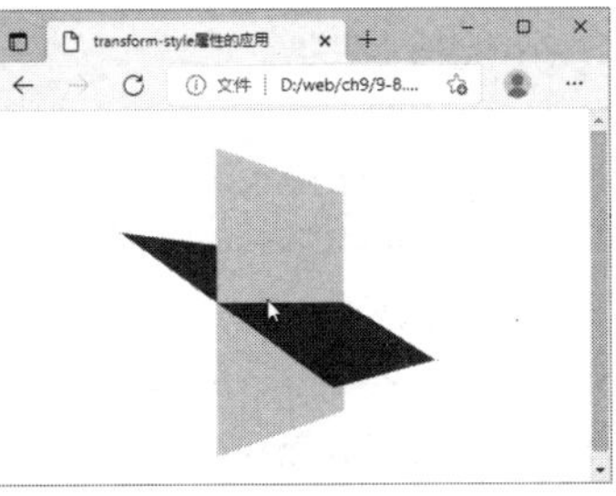

图 9-10　transform-style 属性

```
<!DOCTYPE html>
<html>
	<head>
		<meta charset="utf-8">
		<title>transform-style 属性的应用</title>
		<style>
			body { perspective: 500px; }
			.box { position: relative; width: 200px; height: 200px;
				margin: 50px auto; transition: all 2s;
				transform-style: preserve-3d;		/*让子元素保持 3D 立体空间环境*/
			}
			.box:hover {				/*鼠标经过盒子*/
				transform: rotateY(60deg); /*盒子围绕 y 轴旋转，顺时针旋转 60° */
			}
			.box div { position: absolute; top: 0; left: 0; width: 100%; height: 100%;
				background-color: pink; }
			.box div:last-child { background-color: purple; transform: rotateX(60deg); }
		</style>
	</head>
	<body>
		<div class="box">
			<div></div>
			<div></div>
		</div>
	</body>
</html>
```

### 9.1.5 perspective 属性和 perspective-origin 属性

#### 1．perspective 属性

perspective 属性设置成透视效果，透视效果为近大远小。当为元素定义 perspective 属性时，其子元素获得透视效果，而不是元素本身。perspective 属性的格式为：

**perspective: number | none;**

本属性值用于设置 3D 元素距离视图的距离，单位是像素，只需写上数值。默认值是 none，与 0 相同，不设置透视。

perspective 属性与 perspective-origin 属性一同使用该属性，这样就能够改变 3D 元素的底部位置了。

#### 2．perspective-origin 属性

perspective-origin 属性设置 3D 元素所基于的 $x$ 轴和 $y$ 轴，本属性可以改变 3D 元素的底部位置。当为元素定义 perspective-origin 属性时，其子元素获得透视效果，而不是元素本身。perspective-origin 属性的格式为：

**perspective-origin: x-axis y-axis;**

本属性的取值与 transform-origin 属性相同，默认为 50% 50%。

【例 9-9】perspective 和 perspective-origin 属性应用示例，本例文件 9-9.html 在浏览器中的显示效果如图 9-11 所示。

图 9-11　perspective 和 perspective-origin 属性

```
<!DOCTYPE html>
<html>
    <head>
        <meta charset="utf-8">
        <title>perspective 和 perspective-origin 属性</title>
        <style type="text/css">
            #div1 {position: relative;height: 150px;width: 150px;margin: 30px;padding: 10px;
                border: 1px solid black;background-color: aqua;float: left;}
            #div2 {padding: 50px;position: absolute;border: 1px solid black;
                background-color: orange;}
        </style>
    </head>
    <body>
        <div id="div1">外框
            <div id="div2">内框</div>
        </div>
        <div id="div1" style="perspective:200;perspective-origin:left top;">外框
            <div id="div2" style="transform: rotateX(50deg);">内框</div>
        </div>
        <div id="div1" style="transform: rotateY(50deg); transform-style: preserve-3d; perspective:
200;perspective-origin:right top;">外框
            <div id="div2" style="transform: rotateX(50deg);">内框</div>
        </div>
```

```
    </body>
</html>
```

### 9.1.6 backface-visibility 属性

backface-visibility 属性用于设置当元素背面向屏幕时是否可见。其格式为：

**backface-visibility: visible | hidden;**

它的属性值为 visible 时背面是可见的，值为 hidden 时背面不可见。

【例 9-10】backface-visibility 属性应用示例，本例文件 9-10.html 在浏览器中显示如图 9-12 所示。

```
<!DOCTYPE html>
<html>
    <head>
        <meta charset="utf-8">
        <title>backface-visibility 属性应用示例</title>
        <style type="text/css">
            div {height: 60px;width: 60px;background-color: coral;border: 1px solid;margin: 30px;
                float: left;}
            div#h {transform: rotateX(180deg);backface-visibility: hidden;}
            div#v {transform: rotateX(180deg);backface-visibility: visible;}
        </style>
    </head>
    <body>
        <div>正常</div>
        <div id="h">不可见</div>
        <div id="v">可见</div>
    </body>
</html>
```

图 9-12 backface-visibility 属性

【说明】其中，第 2 个反转的 div 元素因为设置了 backface-visibility: hidden，所以不可见，但在页面中占据的页面区域仍然保留。

## 9.2 过渡

过渡用于为元素增加过渡动画效果，可以设置在一定时间内元素从一种样式变成另一种样式。

### 9.2.1 过渡属性

CSS3 过渡属性如表 9-5 所示。

表 9-5 CSS3 过渡属性

| 属　性 | 描　　述 |
|---|---|
| transition-delay | 设置过渡的延迟时间，默认为 0 |
| transition-duration | 设置过渡效果的持续时间，默认为 0 |
| transition-timing-function | 设置过渡效果的速度曲线，默认是 ease |
| transition-property | 设置应用过渡的 CSS 属性的名称 |
| transition | 简写属性，用于在一个属性中设置 4 个过渡属性 |

### 1．transition-delay 属性

transition-delay 属性设置在过渡效果开始之前需要等待的时间。其格式为：

**transition-delay: time;**

time 为数值，单位是 s（秒）或 ms（毫秒）。

### 2．transition-duration 属性

transition-duration 属性设置过渡效果的持续时间，其格式为：

**transition-duration: time;**

time 为数值，单位是 s（秒）或 ms（毫秒）。如果不设置，则默认值为 0，表示没有过渡动画效果。

### 3．transition-timing-function 属性

transition-timing-function 属性设置过渡效果的速度曲线。其格式为：

**transition-timing-function: linear | ease | ease-in | ease-out | ease-in-out | cubic-bezier(n,n,n,n);**

transition-timing-function 属性使用名为三次贝塞尔（Cubic Bezier）函数的数学函数来生成速度曲线，该属性允许过渡效果随着时间来改变其速度，该属性有 6 个值，如表 9-6 所示。

表 9-6　transition-timing-function 属性的值

| 值 | 描　述 | 图例 |
| --- | --- | --- |
| ease | 默认值，元素样式从初始状态过渡到终止状态时，以慢速开始，然后变快，最后慢速结束的过渡效果。ease 函数等同于贝塞尔曲线 cubic-bezier(0.25,0.1,0.25,1) | time paddtion |
| linear | 元素样式从初始状态过渡到终止状态时，以相同的速度开始至结束，速度是恒速的过渡效果，等于 cubic-bezier(0,0,1,1)。 | time paddtion |
| ease-in | 元素样式从初始状态过渡到终止状态时，以慢速开始，速度越来越快，呈加速状态，常称这种过渡效果为渐显效果，等于 cubic-bezier(0.42,0,1,1)。 | time paddtion |
| ease-out | 元素样式从初始状态过渡到终止状态时，速度越来越慢，呈减速状态，常称这种过渡效果为渐隐效果，等于 cubic-bezier(0,0,0.58,1)。 | time paddtion |
| ease-in-out | 元素样式从初始状态过渡到终止状态时，以慢速开始和慢速结束，常称这种过渡效果为渐显渐隐效果，等于 cubic-bezier(0.42,0,0.58,1) | time paddtion |
| cubic-bezier(n,n,n,n) | 在 cubic-bezier 函数中定义自己的值，可能的值为 0～1 | |

### 4．transition-property 属性

transition-property 属性设置对元素的哪个 CSS 属性进行过渡动画效果处理。其格式为：

**transition-property: none | all | property;**

默认值是 all，所有元素都会获得过渡动画效果。设置为 none 则没有元素获得过渡效果。property 设置应用过渡效果的 CSS 属性名称列表，列表以逗号分隔。

一个转场效果，通常会出现在当用户将鼠标指针悬停在一个元素上时。

注意，始终指定 transition-duration 属性，否则持续时间为 0，transition 不会有任何效果。

### 5. transition 属性

transition 属性用于在一条属性中设置 4 个过渡属性 transition-property、transition-duration、transition-timing-function、transition-delay。其格式为：

**transition: property duration timing-function delay;**

【例 9-11】把鼠标指针分别放在图形上，背景色将出现过渡效果。本例文件 9-11.html 在浏览器中的显示效果如图 9-13 所示。

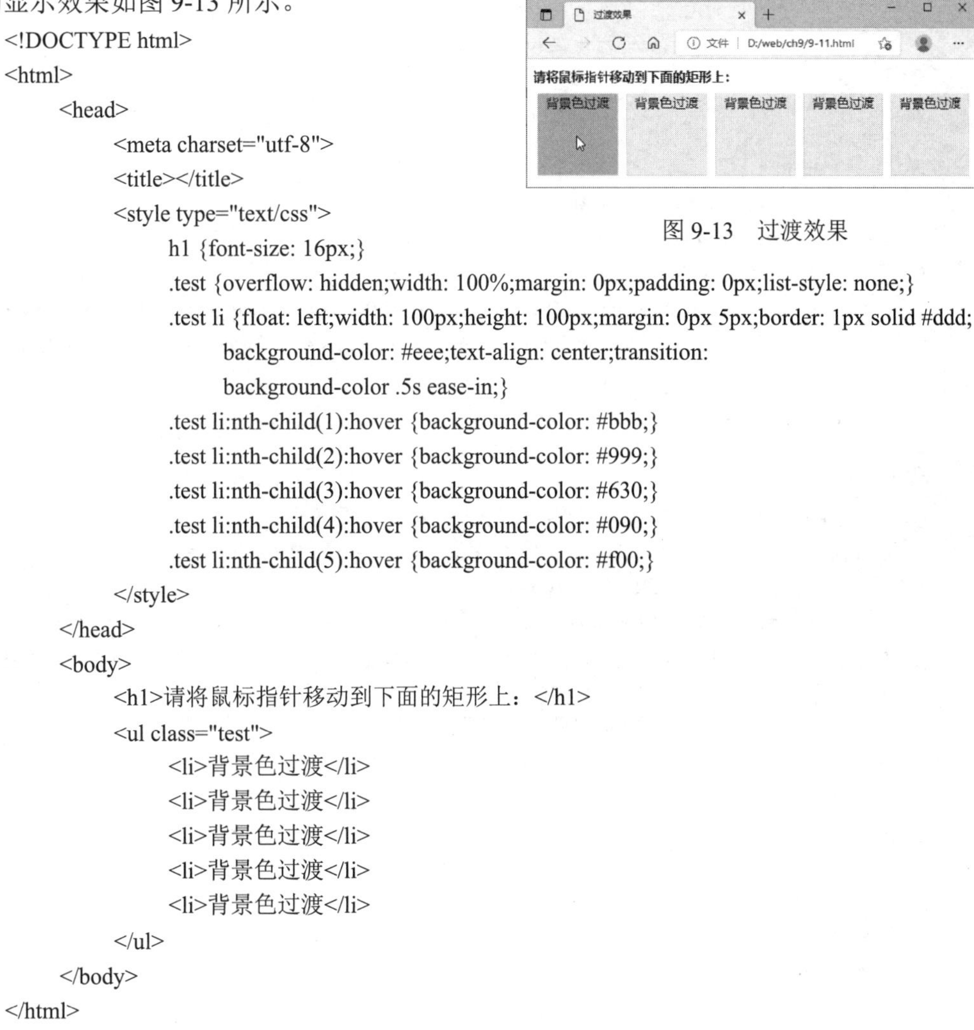


图 9-13　过渡效果

```
<!DOCTYPE html>
<html>
    <head>
        <meta charset="utf-8">
        <title></title>
        <style type="text/css">
            h1 {font-size: 16px;}
            .test {overflow: hidden;width: 100%;margin: 0px;padding: 0px;list-style: none;}
            .test li {float: left;width: 100px;height: 100px;margin: 0px 5px;border: 1px solid #ddd;
                background-color: #eee;text-align: center;transition:
                background-color .5s ease-in;}
            .test li:nth-child(1):hover {background-color: #bbb;}
            .test li:nth-child(2):hover {background-color: #999;}
            .test li:nth-child(3):hover {background-color: #630;}
            .test li:nth-child(4):hover {background-color: #090;}
            .test li:nth-child(5):hover {background-color: #f00;}
        </style>
    </head>
    <body>
        <h1>请将鼠标指针移动到下面的矩形上：</h1>
        <ul class="test">
            <li>背景色过渡</li>
            <li>背景色过渡</li>
            <li>背景色过渡</li>
            <li>背景色过渡</li>
            <li>背景色过渡</li>
        </ul>
    </body>
</html>
```

## 9.2.2　过渡事件

过渡事件只有 1 个，即 transitionend 事件。该事件在 CSS 完成过渡后触发。当 transition 完成前移除 transition 时，如移除 CSS 的 transition-property 属性，此事件将不会被触发，在 transition 完成前设置 display 为 none，事件同样不会被触发。其格式为：

**object.addEventListener("transitionend", myScript);**

transitionend 事件是双向触发的，当完成到转换状态的过渡，以及完全恢复到默认或非转换状态时都会触发。如果没有过渡延迟或持续时间，即两者的值都为 0s 或都未声明，则不发生过渡，并且任何过渡事件都不会触发。

【例 9-12】将鼠标指针悬停在一个 div 元素上，等待 2s 开始改变其宽度从 100px 到 450px，过渡完成后将背景色改为粉红色。本例文件 9-12.html 在浏览器中的显示效果如图 9-14 所示。

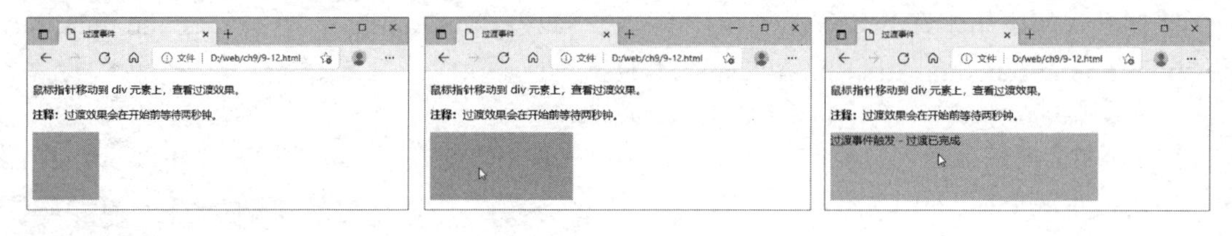


图 9-14 过渡事件

```
<!DOCTYPE html>
<html>
    <head>
        <meta charset="utf-8">
        <title>过渡事件</title>
        <style type="text/css">
            #myDIV {width:100px;height:100px;background:aqua;transition-timing-function:linear;
                    transition-property: width;transition-duration: 5s;transition-delay: 2s;}
            #myDIV:hover {width: 400px;}
        </style>
    </head>
    <body>
        <p>鼠标指针移动到 div 元素上，查看过渡效果。</p>
        <p><b>注释：</b>过渡效果会在开始前等待两秒钟。</p>
        <div id="myDIV"></div>
        <script type="text/javascript">
            document.getElementById("myDIV").addEventListener("transitionend", myFunction);
            function myFunction() {
                this.innerHTML = "过渡事件触发 - 过渡已完成";
                this.style.backgroundColor = "pink";
            }
        </script>
    </body>
</html>
```

## 9.3 动画

动画是使元素从一种样式逐渐变化为另一种样式的效果。

### 9.3.1 动画属性

CSS3 动画属性如表 9-7 所示。

表 9-7　CSS3 动画属性

| 属　　性 | 描　　述 |
| --- | --- |
| @keyframes | 定义动画选择器 |
| animation-name | 使用@keyframes 定义的动画的名称 |
| animation-delay | 设置动画开始的延时，单位是 s（秒）或 ms（毫秒），默认值是 0 |
| animation-duration | 设置动画的持续时间，单位是 s（秒）或 ms（毫秒），默认值是 0 |
| animation-timing-function | 设置动画的速度曲线，默认值是 ease |
| animation-iteration-count | 设置动画播放的次数，默认值是 1 |
| animation-direction | 设置动画逆向播放，默认值是 normal |
| animation-play-state | 设置动画的播放状态，如运行或暂停，默认值是 running |
| animation-fill-mode | 设置动画时间之外的状态 |
| animation | 动画属性的简写属性，除了 animation-play-state 属性 |

### 1．@keyframes 属性

@keyframes 属性用于创建动画。创建动画的原理是将一套 CSS 样式逐渐变化为另一套样式。在动画过程中，能够多次改变这套 CSS 样式。其格式为：

**@keyframes animationname {keyframes-selector {css-styles;}}**

@keyframes 的属性值如表 9-8 所示。

表 9-8　@keyframes 的属性值

| 值 | 描　　述 |
| --- | --- |
| animationname | 必需的，定义动画的名称 |
| keyframes-selector | 必需的，定义关键帧，动画时长的百分比。合法的值：0%～100%、from（与 0%相同）、to（与 100%相同） |
| css-styles | 必需的，定义关键帧时一个或多个合法的 CSS 样式属性 |

关键帧用百分比来规定改变发生的时间，或者用关键词 from 和 to，等价于 0%和 100%。0%是动画的开始时间，100%是动画的结束时间。为了获得最佳的浏览器支持，应该始终定义 0%和 100%选择器。

应该使用动画属性来控制动画的外观，同时将动画与选择器绑定。

### 2．animation-name 属性

animation-name 属性为@keyframes 动画规定名称。其格式为：

**animation-name: keyframename | none;**

使用 keyframename 设置需要绑定到选择器的 keyframe 的名称。值为 none 表示无动画效果（可用于覆盖来自级联的动画）。

应该始终规定 animation-duration 属性，否则时长为 0，就不会播放动画了。

### 3．animation-delay 属性

animation-delay 属性设置延迟多长时间才开始执行动画。其格式为：

**animation-delay: time;**

time 定义动画开始前等待的时间，单位是 s（秒）或 ms（毫秒），默认值是 0。

### 4．animation-duration 属性

animation-duration 属性设置动画持续的时间。其格式为：

**animation-duration: time;**

time 定义动画开始前等待的时间，单位是 s（秒）或 ms（毫秒），默认值是 0，表示不产生动画效果。

### 5．animation-timing-function 属性

animation-timing-function 属性设置过渡动画的速度曲线，速度曲线定义动画从一套 CSS 样式变为另一套样式所用的时间。速度曲线用于使变化更为平滑。其格式为：

**animation-timing-function: value;**

value 属性值与 transition-timing-function 属性值相同，见表 9-6。

### 6．animation-iteration-count 属性

animation-iteration-count 属性设置动画的播放次数。其格式为：

**animation-iteration-count: n | infinite;**

n 是动画播放次数的数值。infinite 设置动画应该无限次播放。

**【例 9-13】** 动画属性示例，两个 div 元素分别移动。本例文件 9-13.html 在浏览器中的显示效果如图 9-15 所示。

```
<!DOCTYPE html>
<html>
    <head>
        <title>动画属性</title>
        <style type="text/css">
            #div1 {width: 100px;height: 100px;
                background: red;position: relative;
                animation: move1 5s infinite; animation-timing-function: linear;}
            @keyframes move1 {   /*move1 是动画的名称*/
                from {left: 0px;}
                to {left: 200px;}
            }
            #div2 {width: 100px;height: 100px;background: red;position: relative;
                animation: move2 infinite;   /*move2 是动画的名称*/
                animation-duration: 2s; animation-iteration-count:3;}
            @keyframes move2 { /*move2 是动画的名称*/
                0% {top: 0px;}
                100% {top: 200px;}
            }
        </style>
    </head>
    <body>
        <div id="div1"></div>
        <div id="div2"></div>
        <p><b>注释：</b>始终规定 animation-duration 属性，否则时长为 0，就不会播放动画了。</p>
    </body>
</html>
```

图 9-15　动画属性

### 7. animation-direction 属性

animation-direction 属性设置动画是否轮流反向播放。其格式为：

**animation-direction: normal | alternate;**

默认值是 normal，表示动画正常播放。如果 animation-direction 值是 alternate，则动画会在奇数次数（1、3、5 等）正常播放，而在偶数次数（2、4、6 等）向后播放。

如果把动画设置为只播放一次，则该属性没有效果。

### 8. animation-play-state 属性

animation-play-state 属性设置动画播放的状态。其格式为：

**animation-play-state: paused | running;**

值为 paused 时设置动画暂停。running 设置动画正在播放。

可以在 JavaScript 中使用该属性，这样就能在播放过程中暂停动画了。

### 9. animation-fill-mode 属性

animation-fill-mode 属性设置动画在播放之前或之后，其动画效果是否可见。其格式为：

**animation-fill-mode : none | forwards | backwards | both;**

其属性值是由逗号分隔的一个或多个填充模式关键词。

值为 none 表示不改变默认行为。为 forwards 表示当动画完成后，保持最后一个属性值（在最后一个关键帧中定义）。为 backwards 表示在 animation-delay 所指定的一段时间内，在动画显示之前，应用开始属性值（在第一个关键帧中定义）。both 是向前和向后填充模式都被应用。

### 10. animation 属性

animation 属性是一个简写属性，用于设置 6 个动画属性 animation-name、animation-duration、animation-timing-function、animation-delay、animation-iteration-count、animation-direction。其格式为：

**animation: name duration timing-function delay iteration-count direction;**

应该始终规定 animation-duration 属性，否则时长为 0，就不会播放动画了。

**【例 9-14】**元素在网页上做四周运动并变色。本例文件 9-14.html 在浏览器中的显示效果如图 9-16 所示。

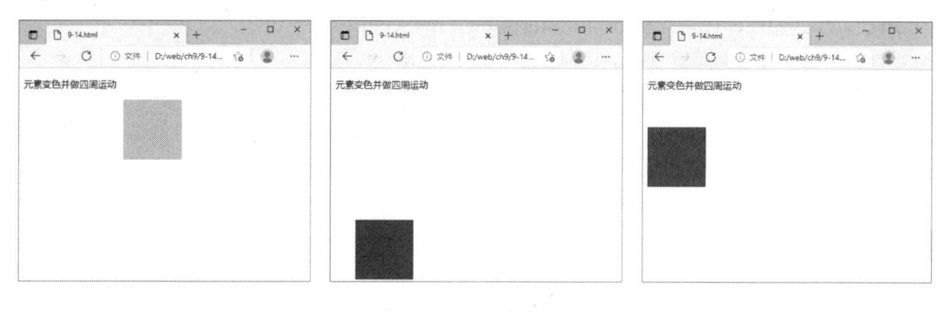


图 9-16　元素运动

```
<!DOCTYPE html>
<html>
	<head>
		<style type="text/css">
```

```
            div {width: 100px;height: 100px;background: red;position: relative;
                animation: myfirst 5s infinite;animation-direction: alternate;}
            @keyframes myfirst {
                0% {background: red;left: 0px;top: 0px;}
                25% {background: yellow;left: 200px;top: 0px;}
                50% {background: blue;left: 200px;top: 200px;}
                75% {background: green;left: 0px;top: 200px;}
                100% {background: red;left: 0px;top: 0px;}
            }
        </style>
    </head>
    <body>
        <p>元素变色并做四周运动</p>
        <div></div>
    </body>
</html>
```

### 9.3.2 动画事件

动画事件有 3 个，如表 9-9 所示。

表 9-9 动画事件

| 事 件 | 描 述 |
| --- | --- |
| animationstart | 该事件在 CSS 动画开始播放时触发 |
| animationiteration | 该事件在 CSS 动画重复播放时触发 |
| animationend | 该事件在 CSS 动画结束播放时触发 |

其中的 animationiteration（迭代）事件，由于 animation 中有 iteration-count 属性，它可以定义动画重复的次数，因此动画会有许多次开始和结束。但是真正的开始和结束事件是关于整个动画的，只会触发一次，而中间由于重复动画引起的“结束并开始下一次”将触发整个“迭代”事件。

这 3 个事件的格式如下：

```
object.addEventListener("animationstart", myScript);
object.addEventListener("animationiteration", myScript);
object.addEventListener("animationend", myScript);
```

【例 9-15】动画事件示例。本例文件 9-15.html 在浏览器中的显示效果如图 9-17 所示。

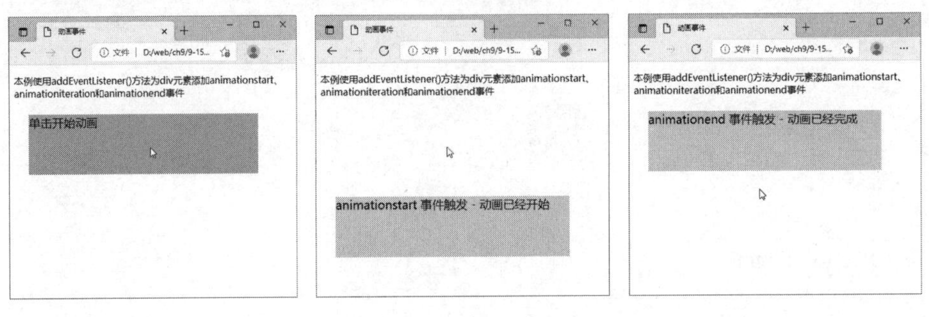


图 9-17 动画事件示例

```
<!DOCTYPE html>
<html>
    <head>
        <meta charset="utf-8">
        <title>动画事件</title>
        <style type="text/css">
            #myDIV {margin: 25px;width: 400px;height: 100px;background: orange;
                position: relative;font-size: 20px;}
            @keyframes mymove {
                0% {top: 0px;}
                100% {top: 200px;}
            }
        </style>
    </head>
    <body>
        <p>本例使用 addEventListener()方法为 div 元素添加 animationstart、animationiteration 和
animationend 事件</p>
        <div id="myDIV" onClick="myFunction()">单击开始动画</div>
        <script type="text/javascript">
            var x = document.getElementById("myDIV")
            //使用 JavaScript 开始动画
            function myFunction() {
                x.style.animation = "mymove 4s 2";
            }
            x.addEventListener("animationstart", myStartFunction);
            x.addEventListener("animationiteration", myIterationFunction);
            x.addEventListener("animationend", myEndFunction);
            function myStartFunction() {
                this.innerHTML = "animationstart 事件触发 - 动画已经开始";
                this.style.backgroundColor = "pink";
            }
            function myIterationFunction() {
                this.innerHTML = "animationiteration 事件触发 - 动画重新播放";
                this.style.backgroundColor = "lightblue";
            }
            function myEndFunction() {
                this.innerHTML = "animationend 事件触发 - 动画已经完成";
                this.style.backgroundColor = "lightgray";
            }
        </script>
    </body>
</html>
```

# 习题 9

1．鼠标指针指向不同方块，单击不松开，出现旋转、放大、倾斜、平移效果，如图 9-18 所示。

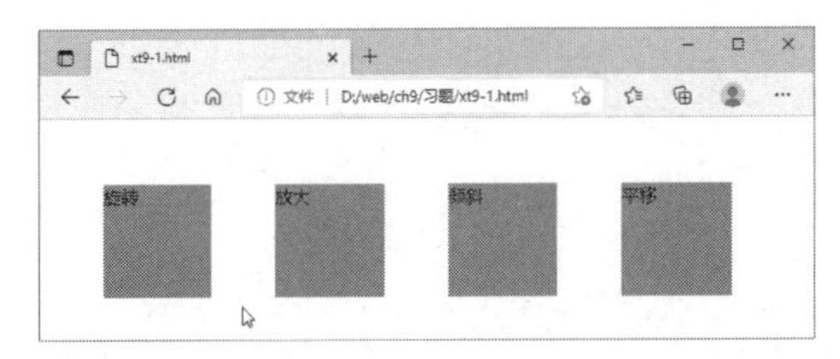

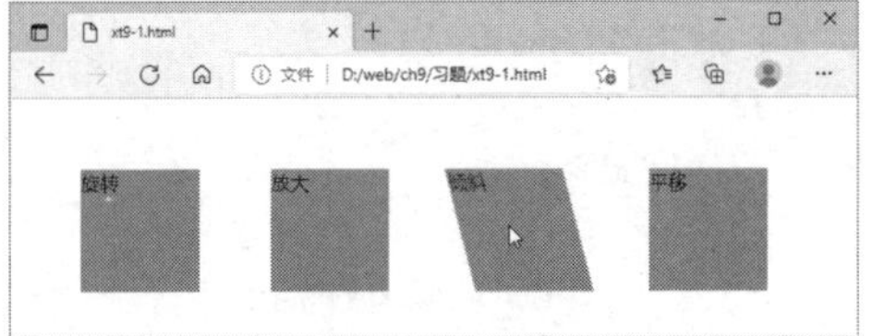


图 9-18　题 1 图

2．鼠标指针放在图片上旋转 180°，显示效果如图 9-19 所示。

3．鼠标指针移动到图片上，该图片 360°旋转，如图 9-20 所示。

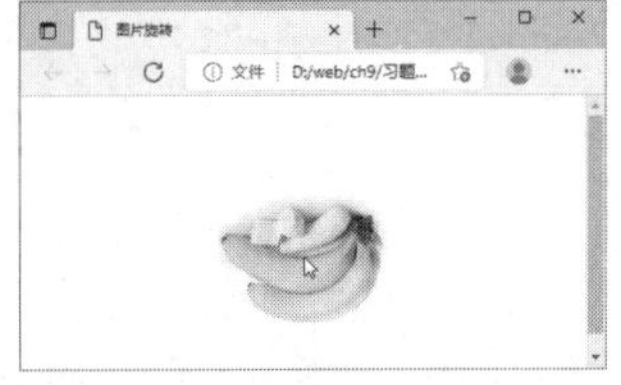

图 9-19　题 2 图

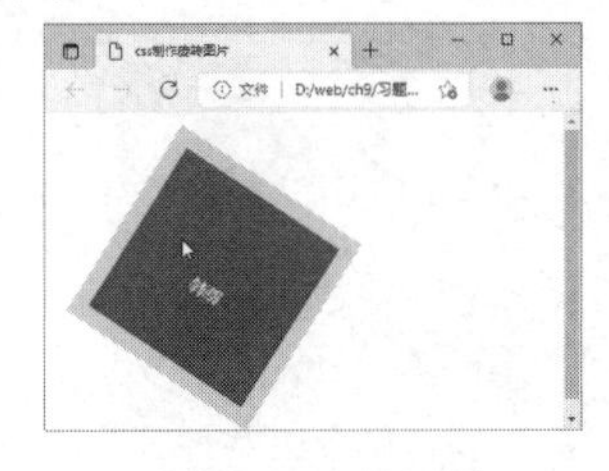

图 9-20　题 3 图

4．实现图片正反面旋转，如图 9-21 所示。

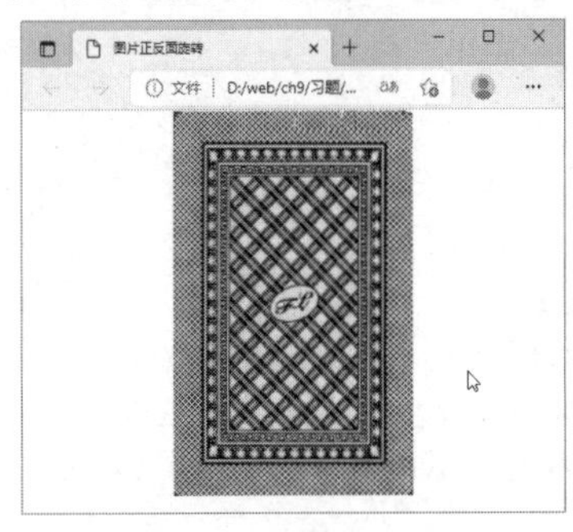

图 9-21　题 4 图

5．实现平移动画，如图 9-22 所示。

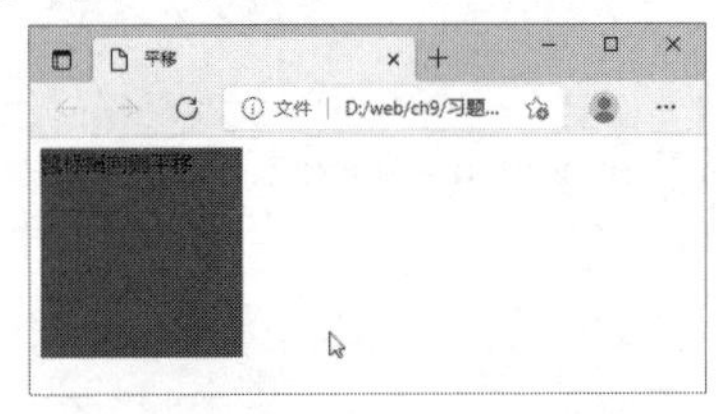
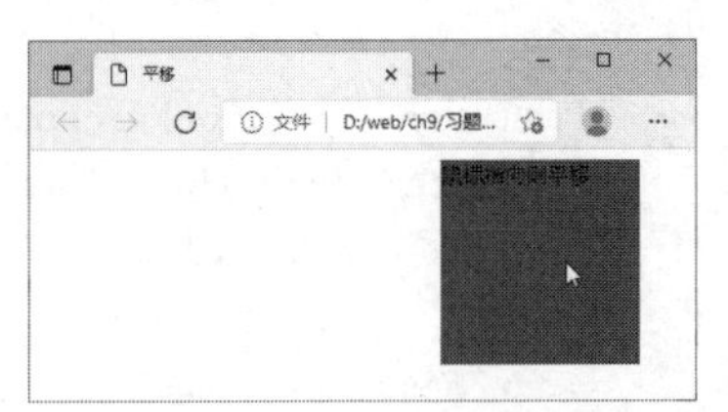

图 9-22　题 5 图

6．使用 CSS3 制作图片旋转放大的照片墙，如图 9-23 所示。

图 9-23　题 6 图

# 第 10 章　HTML5 的 API 应用

HTML5 提供了强大的 HTML API（Application Programming Interface，应用程序编程接口），用来帮助开发者构建精彩的 Web 应用程序，包括拖放、画布、多媒体、地理定位等，这些新特性都需要使用 JavaScript 编程才能实现其功能。通过本章的学习，掌握拖放和画布的使用。

## 10.1　拖放 API

拖放（drag 和 drop）操作是指用户使用鼠标左键单击选中允许拖放的元素，在保持鼠标左键按下的情况下，移动该元素到页面的任意位置，并且在移动到处于具有允许放置状态的元素上释放鼠标左键，放置被拖放的元素。拖放是 HTML5 标准中的一部分，通过拖放 API 可以让 HTML 页面中的任意元素都变成可拖放的，也可以把本地文件拖放到网页中。使用拖放技术可以开发出更友好的人机交互界面。

拖放操作分为两个动作，从鼠标左键按下选中元素，到保持鼠标左键按下并移动该元素的行为称为拖；在拖放的过程中，只要没有松开鼠标左键，将会不断产生“拖”事件。将被拖放的元素放置在允许放置的区域上方并释放鼠标左键的行为称为放，将产生“放”事件。

### 10.1.1　draggable 属性

draggable 属性设置元素是否可以被拖放，该属性有两个值：true 和 false，默认为 false，当值为 true 时表示元素选中之后可以拖放，否则不能拖放。

例如，设置一张图片可以被拖放，代码为：

```
<img src="images/logo.jpg" border="1" draggable="true">
```

draggable 属性设置为 true 时仅表示该元素允许拖放，但是并不能真正实现拖放，必须与 JavaScript 脚本结合使用才能实现拖放。

### 10.1.2　拖放事件

设置元素的 draggable 属性为 true 后，该元素允许拖放。拖放元素时的一系列操作会触发相关元素的拖放事件。

#### 1. 拖放元素事件

事件对象为被拖放元素，拖放元素事件如表 10-1 所示。

表 10-1　拖放元素事件

| 事　件 | 事件对象 | 描　述 |
| --- | --- | --- |
| dragstart | 被拖放的 HTML 元素 | 开始拖放元素时触发该事件（按下鼠标左键不算，拖动才算） |
| drag | 被拖放的 HTML 元素 | 拖放元素过程中连续触发该事件 |
| dragend | 被拖放的 HTML 元素 | 拖放元素结束时触发该事件 |

### 2. 目标元素事件

事件对象为目标元素，目标元素事件如表 10-2 所示。

表 10-2　目标元素事件

| 事　件 | 事件对象 | 描　述 |
| --- | --- | --- |
| dragenter | 拖放时鼠标所进入的目标元素 | 被拖放的元素进入目标元素的范围内时触发该事件，相当于 MouseOver 事件 |
| dragover | 拖放时鼠标所经过的元素 | 在所经过的元素范围内，拖放元素时会连续触发该事件 |
| dragleave | 拖放时鼠标所离开的元素 | 被拖放的元素离开当前元素的范围内时触发该事件，相当于 MouseOut 事件 |
| drop | 停止拖放时鼠标所释放的目标元素 | 被拖放的元素在目标元素上释放鼠标时触发该事件 |

### 3. 拖放事件的生命周期和执行过程

从用户在元素上单击鼠标左键开始拖放行为，到将该元素放置到指定的目标区域中，每个事件的生命周期如表 10-3 所示。

表 10-3　拖放各个事件的生命周期

| 生命周期 | 属　性 | 值 | 描　述 |
| --- | --- | --- | --- |
| 拖放开始 | dragstart | script | 在拖放操作开始时执行脚本（对象是被拖放元素） |
| 拖放过程中 | drag | script | 只要脚本在被拖动时就允许执行脚本（对象是被拖放元素） |
| 拖放过程中 | dragenter | script | 当元素被拖动到一个合法的放置目标时，执行脚本（对象是目标元素） |
| 拖放过程中 | dragover | script | 只要元素正在合法的放置目标上拖动时，就执行脚本（对象是目标元素） |
| 拖放过程中 | dragleave | script | 当元素离开合法的放置目标时，执行脚本（对象是目标元素） |
| 拖放结束 | drop | script | 将被拖放元素放在目标元素内时执行脚本（对象是目标元素） |
| 拖放结束 | dragend | script | 在拖放操作结束时运行脚本（对象是被拖放元素） |

整个拖放过程触发的事件顺序如下。

拖放事件时是否释放了被拖放的元素，执行的顺序分为两种情况。

（1）没有触发 drop 事件

在拖放过程中，没有释放被拖放的元素（没有触发 drop 事件），事件的执行顺序如下：

dragstart→drag→dragenter→dragover→dragleave→dragend

（2）触发 drop 事件

在拖放过程中，释放了被拖放的元素（触发了 drop 事件），事件的执行顺序如下：

dragstart→drag→dragenter→dragover→drop→dragend

在拖放操作时注意观察鼠标指针，不能释放的指针和能释放的指针不一样。

## 10.1.3　数据传递对象

dataTransfer 对象用于从被拖放元素向目标元素传递数据，提供了许多属性和方法。dataTransfer 对象的属性如表 10-4 所示。

表 10-4　dataTransfer 对象的属性

| 属　性 | 描　述 |
| --- | --- |
| dropEffect | 设置或返回允许的操作类型，可以是 none、copy、link 或 move |
| effectAllowed | 设置或返回被拖放元素的操作效果类别，可以是 none、copy、copyLink、copyMove、link、linkMove、move、all 或 uninitialized |

续表

| 属　　性 | 描　　述 |
| --- | --- |
| items | 返回一个包含拖放数据的 dataTransferItemList 对象 |
| types | 返回一个 DOMStringList，包括了存入 dataTransfer 对象中数据的所有类型 |
| files | 返回一个拖放文件的集合，如果没有拖放文件该属性为空 |

dataTransfer 对象的方法如表 10-5 所示。

**表 10-5　dataTransfer 对象的方法**

| 方　　法 | 描　　述 |
| --- | --- |
| setData(format,data) | 向 dataTransfer 对象中添加数据 |
| getData(format) | 从 dataTransfer 对象读取数据 |
| clearData(format) | 清除 dataTransfer 对象中指定格式的数据 |
| setDragImage(icon,x,y) | 设置拖放过程中的图标，参数 x、y 表示图标的相对坐标 |

在 dataTransfer 对象所提供的方法中，参数 format 用于表示在读取、添加或清空数据时的数据格式，该格式包括 text/plain（文本文字格式）、text/html（HTML 页面代码格式）、text/xml（XML 字符格式）和 text/url-list（URL 格式列表）。

**【例 10-1】**拖放示例。用户拖动页面中的图片放置到目标矩形中，本例文件 10-1.html 在浏览器中的显示效果如图 10-1 所示。

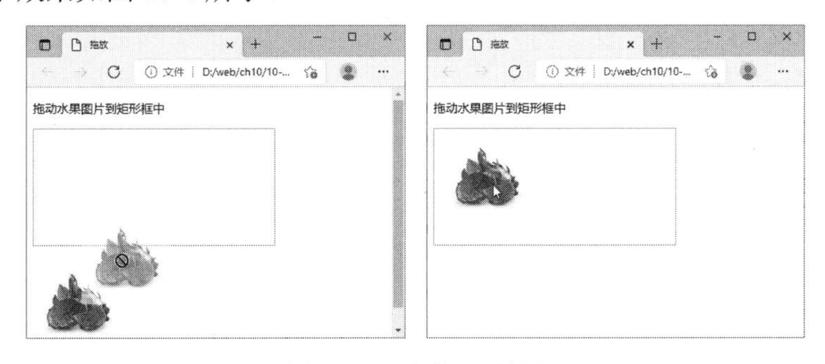


图 10-1　页面显示效果

```
<!DOCTYPE html>
<html>
	<head>
		<meta charset="utf-8">
		<title>拖放</title>
		<style type="text/css">
			#div1 { /*目标矩形的样式*/
				width: 300px; height: 130px; padding: 10px;
				border: 1px solid #aaaaaa; /*边框为 1px 浅灰色实线*/
			}
		</style>
		<script type="text/javascript">
			function allowDrop(ev) {
				ev.preventDefault(); //设置允许将元素放置到其他元素中
			}
			function drag(ev) {
				ev.dataTransfer.setData("Text", ev.target.id); //设置被拖放元素的数据类型和值
```

```
                }
                function drop(ev) { //当放置被拖放元素时发生 drop 事件
                    ev.preventDefault(); //设置允许将元素放置到其他元素中
                    var data = ev.dataTransfer.getData("Text"); //读取被拖放元素的数据
                    ev.target.appendChild(document.getElementById(data));
                }
            </script>
        </head>
        <body>
            <p>拖动水果图片到矩形框中</p>
            <div id="div1" ondrop="drop(event)" ondragover="allowDrop(event)"></div><br>
            <img  id="drag1"  src="images/fruit.jpg"  draggable="true"  ondragstart="drag(event)"
width="120" height="112">
        </body>
    </html>
```

**【说明】**

1）开始拖放元素时触发 ondragstart 事件，在事件的代码中使用 dataTransfer.setData()方法设置被拖放元素的数据类型和值。本例中，被拖放元素的数据类型是 Text，值是被拖放元素的 id（即 drag1）。

2）ondragover 事件规定放置被拖放元素的位置，默认为无法将元素放置到其他元素中。如果需要设置允许放置，则必须阻止对元素的默认处理方式，需要通过调用 ondragover 事件的 event.preventDefault( )方法来实现这一功能。

3）当放置被拖放元素时将触发 drop 事件。本例中，div 元素的 ondrop 属性调用了一个函数 drop(event)来实现放置被拖放元素的功能。

## 10.2 绘图 API

HTML5 的 canvas 元素只是图形容器，必须通过 JavaScript 在网页上绘制图形。在页面上放置一个 canvas 元素就相当于在页面上放置了一块“画布”，可以在其中描绘图形。canvas 元素拥有多种绘制路径、矩形、圆形、字符以及添加图像的方法。

### 10.2.1 创建 canvas 元素

canvas 元素的主要属性是画布宽度属性 width 和高度属性 height，单位是像素。向页面中添加 canvas 元素的语法格式为：

```
<canvas id="画布标识" width="画布宽度" height="画布高度">
    …
</canvas>
```

如果不指定 width 和 height 属性值，则默认的画布宽度为 300 像素，高度为 150 像素。

例如，创建一个标识为 myCanvas，宽度为 200 像素，高度为 100 像素的<canvas>元素，代码如下：

```
<canvas id="myCanvas" width="200" height="100"></canvas>
```

### 10.2.2 构建绘图环境

大多数 canvas 绘图 API 都没有定义在 canvas 元素本身上，而是定义在通过画布的

getContext()方法获得的一个“绘图环境”对象上。getContext()方法返回一个用于在画布上绘图的环境。其语法格式为：

**canvas.getContext(contextID)**

参数 contextID 指定想要在画布上绘制的类型，当前唯一支持的是 2D 绘图，其值是“2d”。目前没有 3D。这个方法返回一个上下文对象 CanvasRenderingContext2D，该对象提供了用于在画布上绘图的属性和方法。

下面介绍 getContext("2d")对象的属性和方法，可用于在画布上绘制文本、线条、矩形、圆形等。

颜色、样式和阴影属性如表 10-6 所示。

表 10-6　颜色、样式和阴影属性

| 属　　性 | 描　　述 |
|---|---|
| fillStyle | 设置或返回用于填充绘画的颜色、渐变或模式 |
| strokeStyle | 设置或返回用于笔触的颜色、渐变或模式 |
| shadowColor | 设置或返回用于阴影的颜色 |
| shadowBlur | 设置或返回用于阴影的模糊级别 |
| shadowOffsetX | 设置或返回阴影与形状的水平距离 |
| shadowOffsetY | 设置或返回阴影与形状的垂直距离 |

渲染上下文对象的常用方法如表 10-7 所示。

表 10-7　渲染上下文对象的常用方法

| 方　　法 | 描　　述 |
|---|---|
| fillRect() | 绘制一个填充的矩形 |
| strokeRect() | 绘制一个矩形轮廓 |
| clearRect() | 清除画布的矩形区域 |
| lineTo() | 绘制一条直线 |
| arc() | 绘制圆弧或圆 |
| moveTo() | 当前绘图点移动到指定位置 |
| beginPath() | 开始绘制路径 |
| closePath() | 标记路径绘制操作结束 |
| stroke() | 绘制当前路径的边框 |
| fill() | 填充路径的内部区域 |
| fillText() | 在画布上绘制一个字符串 |
| createLinearGradient() | 创建一条线性颜色渐变 |
| drawImage() | 把一幅图像放置到画布上 |

需要说明的是，canvas 画布的左上角为坐标原点。

### 10.2.3　绘制图形的步骤

在创建好的 canvas 上，通过 JavaScript 绘制图形的步骤如下。

1）创建 canvas 对象，有两种方法。

- 如果已经使用<canvas>标签创建了 canvas 元素，则在 JavaScript 中使用 id 寻找 canvas 元素，即获取当前画布对象。可以使用 getElementById()来访问 canvas 元素，并创建 canvas 对象，如下面的代码：

```
var c = document.getElementById("myCanvas");  //得到指定的 myCanvas 元素的 canvas 对象
```

注意，在 HTML 中使用<canvas>标签创建的是 canvas 元素，在 JavaScript 中使用 getElementById()方法创建的是 canvas 对象。

● 如果没有在 HTML 中使用<canvas>标签创建 canvas 元素，则可以使用 document.createElement()方法创建一个 canvas 元素节点对象，也就是在 HTML 中创建一个 canvas 元素，然后添加到 HTML 中，如下面的代码：

```
var c = document.createElement("Canvas");   //"Canvas"表示要创建 canvas 类型的对象
document.body.appendChild(c);  //把创建的 canvas 对象添加到 HTML 中
```

2）创建 context 对象，如下面的代码：

```
var ctx=c.getContext("2d");
```

getContext()方法返回一个指定 contextId 的上下文对象，如果指定的 id 表被支持，则返回 null。

3）绘制图形。调用 context 对象的属性和方法，绘制图形，如下面的代码：

```
ctx.fillStyle="#FF0000";
ctx.fillRect(20,20,150,100);
```

### 10.2.4 绘制图形

#### 1. 绘制矩形

（1）绘制填充的矩形

fillRect()方法用来绘制填充的矩形，语法格式为：

**fillRect(x, y, weight, height);**

其中的参数含义如下。

x, y：矩形左上角的坐标。

weight, height：矩形的宽度和高度。

说明：fillRect()方法使用 fillStyle 属性所指定的颜色、渐变和模式来填充指定的矩形。

（2）绘制矩形轮廓

strokeRect()方法用来绘制矩形的轮廓，语法格式为：

**strokeRect(x, y, weight, height);**

其中的参数含义如下。

x, y：矩形左上角的坐标。

weight, height：矩形的宽度和高度。

说明：strokeRect()方法按照指定的位置和大小绘制一个矩形的边框（但并不填充矩形的内部），线条颜色和线条宽度由 strokeStyle 和 lineWidth 属性指定。

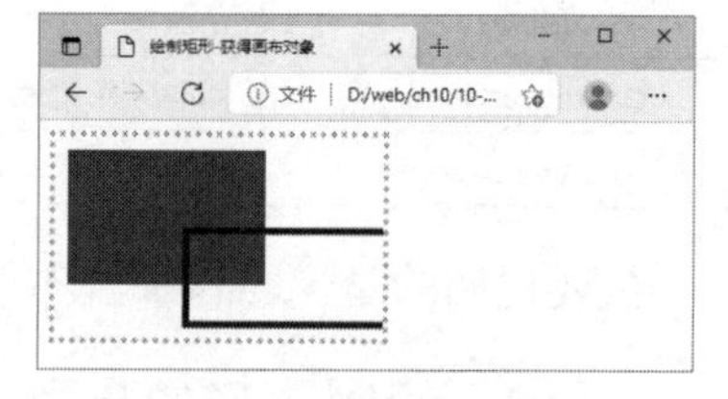

图 10-2　获得画布对象

【例 10-2】绘制填充的矩形和矩形轮廓，本例采用创建对象的第 1 种方法。本例文件 10-2.html 在浏览器中的显示效果如图 10-2 所示。

```
<!DOCTYPE html>
<html>
    <head>
        <meta charset="utf-8">
```

```
        <title>绘制矩形-获得画布对象</title>
        <style type="text/css">
            canvas {border: 4px dotted orange;}
        </style>
    </head>
    <body>
        <canvas id="myCanvas" width="250" height="150">
            您的浏览器不支持 HTML5 canvas 元素
        </canvas>
        <script type="text/javascript">
            var c = document.getElementById("myCanvas"); //获取画布对象
            var cxt = c.getContext("2d"); //获取画布上绘图的环境
            cxt.fillStyle = "#ff0000"; //设置填充颜色
            cxt.fillRect(10, 10, 150, 100); //绘制填充矩形
            cxt.strokeStyle = "#0000ff"; //设置轮廓颜色
            cxt.lineWidth = "5"; //设置轮廓线条宽度
            cxt.strokeRect(100, 70, 260, 70); //绘制矩形轮廓
        </script>
    </body>
</html>
```

**【例 10-3】**绘制填充的矩形和矩形轮廓，本例采用创建对象的第 2 种方法。本例文件 10-3.html 在浏览器中的显示效果如图 10-3 所示。

```
<!DOCTYPE html>
<html>
    <head>
        <meta charset="utf-8">
        <title>绘制矩形-创建画布对象</title>
        <style type="text/css">
            canvas { /*画布的样式*/
                width: 200px; height: 120px; border: 2px solid red; margin: 10px; float: left;
            }
        </style>
    </head>
    <body>
        <button onClick="myFunction()">单击此按钮</button>
        <p>每按一次按钮，将创建一个 canvas 元素，绘制一个黄色矩形</p>
        <script type="text/javascript">
            function myFunction() {
                var x = document.createElement("CANVAS"); //创建 canvas 元素
                var ctx = x.getContext("2d"); //获取画布上绘图的环境
                ctx.fillStyle = "orange"; //设置填充颜色
                ctx.fillRect(20, 20, 150, 100); //绘制填充矩形
                document.body.appendChild(x); //把创建的 canvas 元素添加到 body 文件中
            }
        </script>
    </body>
</html>
```

图 10-3　创建画布对象

## 2．绘制路径

（1）lineTo()方法

lineTo()方法用来绘制一条直线，语法格式为：

**lineTo(x, y)**

其中的参数含义如下。

x, y：直线终点的坐标。

说明：lineTo()方法为当前子路径添加一条直线。这条直线从当前点开始，到(x,y)结束。当方法返回时，当前点是(x,y)。

（2）moveTo()方法

在绘制直线时，通常配合 moveTo()方法设置绘制直线的当前位置并开始一条新的子路径，语法格式为：

**moveTo(x, y)**

其中的参数含义如下。

x, y：新的当前点的坐标。

说明：moveTo()方法将当前位置设置为(x,y)并用它作为第一点创建一条新的子路径。如果之前有一条子路径且它包含刚才的那一点，那么从路径中删除该子路径。

（3）绘制路径封闭的图形

当用户需要绘制一个路径封闭的图形时，需要使用 beginPath()方法初始化绘制路径和 closePath()方法标记路径绘制操作结束。

- beginPath()方法的语法格式为：

**beginPath()**

说明：beginPath()方法丢弃任何当前定义的路径并开始一条新的路径，且把当前的点设置为(0,0)。当第一次创建画布的环境时，beginPath()方法会被显式地调用。

- closePath()方法的语法格式为：

**closePath()**

说明：closePath()方法用来关闭一条打开的子路径。如果画布的子路径是打开的，则 closePath()方法通过添加一条线连接当前点和子路径起始点来关闭它；如果子路径已经闭合了，则这个方法不做任何事情。一旦子路径闭合，就不能再为其添加更多的直线或曲线了；如果要继续向该路径添加直线或曲线，就需要调用 moveTo()方法开始一条新的子路径。

**【例 10-4】**绘制路径，本例文件 10-4.html 在浏览器中的显示效果如图 10-4 所示。

```
<!DOCTYPE html>
<html>
    <head>
        <meta charset="utf-8">
        <title>绘制路径</title>
    </head>
    <body>
        <canvas id="myCanvas" width="470" height="200" style="border:1px solid #c3c3c3;">
            您的浏览器不支持 HTML5 canvas 元素
        </canvas>
        <script type="text/javascript">
            var c = document.getElementById("myCanvas");
            var cxt = c.getContext("2d");
```

图 10-4　绘制路径

```
            cxt.beginPath(); //设定起始点
            cxt.moveTo(30, 30);
            cxt.lineTo(80, 80); //从(30,30)到(80,80)绘制直线
            cxt.lineTo(60, 150); //从(80,80)到(60,150)绘制直线
            cxt.closePath(); //关闭路径
            cxt.fillStyle = "lightgrey"; //设定绘制样式
            cxt.fill(); //进行填充
            cxt.beginPath(); //开始创建路径
            cxt.moveTo(100, 30); //设定起始点
            cxt.lineTo(150, 80); //绘制折线
            cxt.lineTo(200, 60);
            cxt.lineTo(150, 150);
            cxt.lineWidth = 4;
            cxt.strokeStyle = "black";
            cxt.stroke(); //沿着当前路径绘制或画一条直线
            cxt.fill(); //进行填充
            cxt.beginPath(); //开始创建路径
            cxt.moveTo(230, 30); //设定起始点
            cxt.lineTo(300, 150); //绘制折线
            cxt.lineTo(350, 60);
            cxt.closePath();
            cxt.stroke(); //沿着当前路径绘制或画一条直线
        </script>
    </body>
</html>
```

**【说明】**

1）本例中使用了 moveTo()方法指定绘制直线的起点位置，lineTo()方法接受直线的终点坐标，最后 stroke()方法完成绘图操作。

2）本例中使用了 beginPath()方法初始化路径，第一次使用 moveTo()方法改变当前绘画位置到(50,20)，接着使用两次 lineTo()方法绘制三角形的两边，最后使用 closePath()关闭路径形成三角形的第三边。

### 3．绘制圆弧或圆

arc()方法使用一个中心点和半径，为一个画布的当前子路径添加一条弧，语法格式为：

**arc(x, y, radius, startAngle, endAngle, counterclockwise)**

其中的参数含义如下。

x, y：描述弧的圆形的圆心坐标。

radius：描述弧的圆形的半径。

startAngle, endAngle：沿着圆指定弧的开始点和结束点的一个角度。这个角度用弧度来衡量，沿着 *x* 轴正半轴的三点钟方向的角度为 0°，角度沿着逆时针方向而增加。

counterclockwise：弧沿着圆周的逆时针方向（true）还是顺时针方向（false）遍历。

说明：这个方法的前 5 个参数指定了圆周的一个起始点和结束点。调用这个方法会在当前点和当前子路径的起始点之间添加一条直线。接下来，它沿着圆周在子路径的起始点和结束点之间添加弧。最后一个 counterclockwise 参数指定了圆应该沿着哪个方向遍历来连接起始点和结束点。

**【例 10-5】**绘制圆弧和圆，本例文件 10-5.html 在浏览器中的显示效果如图 10-5 所示。

```
<!DOCTYPE html>
<html>
    <head>
        <meta charset="utf-8">
        <title>绘制圆弧和圆</title>
    </head>
    <body>
        <canvas id="myCanvas" width="200" height="100" style="border:1px solid red;"></canvas>
        <script type="text/javascript">
            var c = document.getElementById("myCanvas"); //获取画布对象
            var cxt = c.getContext("2d"); //获取画布上绘图的环境
            cxt.fillStyle = "#ff0000"; //设置填充颜色
            cxt.beginPath(); //初始化路径
            cxt.arc(60, 50, 20, 0, Math.PI * 2, true); //逆时针方向绘制填充的圆
            cxt.closePath(); //封闭路径
            cxt.fill(); //填充路径的内部区域
            cxt.beginPath(); //初始化路径
            cxt.arc(140, 40, 20, 0, Math.PI, true); //逆时针方向绘制填充的圆弧
            cxt.closePath(); //封闭路径
            cxt.fill(); //填充路径的内部区域
            cxt.beginPath(); //初始化路径
            cxt.arc(140, 60, 20, 0, Math.PI, false); //顺时针绘制圆弧的轮廓
            cxt.closePath(); //封闭路径
            cxt.stroke(); //绘制当前路径的边框
        </script>
    </body>
</html>
```

图 10-5　绘制圆弧和圆

**【说明】**本例中使用 fill()方法绘制填充的圆弧和圆，如果只是绘制圆弧的轮廓而不填充的话，则使用 stroke()方法完成绘制。

### 4．绘制文字

（1）绘制填充文字

fillText()方法用于以填充方式绘制字符串，语法格式为：

**fillText(text,x,y,[maxWidth])**

其中的参数含义如下。

text：表示绘制文字的内容。

x, y：绘制文字的起点坐标。

maxWidth：可选参数，表示显示文字的最大宽度，可以防止溢出。

（2）绘制轮廓文字

strokeText()方法用于轮廓方式绘制字符串，语法格式为：

**strokeText(text,x,y,[maxWidth])**

该方法的参数部分的解释与 fillText()方法相同。

fillText()方法和 strokeText()方法的文字属性设置如下。

font：字体。

textAlign：水平对齐方式。

textBaseline：垂直对齐方式。

【例 10-6】绘制填充文字和轮廓文字，本例文件 10-6.html 在浏览器中的显示效果如图 10-6 所示。

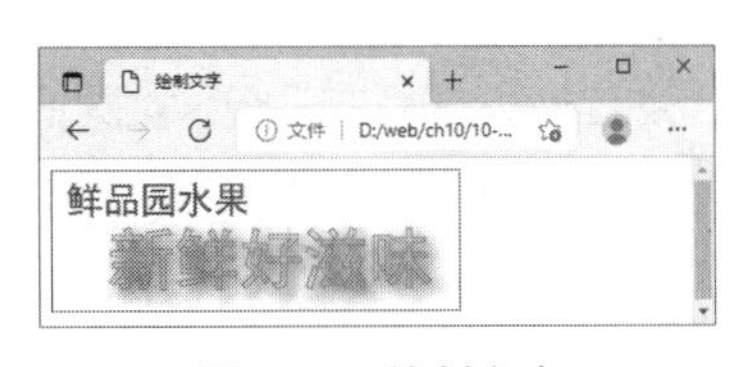


图 10-6　绘制文字

```
<!DOCTYPE html>
<html>
	<head>
		<meta charset="utf-8">
		<title>绘制文字</title>
	</head>
	<body>
		<canvas id="myCanvas" width="300" height="100" style="border:1px solid red;"></canvas>
		<script type="text/javascript">
			var c = document.getElementById("myCanvas"); //获取画布对象
			var cxt = c.getContext("2d"); //获取画布上绘图的环境
			cxt.fillStyle = "green"; //设置填充颜色
			cxt.font = '20pt 黑体';
			cxt.fillText('鲜品园水果', 10, 30); //绘制填充文字
			cxt.strokeStyle = "#00ff00"; //设置线条颜色
			cxt.shadowOffsetX = 5; //设置阴影向右偏移 5px
			cxt.shadowOffsetY = 5; //设置阴影向下偏移 5px
			cxt.shadowBlur = 10; //设置阴影模糊范围
			cxt.shadowColor = 'black'; //设置阴影的颜色
			cxt.lineWidth = "1"; //设置线条宽度
			cxt.font = '36pt 黑体';
			cxt.strokeText('新鲜好滋味', 40, 80); //绘制轮廓文字
		</script>
	</body>
</html>
```

【说明】本例中的填充文字使用的是默认的渲染属性，轮廓文字使用了阴影渲染属性，这些属性同样适用于其他图形。

### 5．绘制渐变

（1）绘制线性渐变

createLinearGradient()方法用于创建一条线性颜色渐变，语法格式为：

**createLinearGradient(xStart, yStart, xEnd, yEnd)**

其中的参数含义如下。

xStart, yStart：渐变的起始点的坐标。

xEnd, yEnd：渐变的结束点的坐标。

说明：该方法创建并返回了一个新的 CanvasGradient 对象，它在指定的起始点和结束点之间线性地内插颜色值。这个方法并没有为渐变指定任何颜色，用户可以使用返回对象的 addColorStop() 来实现这个功能。要使用一个渐变来勾勒线条或填充区域，只要把 CanvasGradient 对象赋给 strokeStyle 属性或 fillStyle 属性即可。

（2）绘制径向渐变

● createRadialGradient()方法用于创建一条放射颜色渐变，语法格式为：

**createRadialGradient(xStart, yStart, radiusStart, xEnd, yEnd, radiusEnd)**

其中的参数含义如下。

xStart, yStart：开始圆的圆心坐标。

radiusStart：开始圆的半径。

xEnd, yEnd：结束圆的圆心坐标。

radiusEnd：结束圆的半径。

说明：该方法创建并返回了一个新的 CanvasGradient 对象，该对象在两个指定圆的圆周之间放射性地插值颜色。这个方法并没有为渐变指定任何颜色，用户可以使用返回对象的 addColorStop()方法来实现这个功能。要使用一个渐变来勾勒线条或填充区域，只要把 CanvasGradient 对象赋给 strokeStyle 属性或 fillStyle 属性即可。

● addColorStop()方法在渐变中的某一点添加一个颜色变化，语法格式为：

**addColorStop(offset, color)**

其中的参数含义如下。

offset：这是一个范围在 0.0 到 1.0 之间的浮点值，表示渐变的开始点和结束点之间的偏移量。offset 为 0 对应开始点，offset 为 1 对应结束点。

color：指定 offset 显示的颜色，沿着渐变某一点的颜色是根据这个值及任何其他的颜色色标来插值的。

【例 10-7】绘制线性渐变和径向渐变，本例文件 10-7.html 在浏览器中的显示效果如图 10-7 所示。

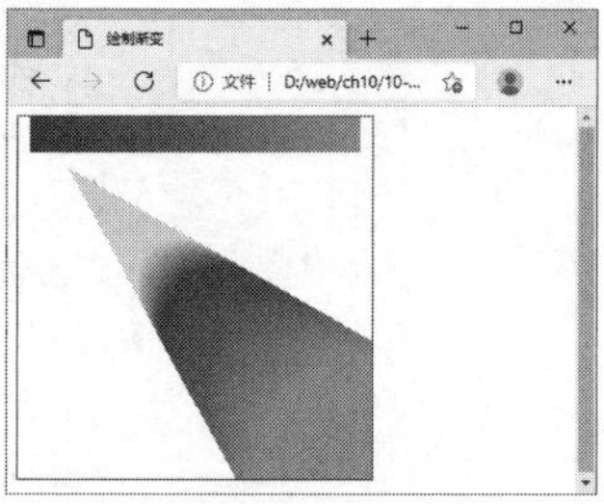

图 10-7　绘制渐变

```
<!DOCTYPE html>
<html>
    <head>
        <meta charset="utf-8">
        <title>绘制渐变</title>
    </head>
    <body>
        <canvas id="myCanvas" width="300" height="300" style="border: 1px solid red;"></canvas>
        <script type="text/javascript">
            var c = document.getElementById("myCanvas");
            var cxt = c.getContext("2d");
            var grd = cxt.createLinearGradient(10, 0, 280, 30); //绘制线性渐变
            grd.addColorStop(0, "#ff0088"); //渐变起始点
            grd.addColorStop(1, "#00ffff"); //渐变结束点
            cxt.fillStyle = grd;
            cxt.fillRect(10, 0, 280, 30);
            var radgrad = cxt.createRadialGradient(120, 120, 30, 300, 300, 100); //绘制径向渐变
            radgrad.addColorStop(0.1, 'rgb(255,255,0)'); //渐变起始点
            radgrad.addColorStop(0.3, 'rgb(255,0,255)'); //渐变偏移量
            radgrad.addColorStop(1, 'rgb(0,255,255)'); //渐变结束点
            cxt.fillStyle = radgrad;
            cxt.fillRect(0, 0, 800, 800);
            cxt.fill();
        </script>
    </body>
</html>
```

### 6．绘制图像

canvas 相当有趣的一项功能就是可以引入图像，它可以用于图片合成或制作背景等。只要是 Gecko 排版引擎支持的图像（如 PNG、GIF、JPEG 等）都可以引入到 canvas 中，并且其他的 canvas 元素也可以作为图像的来源。

用户可以使用 drawImage()方法在一个画布上绘制图像，也可以将原图像的任意矩形区域缩放或绘制到画布上，语法格式如下。

- 格式一：

  **drawImage(image, x, y)**
- 格式二：

  **drawImage(image, x, y, width, height)**
- 格式三：

  **drawImage(image,sourceX,sourceY,sourceWidth,sourceHeight,destX,destY,destWidth,destHeight)**

drawImage()方法有三种格式。格式一把整个图像复制到画布上，将其放置到指定点的左上角，并且将每个图像像素映射成画布坐标系统的一个单元；格式二也把整个图像复制到画布上，但允许用户用画布单位来指定想要的图像的宽度和高度；格式三则是完全通用的，它允许用户指定图像的任何矩形区域并复制它，对画布中的任何位置都可进行缩放。

其中的参数含义如下。

image：所要绘制的图像。

x, y：要绘制图像左上角的坐标。

width, height：图像实际绘制的尺寸，指定这些参数使得图像可以缩放。

sourceX, sourceY：图像所要绘制区域的左上角。

sourceWidth, sourceHeight：图像所要绘制区域的大小。

destX, destY：所要绘制的图像区域的左上角的画布坐标。

destWidth, destHeight：图像区域所要绘制的画布大小。

**【例 10-8】**绘制图像。页面中依次绘制了 5 幅图像，分别实现了原图使绘制、图像缩小、图像裁剪、裁剪区域的放大和裁剪区域的缩小效果，本例文件 10-8.html 在浏览器中的显示效果如图 10-8 所示。

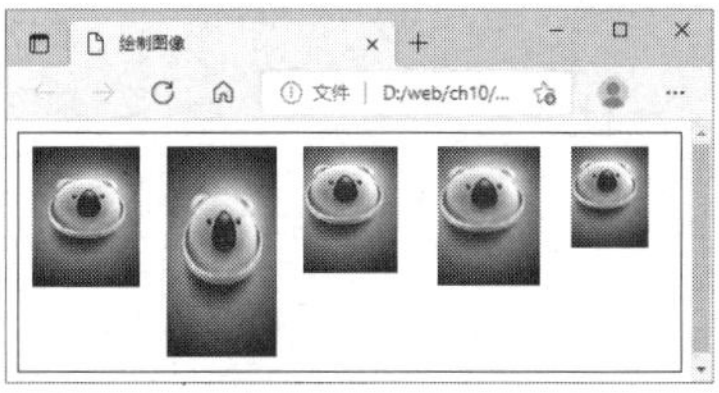

图 10-8　绘制图像

```
<!DOCTYPE html>
<html>
    <head>
        <meta charset="utf-8">
        <title>绘制图像</title>
    </head>
    <body>
        <canvas id="myCanvas" width="490" height="170" style="border:1px solid #000">
            您的浏览器不支持 canvas 元素
        </canvas>
        <script type="text/javascript">
            var width = 80;
            var height = 100;
            var c = document.getElementById("myCanvas"); //获取 canvas 画布对象
            var cxt = c.getContext("2d");          //获取画布上绘图的环境
            var img = new Image();                 //定义一个图像对象
```

```
                img.src = "images/bear.jpg";          //图像的路径和名称
                img.onload = function() {              //必须加载图像成功后，以后的操作才执行
                    cxt.drawImage(img, 10, 10); //绘制一幅图像
                    cxt.drawImage(img, 110, 10, 80, 120); //绘制一幅图像，并调整其宽度与高度
                    cxt.drawImage(img, 10, 10, width, height, 210, 10, width, height); //裁剪绘制
                    cxt.drawImage(img, 10, 10, width, height, 310, 10,width * 1.1,height * 1.1);//放大
                    cxt.drawImage(img, 10, 10, width, height, 410, 10,width * 0.8,height * 0.8);//缩小
                }
            </script>
        </body>
    </html>
```

canvas 绘画功能非常强大，除了以上所讲的基本绘画方法，还包括设置 canvas 绘图样式、canvas 画布处理、canvas 中图形图像的组合和 canvas 动画等功能。

## 习题 10

1．使用 HTML5 拖放 API 实现购物车拖放效果，如图 10-9 所示。

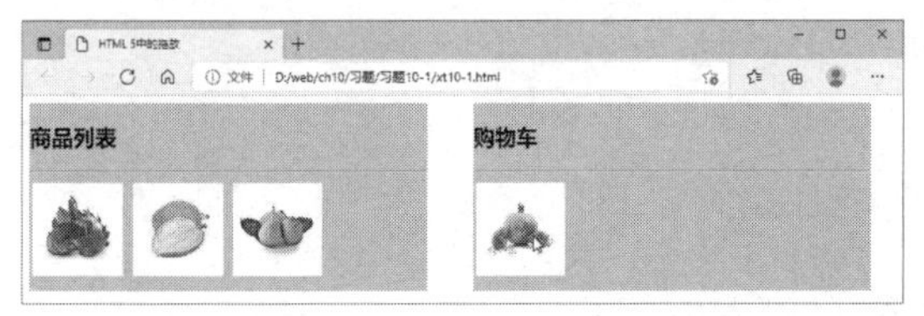


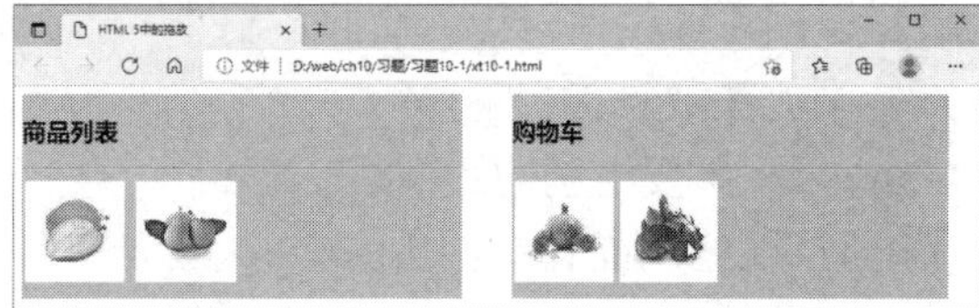


图 10-9　题 1 图

2．使用 canvas 元素绘制圆饼图，如图 10-10 所示。

3．使用 canvas 元素绘制一个商标，如图 10-11 所示。

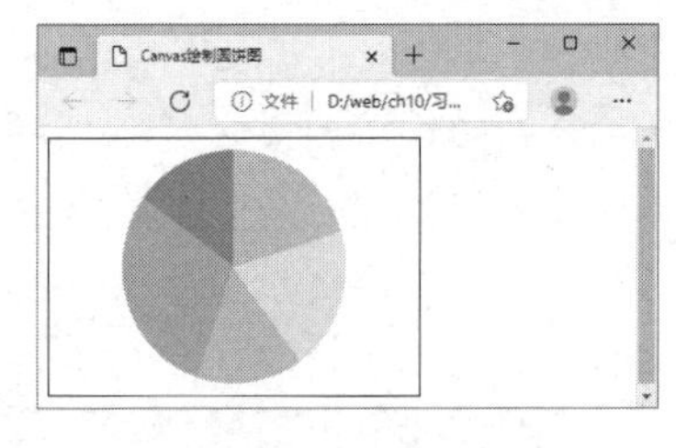

图 10-10　题 2 图

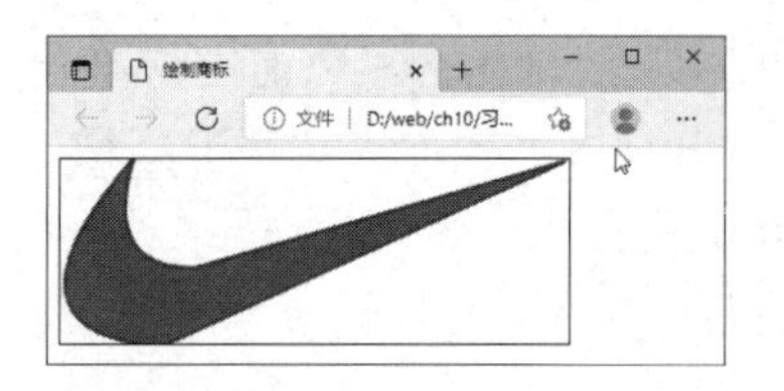

图 10-11　题 3 图

4．使用 canvas 元素绘制填充文字和轮廓文字，如图 10-12 所示。

5．使用 canvas 元素绘制一个径向渐变图形，如图 10-13 所示。

图 10-12　题 4 图

图 10-13　题 5 图

# 第 11 章　jQuery 基础

jQuery 是一个兼容多浏览器的 JavaScript 库，利用 jQuery 的语法设计可以使开发者更加便捷地操作文件对象、选择 DOM 元素、制作动画效果、进行事件处理、使用 Ajax 及其他功能。除此之外，jQuery 还提供了 API 允许开发者编写插件。其模块化的使用方式使开发者可以很轻松地开发出功能强大的静态或动态网页。

## 11.1　jQuery 简介

JavaScript 语言是 Web 前端语言发展过程中的一个重要里程碑，其实时性、跨平台、简单易用的特点决定了它在 Web 前端设计中的重要地位。但是，随着浏览器种类的推陈出新，JavaScript 对浏览器的兼容性受到了极大挑战，2006 年 1 月，美国 John Resing 创建了一个基于 JavaScript 的开源框架——jQuery。与 JavaScript 相比，jQuery 具有代码高效、浏览器兼容性更好等特征，极大地简化了对 DOM 对象、事件处理、动画效果及 Ajax 等操作。

jQuery 是继 Prototype 之后又一个优秀的 JavaScript 库。它是轻量级的 JS 库，兼容 CSS3，还兼容各种浏览器（IE6.0+，FF1.5+，Safari2.0+，Opera9.0+）。jQuery 使用户能够更加方便地处理 HTML、events、实现动画效果，并且方便地为网站提供 Ajax 交互。

jQuery 的设计理念是“写更少，做更多”（The Write Less，Do More），是一种将 JavaScript、CSS、DOM、Ajax 等特征集于一体的强大框架，通过简单的代码来实现各种页面特效。

## 11.2　编写 jQuery 程序

在编写 jQuery 程序之前，需要掌握如何搭建 jQuery 的开发环境。

### 11.2.1　下载与配置 jQuery

#### 1．下载 jQuery

用户可以在 jQuery 的官方网站下载最新的 jQuery 库。在下载界面可以直接下载 jQuery1.x、jQuery2.x 和 jQuery3.x 三个版本。每个版本又分为以下两种：开发版（Development version）和生产版（Production version），其区别如表 11-1 所示。

表 11-1　开发版和生产版的区别

| 版　　本 | 大小/KB | 描　　述 |
|---|---|---|
| jquery-1.x.js | 约 288 | 开发版，完整无压缩，多用于学习、开发和测试 |
| jquery-3.x.js | 约 262 | |
| jquery-1.x.min.js | 约 94 | 生产版，经过压缩工具压缩，体积相对比较小，主要用于产品和项目中 |
| jquery-3.x.min.js | 约 85 | |

2. 配置 jQuery

本书下载使用的 jQuery 是 jquery-3.2.1.min.js 生产版，jQuery 不需要安装，将下载的 jquery-3.2.1.min.js 文件放到网站中的公共位置即可。通常将该文件保存在一个独立的文件夹 js 中，只需在使用的 HTML 页面中引入该库文件的位置即可。在编写页面的<head>标签中，引入 jQuery 库的示例代码如下：

```
<head>
    <script src="js/jquery-3.2.1.min.js" type="text/javascript"></script>
</head>
```

需要注意的是，引用 jQuery 的<script>标签必须放在所有自定义脚本文件的<script>之前，否则在自定义的脚本代码中应用不到 jQuery 脚本库。

### 11.2.2　编写一个简单的 jQuery 程序

在页面中引入 jQuery 库后，通过$()函数来获取页面中的元素，并对元素进行定位或效果处理。在没有特别说明下，$符号即为 jQuery 对象的缩写形式，例如，$("myDiv")与 jQuery("myDiv")完全等价。

**【例 11-1】**编写一个简单的 jQuery 程序，本例文件 11-1.html 在浏览器中的显示效果如图 11-1 所示。

```
<!DOCTYPE html>
<html>
    <head>
        <meta charset="UTF-8">
        <title>第一个 jQuery 程序</title>
        <script src="js/jquery-3.2.1.min.js" type="text/javascript">
        </script>
        <script>
            $(document).ready(function() {
                alert("第一个 jQuery 程序!");
            });
        </script>
    </head>
    <body>
    </body>
</html>
```

图 11-1　页面显示效果

**【说明】**$(document)是 jQuery 的常用对象，表示 HTML 文件对象。$(document).ready()方法指定$(document)的 ready 事件处理函数，其作用类似于 JavaScript 中的 window.onload 事件，也是当页面被载入时自动执行的。

## 11.3　DOM 对象和 jQuery 对象

刚开始学习 jQuery 时，经常分不清楚哪些是 DOM 对象，哪些是 jQuery 对象。因此，了解 DOM 对象和 jQuery 对象及它们之间的关系是非常必要的。

### 11.3.1 DOM 对象和 jQuery 对象简介

#### 1. DOM 对象

DOM 是 Document Object Model 的缩写，即文件对象模型。DOM 是以层次结构组织的节点或信息片段的集合，每一份 DOM 都可以表示成一棵树。

例如，构建一个基本的网页，使用以下代码：

```
<!DOCTYPE html>
<html>
    <head>
        <meta charset="UTF-8">
        <title>DOM 对象</title>
    </head>
    <body>
        <h2>鲜品园宣传语</h2>
        <p>鲜品园产品，天天好滋味</p>
    </body>
</html>
```

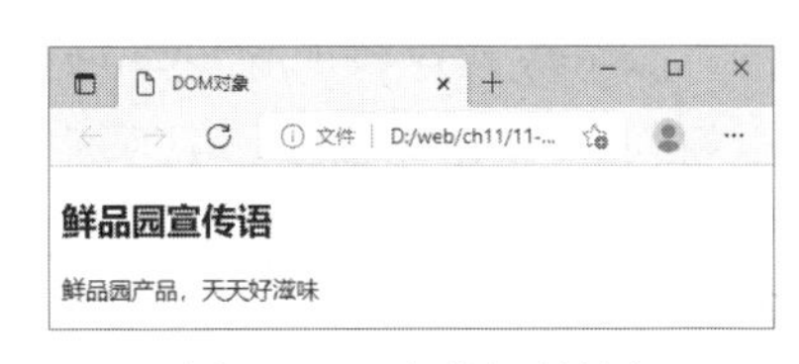

图 11-2 页面显示效果

网页在浏览器中的显示效果如图 11-2 所示。

可以把上面的 HTML 结构描述为一棵 DOM 树，在这棵 DOM 树中，<h2>、<p>节点都是 DOM 元素的节点，可以使用 JavaScript 中的 getElementById 或 getElementByTagName 来获取，得到的元素就是 DOM 对象。

DOM 对象可以使用 JavaScript 中的方法。例如，下面代码：

```
var domObject = document.getElementById("id");
var html = domObject.innerHTML;
```

#### 2. jQuery 对象

jQuery 对象就是通过 jQuery 包装 DOM 对象后产生的对象。jQuery 对象是独有的，可以使用 jQuery 中的方法。例如，下面代码：

```
$("#sample").html();        //获取 id 为 sample 的元素内的 html 代码
```

这段代码等同于：

```
document.getElementById("sample").innerHTML;
```

虽然 jQuery 对象是包装 DOM 对象后产生的，但是 jQuery 无法使用 DOM 对象的任何方法，同理 DOM 对象也不能使用 jQuery 中的方法。

#### 3. jQuery 对象和 DOM 对象的对比

jQuery 对象不同于 DOM 对象，但在实际使用时经常被混淆。DOM 对象是通用的，既可以在 jQuery 程序中使用，也可以在标准 JavaScript 程序中使用。例如，在 JavaScript 程序中根据 HTML 元素 id 获取对应的 DOM 对象的方法如下：

```
var domObj = document.getElementById("id");
```

而 jQuery 对象来自 jQuery 类库，只能在 jQuery 程序中使用，只有 jQuery 对象才能引用 jQuery 类库中定义的方法。因此，应该尽可能在 jQuery 程序中使用 jQuery 对象，这样才能充分发挥 jQuery 类库的优势。通过 jQuery 的选择器$()可以获得 HTML 元素获取对应的 jQuery

对象。例如，根据 HTML 元素 id 获取对应的 jQuery 对象的方法如下：

```
var jqObj = $("#id");
```

需要注意的是，使用 document.getElementsById("id")得到的是 DOM 对象，而用#id 作为选择符取得的是 jQuery 对象，这两者并不是等价的。

### 11.3.2 jQuery 对象和 DOM 对象的相互转换

既然 jQuery 对象和 DOM 对象有区别也有联系，那么 jQuery 对象与 DOM 对象也可以相互转换。在两者转换之前首先约定好定义变量的风格。如果获取的是 jQuery 对象，则在变量前面加上$，例如，下面格式：

```
var $obj = jQuery 对象;
```

如果获取的是 DOM 对象，则与用户平时习惯的表示方法一样：

```
var obj = DOM 对象;
```

#### 1. jQuery 对象转换成 DOM 对象

jQuery 提供了两种转换方式将一个 jQuery 对象转换成 DOM 对象：[index]和 get(index)。

1）jQuery 对象是一个类似数组的对象，可以通过[index]方法得到相应的 DOM 对象。例如，下面代码：

```
var $mr = $("#mr");          //jQuery 对象
var mr = $mr[0] ;            //DOM 对象
alert(mr.value);             //获取 DOM 元素的 value 的值并弹出
```

2）jQuery 本身也提供了 get(index)方法，可以得到相应的 DOM 对象。例如，下面代码：

```
var $mr = $("#mr");          //jQuery 对象
var mr = $mr.get(0);         //DOM 对象
alert(mr.value);             //获取 DOM 元素的 value 的值并弹出
```

#### 2. DOM 对象转换成 jQuery 对象

对于一个 DOM 对象，只要用$()把它括起来，就可以得到一个 jQuery 对象。即$(DOM 对象)。例如，下面代码：

```
var mr= document.getElementById("mr");        //DOM 对象
var $mr = $(mr);                              //jQuery 对象
alert($(mr).val());                           //获取文本框的值并弹出
```

转换后，DOM 对象就可以任意使用 jQuery 中的方法了。

通过以上方法，可以任意实现 DOM 对象和 jQuery 对象之间的转换。需要特别声明的是，DOM 对象可以使用 DOM 中的方法，但 jQuery 对象不可以使用 DOM 中的方法。

## 11.4 jQuery 插件

jQuery 是一个轻量级 JavaScript 库，虽然它非常便捷且功能强大，但还是不可能满足所有用户的需求。而作为一个开源项目，所有用户都可以看到 jQuery 的源代码，很多人都希望共享自己日常工作积累的功能。jQuery 的插件机制使这种想法成为现实。可以把自己的代码制作成 jQuery 插件，供其他人引用。插件机制大大增强了 jQuery 的可扩展性，扩充了 jQuery 的功能。

### 11.4.1 下载 jQuery 插件

在 jQuery 官方网站中，有一个 Plugins（插件）超级链接，单击该超级链接，将进入 jQuery 的插件分类列表页面，如图 11-3 所示。在该页面中，单击分类名称，可以查看每个分类下的插件概要信息及下载超级链接。用户也可以在上面的搜索（Search）文本框中输入指定的插件名称，搜索所需插件。

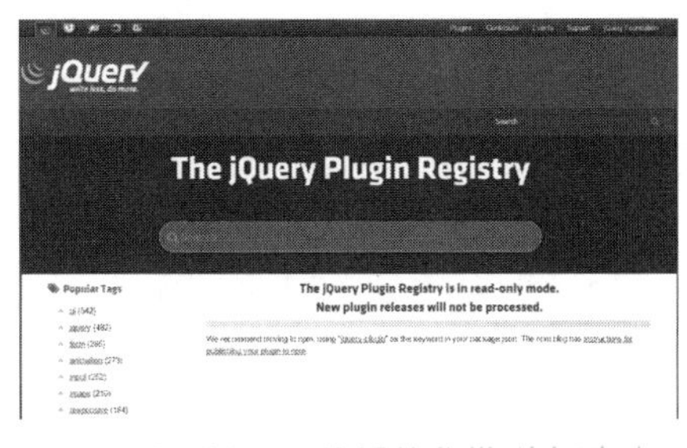


图 11-3 jQuery 的插件分类列表页面

从图 11-3 中可以看出，常用的 jQuery 的插件类别包括 UI 插件、表单插件、幻灯片插件、滚动插件、图像插件、图表插件、布局插件和文字处理插件等。下面讲解在网页中引用 jQuery 插件的方法。

### 11.4.2 引用 jQuery 插件的方法

引用 jQuery 插件的方法比较简单，首先将要使用的插件下载到本地计算机中，然后按照下面的步骤操作，就可以使用插件实现想要的效果了。

1）把下载的插件包含到<head>标签内，并确保它位于主 jQuery 源文件（jquery-3.2.1.min.js）之后。

2）包含一个自定义的 JavaScript 文件，并在其中使用插件创建或扩展的方法。例如，下面示例代码：

```
<head>
    <script src="js/jquery-3.2.1.min.js" type="text/javascript"></script>
    <script src="js/jquery.effect.js" type="text/javascript"></script>
    <script src="js/jquery.overlay.min.js" type="text/javascript"></script>
</head>
```

## 11.5 jQuery 选择器简介

选择器是 jQuery 强大功能的基础，在 jQuery 中，对事件处理、遍历 DOM 都依赖于选择器。它完全继承了 CSS 的风格，编写和使用非常简单。如果能熟练掌握 jQuery 选择器，不仅能简化程序代码，而且可以达到事半功倍的效果。

在介绍 jQuery 选择器之前，先来介绍 jQuery 的工厂函数“$”。

### 11.5.1 jQuery 的工厂函数

在 jQuery 中，无论使用哪种类型的选择符都需要从一个“$”符号和一对“()”开始。在“()”中通常使用字符串参数，参数中可以包含任何 CSS 选择符表达式。

下面介绍几种比较常见的用法。

#### 1．在参数中使用标记名

例如，$("div")用于获取文件中全部的<div>。

#### 2．在参数中使用 id

例如，$("#username")用于获取文件中 id 属性值为 username 的一个元素。

### 3．在参数中使用 CSS 类名

例如，$(".btn_grey")用于获取文件中使用 CSS 类名为 btn_grey 的所有元素。

## 11.5.2　什么是 jQuery 选择器

当在页面中要为某个元素添加属性或事件时，第一步必须先准确地找到这个元素，在 jQuery 中可以通过选择器来实现这一重要功能。jQuery 选择器是 jQuery 库中非常重要的部分，它支持网页开发者所熟知的 CSS 语法，能够轻松、快速地对页面进行设置。一个典型的 jQuery 选择器的语法格式为：

```
$(selector).methodName();
```

其中，selector 是一个字符串表达式，用于识别 DOM 中的元素，然后使用 jQuery 提供的方法集合加以设置。

多个 jQuery 操作可以以链的形式串起来，语法格式为：

```
$(selector).method1().method2().method3();
```

例如，要隐藏 id 为 test 的 DOM 元素，并为它添加名为 content 的样式，实现如下：

```
$('#test').hide().addClass('content');
```

jQuery 选择器完全继承了 CSS 选择器的风格，将 jQuery 选择器分为 4 类：基础选择器、层次选择器、过滤选择器和表单选择器。

# 11.6　基础选择器

基础选择器是 jQuery 中常用的选择器，通过元素的 id、className 或 tagName 来查找页面中的元素，如表 11-2 所示。

表 11-2　基础选择器

| 选　择　器 | 描　　述 | 返　　回 |
| --- | --- | --- |
| #id | 根据元素的 id 属性进行匹配 | 单个 jQuery 对象 |
| .class | 根据元素的 class 属性进行匹配 | jQuery 对象数组 |
| element | 根据元素的标签名进行匹配 | jQuery 对象数组 |
| selector1,selector2,…,selectorN | 将每个选择器匹配的结果合并后一起返回 | jQuery 对象数组 |
| * | 匹配页面的所有元素，包括 html、head、body 等 | jQuery 对象数组 |

## 11.6.1　id 选择器

每个 HTML 元素都有一个 id，可以根据 id 选取对应的 HTML 元素。id 选择器#id 就是利用 HTML 元素的 id 属性值来筛选匹配的元素，并以 jQuery 包装集的形式返回给对象。这就好像在单位中每个职工都有自己的工号一样，职工的姓名可以重复，但工号不能重复，因此，根据工号就可以获取指定职工的信息。id 选择器的使用方法如下：

```
$("#id");
```

其中，id 为要查询元素的 id 属性值。例如，要查询 id 属性值为 test 的元素，可以使用下面的 jQuery 代码：

```
$("#test");
```

### 11.6.2 元素选择器

元素选择器是根据元素名称匹配相应的元素。元素选择器指向的是 DOM 元素的标记名，也就是说，元素选择器是根据元素的标记名选择的。可以把元素的标记名理解为职工的姓名，在一个单位中可能有多个姓名为“张三”的职工，但是姓名为“王五”的职工也许只有一个，因此，通过元素选择器匹配到的元素可能有多个，也可能只有一个。元素选择器的使用方法如下：

```
$("element");
```

其中，element 是要获取的元素的标记名。例如，要获取全部 p 元素，可以使用下面的 jQuery 代码：

```
$("p");
```

### 11.6.3 类名选择器

类名选择器是通过元素拥有的 CSS 类的名称查找匹配的 DOM 元素。在一个页面中，一个元素可以有多个 CSS 类，一个 CSS 类又可以匹配多个元素，如果元素中有一个匹配的类的名称就可以被类名选择器选取到。简单地说，类名选择器就是以元素具有的 CSS 类名称查找匹配的元素。类名选择器的使用方法如下：

```
$(".class");
```

其中，class 为要查询元素所用的 CSS 类名。例如，要查询使用 CSS 类名为 digital 的元素，可以使用下面的 jQuery 代码：

```
$(".digital");
```

### 11.6.4 复合选择器

复合选择器将多个选择器（id 选择器、元素选择器或类名选择器）组合在一起，两个选择器之间以逗号“,”分隔，只要符合其中的任何一个筛选条件就会被匹配，返回的是一个集合形式的 jQuery 包装集，利用 jQuery 索引器可以取得集合中的 jQuery 对象。

需要注意的是，多种匹配条件的选择器并不是匹配同时满足这几个选择器的匹配条件的元素，而是将每个选择器匹配的元素合并后一起返回。复合选择器的使用方法如下：

```
$(" selector1,selector2,…,selectorN");
```

参数说明：

1）selector1：一个有效的选择器，id 选择器、元素选择器或类名选择器等。

2）selector2：另一个有效的选择器，id 选择器、元素选择器或类名选择器等。

3）selectorN：任意多个选择器，id 选择器、元素选择器或是类名选择器等。

例如，要查询页面中全部的<p>标记和使用 CSS 类 test 的<div>标记，可以使用下面的 jQuery 代码：

```
$("p,div.test");
```

### 11.6.5 通配符选择器

通配符就是指符号“*”，它代表页面上的每个元素，也就是说，如果使用$("*")将取得页面上所有的 DOM 元素集合的 jQuery 包装集。

## 11.7 层次选择器

jQuery 层次选择器是通过 DOM 对象的层次关系来获取特定的元素，如同辈元素、后代元素、子元素和相邻元素等。层次选择器的用法与基础选择器相似，也是使用$()函数来实现的，返回结果均为 jQuery 对象数组，如表 11-3 所示。

表 11-3 层次选择器

| 选 择 器 | 描 述 | 返 回 |
| --- | --- | --- |
| $("ancestor descendant") | 选取 ancestor 元素中的所有子元素 | jQuery 对象数组 |
| $("parent>child") | 选取 parent 元素中的直接子元素 | jQuery 对象数组 |
| $("prev+next") | 选取紧邻 prev 元素之后的 next 元素 | jQuery 对象数组 |
| $("prev~siblings") | 选取 prev 元素之后的 siblings 兄弟元素 | jQuery 对象数组 |

### 11.7.1 ancestor descendant 选择器

ancestor descendant 选择器中的 ancestor 代表祖先，descendant 代表后代，用于在给定的祖先元素下匹配所有的后代元素。ancestor descendant 选择器的使用方法如下：

```
$("ancestor descendant");
```

参数说明：

1）ancestor：任何有效的选择器。

2）descendant：用以匹配元素的选择器，并且它是 ancestor 所指定元素的后代元素。

例如，要匹配 div 元素下的全部 img 元素，可以使用下面的 jQuery 代码：

```
$("div img");
```

### 11.7.2 parent>child 选择器

parent > child 选择器中的 parent 代表父元素，child 代表子元素，用于在给定的父元素下匹配所有的子元素。使用该选择器只能选择父元素的直接子元素。parent > child 选择器的使用方法如下：

```
$("parent > child");
```

参数说明：

1）parent：任何有效的选择器。

2）child：用以匹配元素的选择器，并且它是 parent 元素的子元素。

例如，要匹配表单中所有的子元素 input，可以使用下面的 jQuery 代码：

```
$("form > input");
```

### 11.7.3 prev+next 选择器

prev + next 选择器用于匹配所有紧接在 prev（前）元素后面的 next（后）元素。其中，prev 和 next 是两个相同级别的元素。prev + next 选择器的使用方法如下：

```
$("prev + next");
```

参数说明：

1）prev：任何有效的选择器。

2）next：一个有效选择器并紧接着 prev 选择器。

例如，要匹配<div>标记后的<img>标记，可以使用下面的 jQuery 代码：

```
$("div + img");
```

### 11.7.4 prev ~ siblings 选择器

prev ~ siblings 选择器用于匹配 prev 元素之后的所有 siblings 元素。其中，prev 和 siblings 是两个相同辈元素。prev ~ siblings 选择器的使用方法如下：

```
$("prev ~ siblings");
```

参数说明：

1）prev：任何有效的选择器。

2）siblings：一个有效选择器并紧接着 prev 选择器。

例如，要匹配 div 元素的同辈元素 ul，可以使用下面的 jQuery 代码：

```
$("div ~ ul");
```

## 11.8 过滤选择器

基础选择器和层次选择器可以满足大部分 DOM 元素的选取需求，在 jQuery 中还提供了功能更加强大的过滤选择器，可以根据特定的过滤规则来筛选出所需要的页面元素。

过滤选择器又分为简单过滤器、内容过滤器、可见性过滤器、子元素过滤器。

### 11.8.1 简单过滤器

简单过滤器是指以冒号开头，通常用于实现简单过滤效果的选择器。例如，匹配找到的第一个元素等。jQuery 提供的简单过滤器如表 11-4 所示。

表 11-4 简单过滤器

| 选 择 器 | 描 述 | 返 回 |
|---|---|---|
| :first | 选取第一个元素 | 单个 jQuery 对象 |
| :last | 选取最后一个元素 | 单个 jQuery 对象 |
| :even | 选取所有索引值为偶数的元素，索引从 0 开始 | jQuery 对象数组 |
| :odd | 选取所有索引值为奇数的元素，索引从 0 开始 | jQuery 对象数组 |
| :header | 选取所有标题元素，如 h1、h2、h3 等 | jQuery 对象数组 |
| :focus | 选取当前获取焦点的元素（1.6+版本） | jQuery 对象数组 |
| :root | 获取文件的根元素（1.9+版本） | 单个 jQuery 对象 |
| :animated | 选取所有正在执行动画效果的元素 | jQuery 对象数组 |
| :eq(index) | 选取索引等于 index 的元素，索引从 0 开始 | 单个 jQuery 对象 |
| :gt(index) | 选取索引大于 index 的元素，索引从 0 开始 | jQuery 对象数组 |
| :lt(index) | 选取索引小于 index 的元素，索引从 0 开始 | jQuery 对象数组 |
| :not(selector) | 选取 selector 以外的元素 | jQuery 对象数组 |

### 11.8.2 内容过滤器

内容过滤器是指根据元素的文字内容或所包含的子元素的特征进行过滤的选择器，如表 11-5 所示。

表 11-5　内容过滤器

| 选　择　器 | 描　　述 | 返　　回 |
| --- | --- | --- |
| :contains(text) | 选取包含 text 内容的元素 | jQuery 对象数组 |
| :has(selector) | 选取含有 selector 所匹配元素的元素 | jQuery 对象数组 |
| :empty | 选取所有不包含文本或子元素的空元素 | jQuery 对象数组 |
| :parent | 选取含有子元素或文本的元素 | jQuery 对象数组 |

### 11.8.3　可见性过滤器

元素的可见状态有两种，分别是隐藏状态和显示状态。可见性过滤器就是利用元素的可见状态匹配元素的。

可见性过滤器也有两种：一种是匹配所有可见元素的:visible 过滤器；另一种是匹配所有不可见元素的:hidden 过滤器，如表 11-6 所示。

表 11-6　可见性过滤器

| 选　择　器 | 描　　述 | 返　　回 |
| --- | --- | --- |
| :hidden | 选取所有不可见元素，或者 type 为 hidden 的元素 | jQuery 对象数组 |
| :visible | 选取所有的可见元素 | jQuery 对象数组 |

在应用:hidden 过滤器时，display 属性是 none，以及 input 元素的 type 属性为 hidden 的元素都会被匹配到。

### 11.8.4　子元素过滤器

在页面设计过程中，当需要突出某些行时，可以通过简单过滤器中的:eq()来实现表格中行的凸显，但不能同时让多个表格具有相同的效果。

在 jQuery 中，子元素过滤器可以轻松地选取所有父元素中的指定元素并进行处理，如表 11-7 所示。

表 11-7　子元素过滤器

| 选　择　器 | 描　　述 | 返　　回 |
| --- | --- | --- |
| :first-child | 选取每个父元素中的第一个元素 | jQuery 对象数组 |
| :last-child | 选取每个父元素中的最后一个元素 | jQuery 对象数组 |
| :only-child | 当父元素只有一个子元素时，进行匹配；否则不匹配 | jQuery 对象数组 |
| :nth-child(N\|odd\|even) | 选取每个父元素中的第 *N* 个子元素或奇偶元素 | jQuery 对象数组 |
| :first-of-type | 选取每个父元素中的第一个元素（1.9+版本） | jQuery 对象数组 |
| :last-of-type | 选取每个父元素中的最后一个元素（1.9+版本） | jQuery 对象数组 |
| :only-of-type | 当父元素只有一个子元素时匹配，否则不匹配（1.9+版本） | jQuery 对象数组 |

## 11.9　表单选择器

表单在 Web 前端开发中占据重要的地位，在 jQuery 中引入的表单选择器能够让用户更加方便地处理表单数据。通过表单选择器可以快速定位到某类表单元素，如表 11-8 所示。

表 11-8　表单选择器

| 选　择　器 | 描　　述 | 返　　回 |
|---|---|---|
| :input | 选取所有<input>、<textarea>、<select>和<button>元素 | jQuery 对象数组 |
| :text | 选取所有单行文本框 | jQuery 对象数组 |
| :password | 选取所有密码框 | jQuery 对象数组 |
| :radio | 选取所有单选框 | jQuery 对象数组 |
| :checkbox | 选取所有多选框 | jQuery 对象数组 |
| :submit | 选取所有提交按钮 | jQuery 对象数组 |
| :image | 选取所有图片按钮 | jQuery 对象数组 |
| :button | 选取所有按钮 | jQuery 对象数组 |
| :file | 选取所有文件域 | jQuery 对象数组 |
| :hidden | 选取所有不可见元素 | jQuery 对象数组 |

【例 11-2】使用表单选择器统计各个表单元素的数量，本例文件 11-2.html 在浏览器中的显示效果如图 11-4 所示。

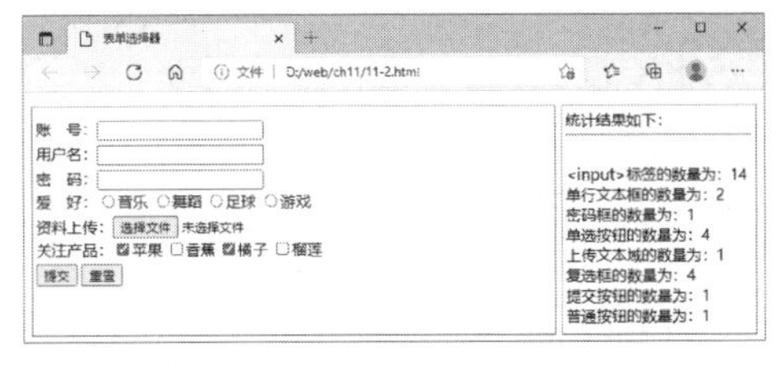


图 11-4　页面显示效果

```
<!DOCTYPE html>
<html>
    <head>
        <meta charset="utf-8">
        <title>表单选择器</title>
        <script     src="js/jquery-3.2.1.min.js"
type="text/javascript"></script>
        <style type="text/css">
            *{margin-top:5px;}
            div{height:230px; }
            #formDiv{float:left;padding:4px; width:550px;border:1px solid #666;}
            #showResult{float:right;padding:4px; width:200px; border:1px solid #666;}
        </style>
    </head>
    <body>
        <div id="formDiv">
            <form id="myform" action="#">
                账　号：<input type="text" /><br />
                用户名：<input type="text" name="userName" /><br />
                密　码：<input type="password" name="userPwd" /><br />
                爱　好：<input type="radio" name="hobby" value="音乐" />音乐
                <input type="radio" name="hobby" value="舞蹈" />舞蹈
                <input type="radio" name="hobby" value="足球" />足球
                <input type="radio" name="hobby" value="游戏" />游戏<br />
                资料上传：<input type="file" /><br />
                关注产品：<input type="checkbox" name="goods" value="苹果" checked />苹果
                <input type="checkbox" name="goods" value="香蕉" />香蕉
                <input type="checkbox" name="goods" value="橘子" checked />橘子
                <input type="checkbox" name="goods" value="榴莲" />榴莲<br />
                <input type="submit" value="提交" />
```

```
                    <input type="button" value="重置" /><br />
                </form>
            </div>
            <div id="showResult"></div>
            <script type="text/javascript">
                $(function(e) {
                    var result = "统计结果如下：<hr/>";
                    result += "<br />&lt;input&gt;标签的数量为：" + $(":input").length;
                    result += "<br />单行文本框的数量为：" + $(":text").length;
                    result += "<br />密码框的数量为：" + $(":password").length;
                    result += "<br />单选按钮的数量为：" + $(":radio").length;
                    result += "<br />上传文本域的数量为：" + $(":file").length;
                    result += "<br />复选框的数量为：" + $(":checkbox").length;
                    result += "<br />提交按钮的数量为：" + $(":submit").length;
                    result += "<br />普通按钮的数量为：" + $(":button").length;
                    $("#showResult").html(result);
                });
            </script>
        </body>
    </html>
```

# 习题 11

1．简述 HTML 页面中引入 jQuery 库文件的方法。

2．简述 DOM 对象和 jQuery 对象的区别。

3．如何将 jQuery 对象转换成 DOM 对象？

4．在网页中使用 p 元素定义了一个字符串“单击我，我就会消失。”。然后通过 jQuery 编程实现单击 p 元素时隐藏 p 元素，如图 11-5 所示。

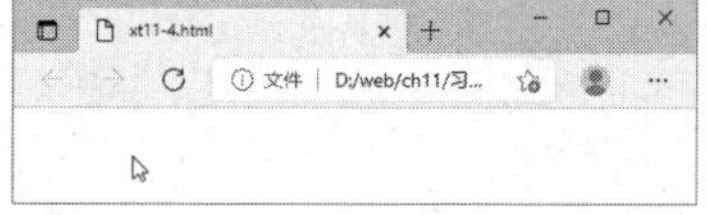

图 11-5　题 4 图

5．下载 jQuery 插件，实现如图 11-6 所示的 5 种幻灯片切换效果。

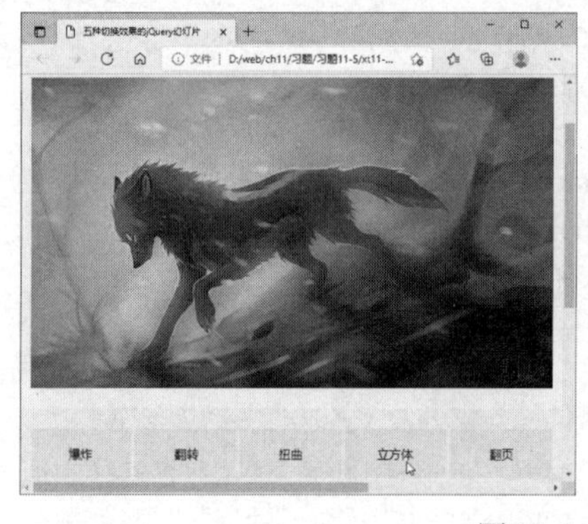

图 11-6　题 5 图

6．综合使用 jQuery 选择器制作隔行换色、鼠标指针指向表格行变色的页面，如图 11-7 所示。

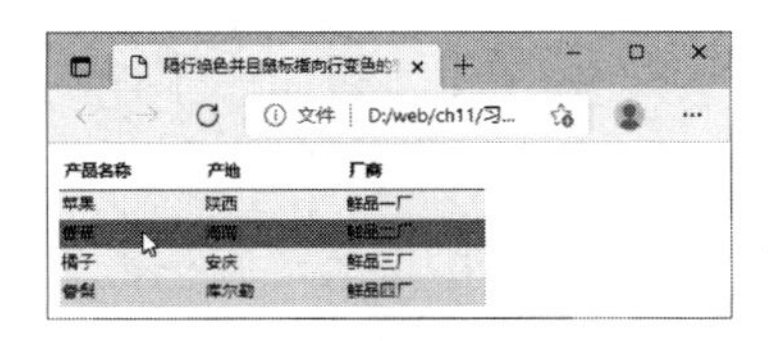


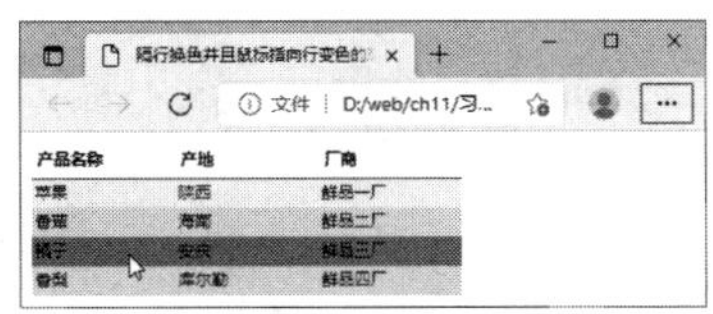


图 11-7　题 6 图

# 第 12 章　jQuery 动画与 UI 插件

动画可以更直观、生动地表现出设计者的意图，在网页中嵌入动画已成为近年来网页设计的一种趋势，而程序开发人员一般都比较"头痛"实现页面中的动画效果，但是利用 jQuery 中提供的动画和特效方法，能够轻松地为网页添加精彩的视觉效果，给用户一种全新的体验。

## 12.1　jQuery 的动画方法简介

jQuery 的动画方法分为 4 类。

- 基本动画方法：既有透明度渐变，又有滑动效果，是常用的动画效果方法。
- 滑动动画方法：仅适用滑动渐变动画效果。
- 淡入淡出动画方法：仅适用透明度渐变动画效果。
- 自定义动画方法：作为上述三种动画方法的补充和扩展。

利用这些动画方法，jQuery 可以很方便地在 HTML 元素上实现动画效果，如表 12-1 所示。

表 12-1　jQuery 中的动画方法

| 方　法 | 描　述 |
| --- | --- |
| show() | 用于显示被隐藏的元素 |
| hide() | 用于隐藏可见的元素 |
| slideUp() | 以滑动的方式隐藏可见的元素 |
| slideDown() | 以滑动的方式显示隐藏的元素 |
| slideToggle() | 使用滑动效果，在显示和隐藏状态之间进行切换 |
| fadeIn() | 使用淡入效果来显示一个隐藏的元素 |
| fadeTo() | 使用淡出效果来隐藏一个可见的元素 |
| fadeToggle() | 在 fadeIn()和 fadeOut()方法之间切换 |
| animate() | 用于创建自定义动画的函数 |
| stop() | 用于停止当前正在运行的动画 |
| delay() | 用于将队列中的函数延时执行 |
| finish() | 停止当前正在运行的动画，删除所有排队的动画，并完成匹配元素所有的动画 |

## 12.2　显示与隐藏效果

页面中元素的显示与隐藏效果是基本的动画效果，jQuery 提供了 hide()和 show()方法来实现此功能。

### 12.2.1　隐藏元素的方法

hide()方法用于隐藏页面中可见的元素，按照指定的隐藏速度，元素逐渐改变高度、宽度、外边距、内边距及透明度，使其从可见状态切换到隐藏状态。

hide()方法相当于将元素 CSS 样式属性 display 的值设置为 none，它会记住原来的 display 的值。hide()方法有两种语法格式。

### 1. 格式一

格式一是不带参数的形式，用于实现不带任何效果的隐藏匹配元素，其语法格式如下：

**hide()**

例如，要隐藏页面中的全部图片，可以使用下面的代码：

```
$("img").hide();
```

### 2. 格式二

格式二是带参数的形式，用于以优雅的动画隐藏所有匹配的元素，并在隐藏完成后可选择地触发一个回调函数，其语法格式如下：

**hide(speed,[callback])**

参数说明：

1）speed：表示元素从可见到隐藏的速度。其默认值为“0”，可选值为“slow”“normal”“fast”，以及代表毫秒的整数值。在设置速度的情况下，元素从可见到隐藏的过程中，会逐渐地改变其高度、宽度、外边距、内边距和透明度。

2）callback：可选参数，用于指定隐藏完成后要触发的回调函数。

例如，要在 500 毫秒内隐藏页面中的 id 为 logo 的元素，可以使用下面的代码：

```
$("#logo").hide(500);
```

jQuery 的任何动画效果，都可以使用默认的 3 个参数，slow（600 毫秒）、normal（400 毫秒）和 fast（200 毫秒）。在使用默认参数时需要加引号，如 show("slow")，使用自定义参数时，不需要加引号，如 show(500)。

## 12.2.2 显示元素的方法

show()方法用于显示页面中隐藏的元素，按照指定的显示速度，元素逐渐改变高度、宽度、外边距、内边距及透明度，使其从隐藏状态切换到完全可见状态。

show()方法相当于将元素 CSS 样式属性 display 的值设置为 block、inline 或除 none 以外的值，它会恢复为应用 display:none 之前的可见属性。show()方法有两种语法格式。

### 1. 格式一

格式一是不带参数的形式，用于实现不带任何效果的显示匹配元素，其语法格式如下：

**show()**

例如，要显示页面中的全部图片，可以使用下面的代码：

```
$("img").show();
```

### 2. 格式二

格式二是带参数的形式，用于以优雅的动画显示所有匹配的元素，并在显示完成后可选择地触发一个回调函数，其语法格式如下：

**show(speed, [callback])**

参数说明等同于 hide()方法，这里不再赘述。

例如，要在 500 毫秒内显示页面中的 id 为 logo 的元素，可以使用下面的代码：

```
$("#logo").show(500);
```

**【例 12-1】**显示与隐藏动画效果示例。本例文件 12-1.html 在浏览器中的显示效果如图 12-1 所示。

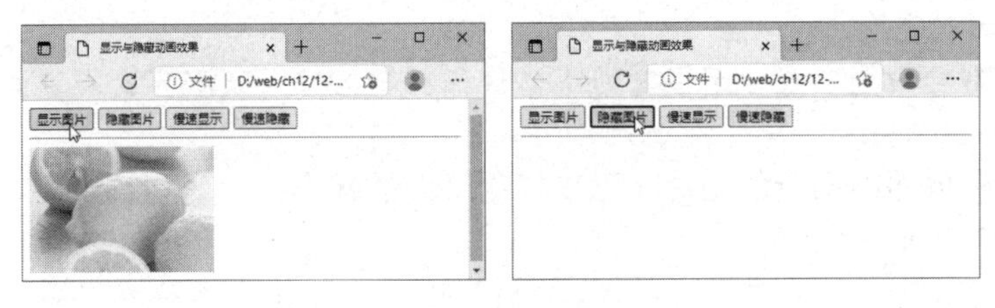


图 12-1　页面显示效果

```
<!DOCTYPE html>
<html>
	<head>
		<meta charset="utf-8">
		<title>显示与隐藏动画效果</title>
		<script src="js/jquery-3.2.1.min.js" type="text/javascript">
		</script>
	</head>
	<body>
		<div>
			<input type="button" value="显示图片" id="showDefaultBtn" />
			<input type="button" value="隐藏图片" id="hideDefaultBtn" />
			<input type="button" value="慢速显示" id="showSlowBtn" />
			<input type="button" value="慢速隐藏" id="hideSlowBtn" /><br/>
		</div>
		<hr/>
		<img id="showImg" src="images/01.jpg">
		<script type="text/javascript">
			$(function(e) {
				$("#showDefaultBtn").click(function() {
					$("#showImg").show();
				});
				$("#hideDefaultBtn").click(function() {
					$("#showImg").hide();
				});
				$("#showSlowBtn").click(function() {
					$("#showImg").show(1000);
				});
				$("#hideSlowBtn").click(function() {
					$("#showImg").hide(1000);
				});
			});
		</script>
	</body>
</html>
```

# 12.3 淡入淡出效果

如果在显示或隐藏元素时不需要改变元素的宽度和高度，只单独改变元素的透明度，就需要使用淡入淡出的动画效果了。

## 12.3.1 淡入效果

fadeIn()方法用于淡入显示已隐藏的元素。与 show()方法不同的是，fadeIn()方法只是改变元素的不透明度，该方法会在指定的时间内提高元素的不透明度，直到元素完全显示。其语法格式如下：

```
fadeIn(speed,callback)
```

参数说明：

1）speed：参数 speed 是可选的，用来设置效果的时长。其取值可以为 slow、fast 或表示毫秒的整数。

2）callback：参数 callback 也是可选的，表示淡入效果完成后所执行的函数名称。

## 12.3.2 淡出效果

jQuery 中的 fadeOut()方法用于淡出可见元素。该方法与 fadeIn()方法相反，会在指定的时间内降低元素的不透明度，直到元素完全消失。fadeOut()方法的基本语法格式如下：

```
fadeOut(speed,callback)
```

其参数的含义与 fadeIn()方法中参数的含义完全相同。

**【例 12-2】** 淡入与淡出效果示例。单击“图片淡入”按钮，可以看到 3 幅图片同时淡入，但速度不同；单击“图片淡出”按钮，可以看到 3 幅图片同时淡出，但速度不同。本例文件 12-2.html 在浏览器中的显示效果如图 12-2 所示。

图 12-2　页面显示效果

```
<!DOCTYPE html>
<html>
    <head>
        <meta charset="utf-8">
        <title>淡入与淡出动画效果</title>
        <style>
            img {
                border: 10px solid #ddd;                /*图片加边框*/
                margin-top: 10px;
            }
        </style>
```

```
        <script src="js/jquery-3.2.1.min.js" type="text/javascript"></script>
        <script type="text/javascript">
            $(document).ready(function() {
                $("#btnFadeIn").click(function() {
                    $("#img1").fadeIn();                //正常淡入
                    $("#img2").fadeIn("slow");          //慢速淡入
                    $("#img3").fadeIn(3000);            //自定义淡入速度，更加缓慢
                });
                $("#btnFadeOut").click(function() {
                    $("#img1").fadeOut();               //正常淡出
                    $("#img2").fadeOut("slow");         //慢速淡出
                    $("#img3").fadeOut(3000);           //自定义淡出速度，更加缓慢
                });
            });
        </script>
    </head>
    <body>
        <p>不同速度的淡入与淡出动画效果</p>
        <button id="btnFadeIn">图片淡入</button>
        <button id="btnFadeOut">图片淡出</button>
        <br><br>
        <img src="images/01.jpg" id="img1" />
        <img src="images/02.jpg" id="img2" />
        <img src="images/03.jpg" id="img3" />
    </body>
</html>
```

### 12.3.3 元素的不透明效果

fadeTo()方法可以把元素的不透明度以渐进方式调整到指定的值。这个动画效果只是调整了元素的不透明度，而匹配元素的高度和宽度不会发生变化。该方法的基本语法格式如下：

**fadeTo(speed,opacity,callback)**

参数说明：

1）speed：表示元素从当前透明度到指定透明度的速度，可选值为 slow、normal、fast 和代表毫秒的整数值。

2）opacity：必选项，表示要淡入或淡出的透明度，其值必须是介于 0.00 与 1.00 之间的数字。

3）callback：可选项，表示 fadeTo()函数执行完毕后，要执行的函数。

### 12.3.4 交替淡入淡出效果

jQuery 中的 fadeToggle()方法可以在 fadeIn()与 fadeOut()方法之间进行切换。如果元素已淡出，则 fadeToggle()会向元素添加淡入效果。如果元素已淡入，则 fadeToggle()会向元素添加淡出效果。fadeToggle()方法的基本语法格式如下：

**fadeToggle(speed,callback)**

其参数说明与 fadeIn()方法中的参数说明完全相同。

fadeToggle()方法与 fadeTo()方法的区别是，fadeToggle()方法将元素隐藏后元素不再占据页

面空间，而使用 fadeTo()方法隐藏后的元素仍然占据页面位置。

## 12.4 滑动效果

在 jQuery 中，提供了 slideDown()方法（用于滑动显示匹配的元素）、slideUp()方法（用于滑动隐藏匹配的元素）和 slideToggle()方法（用于通过高度的变化动态切换元素的可见性）来实现滑动效果。通过滑动效果改变元素的高度，又称“拉窗帘”效果。

### 12.4.1 向下展开效果

jQuery 中提供了 slideDown()方法用于向下滑动元素，该方法通过使用滑动效果，将逐渐显示隐藏的被选元素，直到元素完全显示为止，在显示元素后触发一个回调函数。

该方法实现的效果适用于通过 jQuery 隐藏的元素，或者在 CSS 中声明 display:none 的元素。其语法格式如下：

```
slideDown(speed,[callback])
```

其参数说明与 fadeIn()方法中的参数说明完全相同。

例如，要在 500 毫秒内向下滑动显示页面中 id 为 logo 的元素，可以使用下面的代码：

```
$("#logo").slideDown(500);
```

如果元素已经是完全可见的，则该效果不产生任何变化，除非规定了 callback 函数。

### 12.4.2 向上收缩效果

jQuery 中的 slideUp()方法用于向上滑动元素，从而实现向上收缩效果，直到元素完全隐藏为止。该方法实际上是改变元素的高度，如果页面中一个元素的 display 属性值为 none，则当调用 slideUp()方法时，元素将由下到上缩短显示。其语法格式如下：

```
$(selector).slideUp(speed,callback)
```

其参数说明与 fadeIn()方法中的参数说明完全相同。

例如，要在 500 毫秒内向上滑动收缩页面中 id 为 logo 的元素，可以使用下面的代码：

```
$("#logo").slideUp(500);
```

如果元素已经是完全隐藏的，则该效果不产生任何变化，除非规定了 callback 函数。

### 12.4.3 交替伸缩效果

jQuery 中的 slideToggle()方法通过使用滑动效果（高度变化）来切换元素的可见状态。在使用 slideToggle()方法时，如果元素是可见的，就通过减小高度使全部元素隐藏；如果元素是隐藏的，就增加元素的高度使元素最终全部可见。其语法格式如下：

```
$(selector).slideToggle(speed,callback)
```

其参数说明与 fadeIn()方法中参数说明完全相同。

例如，要实现单击 id 为 switch 的图片时，控制菜单的显示或隐藏（默认为不显示，奇数次单击时显示，偶数次单击时隐藏），可以使用下面的代码：

```
$("#switch").click(function(){
    $("#menu").slideToggle(500);                //显示/隐藏菜单
});
```

**【例 12-3】**滑动效果示例。单击“向下展开”按钮，div 元素中的内容从上往下逐渐展开；

单击“向上收缩”按钮，div 元素中的内容从下往上逐渐折叠；单击“交替伸缩”按钮，div 元素中的内容可以向下展开也可以向上收缩。本例文件 12-3.html 在浏览器中的显示效果如图 12-3 所示。

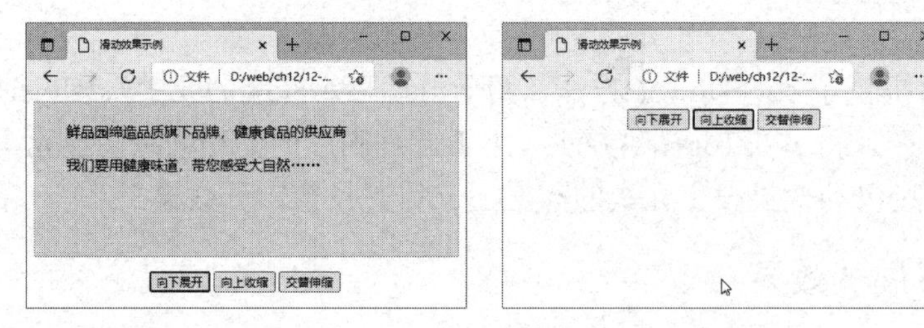


图 12-3　页面显示效果

```
<!DOCTYPE html>
<html>
	<head>
		<meta charset="utf-8">
		<title>滑动效果示例</title>
		<style type="text/css">
			div.panel {
				margin: 0px;
				padding: 5px;
				background: #e5eecc;
				border: solid 1px #c3c3c3;
				text-indent: 2em;
				height: 160px;
				display: none;		/*初始状态隐藏 div 中的内容*/
			}
		</style>
		<script src="js/jquery-3.2.1.min.js" type="text/javascript">
		</script>
		<script type="text/javascript">
			$(document).ready(function() {
				$("#btnSlideDown").click(function() {
					$(".panel").slideDown("slow");	//向下展开
				});
				$("#btnSlideUp").click(function() {
					$(".panel").slideUp("slow");		//向上收缩
				});
				$("#btnSlideUpDown").click(function() {
					$(".panel").slideToggle("slow");	//交替伸缩
				});
			});
		</script>
	</head>
	<body>
		<div class="panel">
			<p>鲜品园缔造品质旗下品牌，健康食品的供应商</p>
			<p>我们要用健康味道，带您感受大自然……（此处省略文字）</p>
```

```
            </div>
            <p align="center">
                <button id="btnSlideDown">向下展开</button>
                <button id="btnSlideUp">向上收缩</button>
                <button id="btnSlideUpDown">交替伸缩</button>
            </p>
        </body>
    </html>
```

## 12.5 jQuery UI 简介

jQuery UI 是一个建立在 jQuery JavaScript 库上的小部件和交互库，它是由 jQuery 官方维护的一类提高网站开发效率的插件库，用户可以使用它创建高度交互的 Web 应用程序。

### 12.5.1 jQuery UI 概述

#### 1. jQuery UI 的特性

jQuery UI 是以 jQuery 为基础的开源 JavaScript 网页用户界面代码库，它包含底层用户交互、动画、特效和可更换主题的可视控件，其主要特性如下。

1）简单易用：继承 jQuery 简单易用特性，提供高度抽象接口，短期改善网站易用性。

2）开源免费：采用 MIT&GPL 双协议授权，轻松满足自由产品至企业产品各种授权需求。

3）广泛兼容：兼容各主流桌面浏览器。

4）轻便快捷：组件间相对独立，可按需加载，避免浪费带宽拖慢网页打开速度。

5）标准先进：通过标准 XHTML 代码提供渐进增强，保证低端环境可访问性。

6）美观多变：提供近 20 种预设主题，并且可自定义多达 60 项可配置样式规则，提供 24 种背景纹理选择。

#### 2. jQuery UI 与 jQuery 的区别

jQuery UI 与 jQuery 的主要区别如下。

1）jQuery 是一个 js 库，主要提供的功能是选择器、属性修改和事件绑定等。

2）jQuery UI 是在 jQuery 的基础上，利用 jQuery 的扩展性设计的插件，提供了一些常用的界面元素，如对话框、拖动行为、改变大小行为等。

### 12.5.2 jQuery UI 的下载

在使用 jQuery UI 之前，需要下载 jQuery UI 库，下载步骤如下。

1）在浏览器中输入其官网网址，进入如图 12-4 所示的页面。

2）单击“Custom Download”按钮，进入 jQuery UI 的 Download Builder 页面，如图 12-5 所示。Download Builder 页面中有可供下载的 jQuery UI 版本、核心（UI Core）、交互部件（Interactions）、小部件（Widgets）和效果库（Effects）。

jQuery UI 中的一些组件依赖于其他组件，当选中这些组件时，它所依赖的其他组件也都会自动被选中。

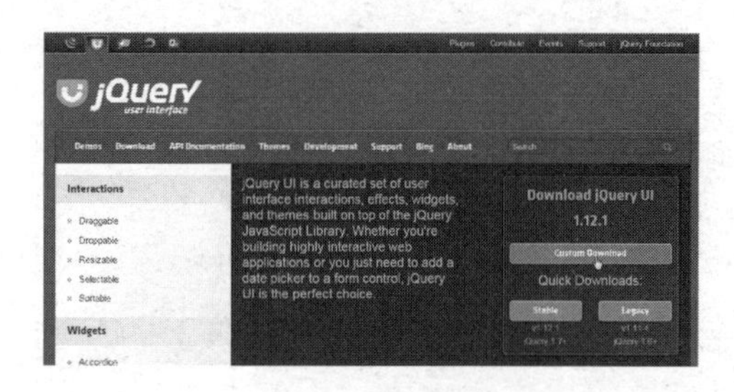


图 12-4　jQuery UI 的下载页面

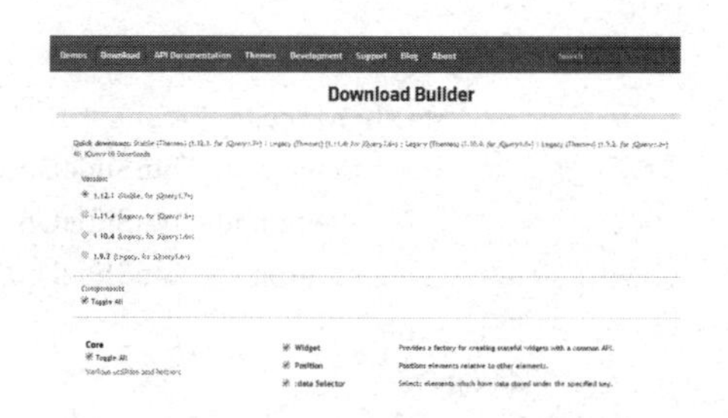


图 12-5　Download Builder 页面

3）在 Download Builder 页面的左下角，可以看到一个下拉列表框，列出了一系列为 jQuery UI 插件预先设计的主题，用户可以从这些提供的主题中选择一个，如图 12-6 所示。

4）单击“Download”按钮，即可下载选择的 jQuery UI。

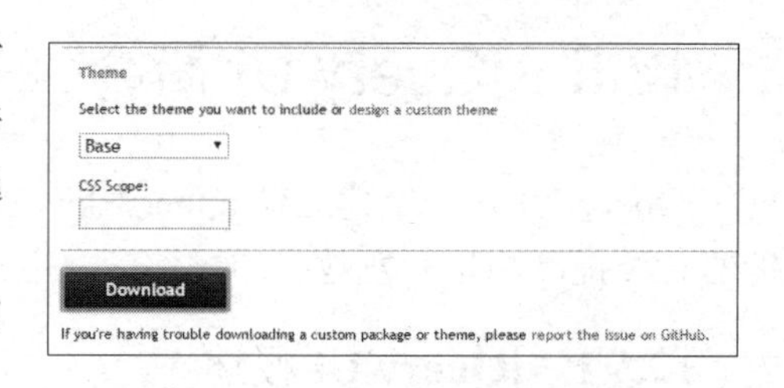


图 12-6　选择 jQuery UI 主题

### 12.5.3　jQuery UI 的使用

jQuery UI 下载完成后，将得到一个包含所选组件的自定义 zip 文件（jquery-ui-1.12.1.custom.zip），解压该文件，结果如图 12-7 所示。

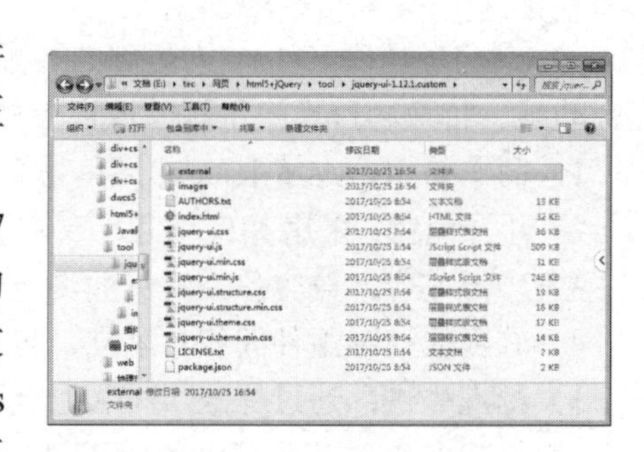

图 12-7　jQuery UI 的文件组成

在网页中使用 jQuery UI 插件时，需要将图 12-7 中所示的所有文件及文件夹（即解压之后的 jquery-ui-1.12.1.custom 文件夹）复制到网页所在的文件夹下，然后在网页的<head>区域添加 jquery-ui.css 文件、jquery-ui.js 文件及 external/jquery 文件夹下 jquery.js 文件的引用，代码如下：

```
<link rel="stylesheet" href="jquery-ui-1.12.1.custom/jquery-ui.css" />
<script src="jquery-ui-1.12.1.custom/external/jquery/jquery.js"></script>
<script src="jquery-ui-1.12.1.custom/jquery-ui.js"></script>
```

一旦引用了上面 3 个文件，开发人员即可向网页中添加 jQuery UI 插件。例如，若在网页中添加一个日期选择器，则可使用下面的代码实现。

网页结构代码如下：

```
<div id="slider"></div>
```

调用日期选择器插件的 JavaScript 代码如下：

```
<script>
    $(function(){
        $("#datepicker").datepicker();
    });
</script>
```

### 12.5.4　jQuery UI 的工作原理

jQuery UI 包含了许多维持状态的插件，它与典型的 jQuery 插件使用模式略有不同。jQuery UI 插件库提供了通用的 API，因此，只要学会使用其中的一个插件，即可知道如何使用其他的插件。本节以进度条（progressbar）插件为例，介绍 jQuery UI 插件的工作原理。

### 1. 安装

为了跟踪插件的状态，首先介绍插件的生命周期。当安装插件时，生命周期开始，只需要在一个或多个元素上调用插件，即安装了插件。例如，下面的代码开始 progressbar 插件的生命周期：

```
$("#elem" ).progressbar();
```

另外，在安装时，还可以传递一组选项，这样即可重写默认选项，代码如下：

```
$("#elem").progressbar({value:40});
```

说明：安装时传递的选项数目多少可根据自身的需要而定，选项是插件状态的组成部分，所以也可以在安装后再进行设置选项。

### 2. 方法

既然插件已经初始化，开发人员就可以查询它的状态，或者在插件上执行动作。所有初始化后的动作都以方法调用的形式进行。为了在插件上调用一个方法，可以向 jQuery 插件传递方法的名称。

例如，为了在 progressbar 插件上调用 value 方法，可以使用下面的代码：

```
$("#elem").progressbar("value");
```

如果方法接收参数，则可以在方法名后传递参数。例如，下面的代码将参数 60 传递给 value 方法：

```
$("#elem").progressbar("value",60);
```

每个 jQuery UI 插件都有它自己的一套基于插件所提供功能的方法，然而，有些方法是所有插件共同具有的，下面分别进行讲解。

（1）option 方法

option 方法主要用来在插件初始化之后改变选项，例如，通过调用 option 方法改变 progressbar（进度条）的 value 为 30，代码如下：

```
$("#elem").progressbar("option","value",30);
```

需要注意的是，上面的代码与初始化插件时调用 value 方法设置选项的方法 $("#elem").progressbar("value",60);有所不同，这里通过调用 option 方法将 value 选项修改为 30。

另外，也可以通过给 option 方法传递一个对象，一次更新多个选项，代码如下：

```
$("#elem").progressbar("option",{
    value: 100,
    disabled: true
});
```

需要注意的是，option 方法有着与 jQuery 代码中取值器和设置器相同的标志，就像.css()和.attr()，唯一的不同就是必须传递字符串“option”作为第一个参数。

（2）disable 方法

disable 方法用来禁用插件，它等同于将 disabled 选项设置为 true。例如，下面的代码用来将进度条设置为禁用状态：

```
$("#elem").progressbar("disable");
```

（3）enable 方法

enable 方法用来启用插件，它等同于将 disabled 选项设置为 false。例如，下面的代码用来将进度条设置为启用状态：

```
$("#elem").progressbar("enable");
```

（4）destroy 方法

destroy 方法用来销毁插件，使插件返回最初的标记，这意味着插件生命周期的终止。例如，下面代码销毁进度条插件：

```
$("#elem").progressbar("destroy");
```

一旦销毁了一个插件，就不能在该插件上调用任何方法，除非再次初始化这个插件。

（5）widget 方法

widget 方法用来生成包装器元素，或者与原始元素断开连接的元素。例如，下面的代码中，widget 方法将返回生成的元素，因为在进度条实例中没有生成的包装器，所以 widget 方法返回原始的元素。

```
$("#elem").progressbar("widget");
```

### 3. 事件

所有的 jQuery UI 插件都有和它们各种行为相关的事件，用于在状态改变时通知用户。对于大多数的插件，当事件被触发时，名称以插件名称为前缀。例如，可以绑定进度条的 change 事件，一旦值发生变化就触发，代码如下：

```
$("#elem").bind("progressbarchange",function(){
    alert("进度条的值发生了改变!");
});
```

每个事件都有一个相对应的回调，作为选项进行呈现，开发人员可以使用进度条的 change 选项进行回调，这等同于绑定 progressbarchange 事件，代码如下：

```
$("#elem").progressbar({
    change: function(){
        alert("进度条的值发生了改变!");
    }
});
```

## 12.6 jQuery UI 的常用插件

jQuery UI 中提供了许多实用性的插件，包括常用的折叠面板、自动完成、标签页等。本节将对 jQuery UI 中常用的插件及其使用方法进行详细讲解。

### 12.6.1 折叠面板

折叠面板（Accordion）用来在一个有限的空间内显示用于呈现信息的可折叠的内容面板，单击头部，展开或折叠被分为各个逻辑部分的内容。

折叠面板标记需要一对标题和内容面板，例如，使用系列的标题（<h3>标签）和内容 div，代码如下：

```
<div id="accordion">
    <h3>第一标题</h3>
    <div>第一内容面板</div>
    <h3>第二标题</h3>
    <div>第二内容面板</div>
    <h3>第三标题</h3>
```

```
        <div>第三内容面板</div>
    </div>
```

折叠面板的常用选项及说明如表 12-2 所示。

**表 12-2　折叠面板的常用选项及说明**

| 选　项 | 类　型 | 说　明 |
| --- | --- | --- |
| active | Boolean 或 Integer | 当前打开哪一个面板 |
| animate | Boolean 或 Number 或 String 或 Object | 是否使用动画改变面板，并且如何使用动画改变面板 |
| collapsible | Boolean | 所有部分是否都可以马上关闭，允许折叠激活的部分 |
| disabled | Boolean | 如果设置为 true，则禁用该 accordion |
| event | String | accordion 头部会做出反应的事件，用以激活相关的面板。可以指定多个事件，用空格间隔 |
| header | Selector | 标题元素的选择器，通过主要 accordion 元素上的.find()进行应用。内容面板必须是紧跟在与其相关的标题后的同级元素 |
| heightStyle | String | 控制 accordion 和每个面板的高度 |
| icons | Object | 标题要使用的图标，与 jQuery UI CSS 框架提供的图标匹配。设置为 false 则不显示图标 |

折叠面板的常用方法及说明如表 12-3 所示。

**表 12-3　折叠面板的常用方法及说明**

| 方　法 | 说　明 |
| --- | --- |
| destroy() | 完全移除 accordion 功能。这会把元素返回到它的预初始化状态 |
| disable() | 禁用 accordion |
| enable() | 启用 accordion |
| option(optionName) | 获取当前与指定的 optionName 关联的值 |
| option() | 获取一个包含键/值对的对象，键/值对表示当前 accordion 选项哈希值 |
| option(optionName,value) | 设置与指定的 optionName 关联的 accordion 选项的值 |
| option(options) | 为 accordion 设置一个或多个选项 |
| refresh() | 处理任何在 DOM 中直接添加或移除的标题和面板，并重新计算 accordion 的高度。结果取决于内容和 heightStyle 选项 |
| widget() | 返回一个包含 accordion 的 jQuery 对象 |

折叠面板的常用事件及说明如表 12-4 所示。

**表 12-4　折叠面板的常用事件及说明**

| 事　件 | 说　明 |
| --- | --- |
| activate(event,ui) | 面板被激活后触发（在动画完成之后）。如果 accordion 当前是折叠的，则 ui.oldHeader 和 ui.oldPanel 是空的 jQuery 对象。如果 accordion 正在折叠，则 ui.newHeader 和 ui.newPanel 是空的 jQuery 对象 |
| beforeActivate(event,ui) | 面板被激活前直接触发。可以取消以防止面板被激活。如果 accordion 当前是折叠的，则 ui.oldHeader 和 ui.oldPanel 是空的 jQuery 对象。如果 accordion 正在折叠，则 ui.newHeader 和 ui.newPanel 是空的 jQuery 对象 |
| create(event,ui) | 当创建 accordion 时触发。如果 accordion 是折叠的，则 ui.header 和 ui.panel 是空的 jQuery 对象 |

【例 12-4】实现一个折叠面板，默认第一个面板为展开状态。本例文件 12-4.html 在浏览器中的显示效果如图 12-8 所示。

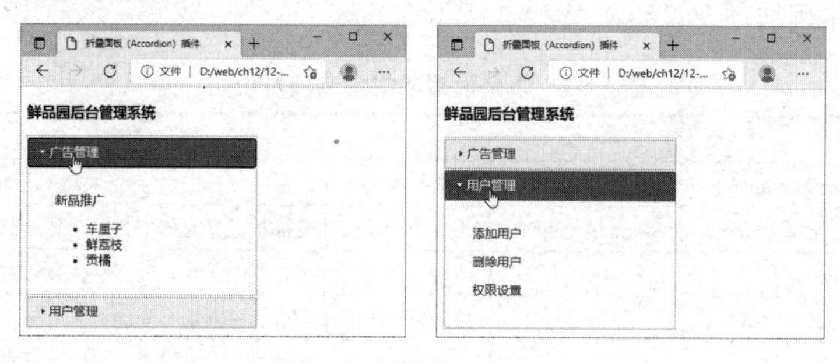


图 12-8　页面显示效果

```
<!DOCTYPE html>
<html>
	<head>
		<meta charset="utf-8">
		<title>折叠面板（Accordion）插件</title>
		<link rel="stylesheet" href="jquery-ui-1.12.1.custom/jquery-ui.css" />
		<script src="jquery-ui-1.12.1.custom/external/jquery/jquery.js"></script>
		<script src="jquery-ui-1.12.1.custom/jquery-ui.js"></script>
		<script>
			$(function() {
				$("#accordion").accordion({
					heightStyle: "fill"		//自动设置折叠面板的尺寸为父容器的高度
				});
			});
		</script>
	</head>
	<body>
		<h3 class="docs">鲜品园后台管理系统</h3>
		<div class="ui-widget-content" style="width:300px;">
			<div id="accordion">
				<h3>广告管理</h3>
				<div>
					<p>新品推广</p>
					<ul>
						<li>车厘子</li>
						<li>鲜荔枝</li>
						<li>贡橘</li>
					</ul>
				</div>
				<h3>用户管理</h3>
				<div>
					<p>添加用户</p>
					<p>删除用户</p>
					<p>权限设置</p>
				</div>
			</div>
		</div>
```

```
    </body>
</html>
```

【说明】由于折叠面板是由块级元素组成的，默认情况下它的宽度会填充可用的水平空间。为了填充由容器分配的垂直空间，设置 heightStyle 选项为 fill，脚本会自动设置折叠面板的尺寸为父容器的高度。

### 12.6.2 自动完成

自动完成（Autocomplete）用来根据用户输入的值进行搜索和过滤，让用户快速找到并从预设值列表中选择。自动完成类似“百度”的输入框，当用户在输入框中输入内容时，自动完成提供相应的建议。

说明：自动完成的数据源，可以是一个简单的 JavaScript 数组，使用 source 选项提供给自动完成即可。

自动完成部件（Autocomplete Widget）使用 jQuery UI CSS 框架来定义它的外观和感观的样式。如果需要使用自动完成部件指定的样式，则可以使用下面的 CSS class 名称。

- ui-autocomplete：用于显示匹配用户的菜单（menu）。
- ui-autocomplete-input：自动完成部件实例化的 input 元素。

自动完成的常用选项及说明如表 12-5 所示。

表 12-5 自动完成的常用选项及说明

| 选 项 | 类 型 | 说 明 |
| --- | --- | --- |
| appendTo | Selector | 菜单应该被附加哪一个元素。当该值为 null 时，输入域的父元素将检查 ui-front class。如果找到带有 ui-front class 的元素，则菜单将被附加该元素。如果未找到带有 ui-front class 的元素，则不管值为多少，菜单将被附加到 body 中 |
| autoFocus | Boolean | 如果设置为 true，则当菜单显示时，第一个条目将自动获得焦点 |
| delay | Integer | 按键和执行搜索之间的延迟，以毫秒计。对于本地数据，采用零延迟是有意义的（更具响应性），但对于远程数据则会产生大量的负荷，同时降低了响应性 |
| disabled | Boolean | 如果设置为 true，则禁用该 autocomplete |
| minLength | Integer | 执行搜索前用户必须输入的最小字符数。对于仅带有几项条目的本地数据，通常设置为零，但当单个字符搜索会匹配几千项条目时，设置高数值是很有必要的 |
| position | Object | 标识建议菜单的位置与相关的 input 元素有关系。of 选项默认为 input 元素，但是用户可以指定另一个定位元素 |
| source | Array 或 String 或 Function(Object request, Function response(Object data)) | 定义要使用的数据，必须指定 |

自动完成的常用方法及说明如表 12-6 所示。

表 12-6 自动完成的常用方法及说明

| 方 法 | 说 明 |
| --- | --- |
| close() | 关闭 autocomplete 菜单。当与 search 方法结合使用时，可用于关闭打开的菜单 |
| destroy() | 完全移除 autocomplete 功能。这会把元素返回到它的预初始化状态 |
| disable() | 禁用 autocomplete |

续表

| 方　法 | 说　明 |
| --- | --- |
| enable() | 启用 autocomplete |
| option(optionName) | 获取当前与指定的 optionName 关联的值 |
| option() | 获取一个包含键/值对的对象，键/值对表示当前 autocomplete 选项哈希值 |
| option(optionName,value) | 设置与指定的 optionName 关联的 autocomplete 选项的值 |
| option(options) | 为 autocomplete 设置一个或多个选项 |
| search([value]) | 触发 search 事件，如果该事件未被取消则调用数据源。当被点击时，可被类似选择框按钮用来打开建议。当不带参数调用该方法时，则使用当前输入的值 |
| widget() | 返回一个包含菜单元素的 jQuery 对象。虽然菜单项不断地被创建和销毁，但菜单元素本身会在初始化时创建，并不断重复使用 |

自动完成的常用事件及说明如表 12-7 所示。

**表 12-7　自动完成的常用事件及说明**

| 事　件 | 说　明 |
| --- | --- |
| change(event,ui) | 如果输入域的值改变则触发该事件 |
| close(event,ui) | 当菜单隐藏时触发。不是每个 close 事件都伴随着 change 事件 |
| create(event,ui) | 当创建 autocomplete 时触发 |
| focus(event,ui) | 当焦点移动到一个条目上（未选择）时触发。默认的动作是把文本域中的值替换为获得焦点的条目的值，即使该事件是通过键盘交互触发的。取消该事件会阻止值被更新，但不会阻止菜单项获得焦点 |
| open(event,ui) | 当打开建议菜单或更新建议菜单时触发 |
| response(event,ui) | 在搜索完成后菜单显示前触发。用于建议数据的本地操作，其中自定义的 source 选项回调不是必需的。该事件总是在搜索完成时触发，搜索无结果或禁用了 autocomplete，导致菜单未显示，该事件一样会被触发 |
| search(event,ui) | 在搜索执行前满足 minLength 和 delay 后触发。如果取消该事件，则不会提交请求，也不会提供建议条目 |
| select(event,ui) | 当从菜单中选择条目时触发。默认的动作是把文本域中的值替换为被选中的条目的值。取消该事件会阻止值被更新，但不会阻止菜单关闭 |

**【例 12-5】**通过使用自动完成实现根据用户的输入，智能显示查询列表的功能，如果查询列表过长，则可以通过为 autocomplete 设置 max-height 来防止菜单显示太长。本例文件 12-5.html 在浏览器中的显示效果如图 12-9 所示。

图 12-9　页面显示效果

```
<!DOCTYPE html>
<html>
	<head>
		<meta charset="utf-8">
		<title>自动完成（Autocomplete）插件</title>
		<link rel="stylesheet" href="jquery-ui-1.12.1.custom/jquery-ui.css" />
		<script src="jquery-ui-1.12.1.custom/external/jquery/jquery.js"></script>
		<script src="jquery-ui-1.12.1.custom/jquery-ui.js"></script>
		<style>
			.ui-autocomplete {
				max-height: 100px;	/* 菜单最大高度 100px，超出高度时出现垂直滚动条 */
```

```
            overflow-y: auto;        /* 垂直滚动条自动适应 */
            overflow-x: hidden;      /* 隐藏水平滚动条 */
        }
    </style>
    <script>
        $(function() {
            var datas = ["鲜品天地", "绿色果蔬", "鲜品会展", "鲜品画廊", "鲜品社区",
                "信息大学", "营养保健", "鲜品学堂" ];
            $("#tags").autocomplete({
                source: datas
            });
        });
    </script>
</head>
<body>
    <div class="ui-widget">
        <label for="tags">输入查询关键字：</label>
        <input id="tags">
    </div>
</body>
</html>
```

### 12.6.3 标签页

标签页（Tabs）是一种多面板的单内容区，每个面板与列表中的标题相关，单击标签页，可以切换显示不同的逻辑内容。

标签页（Tabs）有一组必须使用的特定标签（label），以便标签页能正常工作。

- 标签页（Tabs）必须在一个有序的（<ol>）或无序的（<ul>）列表中。
- 每个标签页的"title"必须在一个列表项（<li>）的内部，且必须用一个带有 href 属性的锚（<a>）包裹。
- 每个标签页面板可以是任意有效的元素，但它必须带有一个 id，该 id 与相关标签页的锚中的哈希值相对应。

每个标签页面板的内容可以在页面中定义，这种方式基于与标签页相关的锚的 href 上自动处理。默认情况下，标签页在被单击时激活，但通过 event 选项可以改变或覆盖默认的激活事件。例如，可以将默认的激活事件设置为鼠标指针经过标签页激活，代码如下：

```
event:"mouseover"
```

**【例 12-6】** 制作一个关于鲜品园公司介绍的标签页，当鼠标指针经过标签页时打开标签页内容，当鼠标指针二次经过标签页时则隐藏标签页内容。本例文件 12-6.html 在浏览器中的显示效果如图 12-10 所示。

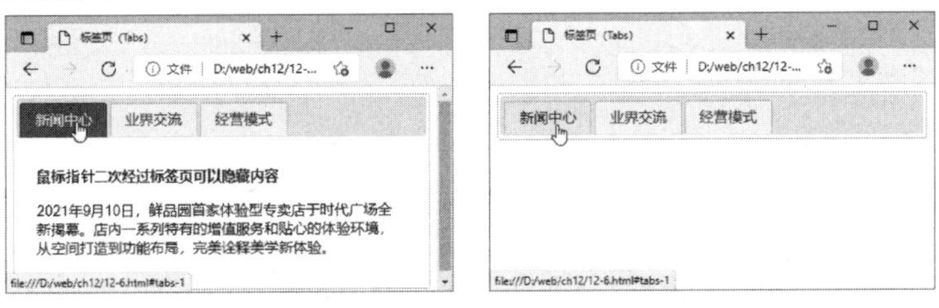


图 12-10　页面显示效果

```
<!DOCTYPE html>
<html>
    <head>
        <meta charset="utf-8">
        <title>标签页（Tabs）</title>
        <link rel="stylesheet" href="jquery-ui-1.12.1.custom/jquery-ui.css" />
        <script src="jquery-ui-1.12.1.custom/external/jquery/jquery.js"></script>
        <script src="jquery-ui-1.12.1.custom/jquery-ui.js"></script>
        <script>
            $(function() {
                $("#tabs").tabs({
                    collapsible: true,
                    event: "mouseover" //默认单击激活事件设置为鼠标指针经过标签页激活
                });
            });
        </script>
    </head>
    <body>
        <div id="tabs">
            <ul>
                <li>
                    <a href="#tabs-1">新闻中心</a>
                </li>
                <li>
                    <a href="#tabs-2">业界交流</a>
                </li>
                <li>
                    <a href="#tabs-3">经营模式</a>
                </li>
            </ul>
            <div id="tabs-1">
                <p><strong>鼠标指针二次经过标签页可以隐藏内容</strong></p>
                <p> 2021 年 9 月 10 日，鲜品园首家体验……（此处省略内容）</p>
            </div>
            <div id="tabs-2">
                <p><strong>鼠标指针二次经过标签页可以隐藏内容</strong></p>
                <p>各界知名人士应邀出席，一同为专卖店……（此处省略内容）</p>
            </div>
            <div id="tabs-3">
                <p><strong>鼠标指针二次经过标签页可以隐藏内容</strong></p>
                <p>鲜品园采用标准化和定制化服务相结合……（此处省略内容）</p>
            </div>
        </div>
    </body>
</html>
```

通过上面案例的讲解，读者一定体验到了 jQuery UI 丰富的插件种类及其强大的功能。由于篇幅所限，这里不能尽述，读者可以到 jQuery 的官方网站下载学习这些插件的用法。

# 习题 12

1．编写程序实现正方形不同的淡入与淡出动画效果，如图 12-11 所示。

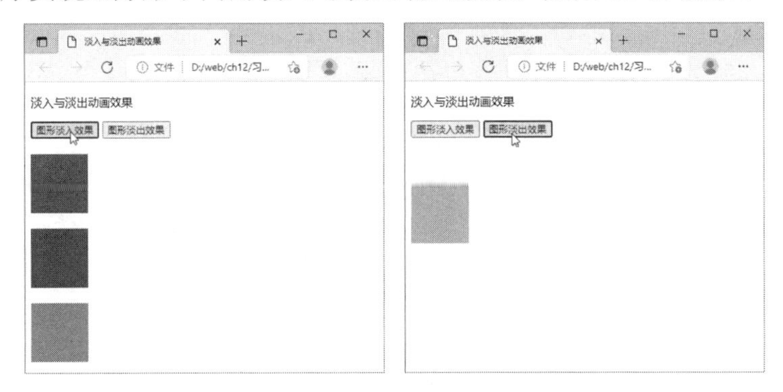


图 12-11　题 1 图

2．制作向上滚动的动态新闻效果，每隔 3s 新闻信息就会向上滚动，如图 12-12 所示。

图 12-12　题 2 图

3．制作画廊幻灯片切换效果。页面加载后，每隔一段时间，图片自动切换到下一幅；用户单击图片右下方的数字，将直接切换到相应的图片；用户单击链接文字，可以打开相应的网页，如图 12-13 所示。

图 12-13　题 3 图

4．使用 jQuery UI 折叠面板插件制作如图 12-14 所示的页面。页面加载后，折叠面板中的每个子面板都带有图标，单击“切换图标”按钮，隐藏子面板的图标，可以反复切换图标的显示与隐藏状态。

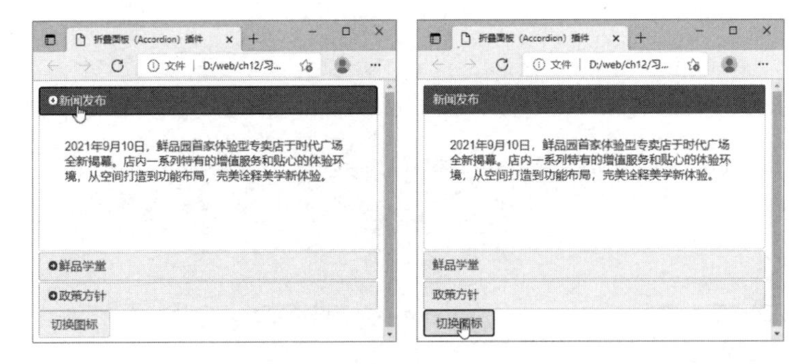


图 12-14　题 4 图

5．使用 jQuery UI 自动完成插件制作如图 12-15 所示的页面。在文本框中输入关键字，实现“分类”智能查询。

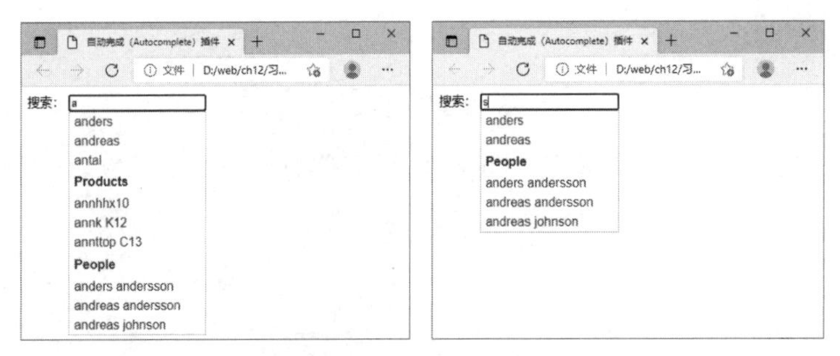


图 12-15　题 5 图

6．通过使用日期选择器（datepicker）插件选择日期并格式化，显示在文本框中，在选择日期时，同时提供两个月的日期供选择，而且在选择时，可以修改年份信息和月份信息，如图 12-16 所示。

图 12-16　题 6 图

# 第 13 章　鲜品园综合案例网站

本章主要运用前面章节讲解的各种网页制作技术介绍网站的开发流程，从而进一步巩固网页设计与制作的基本知识。

## 13.1　网站的开发流程

在讲解具体页面的制作之前，首先简单介绍网站的开发流程。典型的网站开发流程包括以下几个阶段。

1）规划站点：包括确立站点的策略或目标、确定所面向的用户及站点的数据需求。

2）网站制作：包括设置网站的开发环境、规划页面设计，以及布局、创建内容资源等。

3）测试站点：测试页面的链接及网站的兼容性。

4）发布站点：将站点发布到服务器上。

### 1. 规划站点

建设网站首先要对站点进行规划，规划的范围包括确定网站的服务职能、服务对象、所要表达的内容，还要考虑站点文件的结构等。

（1）确定建设网站的目的

建设网站的目的通常是宣传推广企业，增加企业利润。创建鲜品园网站的目的是宣传推广企业，提高企业的知名度，增加企业之间的合作。

（2）确定网站的内容

内容决定一切，内容价值决定了浏览者是否有兴趣继续关注网站。鲜品园网站的主要功能模块包括蔬果热卖、全部产品、产品明细、最新资讯和联系我们等。

（3）使用合理的文件夹保存文件

若要有效地规划和组织站点，除了规划站点的内容，还要规划站点的基本结构和文件的位置，可以使用文件夹来合理构建文件结构。首先为站点建立一个根文件夹（根目录），在其中创建多个子文件夹，然后将文件分门别类存储到相应的文件夹下。

（4）使用合理的文件名

当网站的规模变得很大时，使用合理的文件名就显得十分必要了，文件名应该容易理解且便于记忆，让人看到文件名就能知道网页表述的内容。

### 2. 网站制作

完整的网站制作包括以下两个过程。

（1）前台页面制作

当网页设计人员拿到美工效果图以后，需要综合使用 HTML、CSS、JavaScript、jQuery 等 Web 前端开发技术，将效果图转换为.html 网页，其中包括图片收集、页面布局规划等工作。

（2）后台程序开发

后台程序开发包括网站数据库设计、网站和数据库的连接、动态网页编程等。本书主要讲解前台页面的制作，后台程序开发读者可以在动态网站设计的课程中学习。

#### 3. 测试站点

站点的测试与传统的软件测试不同，它不但需要检查网站是否按照设计的要求运行，而且还要测试系统在不同用户端的显示是否合适，最重要的是从最终用户的角度进行安全性和可用性测试。在把站点上传到服务器之前，要先在本地对其测试。实际上，在站点建设过程中，最好经常对站点进行测试并解决出现的问题，这样可以尽早发现问题并避免重复犯错误。

测试站点主要从以下 3 个方面着手。

- 页面的效果是否美观。
- 页面中的链接是否正确。
- 页面的浏览器兼容性是否良好。

#### 4. 发布站点

当完成了网站的设计、调试、测试和网页制作等工作后，需要把设计好的站点上传到服务器来完成整个网站的发布。

## 13.2 网站结构

网站结构包括站点的目录结构和页面的组成。

### 13.2.1 站点的目录结构

在制作各个页面前，用户需要确定整个站点的目录结构，包括创建站点根目录和根目录下的通用目录。

#### 1. 创建站点根目录

本书所有章节的案例均建立在 D:/web 下的各个章节目录中。因此，本章讲解的综合案例建立在 D:/web/ch13 目录中，该目录作为站点根目录。

#### 2. 根目录下的通用目录

对于中小型网站，一般会创建如下通用的目录结构。

- images 目录：存放网站的图像素材。
- css 目录：存放 CSS 样式文件，实现内容和样式的分离。
- js 目录：存放 jQuery 和 JavaScript 脚本文件。

在 D:/web/ch13 目录中依次建立上述目录，整个站点的目录结构如图 13-1 所示。

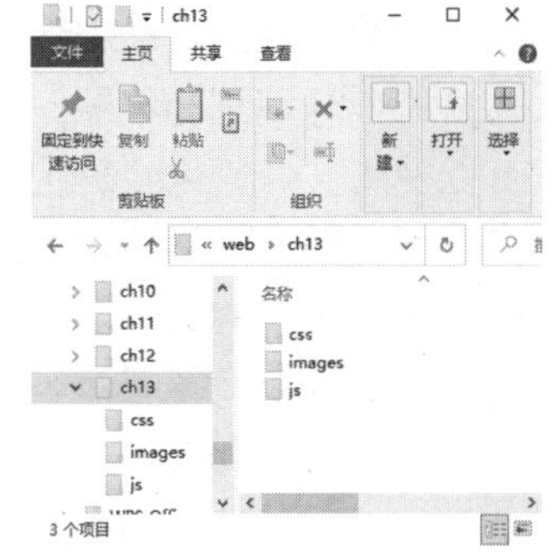


图 13-1　整个站点的目录结构

对于网站下的各网页文件，如 index.html 等一般存放在站点根目录下。

### 13.2.2 页面的组成

鲜品园网站的主要组成页面如下。

- 首页（index.html）：显示网站的 Logo、导航菜单、广告、果园推荐、每日新品特卖、蔬果资讯和版权声明等信息。

- 蔬果热卖页（hot.html）：显示产品分类、在线客服、分页展示热卖产品的页面。
- 全部产品页（produ.html）：显示产品分类、在线客服、分页展示全部产品的页面。
- 产品明细页（orange.html）：显示产品详细内容的页面。
- 最新资讯页（consult.html）：显示新闻列表的页面。
- 联系我们页（touch.html）：显示招聘职位信息的页面。

## 13.3 网站技术分析

制作鲜品园网站使用的主要技术如下。

### 1. HTML5

HTML5 是网页结构语言，负责组织网页结构，站点中的页面都需要使用网页结构语言建立起网页的内容架构。制作本网站中使用的 HTML5 的主要技术如下。

- 搭建页面内容架构。
- DIV 布局页面内容。
- 使用文件结构元素定义页面内容。
- 使用列表和链接制作导航菜单。
- 使用表单技术制作联系我们表单。

### 2. CSS3

CSS3 是网页表现语言，负责设计页面外观，统一网站风格，实现表现和结构相分离。制作本网站中使用的 CSS3 的主要技术如下。

- 网站整体样式的规划。
- 网站顶部 Logo 的样式设计。
- 网站导航菜单的样式设计。
- 网站广告条的样式设计。
- 网站栏目的样式设计。
- 网站产品展示的样式设计。
- 网站新闻列表的样式设计。
- 网站表单的样式设计。
- 网站版权信息的样式设计。

### 3. JavaScript 和 jQuery

JavaScript 和 jQuery 是网页行为语言，实现页面交互与网页特效。制作本网站中使用的 JavaScript 和 jQuery 的主要技术如下。

- 使用 jQuery 实现页面顶部导航菜单的鼠标指针经过效果。
- 使用 jQuery 实现鼠标指针经过“我的购物车”链接时弹出购物车信息的效果。
- 使用 JavaScript 实现首页果园推荐产品的鼠标指针经过平移效果。
- 使用 JavaScript 实现首页广告条图片的轮播效果。
- 使用 JavaScript 实现首页每日新品特卖图片的鼠标指针经过平移效果。

- 使用 jQuery 实现首页蔬果资讯左侧文字的向上循环滚动字幕效果。
- 使用 jQuery 实现首页蔬果资讯右侧图片的幻灯播放效果。
- 使用 jQuery 实现蔬果热卖和全部产品页面的产品分页显示效果。
- 使用 JavaScript 实现产品明细页单击“购买数量”上、下箭头实现数量增减的效果。
- 使用 jQuery 实现产品明细页单击“加入购物车”或“立即购买”按钮的弹窗效果。
- 使用 jQuery 实现产品明细页产品选项卡的切换效果。

## 13.4 制作首页

网站首页（index.html）包括网站的 Logo、导航菜单、广告、果园推荐、每日新品特卖、蔬果资讯和版权声明等信息，页面显示效果如图 13-2 所示。

图 13-2 页面显示效果

制作过程如下。

## 13.4.1　页面结构代码

首先列出页面的结构代码，使读者对页面的整体结构有一个全面的认识，然后在此基础上重点讲解页面样式、交互及网页特效的实现方法。首页的结构代码如下：

```
<!DOCTYPE html>
<html>
    <head>
        <meta charset="utf-8">
        <title>果然新鲜</title>
        <link href="css/index.css" rel="stylesheet">
        <link href="css/share.css" rel="stylesheet">
        <script src="js/jquery-1.12.3.js"></script>
        </script>
        <script type="text/javascript" src="js/jquery.SuperSlide.2.1.1.js"></script>
    </head>
    <body>
        <!--顶部导航-->
        <div class="headr">
            <div class="heard-con">
                <img src="images/logo.jpg" style="margin-top: 7px;float: left;position: absolute">
                <div class="headr-nav">
                    <ul>
                        <li><a href="index.html" style="color: #4AB344"><span style="color:
#4AB344">首页</span></a> </li>
                        <li><a href="hot.html">蔬果热卖</a> </li>
                        <li><a href="produ.html">全部产品</a> </li>
                        <li><a href="consult.html">最新资讯</a></li>
                        <li><a href="touch.html">联系我们</a> </li>
                    </ul>
                    <div class="sptopfoot">
                        <div class="spbottom">
                        </div>
                    </div>
                </div>
                <div class="headr-right">
                   <i class="iconfont" style="font-size:16px;margin-right:10px">&#xe7d5;</i>
                    我的购物车 ∨
                    <div class="hr-car">
                   <i class="iconfont" style="font-size:40px;margin-right:10px">&#xe633;</i>
                        您的购物车内暂时没有任何产品。
                    </div>
                </div>
            </div>
        </div>
        <!--顶部导航结束-->
        <!--banner 图片-->
```

```
<div class="her-banner">
</div>
<!--banner 图片结束-->
<!--主页上半部内容-->
<div class="content">
    <div class="ban-boot clear">
        <div class="ban-zs">
            <img src="images/ban-1.jpg" width="100%">
        </div>
        <div class="ban-zs">
            <img src="images/ban-2.jpg" width="100%">
        </div>
        <div class="ban-zs">
            <img src="images/ban-3.jpg" width="100%">
        </div>
    </div>
    <!--果园推荐开始-->
    <div class="recommand clear">
        <div class="rec-nav clear">
            <h2>果园推荐 <span>RECOMMAND</span></h2>
        </div>
        <div class="rec-cont clear">
            <div class="rec-left">
                <img src="images/rc-1.jpg">
            </div>
            <div class="rec-right">
                <div class="rcr">
                    <div class="rcr-top">
                        <img src="images/rc-2.jpg" width="100%">
                    </div>
                    <div class="rcr-bot">
                        <div class="rb-top">
                            南非进口黄柠檬 6 个装
                        </div>
                        <div class="second_P">
                            <span class="fk-prop">￥</span>
                            <span class="fk-prop-price">29
                                <span class="fk-prop-p">.00</span>
                            </span>
                            <span class="second_Marketprice">￥0.00</span>
                        </div>
                        <div class="buy">
                            <a class="second_mallBuy" href="orange.html">
                                <span style="color: white;">购买</span>
                            </a>
                        </div>
                    </div>
                </div>
```

```
                    ……（此处省略其余 5 个类似产品图片的结构定义）
                </div>
            </div>
        </div>
        <!--果园推荐结束-->
</div>
<!--主页上半部内容结束-->
<!--广告条轮播图片-->
<div class="rec-bottom clear">
        <div class="rbt-con">
                <div class="banner_1">
                        <img src="images/rb-1.jpg" width="1424px">
                        <img src="images/rb-2.jpg" width="1424px">
                </div>
        </div>
        <ul class="banner-bottom">
        </ul>
</div>
<!--广告条轮播图片结束-->
<!--主页下半部内容-->
<div class="content">
                <!--每日新品特卖-->
        <div class="new-nav clear">
                <div class="nwn-con">
                        <div style="text-align: center;">
                                <span style="">
                                        <span style="font-size: 31px;">
                                                <font style="color: rgb(33, 33, 33);" color="#212121">
                                                <font style="color:rgb(231, 231, 231);" color="#e7e7e7">
                                                        ————————
                                                </font>
                                                <b>  每日新品特卖  </b>
                                                </font>
                                        </span></span>
                                <span style="font-size: 31px;">
                                        <font style="color: rgb(231, 231, 231);" color="#e7e7e7">
                                                ————————
                                        </font>
                                </span>
                        </div>
                        <div style="text-align: center;">
                                <font color="#353535" style="">
                                        <span style="font-size: 16px;">
                                                <font style=color:#888888>
                                                        新鲜水果每一天，健康生活每一刻
                                                </font>
                                        </span>
                                </font>
```

```
        </div>
    </div>
</div>
<div class="new-con clear">
    <div class="nec-lift">
        <div class="fk-editor simpleText    ">
            <font color="#4b4b4b">
                <span style="">
                    <span style="line-height: 29px;">
                        <span style="color:rgb(75, 75, 75); font-size:16px;">
                            有机生鲜
                        </span>
                        <div style="color: rgb(75, 75, 75);">
                            <span style="font-size: 20px;">
                                天然无污染水果
                            </span>
                        </div>
                    </span>
                </span>
                <div style="color: rgb(75, 75, 75);">
                    <span style="font-size: 20px;">
                        <br>
                    </span>
                </div>
                <div>
                    <font style="color: rgb(243, 151, 0);" color="#f39700">
                        <b>
                            <span style="font-size: 42px;">6.8</span>
                        </b><span style="font-size: 42px;">
                            <b>折</b>
                            <span style="font-size: 18px;">
                                <font  style="color:  rgb(53,  53,  53);"
color="#353535">起</font>

                            </span></span>
                    </font>
                </div>
            </font>
        </div>
        <div class="xiqing">
            <a href="orange.html" style="color: white">查看详情  &gt;</a>
        </div>
    </div>
    <div class="nec-right">
        <img src="images/nw-1.jpg">
    </div>
</div>
<div class="new-bottom clear">
    <div class="nw-b">
```

```
            <img src="images/nw-2.jpg">
        </div>
        ……（此处省略其余 3 个类似产品图片的结构定义）
</div>
<!--每日新品特卖结束-->
<!--蔬果资讯-->
<div class="fruits">
        <div class="fru-nav">
            <div class="fk-editorb ">
              <font style="color:rgb(103,141,30);" color="#678d1e">蔬果资讯</font>
            </div>
        <font style="color:rgb(53, 53, 53);float:right" color="#353535">更多资讯</font>
        </div>
        <div class="fru-lift">
            <div class="frl-nav">
                <ul>
                    <li>品种</li>
                    <li>地区</li>
                    <li>价格</li>
                    <span>时间</span>
                </ul>
            </div>
            <div class="txtMarquee-top">
                <div class="bd">
                    <ul class="infoList">
                        <li>
                            <p>苹果</p>
                            <p>河南省济源市</p>
                            <p>5.5/kg</p>
                            04-09
                        </li>
                        ……（此处省略其余 10 个类似产品列表项的结构定义）
                    </ul>
                </div>
            </div>
        </div>
        <div class="fru-right">
            <div id="slideBox" class="slideBox">
                <div class="hd">
                    <!--<ul><li>蜜橘首发</li>-->
                    <!--<li>智利车厘子</li>-->
                    <!--<li>进口青苹果</li>-->
                    <!--</ul>-->
                    <ul>
                        <li>1</li>
                        <li>2</li>
                        <li>3</li>
                    </ul>
```

```
                    </div>
                    <div class="bd">
                        <ul>
                            <li><a href="#" target="_blank">
                                <img src="images/fr-1.jpg" /></a></li>
                            <li><a href="#" target="_blank">
                                <img src="images/fr-2.jpg" /></a></li>
                            <li><a href="#" target="_blank">
                                <img src="images/fr-3.jpg" /></a></li>
                        </ul>
                    </div>
                </div>
            </div>
        </div>
        <!--蔬果资讯结束-->
    </div>
    <!--主页下半部内容结束-->
    <!--底部-->
    <div class="footer">
        <div class="ft-con">
            <div class="ft-top">
                <img src="images/fot-1.jpg">
            </div>
            <div class="banq">
                <p>海阔天空工作室 &copy;2021</p>
            </div>
        </div>
    </div>
</body>
<script src="js/index.js"></script>
</html>
```

### 13.4.2 页面样式设计

#### 1. 全局样式

全局样式文件为 share.css，定义在站点的 css 文件夹下面，包括页面整体、段落、列表、超链接、表单元素、清除浮动等元素的 CSS 定义。CSS 代码如下：

```
/*页面整体样式*/
*{ margin: 0px; padding: 0px; outline: none;}
html{ font-size: 625%;}
/*列表样式*/
li{ list-style: none; cursor: pointer;}
/*超链接样式*/
a{ text-decoration: none; color: #999;}
/*表单元素样式*/
body, button, input, select, textarea { font-size: 14px; font-weight: normal; font-family: 微软雅黑; color:
#222;}
```

```
[type='button']{ cursor: pointer;}
/*清除浮动样式*/
.clear:after{ content: ''; height: 0px; display: block; clear: both;}
/*购物车字体样式*/
.iconfont{ font-size:16px; color: #8c8c8c;}
```

## 2．index.html 专用样式

一般每个网页又有自己独特的样式，为了便于管理，需另外命名。index.html 的专用 CSS 文件为 index.css，下面分别讲解主页各组成部分的样式定义。

（1）顶部导航的样式

页面顶部的内容被放置在名为 headr 的 div 容器中，主要用来显示网站的 Logo、导航菜单和购物车链接，其布局效果如图 13-3 所示。

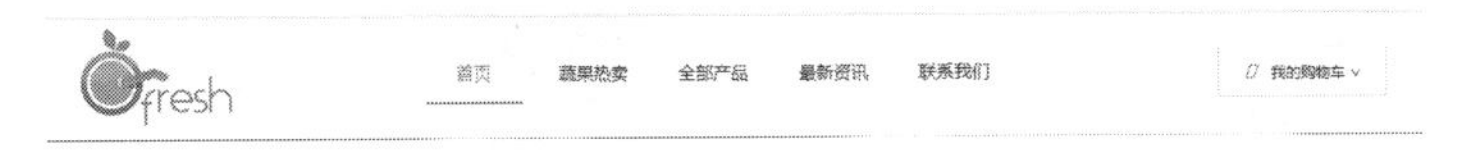


图 13-3　页面顶部的布局效果

代码如下：

```
/*顶部导航样式*/
.headr{ width: 100%; height: 107px;}
.heard-con{ position: relative; width: 1200px; margin: 0px auto; height: 107px;}
.headr-nav{ float: left; position: absolute; width: 600px; height: 107px; left: 25%;}
.headr-nav li{ float: left; width: 90px; height: 50px; line-height: 50px; text-align: center; margin-left: 20px; font-size: 16px; margin-top: 25px;}
.headr-nav li a{ color: #222222;}
.sptopfoot { clear: both; background:#ffffff; height: 2px; position: relative;}
.spbottom { background:#4AB344; height: 2px; width:90px; position: absolute; top: 0px; left: 20px; overflow: hidden; transition: all 1s;}
.headr-right{ position: relative; float: right; width: 154px; height:42px; margin-top: 30px; text-align: center; line-height: 42px; overflow: hidden; border: 1px solid #E6E6E6;}
.hr-car{ position: absolute; width: 300px; height: 140px; right:-1px; line-height: 140px; background-color: white; color: #c6c6c6; border: 1px solid #E6E6E6;}
```

（2）广告条的样式

广告条的内容被放置在名为 her-banner 的 div 容器中，主要用来显示网站的宣传广告图，其布局效果如图 13-4 所示。

图 13-4　广告条的布局效果

代码如下：

```
/*广告条图片样式*/
.her-banner{ width: 100%; height: 550px; overflow: hidden; margin: 0px auto;
    background-image:url("../images/banner.jpg"); background-position: 50% 50%;
    background-repeat: no-repeat no-repeat;}
```

（3）主页上半部内容的样式

主页上半部的内容被放置在名为 content 的 div 容器中，主要用来显示网站的 3 个小广告图和果园推荐产品，其布局效果如图 13-5 所示。

图 13-5　主页上半部的布局效果

代码如下：

```
/*主页上半部内容*/
.content{ position: relative; width: 1200px; margin: 0px auto;}
.ban-boot{ float: left; margin-top: 30px; width: 100%; height: 196px;}
.ban-zs{ left: 3px; width: 390px; height: 196px; float: left; margin: 0px 5px;}
/*果园推荐*/
.recommand{ float: left; width: 100%;}
.rec-nav{ float: left; margin-top: 30px; width: 100%; left: -1px; height: 48px; line-height: 48px;
    background: url("../images/rec-n.jpg"); color: #48900F; border-bottom: 1px solid #48900F;}
.rec-nav span{ font-size: 12px; margin-left: 10px; color:#999999 ;}
.rec-cont{ float: left; width:100%; height: 660px; margin-top: 20px;}
.rec-left{ float: left; width: 320px; height: 660px;}
.rec-right{ float: left; width:880px; height: 660px;}
.rcr{ float: left; width: 270px; height: 330px; margin-left: 23px;}
.rcr-top{ width: 260px; height: 200px; margin-left: 10px; transition: all 0.5s;}
.rcr-bot { width: 260px; height: 130px; margin: 0 5px;}
.rb-top{ width: 260px; height: 30px; text-align: center; font-size: 16px; border-bottom:1px dashed
#999999;}
.second_P{ padding-top: 15px; width: 260px; height: 20px; text-align:center;}
.fk-prop,.fk-prop-p{ font-size: 12px; color: #4AB344;}
.fk-prop-price{ color: #4AB344; font-size: 18px;}
.second_Marketprice { color: #767676; font-size: 12px; text-decoration: line-through;}
.buy{ float: left; width: 100%; margin-top: 15px; height: 33px; line-height: 33px; text-align: center;}
```

```
.second_mallBuy{ display: inline-block; height: 33px; width: 80%; line-height: 33px; border-radius: 3px; text-decoration: none; text-align: center; padding: 0px; color: white; font-size: 16px; max-width: 240px; letter-spacing: 0px; background-color:#4AB344 ;}
```

（4）广告条轮播图片的样式

广告条轮播图片的内容被放置在名为 rec-bottom 的 div 容器中，主要用来显示网站的轮播广告图片，起到分隔页面上半部和下半部内容的作用，其布局效果如图 13-6 所示。

图 13-6　广告条轮播图片的布局效果

代码如下：

```
/*广告条轮播图片*/
.rec-bottom{ width: 100%; height: 340px; float: left; margin-top: 30px; overflow: hidden; transition: all 1s; -webkit-transition: all 1s;}
.rbt-con{ width:1424px; overflow: hidden; margin: 0px auto; height: 310px; transition: all 1s; -webkit-transition: all 1s; z-index: 5;}
.banner_1{ width:2848px; height: 310px; transition: all 1s; -webkit-transition: all 1s; z-index: 5;}
.banner_1>img{ float: left;}
.banner-bottom{ float:left; bottom: 10px; width: 770px; margin-left:50%; z-index: 9; list-style: none;}
.banner-bottom li{ float: left; width: 20px; line-height: 20px; text-align: center; border-radius: 50%; color: white; background-color: #c6c6c6; margin-right: 10px;}
.banner-bottom li.active{ background-color: #8c8c8c;}
```

（5）主页下半部内容的样式

主页下半部的内容被放置在名为 content 的 div 容器中，主要用来显示每日新品特卖和蔬果资讯，其布局效果如图 13-7 所示。

图 13-7　主页下半部的布局效果

代码如下：

```
/*每日新品特卖*/
.new-nav{ float: left; width: 100%; height: 140px;}
.nwn-con{ margin: 0px auto; width: 800px; height: 130px; margin-top: 30px;}
.new-con{ float: left; width: 100%; height: 284px;}
.nec-lift{ float: left; width: 306px; height: 284px;}
.nec-right{ float: left; width: 894px; height: 284px;}
.xiqing { margin-top: 50px; width: 163px; height: 52px; background: #49900F; font-size: 18px; text-align:
center; line-height: 52px;}
.new-bottom{ width: 100%; height: 189px; float: left; margin-top: 30px;}
.nw-b{ overflow: hidden; width: 280px; float: left; margin-right: 25px;}
.nw-b img{ margin-left:0px; transition: all 0.5s}
/*蔬果资讯*/
.fruits{ float: left; margin-top: 30px; width: 100%; height:350px;}
.fru-nav{ width:100%; height: 35px; border-bottom: 1px solid   #8c8c8c;}
.fk-editorb{ float: left;font-size: 20px;}
.fru-lift{ float: left; margin-top: 20px; width: 587px; height: 270px; border-right: 1px solid   #8c8c8c;}
.fru-right{ float: left; margin-top: 20px; width: 600px; height: 270px; margin-left: 10px;}
.frl-nav{ width:560px; height: 70px; font-size: 16px; overflow: hidden;}
.frl-nav ul li{ float: left; width: 170px;}
/*蔬果资讯左侧文字*/
.txtMarquee-top{ width:560px;   overflow:hidden; position:relative;}
.txtMarquee-top .hd .prevStop{ background-position:-60px -100px;}
.txtMarquee-top .hd .nextStop{ background-position:-60px -140px;}
.txtMarquee-top .bd{ padding:1px;   }
.txtMarquee-top .infoList li{ height:30px; line-height:30px;color:#999;}
.txtMarquee-top .infoList li p{width:170px ;float : left }
/*蔬果资讯右侧图片*/
.slideBox{ width:600px; height:270px; overflow:hidden; position:relative;}
.slideBox .hd{ height:15px; overflow:hidden; position:absolute; right:5px; bottom:5px; z-index:1;}
.slideBox .hd ul{ overflow:hidden; zoom:1; float:left;}
.slideBox .hd ul li{ float:left; margin-right:2px; width:15px; height:15px; line-height:14px; text-align:
center; background:#fff; cursor:pointer;}
.slideBox .hd ul li.on{ background:#000; color:#fff;}
.slideBox .bd{ position:relative; height:100%; z-index:0;}
.slideBox .bd li{ zoom:1; vertical-align:middle; }
```

（6）底部区域内容的样式

底部区域的内容被放置在名为 footer 的 div 容器中，主要用来显示网站的服务特色和版权信息，其布局效果如图 13-8 所示。

图 13-8　底部区域的布局效果

代码如下：

```
/*底部区域*/
.footer{ width: 100%; height: 266px; float: left; background: url("../images/footer.jpg")no-repeat center;}
.ft-con{ width: 1200px; margin: 0px auto;}
.ft-top{ float:left; width: 1200px; height: 180px; margin-top: 20px; border-bottom: 1px solid;
border-collapse: separate; border-spacing: 2px; border-color: #848484;}
.banq{ float: left; width: 100%; height: 30px; text-align: center; margin-top:20px; color: #92CA9D;}
.banq span img{ line-height:14px;}
```

### 13.4.3 页面交互与网页特效的实现

首页中的页面交互与网页特效如下。

- 使用 jQuery 实现页面顶部导航菜单的鼠标指针经过效果。
- 使用 jQuery 实现鼠标指针经过“我的购物车”链接时弹出购物车信息的效果。
- 使用 JavaScript 实现首页果园推荐产品的鼠标指针经过平移效果。
- 使用 JavaScript 实现首页广告条图片的轮播效果。
- 使用 JavaScript 实现首页每日新品特卖图片的鼠标指针经过平移效果。
- 使用 jQuery 实现首页蔬果资讯左侧文字的向上循环滚动字幕效果。
- 使用 jQuery 实现首页蔬果资讯右侧图片的幻灯播放效果。

制作过程如下。

1）准备工作。由于以上网页特效需要使用 jQuery 的外挂插件来实现，因此需要将外挂插件文件 jquery.superslide.2.1.1.js 复制到当前站点的 js 文件夹中。

2）打开首页 index.html，添加引用外部插件的代码（这行代码已经在页面结构文件中给出，这里再强调一下代码的引用方法），代码如下：

```
<script type="text/javascript" src="js/jquery.superslide.2.1.1.js" ></script>
```

3）在当前站点的 js 文件夹中新建 index.js 文件，编写实现首页网页特效的 jQuery 代码。

代码如下：

```
//顶部导航
var navarr = ['20px', '130px', '240px', '350px', '460px']
$('.headr-nav li').mouseover(function() {
    $('.headr-nav li a').eq($(this).index('li')).css('color', '#4AB344')
    $('.spbottom:eq(0)').css('left', navarr[$(this).index()])
}).mouseout(function() {
    $('.headr-nav li a').eq($(this).index('li')).css('color', '')
    $('.spbottom:eq(0)').css('left', '20px')
})
$('.headr-right:eq(0)').mouseover(function() {
    $(this).css('overflow', 'visible')      //鼠标指针经过“我的购物车”链接时弹出购物车信息
}).mouseout(function() {
    $(this).css('overflow', 'hidden')      //鼠标指针离开“我的购物车”链接时隐藏购物车信息
})
//果园推荐产品的鼠标指针经过平移效果
$('.rcr-top').mousemove(function() {
    $('.rcr-top').eq($(this).index('.rcr-top')).css('margin-left', '0px')    //鼠标指针经过图片时左边距为0px
}).mouseout(function() {
    $('.rcr-top').eq($(this).index('.rcr-top')).css('margin-left', '10px')   //鼠标指针离开图片时左边距为10px
})
```

```
//广告条图片轮播
var banner = document.getElementsByClassName('banner_1')[0]
var site = ['0px', '-1424px']
var bon = document.getElementsByClassName('banner-bottom')[0]
var ali = bon.getElementsByTagName('li')
var len = site.length
var num = 0
for (i = 0; i < len; i++) {
	bon.innerHTML += '<li>' + (i + 1) + '</li>'
}
ali[0].className = 'active'
for (i = 0; i < len; i++) {
	ali[i].index = i
	ali[i].onmouseover = function() {
		num = this.index
		picshow()
	}
}
function picshow() {
	for (j = 0; j < len; j++) {
		ali[j].className = ''
	}
	ali[num].className = 'active'
	banner.style.marginLeft = site[num]
}
var time = null
function pp() {
	time = setInterval(function() {
		num++
		if (num >= len) {
			num = 0
		}
		picshow()
	}, 5000)
}
pp()
banner.onmouseover = function() {
	clearInterval(time)
}
banner.onmouseout = function() {
	clearInterval(time)
	pp()
}
//每日新品特卖图片的鼠标指针经过平移效果
$('.nw-b').mousemove(function() {
	$('.nw-b img').eq($(this).index('.nw-b')).css('margin-left', '-8px')
}).mouseout(function() {
	$('.nw-b img').eq($(this).index('.nw-b')).css('margin-left', '0px')
```

```
})
//蔬果资讯左侧文字的向上滚动字幕效果
$(".txtMarquee-top").slide({
      mainCell: ".bd ul",
      autoPlay: true,                    //自动播放
      effect: "topMarquee",              //向上循环滚动
      vis: 5,                            //可视个数为 5 条产品信息
      interTime: 50,                     //运行速度
      trigger: "click"                   //触发方式为鼠标单击（包含鼠标指针经过）
});
//蔬果资讯右侧图片的幻灯播放效果
$(".slideBox").slide({
      mainCell: ".bd ul",
      autoPlay: true,                    //自动播放
      trigger: "click"                   //触发方式为鼠标单击（包含鼠标指针经过）
});
```

至此，鲜品园网站首页制作完毕，读者可以在此基础上根据自己的喜好修改相关的 CSS 规则，进一步美化页面。

## 13.5　制作最新资讯页

由于一个网站的风格是一致的，所以首页完成以后，其他页面可以复用主页的样式和结构。最新资讯页（consult.html）的布局与首页相似，如网站的 Logo、导航菜单、版权区域等，它们仅仅是页面主体的内容不同。该页面的主体内容由两部分组成，左侧包括产品分类和在线客服的链接；右侧显示新闻列表，最新资讯页主体内容的显示效果如图 13-9 所示。

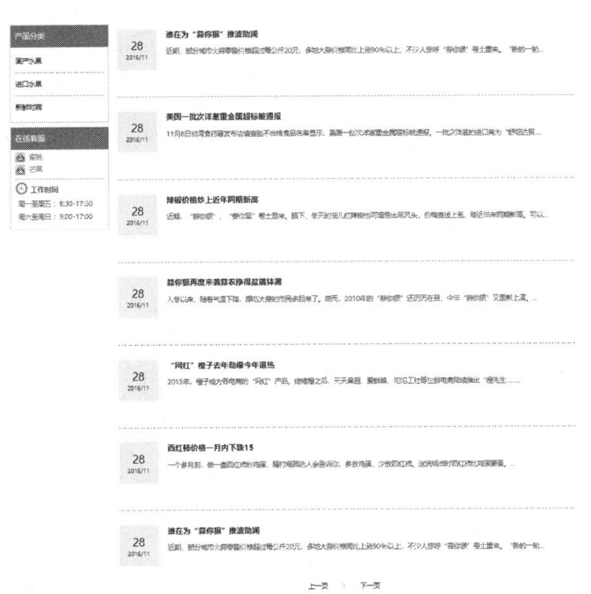


图 13-9　最新资讯页主体内容的显示效果

制作过程如下。

### 13.5.1　页面结构代码

最新资讯页主体内容的结构代码如下。

```
<div class="content">
    <!--最新资讯开始-->
    <div class="recommand clear">
        <div class="rec-cont clear">
            <div class="rec-left">
                <div class="classily">
                    <div class="cltop">
                        <p>产品分类</p>
                    </div>
                    <div class="cltcon">
                        <p><a href="#">国产水果</a> </p>
                        <p><a href="#"> 进口水果</a></p>
                        <p style="border-bottom:0px dashed #999999;">
                            <a href="#">新鲜时蔬</a></p>
                    </div>
                </div>
                <div class="service">
                    <div class="cltop">
                        <p>在线客服</p>
                    </div>
                    <div class="sercon">
                        <div class="qqs">
                            <p><a hidefocus="true" href="#">
                              <span class="serOnline-img0 qqImg0"> </span>蜜桃
                                 </a>
                            </p>
                            <p><a hidefocus="true" href="#">
                              <span class="serOnline-img0 qqImg0"> </span>芒果
                                 </a>
                            </p>
                        </div>
                        <div class="tims">
                            <div class="marBL-10">
                                <span class="worktime-header-img"> </span>
                                <span class="serWorkTimeText">
                                    <b>工作时间</b></span>
                            </div>
                            <div class="serOnline-list-v ">
                                <span>周一至周五 ： 8:30-17:30</span>
                            </div>
                            <div class="serOnline-list-v lastData">
                                <span>周六至周日 ： 9:00-17:00</span>
                            </div>
                        </div>
                    </div>
```

```
                </div>
            </div>
            <div class="rec-right">
                <div class="bd">
                    <div class="rec-cot">
                        <div class="rgl-cont">
                            <p>28</p>
                            <span>2016/11</span>
                        </div>
                        <div class="rgr-cont">
                            <h3>谁在为“蒜你狠”推波助澜</h3>
                            <p>近期，部分城市大蒜零售价格超过每公斤 20 元，多地大
蒜价格同比上涨 90%以上，不少人惊呼“蒜你狠”卷土重来……（此处省略文字）</p>
                        </div>
                    </div>
                    ……（此处省略其余 6 条类似新闻的结构定义）
                </div>
                <div class="hd">
                    <ul>
                        <li><span>上一页</span></li>
                        <li><a href="#" class="active">1</a></li>
                        <li><span>下一页</span></li>
                    </ul>
                </div>
            </div>
        </div>
    </div>
    <!--最新资讯结束-->
</div>
```

### 13.5.2 页面样式设计

consult.html 的专用 CSS 文件名为 consult.css，其中主体内容的样式代码如下。

```
/*最新资讯主体内容*/
.content{ position: relative; width: 1200px; margin: 0px auto;}
.recommand{ float: left; height: 1250px; width: 100%;}
.rec-cont{ float: left; width:100%;}
/*左侧产品分类和在线客服的样式*/
.rec-left{ float: left; width: 220px; margin-top: 20px;}
.classily{ width: 209px; height: 199px; border: 1px #DADADA solid;}
.cltop{width: 100%;height: 45px; background: #5FAD01; line-height: 45px; font-size: 16px;color: white;}
.cltop p{ padding-left: 10px;}
.cltcon{ width: 188px; height:143px; margin:0px auto; margin-top: 5px;}
.cltcon p{ line-height: 47px; height: 47px; width: 100%; border-bottom:1px dashed #999999;}
.cltcon p a { color: #222222;}
.service{ margin-top: 10px; width: 209px; height: 210px; border: 1px #DADADA solid;}
.sercon{ width: 188px; height:170px; margin:0px auto; margin-top: 5px;}
.qqs{ width: 100%; height: 55px; border-bottom:1px dashed #999999;}
.qqs p{ margin-top: 5px;}
```

```
.serOnline-img0 { width: 21px; height: 21px; display: inline-block; margin-right: 8px; background: url(../images/qq.gif) no-repeat;}
.marBL-10 { margin: 5px 0px 5px 0px; line-height: 32px; font-size: 15px; color: #666;}
.worktime-header-img { width: 27px; height: 27px; display: inline-block;
    background: url(../images/serviceOnlineTime1.png) no-repeat;}
.serOnline-list-v { margin: 0px 0px 7px 5px; _margin: 0px 0px 7px 3px; color: #666;}
/*右侧新闻列表的样式*/
.rec-right{ float: left; width:970px; height:1250px; margin-left: 10px; overflow: hidden;}
.rec-cot{ float: left; width: 100%; height: 160px; border-bottom:1px dashed #999999; margin-top: 10px;}
.rgl-cont{ margin-top: 20px; float: left; width: 84px; height: 84px; text-align: center; background: #F2F2F2;}
.rgl-cont p{ margin-top: 20px; font-size: 22px;}
.rgl-cont span{ font-size: 12px;}
.rgr-cont{ margin-top: 20px; float: left; width: 811px; height: 84px; margin-left: 20px;}
.rgr-cont p{ margin-top: 15px; color: #666;}
.bd{ width:970px; height:1150px; overflow: hidden;}
.hd{ float: left; margin-top: 15px; width: 100%; text-align: center; height: 42px;}
.hd ul{ float: left; margin-left: 40%;}
.hd li{ float: left; line-height: 42px; padding: 0px 15px;}
.hd li a.active{ color: #99f4a7;}
```

网站其余页面的制作方法与首页类似，局部内容的制作已经在前面章节中讲解过，读者可以在此基础上制作网站的其余页面。

## 13.6 网站的整合与维护

在前面讲解的鲜品园的相关示例中，都是按照某个栏目进行页面制作的，并未将所有的页面整合在一个统一的站点之下。读者完成鲜品园所有栏目的页面后，需要将这些栏目页面整合在一起形成一个完整的站点。需要注意的是，当这些栏目整合完成之后，要正确地设置各级页面之间的链接，使之有效地完成各个页面的跳转。

建站容易维护难。对于网站来说，只有不断地更新内容，才能保证网站的生命力，否则网站不仅不能起到应有的作用，反而会对企业自身形象造成不良影响。如何快捷方便地更新网页，提高更新效率，是很多网站面临的难题。

现在网页制作工具不少，但为了更新信息而日复一日地编辑网页，对于信息维护人员来说，疲于应付是普遍存在的问题。内容更新是网站维护过程中的一个瓶颈，网站的建设单位可以考虑从以下两个方面入手，使网站能够长期顺利地运转。

1）在网站建设初期，要对网站的各个栏目和子栏目进行细致的规划，在此基础上确定哪些是经常要更新的内容，哪些是相对稳定的内容。

2）在网站建设过程中，要对后续维护给予足够的重视，保证网站后续维护的资金和人力。

## 习题 13

1．制作鲜品园网站的蔬果热卖页（hot.html），如图 13-10 所示。

2．制作鲜品园网站的全部产品页（produ.html），如图 13-11 所示。

图 13-10　题 1 图　　　　　图 13-11　题 2 图

3．制作鲜品园网站的产品明细页（orange.html），如图 13-12 所示。

4．制作鲜品园网站的联系我们页（touch.html），如图 13-13 所示。

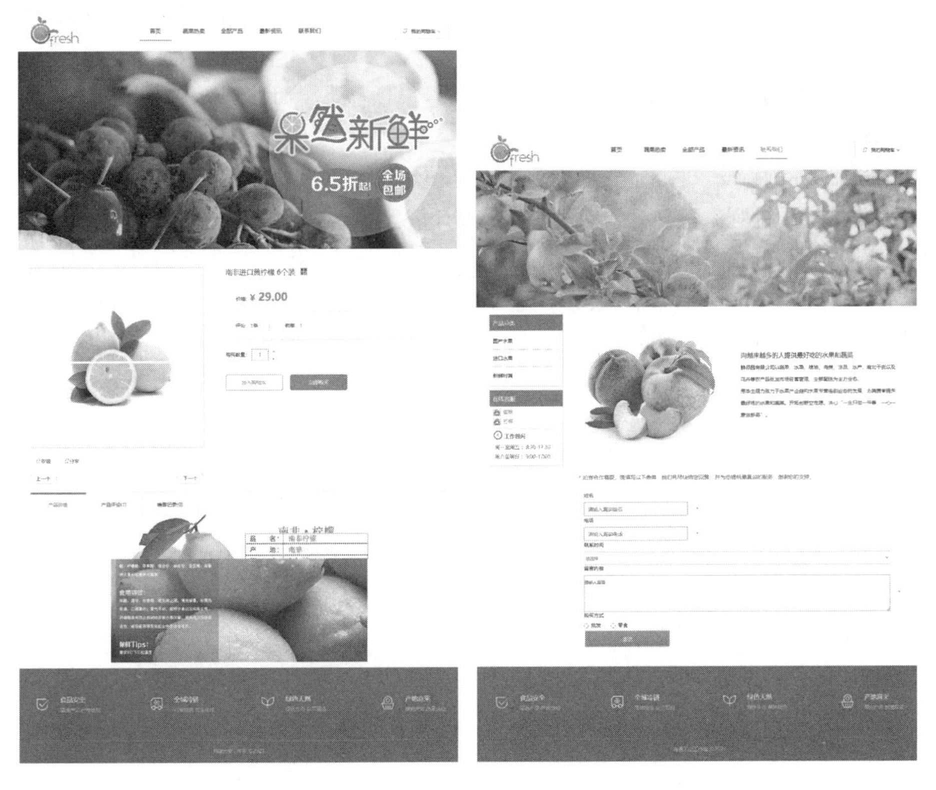


图 13-12　题 3 图　　　　　图 13-13　题 4 图

# 参 考 文 献

[1] 张兵义，程云志，邱洋．网站规划与网页设计（第 4 版）[M]．北京：电子工业出版社，2018．

[2] 工业和信息化部教育与考试中心．Web 前端开发（初级）（上册）[M]．北京：电子工业出版社，2019．

[3] 工业和信息化部教育与考试中心．Web 前端开发（初级）（下册）[M]．北京：电子工业出版社，2019．

[4] 刘增杰，臧顺娟，何楚斌．精通 HTML5+CSS3+JavaScript 网页设计[M]．北京：清华大学出版社，2019．

[5] 刘瑞新．网页设计与制作教程——Web 前端开发（第 6 版）[M]．北京：机械工业出版社，2021．

[6] 师晓利，王佳，邵彧．Web 前端开发与应用教程（HTML5+CSS3+JavaScript）[M]．北京：机械工业出版社，2017．

[7] 丁亚飞，薛燚．HTML5+CSS3+JavaScript 案例实战[M]．北京：清华大学出版社，2020．

[8] 刘心美，陈义辉．Web 前端设计与制作——HTML+CSS+jQuery[M]．北京：清华大学出版社，2016．

[9] 青软实训．Web 前端设计与开发——HTML+CSS+JavaScript+HTML5+jQuery[M]．北京：清华大学出版社，2016．

[10] 郑娅峰，张永强．网页设计与开发——HTML、CSS、JavaScript 实验教程[M]．北京：清华大学出版社，2017．

[11] 张朋．Web 前端开发技术——HTML5+Ajax+jQuery[M]．北京：清华大学出版社，2017．

[12] 王庆桦，王新强．HTML5 + CSS3 项目开发实战[M]．北京：电子工业出版社，2017．

[13] 吕凤顺．JavaScript 网页特效案例教程[M]．北京：机械工业出版社，2017．

[14] 孙甲霞，吕莹莹．HTML5 网页设计教程[M]．北京：清华大学出版社，2017．

[15] 李雨亭，吕婕．JavaScript+jQuery 程序开发实用教程[M]．北京：清华大学出版社，2016．